No.158

ちょっとずつはじめるノイズ対策の世界

はじめてのノイズと回路のテクニック

CQ出版社

トランジスタ技術SPECIAL No.158

ちょっとずつはじめるノイズ対策の世界

はじめてのノイズと回路のテクニック

トランジスタ技術SPECIAL 編集部 編

第1部 見えないノイズを見つける便利アイテム

第2部 ノイズ対策に効果的な部品

CONTENTS

表紙／扉デザイン：ナカヤ デザインスタジオ（柴田 幸男）
表紙イラスト：iStock

▶本書は「トランジスタ技術」誌に掲載された記事を元に再編集したものです.

第1部

見えないノイズを見つける便利アイテム

第1部 見えないノイズを見つける便利アイテム

第1章 EMCの7つ道具

ノイズを見つける便利アイテムあれこれ

嘉門 主水 Mondo Kamon

電磁妨害を防止するいわゆるノイズ対策の世界は，作ってみないとわからないとか，つかみ所がないとかいわれて嫌われています．それだけに，的確なノイズ対策を進めるためには，試作の早い段階から，見たい切り口を絞り込んで見えない電磁波を観測できるようにする，これがたいせつな考えかたです．

そこで，観測を行うのに必要な道具を準備しておき，妨害源の探査や対策が机上でできれば便利です．これから紹介する道具は，経験に基づいて考え出したものです．弁慶の7つ道具に倣って主要な7種を以下に列記し，用途を紹介します．

技① ケーブルの高周波電流を測る電流プローブ

ある電子機器メーカの設計者を対象に，放射妨害の原因を調査したところ，「全妨害例の60％強がケーブルやワイヤ類を原因とする」との結果が出ました．

これは，ケーブルにコモン・モード電流が重畳すると，本来の伝送線路としての役割だけでなく，ケーブルと接続された筐体などが1対のアンテナとして動作して，放射妨害の原因となるためです(**図1**)．そこで，まず，このケーブルやワイヤに乗っている高周波電流の値を測定する必要があるわけです．

ケーブルやワイヤ類に流れる高周波電流を測るためには電流プローブを使います．電流プローブは，高周波電流の流れているケーブルから発生する磁界を，ループ・アンテナを使って捕らえます．容易に測定時の安定性を得るため，閉磁路と組み合わせています．**写真1**のようなプローブが市販されています．

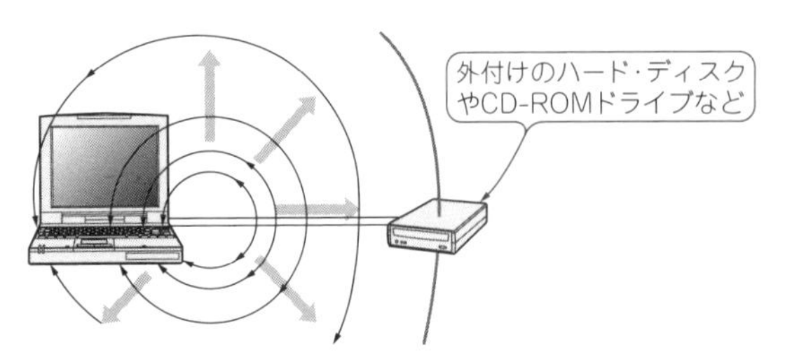

図1 コモン・モード電流は対地間容量や空間インピーダンスを介して信号源に戻ろうとする性質をもつ

放射妨害の検討では，エンジニアが道具を手元におき，いつでも測定できることが決め手です．

技② 機器の電磁界分布を測るループ・アンテナ

機器近くの電磁界分布の探査用です．線路にループ・アンテナを近接させて磁界を測定し，高周波電流の値を測定します．

ループ・アンテナの指向性を利用してグラウンド面に流れる高周波電流の向きを調べたり，シールドや筐体(きょうたい)の穴や隙間から漏れ出る磁界を検出したりします．

ループ・アンテナの外観を**写真2**に示します．

技③ 高周波電圧を測る電圧プローブ

機器のパネルやケースなどの金属表皮には，ほとんどの場合，コモン・モード電流が流れています．このパネルやケースを取り付ける際，隙間があると，直流的には同電位であっても，高周波的には電位差(高周波電圧)が生じることがあります．この高周波電圧も放射の原因です．

電圧プローブは，金属筐体やパネルなどの隙間や電子部品の端子などに生じている高周波電圧を観測するための道具です．**図2**のように，同軸ケーブルを使った簡単な構造のものを自作しても立派に役に立ちます．直流電位差のある場所を測る場合はコンデンサで直流電圧をカットします．

誤って直流電圧を加えると，測定器が故障するかもしれないので注意してください．

技④ コモン・モード電流を減らすフェライト・クランプ

ケーブル類に乗っているコモン・モード電流を減衰させます．機器間を接続するケーブルや電源ケーブルにコモン・モード電流が重畳すると，放射アンテナに化けて電磁妨害の原因となります．そこで，**写真3**の

column 01 コモン・モード電流とは

嘉門 主水

コモン・モード電流は，1対の伝送線路を同一方向に流れる電流で，この同一方向に進む電流は帰路が物理的に確保されていません．このため，信号源に戻ろうとして飛び出した電磁界が，基板のパターンや電子部品，ケーブルなどに結合して妨害を与える原因になります(図1)．

コモン・モードは，ディファレンシャル・モードにおけるリターン電流のような打ち消す電流が存在しないため，ディファレンシャル・モード放射に比べて大変に高レベルの放射が発生します．

これに対してディファレンシャル・モード電流は，ノーマル・モード電流ともいわれ，伝送線路を往復する高周波電流です．便宜上，直流的概念で扱われます．往路の伝送線路を進む高周波電流に対して，復路の電流(リターン電流)は逆方向であるため，発生する磁界の一部が打ち消されて，放射レベルが高くなりにくいという特徴があります．

ようなフェライト・クランプを取り付ければ，コモン・モード電流重畳の有無や，そのケーブルに対策を施した場合の効果を確認できます．

ケーブルの端から端までクランプを付けて結果を見る実験を行う場合もあるので，つねに10～20個程度は手元に置いておきたいものです．

技⑤ 包んで放射妨害の変化をみる金属布

機器を包んで放射の発生源を調べます．金属布は，合成繊維の布に銅やニッケルなどの金属めっきを施したもので，シールド効果があります．使用時には，回路などとショートさせないようにします．

機器の筐体や接続されたアクセサリ類，インターフェース・ケーブルなどを順次金属布で包み込み，シールドして放射妨害の変化を調べます．発生源や原因を切り分ける仕事ですが，放射妨害の対策プロセスとしては大変重要です．

技⑥ ケースの隙間を塞ぎ放射を閉じ込める銅はくテープ

金属または金属でめっきされたケースの隙間を塞(ふさ)ぎます．金属の筐体やパネルに開いた開口からは電界や磁界が漏れ出ますし，条件が整えばスリット・アンテナとして作用して，放射妨害が大きくなることもあります．そこで，金属の開口部に接着剤付き銅はくテープを張って塞ぐことで，その影響を調べます．

技⑦ 疑義のある部分の放射を強める被覆銅線

グラウンドなどのアンテナ効果を確認します．コモン・モード電流が重畳し，グラウンドなどがアンテナとして機能している疑いがある場合，疑義のある部分に長さ50～150 cmの銅線を接続し，そのアンテナ機能を助長して放射を顕在化させます．

◆引用文献◆

(1) 電流プローブ，レクロイ・ジャパン㈱．
http://www.lecroy.com/japan/products/probes/#current

(2) フェライトクランプ，エレコム㈱．
http://www2.elecom.co.jp/products/NF-01LG.html

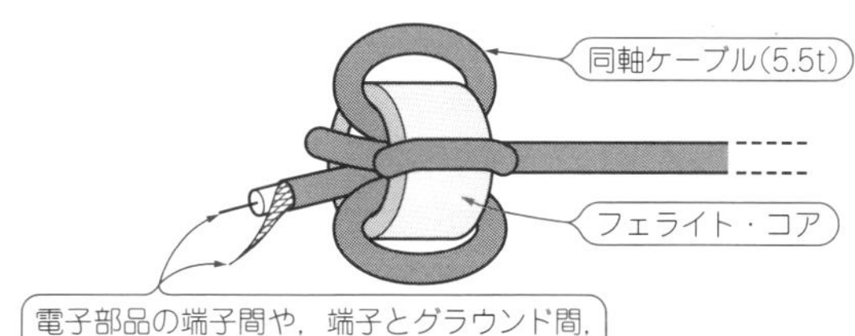

図2　高周波電圧を測る電圧プローブ

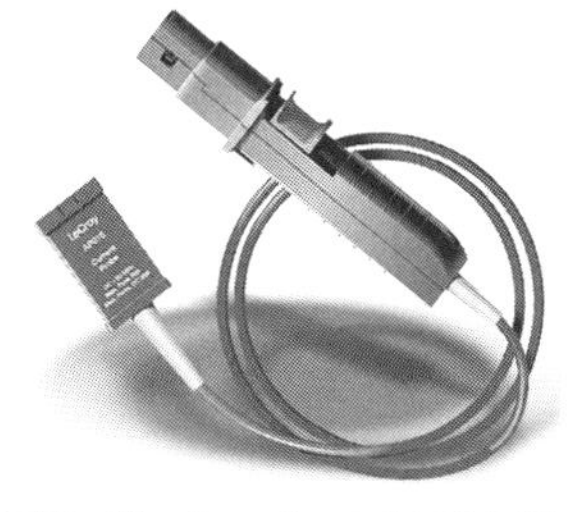

写真1(1)　ケーブルの高周波電流を測る電流プローブ

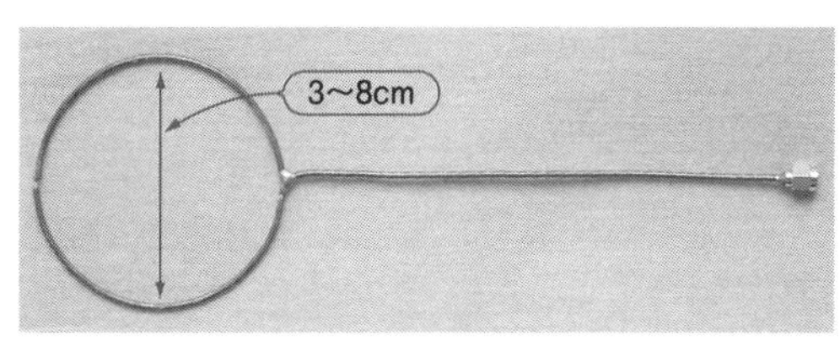

写真2　機器の電磁界分布を測るループ・アンテナ(第4章で，作り方を紹介予定)

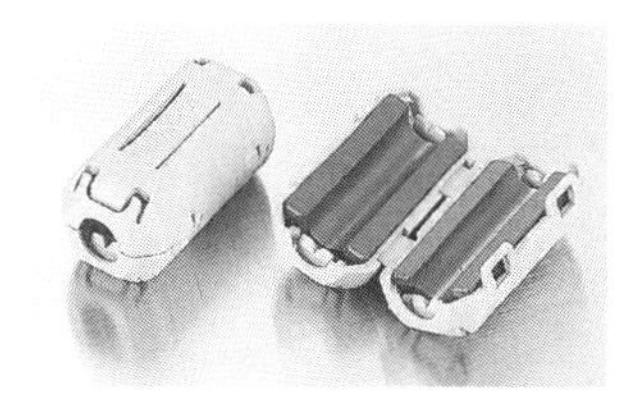

写真3(2)　コモン・モード電流を減らすフェライト・クランプ

第2章 同軸ケーブルを用いて製作する

ケーブルのノイズを測る電流プローブを作る

嘉門 主水 Mondo Kamon

第1章で7つ道具の筆頭に挙げた電流プローブは，ディファレンシャル・モード電流だけでなく，コモン・モード電流も測定することができ，ノイズ対策には欠くことのできない道具です．これは，市販品でなくても，自作で立派な機能と性能の物が作れます．

これから作る電流プローブは，ドーナツ状のフェライト・コアによる閉磁路の中に，平衡型ループ・アンテナと被測定線路を置いて，線路から発生する磁界をループ・アンテナで受ける構造(**図1**)です．

構造は単純ですが，同一閉磁路の中で磁界の授受(測定)が行われるため，線路とアンテナの相対位置が若干変化しても，測定値にはさほど影響が生じないというメリットがあります．

技① 同軸ケーブルを用いて製作する

製作に使う材料は，

- 同軸線…セミリジッド・タイプが理想ですが，編組同軸(1.5D2V)を使いました．
- 金属棒…同軸線の金属外皮と同じ太さの銅の棒です．今回は同軸線の金属外皮(編組部)を使いました．
- コア…フェライト・クランプのコア部分を利用します．クランプ用のコアは2分割されているので，組み付けに便利です．今回使ったものは直径約23 mm，孔径約11 mm，幅約13 mmですが，特にこの大きさに限定しません．
- 抵抗器…25 Ω(今回は51 Ω 2本を並列接続)．抵抗を入れることで感度は落ちますが，特性が平たんになります．

● 作り方

①金属棒の代用品として，同軸ケーブルのビニール外皮をむき，編組線部を残したものを準備し，30 mmにカットします．以降，これを金属棒と呼びます．

②同軸ケーブルの先端部のビニール外皮を40 mmほ

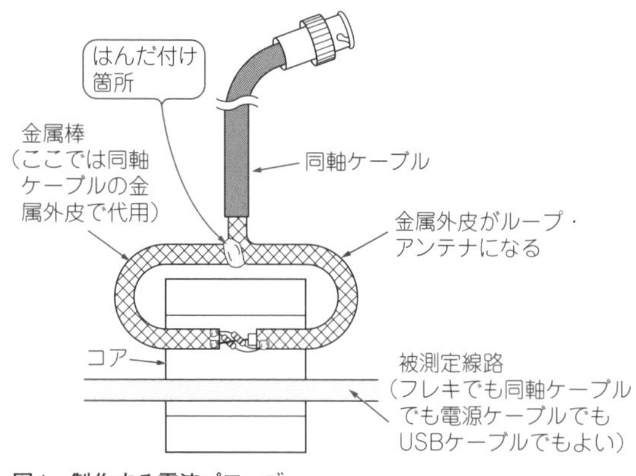

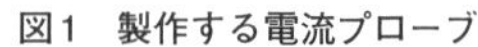
図1 製作する電流プローブ

写真1 同軸ケーブルをコアの後ろ側へ折り曲げたようす

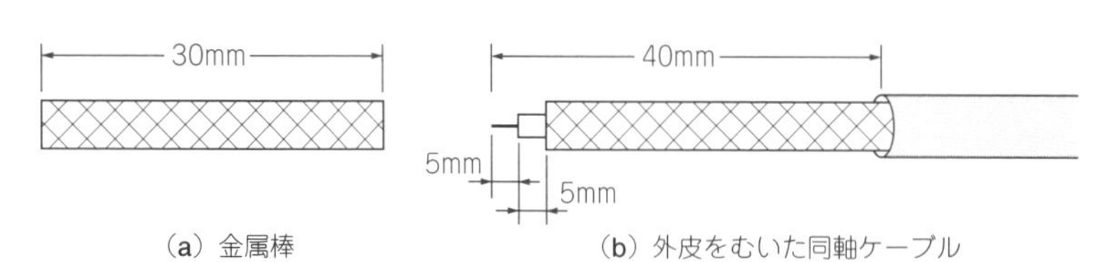

図2 金属棒と外皮を剥いた同軸ケーブル

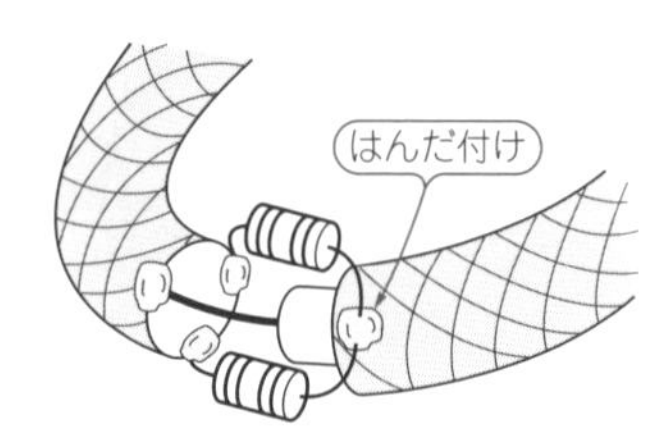

図3 抵抗の付けかた

column 01 ノイズでよく使うデシベル

嘉門 主水

dB(デシベル)という文字がよく出てきますが，dBは単位ではなく，2つの数の比を対数で表したものです．この比が，ある特定の電力，電圧，電流を示す際に単位がつきます．例えばノイズ測定に関連してよく出てくる単位として，次のものがあります．

- dBm：1 mWを0 dBmとしたもの
- dBμV：1 μVを0 dBとしたもの
- dBμA：1 μAを0 dBとしたもの

相互の単位変換も計算により求められます．系が50 Ωである場合，以下の値を覚えておくと便利です．

- 0 dBm ≒ 107 dBμV
- 0 dB μA ≒ 34 dBμV

どむき，さらに先端部の5 mmほどの金属外皮と絶縁被覆をむいて芯線を出します(**図2**).

③芯線を金属棒の一方の端にはんだ付けします．

④抵抗器は，金属棒と同軸線のそれぞれの金属外皮に，芯線のはんだ付け部を跨(また)ぐようにはんだ付けします(**図3**).

⑤金属棒と同軸ケーブルの金属外皮を，コアに沿ってコアの後方に折り曲げ(**写真1**)，コアの背部ではんだ付けします．この金属棒と，同軸ケーブルの編組線がループ・アンテナを構成します．ループを構成する金属棒と，同軸ケーブルの編組線が，コアにピッタリと付いて，隙間が生じないようにします．あまり弛(ゆる)むと，被測定線路と接触して，製作したループ・アンテナを破損させることがあります．

⑥最後にもう片方のフェライト・コアと組み合わせ，分割面をぴったり合わせて固定します．これで完成です(**写真2**).

● 製作したプローブの特性

入力インピーダンス50 Ωのスペクトラム・アナライザ(スペアナ)と組み合わせた状態で，周波数特性は2.5 M～800 MHz(－3 dB)です．1 GHzまでは十分使えます．挿入損失は－12 dBです．

● 使ってみる

電流プローブを使った測定をする前に，測定する系とほかの系との干渉を防いで，誤データが発生しないようにする注意が必要です．

▶電流プローブをスペアナに接続

ノート・パソコンに約1 mの多芯ケーブルで接続した外部記憶装置(この場合はMOドライブ)の系で，この接続ケーブルに乗っているコモン・モード電流を測ります(**図4**)．電流プローブをスペアナに接続しておきます．

▶プローブをケーブルの端から端へ

電流プローブのコアの中に被測定ケーブルを通します．そして電流プローブを，1 mのケーブルの一方の端からもう片方の端まで移動させて測定します．ケーブルにはパソコンおよび外部記憶装置から発生するさまざまなノイズ成分がコモン・モード電流となって重畳し，しかもケーブル上で定在波も発生します．

▶スペアナの設定

この測定では，スペアナは中心周波数：500 MHz，スパン：1000 MHz，リファレンス・レベル：80 dBμVと設定し，さらにピーク・ホールド機能を働かせておきます．

ノイズの測定では，その系に発生している最も高いレベルのノイズを捕まえることが極めて大切です．そして，ここにスペアナをピーク・ホールドにしたり，電流プローブを移動させたりする意味があります．ためしに，ピーク・ホールドを解除した状態でプローブを移動させて，スペアナのディスプレイを見ていると，出力波形のピークやディップがぴょこぴょこと派手に動くのがわかります．この動く波形のピーク値を捕まえる必要があるわけです．

写真2　完成した電流プローブ

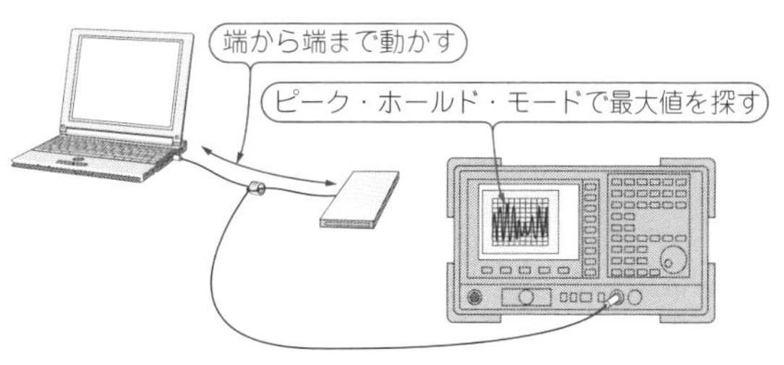

図4　コモン・モード電流の測りかた

第3章 ノイズ測定の基本的手順

電流プローブによるノイズの測り方

嘉門 主水 Mondo Kamon

測定を始める前に，注意してほしい点を2つ挙げておきます．1つ目は，測定するケーブル以外のケーブルは，取り外すかフェライト・クランプをケーブル全長に取り付けます．これは被測定ケーブルとほかのケーブルとの干渉を防止するためです．もう1つは，電流プローブを使った測定を，電波暗室またはシールド・ルームを使用しないで行う場合は，FM放送やテレビ放送などの外来電波の周波数とレベルをあらかじめ測定して確認しておくことです．

● 測定の基本的手順

測定の基本的手順を次に示します．

①電流プローブをスペクトラム・アナライザ(以降，スペアナ)に接続する(**写真1**)．

②スペアナはマックス・ホールド(ピーク・ホールドとも言う)の状態に設定する．

③測定するケーブルの全長に渡ってプローブを移動させる．

また，以降の測定時におけるスペアナの設定は，次のとおりです．

▶ Yスケール

リファレンス・レベル：80 dBμV

スケール表示：5 dB/div.

▶ Xスケール

センタ周波数：250 MHz

スパン　　　：500 MHz

● 測るのはノート・パソコンのACアダプタのケーブル

ノート・パソコンが電源供給のために使っている「ACアダプタ」は，箱型ケースの中にAC-DCコンバータを収め，AC100 Vをパソコンの動作に必要なDC電圧に変換してパソコン本体へ供給します．したがって，ACアダプタのACおよびDCケーブルには，AC-DCコンバータのスイッチング・ノイズや，パソコン本体で発生するクロック・ノイズなど，さまざまなノイズが重畳している可能性が高いです．

技① まず作業台付近の電波環境を調べる

測定は作業テーブルの上で行いました．通常の設計，試作の場合でも，この種の測定に電波暗室やシールド・ルームを使うことは少なく，作業用テーブルで行う方が多いように思います．そこで，まず作業台付近の電波環境を調べます．**写真2**は，1.5 mの被覆銅線を受信アンテナとして，電流プローブで測定しているようすです．測定結果は**図1**です．82.5 MHzにFM放

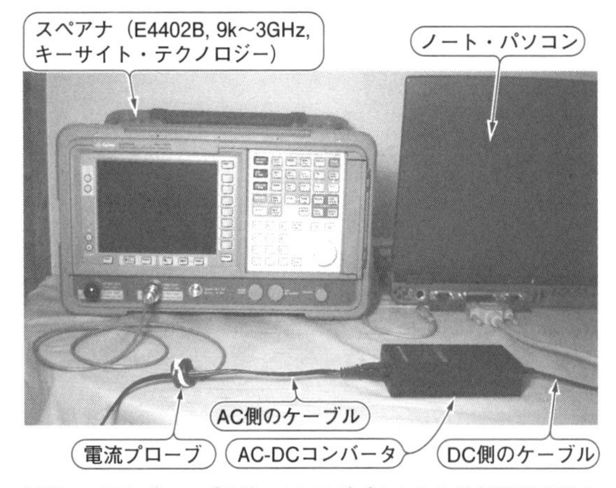

写真1　電流プローブを使いACアダプタからの放射電界強度を測る

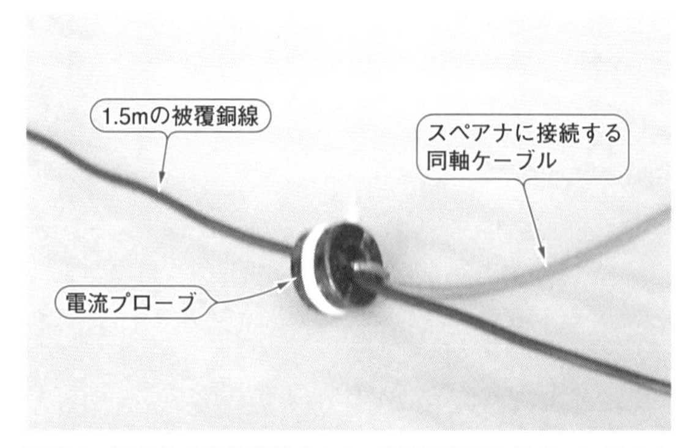

写真2　測定台の電波環境を1.5mの被覆銅線を受信アンテナとして電流プローブで測定する

送らしい電波が見えます．これからの測定では，この電波を除外して見ていきます．

▶ AC100 V側のケーブルを測定

測定台付近の電波環境がわかったので，ACアダプタのACケーブルを測定します．コードの長さは約1 mと短いのですが，電流プローブをコードの端から端まで移動させ測定すると，ピーク値が大きく変わります．このときプリンタ・ケーブル，マウス・ケーブルなど電源以外のケーブルはパソコンから取り外して測定を行っています．

測定の結果を**図2**に示します．150 MHzと200 M～300 MHzにかけてノイズ・レベルが高くなり，265 MHzに52.7 dBμVのピークが認められます．

▶ DC出力側のケーブルを測定

次にACアダプタのDCケーブルを測定します．DCケーブルは約2 mの長さがありますが，省略せず全体に渡って電流プローブを移動させます．ACケーブルの場合と同じように，パソコンからプリンタ・ケーブル，マウス・ケーブルを取り外して測定を行います．結果は**図3**です．ACケーブル側と比較的似た結果に見えます．277 MHzに51.5 dBμVのノイズが見え，さらに460 MHzに44.2 dBμVの山が出ています．

これら測定結果の情報を起点として，AC-DCコンバータのスイッチング周波数，パソコンのクロック周波数などから，ノイズの発生源とコモン・モード放射を防止する方策を探していくことになります．

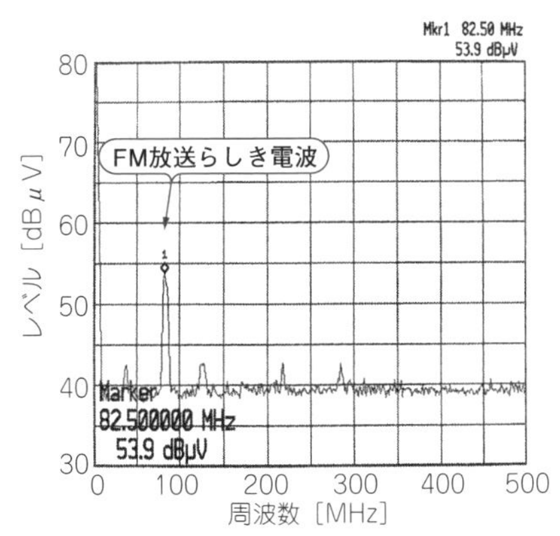

図1　写真2の測定結果

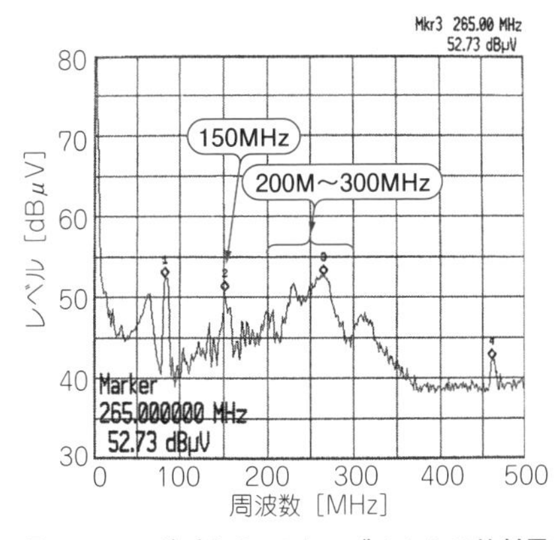

図2　ACアダプタのACケーブルからの放射電界強度

技② 放射電界強度を推測値で予測する方法

今回の測定の中で最も高いレベルのノイズは，ACケーブルに重畳していた265 MHz，52.7 dBμVのノイズでした．ケーブルを電流プローブで測定したときのレベルから，放射電界強度が推測できるので，その系への対策が必要かどうかを判断できます．

▶ 3 m法での予測電界強度

推測値は，次の式を使って，3 m法での放射電界強度 $E_{3\,\mathrm{m}}$[dBμV/m]に置き換えて，規格値と対比して評価します．

$$E_{3\,\mathrm{m}} \fallingdotseq V_{probe} + 7\ \mathrm{dB} \quad \cdots\cdots (1)$$

ただし，V_{probe}：スペアナで測定したノイズ・レベル［dBμV］

電流プローブによる測定は，被測定機と接続ケーブルを1対のアンテナとして考えています．したがって正規の3 m法での測定結果と一致するものではありません．およその予測が可能になる程度と考えてください．しかし，机上の実験だけで放出波による包絡線のピーク値を予測できるので，電流プローブで十分詰めを行い，その後に正規の測定サイトでの測定を行えば，間違いなく設計効率が良くなります．

ACケーブルに重畳していた265 MHzのノイズは，次式のように求められます．

$$E_{3\,\mathrm{m}} = 52.7 + 7 \fallingdotseq 60\ \mathrm{dB\mu V/m} \quad \cdots\cdots (2)$$

ACアダプタあるいはアダプタとパソコン本体が，この周波数の輻射に寄与する1対のアンテナとして機能した場合には，対策する必要が生じるかもしれません．

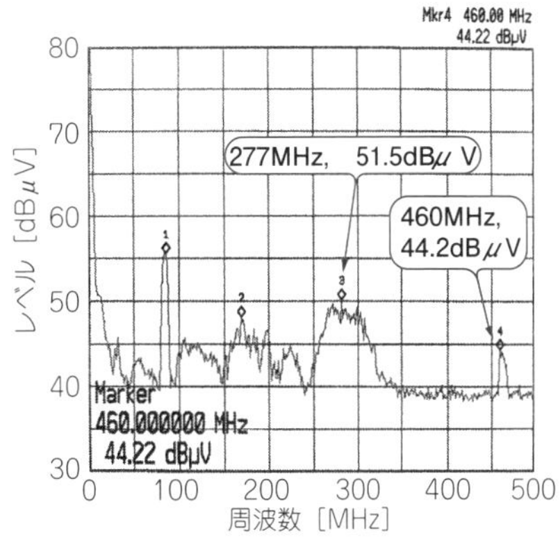

図3　DCケーブルからの放射電界強度

第4章 銅線をループ状に成形した2種類のアンテナ

ノイズ発生源の磁界を検出するアンテナを作る

嘉門 主水 Mondo Kamon

第2章で作った電流プローブは，プローブの中にケーブルを挿入して，ケーブルに流れる高周波電流を測る道具でした．

ループ・アンテナを使うと，ケーブルだけでなくプリント・パターンや金属板の表面などを流れる高周波電流によって発生する磁界を検出できます．

本章では直径32 mmのバランス・タイプ，直径10 mmのアンバランス・タイプと，2種類のループ・アンテナを作ります．

技① 直径32 mmバランス・タイプ・ループ・アンテナを製作する

直径30 mm程度のループ・アンテナは，被測定器の内外部の磁界分布を探ることができます．局所を探ることもある程度可能で，便利な大きさです．

①使用材料は，1.5D相当のセミリジッド同軸ケーブルで，約20 cmを用意します．20 cmのうちの10 cmはループ・アンテナ部分に，残りの10 cmはフィーダ部分になります．

②ループ・アンテナのループ部分を成形します．35 mmフィルムのプラスチック・ケースの筒部分に，セミリジッド・ケーブルを巻き付けるようにしながらループ部分の円形を成形します(**写真1**)．

③次に成形したループ・アンテナの頂部を切り離しますが，ニッパなどで切断すると，切断面が潰れて以後の加工が難しくなります．**写真2**のように，ループの頂部にカッター・ナイフの刃を当て，押し付けた状態でフィーダ部分を手に持ち，上下させると切れ目が入ります．ループ・アンテナをひっくり返して裏側からも同じように切れ目を入れます．切れ目が全周に深く入ったら，切れ目を中心に軽く折り曲げるように力を加えると銅のシース部分は簡単に折ることができます．折れた部分からカッター・ナイフの刃を入れて，絶縁層と芯線を切り離します．

④ループの頂部で切断すると，2つの部品に分かれます(**写真3**)．フィーダ部がある側のループ先端部分の銅シースを1.5 mm取り去り，絶縁層を1 mm切り取り芯線を露出させます．フィーダの付いていない側(**写真3**の上側)を「金属棒」と呼ぶことにします．

⑤露出させた芯線を金属棒の一端にはんだ付けします(**写真4**)．

⑥金属棒のもう一端は，ループからフィーダに移るネ

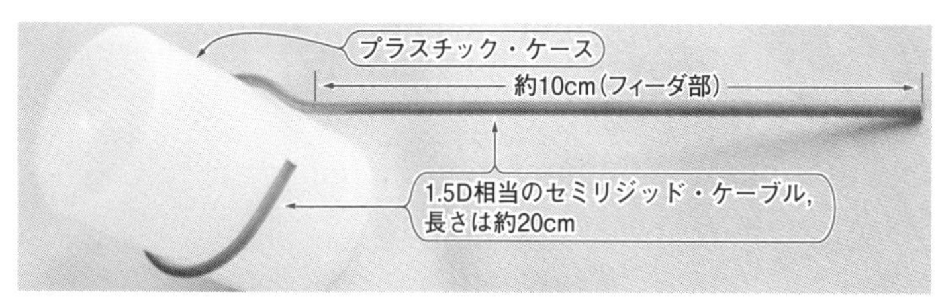

写真1
セミリジッド・ケーブルをプラスチック・ケースに巻き付けたようす

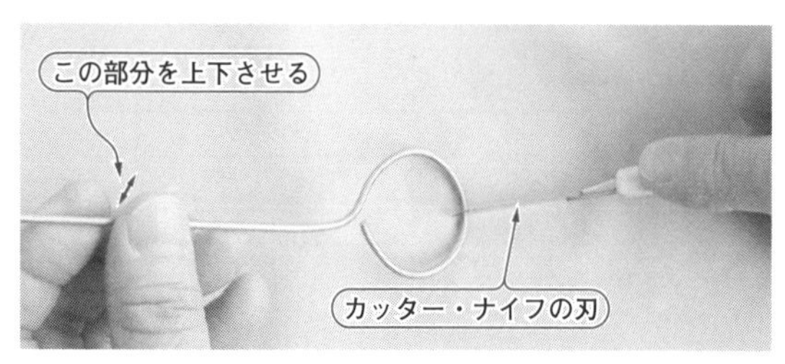

写真2　成形したループ・アンテナの頂部を切り離す

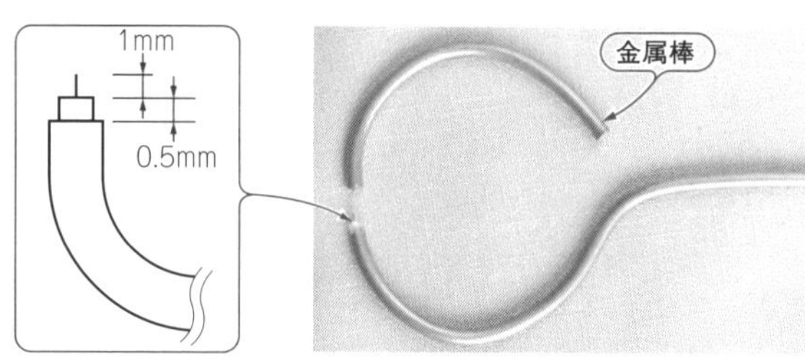

写真3　はんだ付け前のループ・アンテナ

ック部にはんだ付します．測定器と接続するためのコネクタをフィーダの端に取り付けます．コネクタは，SMAかBNCタイプがよいでしょう．これで直径32 mmのループ・アンテナが完成です(**写真5**)．

技② 直径10 mmのアンバランス・タイプ・ループ・アンテナを製作する

ループ・アンテナは，直径が小さくなると感度が落ちますが，分解能は高くなり，局所の測定に適しています．直径が10 mm以下になると，同軸ケーブルを使ったバランス・タイプのアンテナは加工が難しくなるので，単線を使ったアンバランス・タイプのループ・アンテナを作ります．

①ループ・アンテナの材料には，直径0.6 mmのウレタン被覆銅線を使いました．まず，長さ40 mmの銅線を用意して，**写真6**のようにペンの軸(軸径9 mm)などに巻き付けてループを成形します．構造としては，自立させることが難しいのでコネクタ上に取り付けることにします．

②使用するコネクタの形状に合わせて，はんだ付けがしやすいように，ループ状に成形した銅線の両端を加工します．**写真7**を参考にしてください．両端部分は，はんだを付けますのでカッター・ナイフや紙やすりでウレタン皮膜をよくはがします．

③ループの両端とコネクタをはんだ付けして完成です(**写真8**)．

● 自作ループ・アンテナの使用上の注意

自作したループ・アンテナを実際に使うとき，電圧が加えられた回路などに接触する可能性があるので，ループ部分をビニール・テープやセロハン・テープなどで絶縁します．これを忘れると，機器の故障や，思わぬ事故を起こす可能性があります．ウレタン被覆線を使ったループでも，加工時に皮膜を損傷させていることがあるので絶縁処理は必須です．

アンバランス・タイプのループ・アンテナで測定する場合は，フェライト・クランプなどのコモン・モード・フィルタを3～4個，できるだけループ・アンテナの近くに入れます．ループとコネクタ間に市販のチップ・タイプのコモン・モード・フィルタを入れる方法もあります．

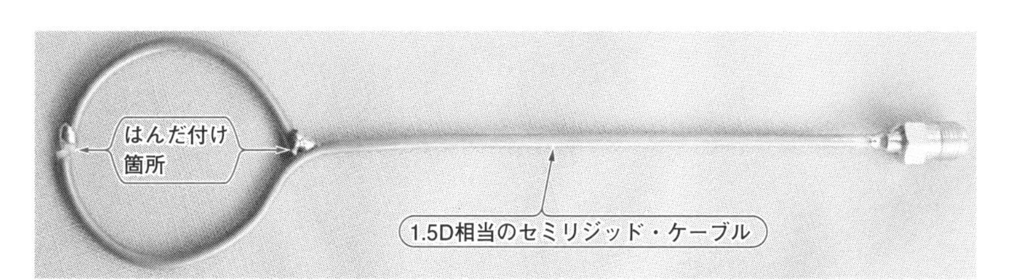

写真5　完成した直径32 mmのループ・アンテナ

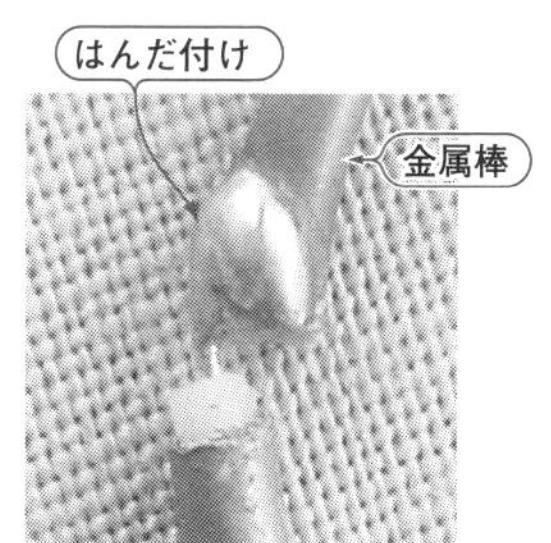

写真4　露出させた芯線を金属棒の一端にはんだ付け

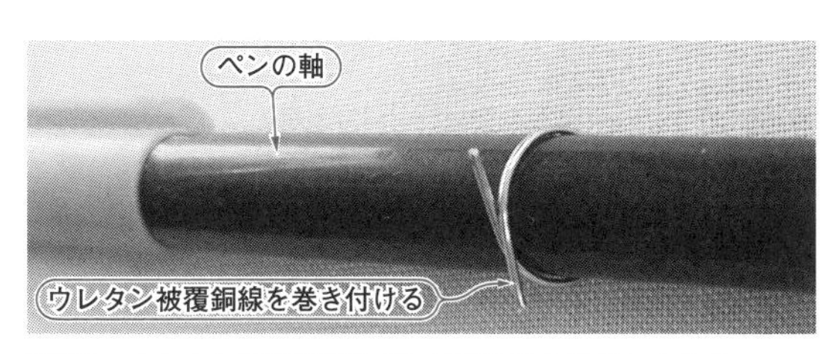

写真6　ウレタン被覆銅線をペンの軸に巻き付けたようす

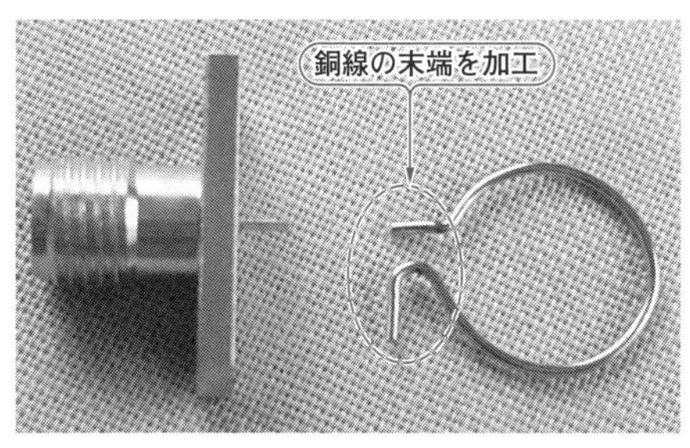

写真7　ループ状に成形した銅線の末端処理

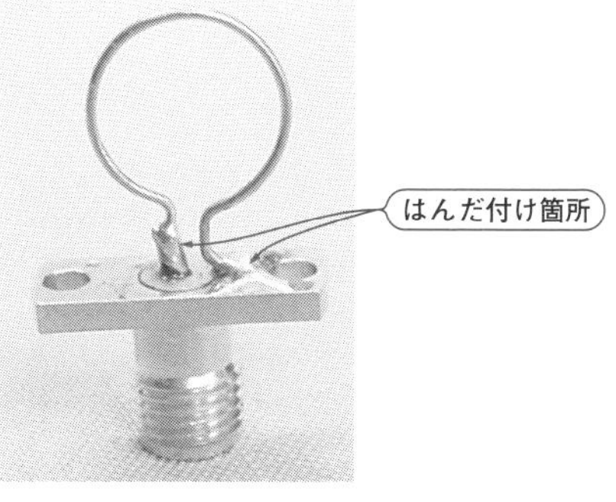

写真8　完成した直径10 mmのループ・アンテナ
直径32 mmのループ・アンテナに比べると感度は低いが分解能は高く，局所の測定に向く

第5章 相対的なノイズ・レベルを調べる

微小ノイズ源を探る… CDプレーヤ基板スキャン

嘉門 主水 Mondo Kamon

第4章で2種類のループ・アンテナを作りました．本章はこれらのループ・アンテナを使い，CDプレーヤの主なノイズ源を探ってみます．測定に必要なのはループ・アンテナとスペクトラム・アナライザです(**写真1**)．

技① 調べられるのは相対的なノイズ・レベル

ループ・アンテナは，被測定物に近づけるだけでノイズ・レベルを測定できる容易さと手軽さが特徴です．しかし，感度が低く指向性があるために，ノイズ源とループ・アンテナの相対角度によって受信レベルが変化してしまいます．

ですが感度の問題は，主にループ・アンテナを被測定体に近接させた状態で使うためにあまり弱点とはならず，角度で受信レベルが変化する問題は，磁界の到来方向がわかるという利点でもあります．ループ・アンテナは，ほとんどの場合，相対的なレベルを取り扱うので，感度を知ることはあまり重要ではありません．

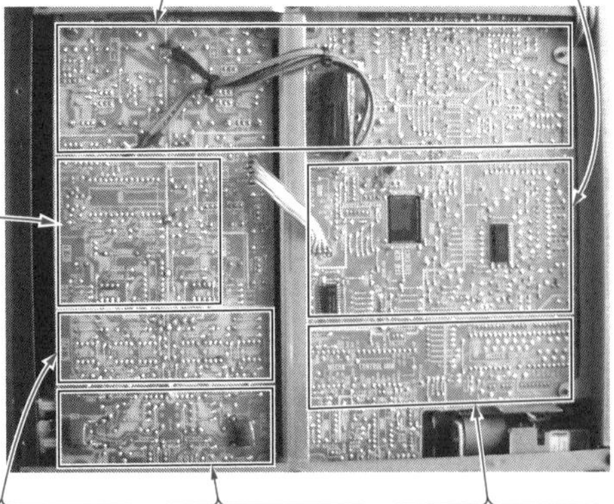

電源，駆動系コントロールなど
エラー訂正，サーボなど
D-A変換
ロー・パス・フィルタ
オーディオ・アンプ
メカ・コントロール

写真2 測定前に基板を回路ブロックに分ける

技② 基板を回路ブロックに分ける

据え置き型のCDプレーヤを測定しながらループ・アンテナの使いかたを説明します．**写真2**は，被測定器であるCDプレーヤのプリント基板です．長辺の長さが22 cmほどの大型基板2枚で構成されています．これらの基板には，回路ブロック名が書かれています．それを参考に，大まかに区分してみたのが，**写真2**中に枠で囲んだ6つのブロックです．

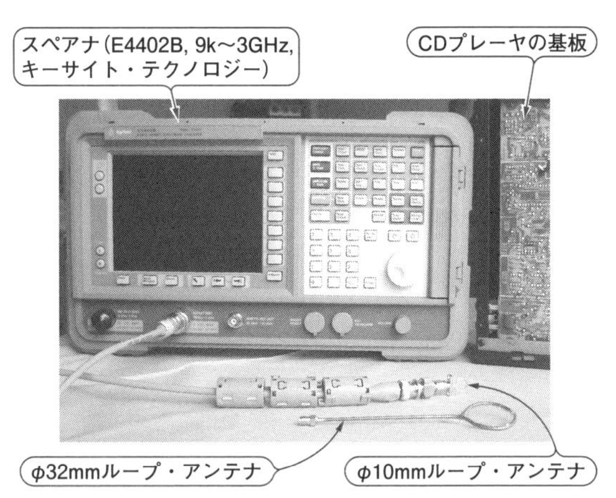

写真1 測定に使ったスペアナとループ・アンテナ

写真3 φ32 mmループ・アンテナは基板から20 mm程度浮かして使う

技③ 直径32 mmのアンテナでざっくり調べる

直径32 mmのループ・アンテナを使って，各ブロックのノイズ・レベルを測ります．**写真3**のように，基板面から約20 mm上方にループ・アンテナを保持して，各回路ブロックを走査します．

例えば，回路ブロックの左上端から右に向かってアンテナを移動させ，右端に来たら10 mmほど下方へアンテナを移して，右端から左へ向かって移動させます．これを繰り返してブロック全体を走査します．

走査中に，ある周波数領域がぐっと盛り上がる気配があったら，そこでアンテナの移動を止め，スペアナをマックス・ホールドにして，ループ・アンテナをゆっくりと90°回転させながらそのポイントでの最大値を捉えます．比較的レベルの高かったのは，D-A変換と電源のブロックです．測定結果は**図1**と**図2**です．

技④ ノイズ源の特定に直径10 mmのアンテナを使う

測定に使ったCDプレーヤのプリント基板は，部品の集積度があまり高くありません．32 mmのループ・アンテナでも，基板面に近づけるとブロックの中でレベルの高いポイントが大体わかるのですが，それでも周囲のノイズにマスキングされることがあります．

そこで，直径10 mmのアンバランス型ループ・アンテナを使って，ブロックの中のノイズを測ります．径が小さくなると感度は落ちますが，分解能が高くなります．32 mmのループ・アンテナを使った測定で一番レベルの高かった，D-A変換のブロックを測ります．

10 mmのループ・アンテナで測定する場合は，アンテナを被測定基板に，ほとんど接触するまで近づけます．そして，32 mmのループ・アンテナと同じように走査し，レベルが高くなるポイントでアンテナを90°回して最大値を求めます．測定の結果は，D-A変換回路のICの真下でもっとも高い値を示しました．このときの測定のようすを**写真4**に，測定結果を**図3**に示します．

● ループ・アンテナは指向性をもつ…上手に使おう

ICの真下のポイントで，測定レベルがもっとも高くなるのは**写真4**のような角度のときでした．測定レベルがもっとも低くなる角度が**写真5**で，測定結果は**図4**です．ループ・アンテナは磁界を検出するので，**写真4**は磁界の来る方向にループの開口が向いていることになるわけです．

写真4　ϕ10 mmループ・アンテナでD-A変換回路中のICの真下を測定

写真5　ループ・アンテナは指向性をもつ
写真4に対してアンテナを90°回転させるとノイズ・レベルが下がる（図4）ことがわかった

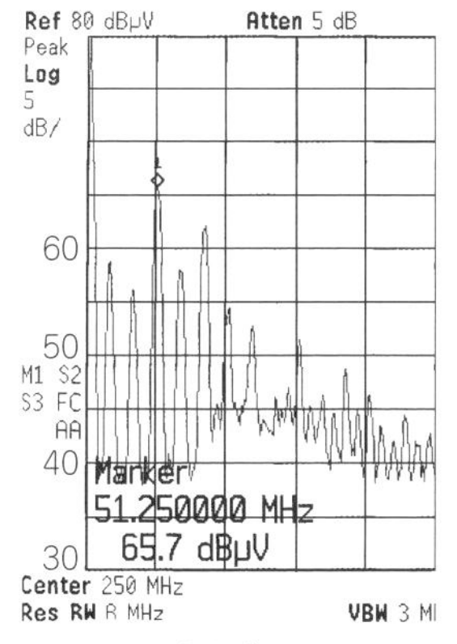

図1　D-A変換ブロックのノイズ・レベル(0～250 MHz)

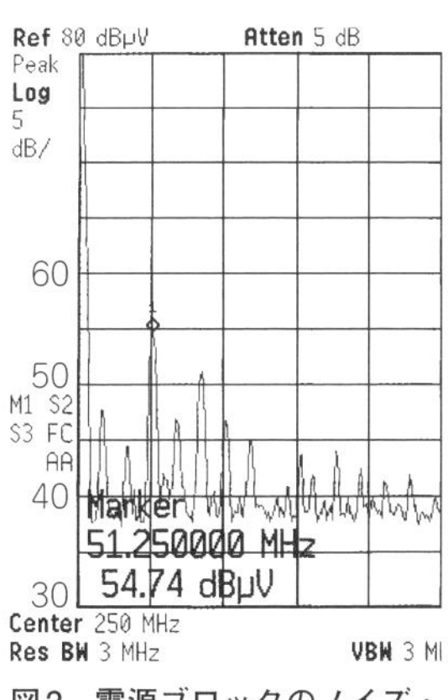

図2　電源ブロックのノイズ・レベル(0～250 MHz)

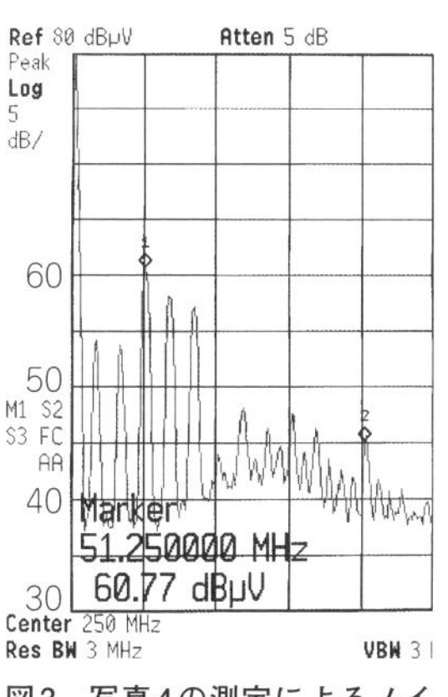

図3　写真4の測定によるノイズ・レベル(0～250 MHz)

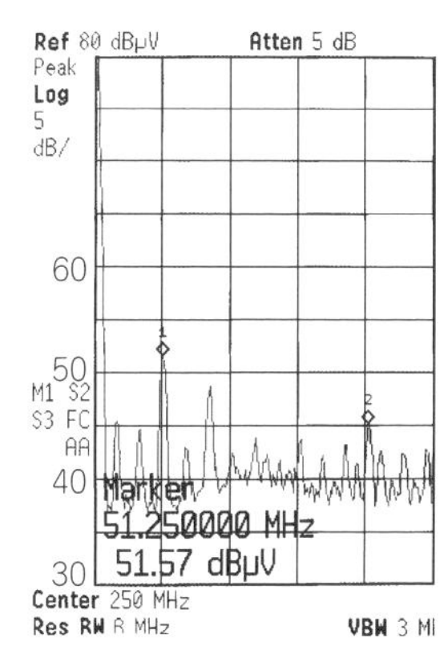

図4　写真5の測定によるノイズ・レベル(0～250 MHz)

第6章 被測定器からの放射電磁界を調べる

ノイズ源の探し方ノウハウ

嘉門 主水 Mondo Kamon

本章では，放射電磁界源(ノイズ源)を探す方法を紹介します．探しかたを大まかに述べると，手順は外側から内側へ，やりかたは出口を1つにです．そして，この2つはいつも同時進行です．

外側から内側への手順を詳しく説明します．

①本体からどのくらい放射電磁界が出ているか
②電源コードからどのくらい放射電磁界が出ているか
③本体と周辺機器とを結ぶケーブルからどのくらい放射電磁界が出ているか
④本体の金属パネルなどに開いた，穴やスリットからどのくらい放射電磁界が出ているか
⑤プリント基板のどこから放射電磁界が出ているか

やりかたを具体的に述べると，できる限り調べる系を1つに絞ります．特にケーブル類はアンテナになりやすく，相互に影響を与える可能性が強いので，徹底して系を絞り，出口を1つにします．

放射電磁界源を探すための測定には，放射電磁界をアンテナで受ける方法と，電流プローブでケーブルに重畳した高周波電流を測定する方法があります．

技① 被測定器の一部を金属布で覆い部分ごとのノイズの程度を探る

最初は，被測定器からの放射電磁界をアンテナで受けて測定します．一般的には電波暗室を使います．被測定器を回転台に載せ，バイコニカルなどの受信アンテナを使って，放射電磁界の程度を把握します．測定方法自体は，電波暗室や屋外における通常の放射電磁界測定と変わりません．ここでは測定の手順に絞って解説します．

①について説明します．まず，筐体(きょうたい)部分からの放射電磁界を測定します．例示したのはノート・パソコンの場合です．被測定器の筐体全体を金属布で覆って(シールドして)測定し，放射電磁界が漏れ出ていないことを確認します(**図1**)．次に，金属布によってディスプレイ部分だけを覆い，本体からの放射電磁界を測定し，続いて本体部分だけを覆い，ディスプレイからの放射電磁界を測定します(**図2**)．

出口を1つにして，本体とディスプレイからの放射電磁界を個別に測定したことになります．金属布を外して全体の放射電磁界も測ります．

次は②と③についてです．ノート・パソコンの場合，ACアダプタや外部記憶装置，プリンタ，モデムやルータなど，さまざまな周辺機器がケーブルを通して接続されます．出口を1つにするため，パソコンにはケーブルを1本ずつ接続し，そのたびに測定を行います(**図3**)．

この場合，ケーブルと筐体部分が1対のアンテナとして機能するので，筐体全体のシールドはしません．

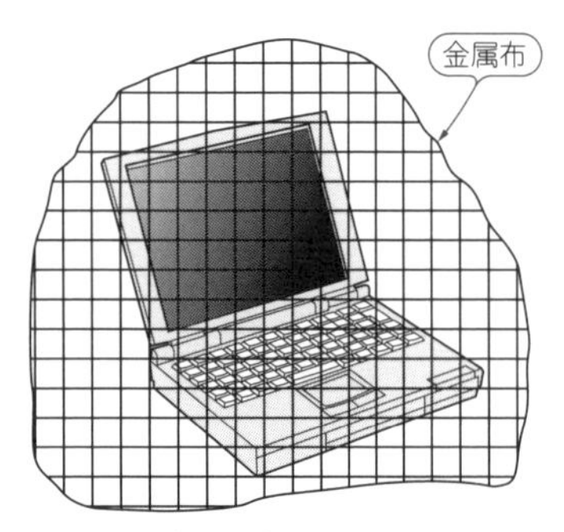

図1 金属布の放射電磁界のしゃへい性を確認する

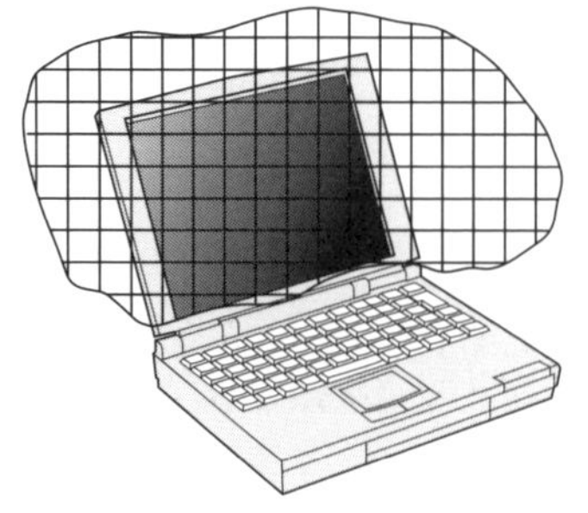

(a) 金属布でディスプレイを覆うと本体からの放射電磁界がわかる

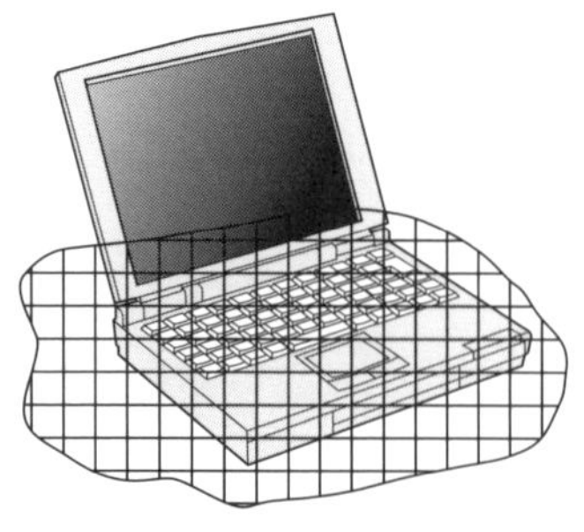

(b) 金属布で本体を覆うとディスプレイからの放射電磁界がわかる

図2 金属布で覆い，各部の放射電磁界を調べる

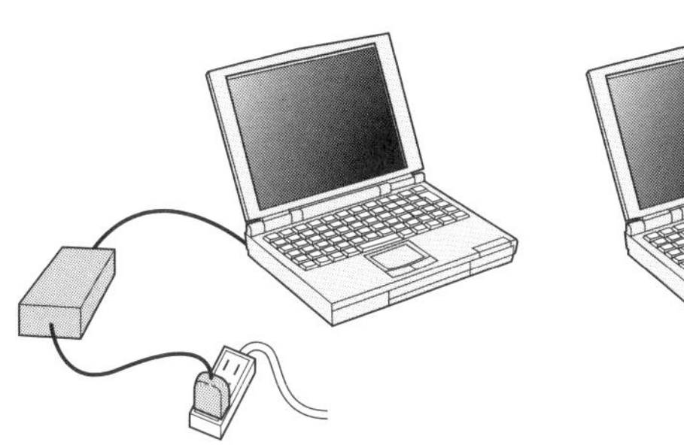
(a) パソコンに電源ケーブルだけを接続

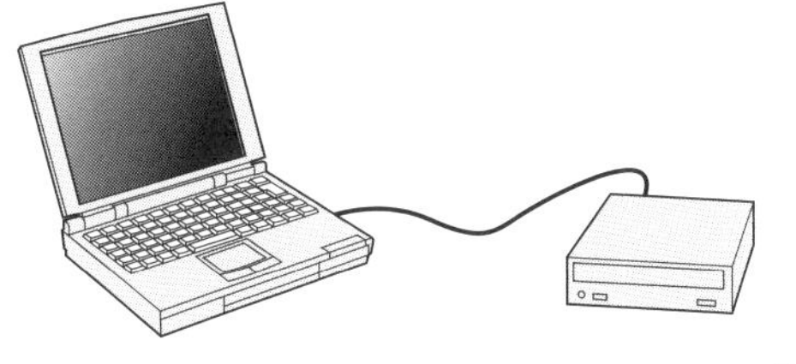
(b) パソコンにDVD-ROMドライブだけを接続

図3 電源ケーブルや接続ケーブルそれぞれの放射電磁界を調べるためパソコンにはケーブルを1本ずつ接続する

ケーブル部分だけからの放射データが必要な場合は，筐体を金属布で覆って測定します．

ここまでは，電源系ケーブルの測定以外は，被測定器をバッテリ駆動で測定します．もし，AC電源しか使用できない場合は，フェライト・クランプを隙間なく取り付けて電源ラインからの放射電磁界を防止します．

④については，被測定用の穴やスリット以外の隙間を銅はくテープや金属布で覆います．この状態で測定を行い，出口を1つに絞ります．

⑤は，電波暗室における通常の測定方法で調べることはできません．第5章の方法で測定します．

これらの測定により，各系からの放射電磁界レベルを知ることができるので，対策を行うルートの推定と対策方法の立案が可能となります．

技② 接続ケーブルのノイズの程度は電流プローブでも測れる

ここでは，②と③についての測定が主になります．電流プローブによって，個々のケーブルに重畳する高周波電流を測定し，各系の放射電磁界レベルを推定します．電流プローブを使った測定方法については，第3章を参照してください．筐体に複数のケーブルがつながれている場合の注意事項を詳しく述べます．

仮に，複数本のケーブルのうち，1本だけから放射している場合でも，それ以外のケーブルは受信アンテナとなり，コモン・モード電流が流れ込みます．そのため，どのケーブルを測定しても電流が検出され，妨害源の特定が困難になります．このような場合，出口を1つにする必要が生じてくるのです．出口を1つにする方法は，次の3つが考えられます．

Ⓐ筐体に接続されているケーブルを，測定するものだけ残して後は取り外し，残したケーブルの高周波電流を測定する．

Ⓑ取り外せないケーブルがある場合，測定するケーブル以外はフェライト・クランプを隙間なく取り付ける(**図4**)．

Ⓒ上の2つの方法が困難な場合，**図5**のように全体を金属板，または金属布の上に載せて測定する．

Ⓒに関してですが，測定するケーブル以外を金属板に密着させると，金属板とほぼ同電位になり，高周波電流が重畳している被測定ケーブルだけに出力が検出されます．

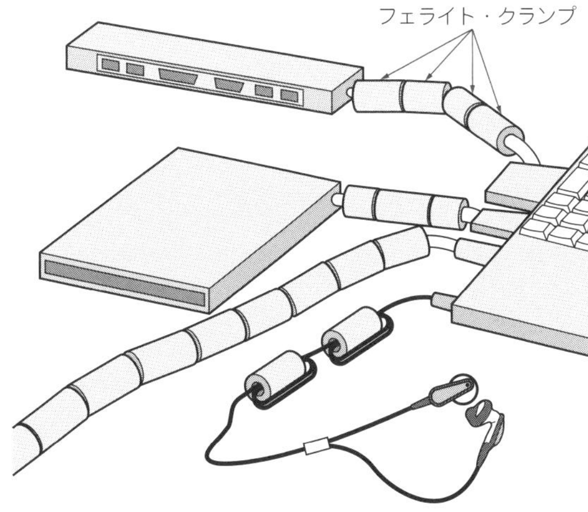

図4 被測定ケーブル以外のケーブルは，コモン・モード電流の流れ込みを防止するためにフェライト・クランプを取り付ける

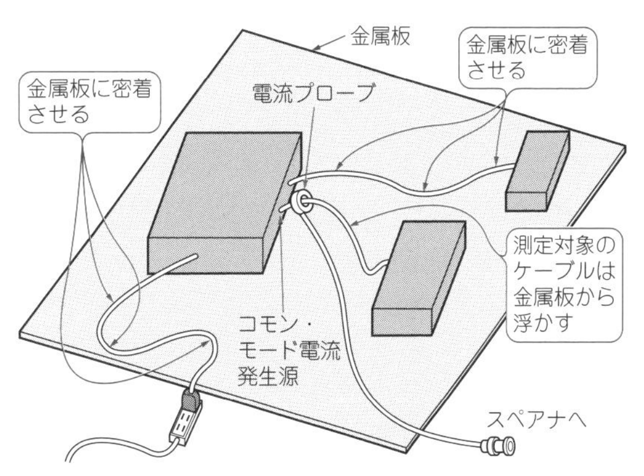

図5 被測定ケーブル以外のケーブルは，コモン・モード電流の流れ込みを防止するために金属板に密着させる

第2部

ノイズ対策に効果的な部品

第2部 ノイズ対策に効果的な部品

第7章 用途に応じて汎用部品やノイズ対策用部品を使う

部品箱に常備したい ノイズ対策用の部品

長田 久 Hisashi Osada

ノイズ対策部品と用途

技① 用途に応じてノイズ対策部品を使う

ノイズの発生，伝送，被害を受ける場所に，あらかじめ対策部品を取り付けます．ノイズ対策部品には，コンデンサ，コイル，トランス，フィルタなど多くの種類があります．

表1に，ノイズ対策に使われる部品を示します．ノイズの発生を抑えるのか(EMI)，外来ノイズから守るのか(EMS)，電源回路用か，信号回路用か，そして，抑えるノイズ・モードは何かを表しています．

● ノイズ対策で使う汎用部品

代表的な受動部品である抵抗，コンデンサ，インダクタといった汎用部品もノイズ対策に使用されます．

▶抵抗：電圧降下や電流制限の特性を利用し，ノイズ・レベルを抑えます．線路と直列に接続する抵抗をダンピング抵抗と呼びます．

▶コンデンサ：電気を蓄え，周波数によってインピーダンスが変化する特性を利用して高周波のノイズを抑えます．ICの電源端子に並列に接続して，高周波ノイズをグラウンドに流し込むバイパス・コンデンサなどに使えます．

▶インダクタ：磁気を蓄え，周波数によってインピーダンスが変化する特性を利用します．信号ラインに直列に接続し，高周波の減衰量を大きくすることで，リプルや高周波のノイズを抑えます．インダクタによるインピーダンス整合も反射を抑えるので，ノイズ低減の役割を果たすことになります．

● ノイズ対策を主な目的とした専用部品

フェライト・コアは，トランスやインダクタなどさまざまな用途に加え，ノイズ対策部品としても使われています．**写真1**はフェライト・コアにプラスチック・ケースを被せて，ケーブルやコードに取り付けやすくしたノイズ対策用のクランプ・フィルタです．

AC電源用EMC対策部品は，AC電源の入口に使用

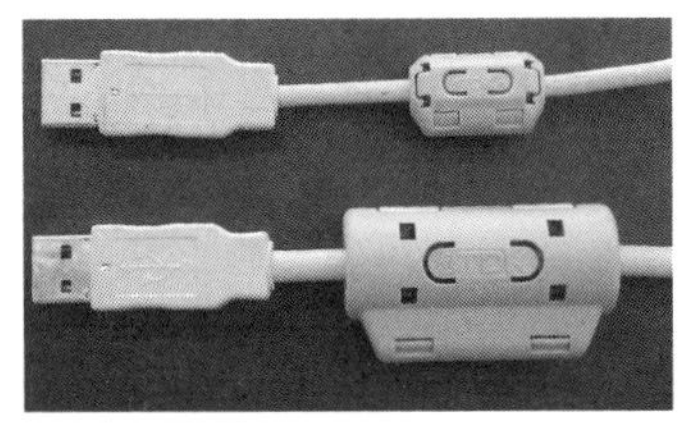

写真1 ケーブルやコードに取り付けるフェライト・コアを利用したクランプ・フィルタ

表1 ノイズ対策部品と用途

EMC対策部品＼用途		EMC		回路			ノイズ・モード	
		EMI	EMS	AC電源回路	信号ライン	DC電源ライン	ノーマル	コモン
汎用部品	抵抗	○		○	○		○	
	コンデンサ	○	△	○	○	○	○	△
	インダクタ	○	△	○	○	○	○	△
	フェライト・コア	○	△	○	○	○	○	○
専用部品	ビーズ	○			○	○	○	
	3端子フィルタ	○			○	○	○	
	コモン・モード・フィルタ	○	○	○	○			○
	AC電源用ノイズ・フィルタ	○	○	○			○	○
	バリスタ		○	○	○	△	○	
	電波吸収シート	○			○	△	○	△

○：主な用途，△：使用する場合もある

します．装置からAC電源ラインに流れ出すノイズを抑えると同時にAC電源ラインから装置に侵入してくるノイズも抑えます．

そのほか，プリント基板に搭載されるビーズ，3端子フィルタ，コモン・モード・フィルタなどがあり，それぞれの用途に従って選択します．

チップ・インダクタとチップ・ビーズの使い方

積層タイプのチップ・インダクタとチップ・ビーズは外観（**写真2**）や製造方法，内部構造がほとんど同じです．

大きな違いは，構成している材料と電気的特性です．電気的特性の比較を**表2**に示します．**図1**に代表的な電気的特性の例を示します．

この特性の違いが用途の違いになっています．

技② インダクタは特定周波数のノイズを反射させる

チップ・インダクタは，インダクタンス特性を利用した電子部品です．特性が良いチップ・インダクタは，Q特性が大きく，広い周波数範囲で一定のインダクタンス特性をもちます．Q特性は，ビーズと比較して約3倍の大きさになっています．

高周波損失は高周波帯における抵抗成分です．インダクタの高周波損失は，高周波帯で急に大きくなって，狭い周波数領域しか持続していません．インダクタの高周波損失は単峰高山形です．

技③ ビーズは幅広い周波数のノイズを熱に変換する

チップ・ビーズの高周波損失は，低い周波数帯から増加します．そして高くなった高周波損失が広い周波数域で持続しています．

チップ・ビーズの高周波損失は広い高原形になっています．

（a）チップ・ビーズ MMZ1005（TDK）　（b）チップ・インダクタ（コイル）MLF1005（TDK）

写真2　チップ・ビーズとチップ・インダクタ（コイル）の外観

表2　インダクタとビーズの電気的特性の違い

	インダクタ	ビーズ
主特性	インダクタンス［H］	インピーダンス［Ω］
Q値	大きい	小さい
高周波損失	小さい	大きい

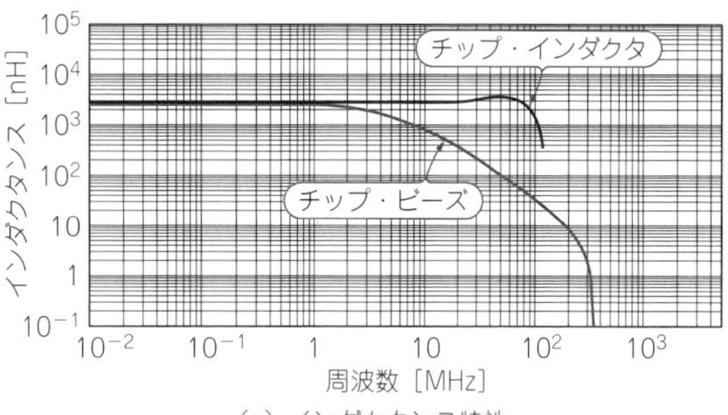

（a）インダクタンス特性

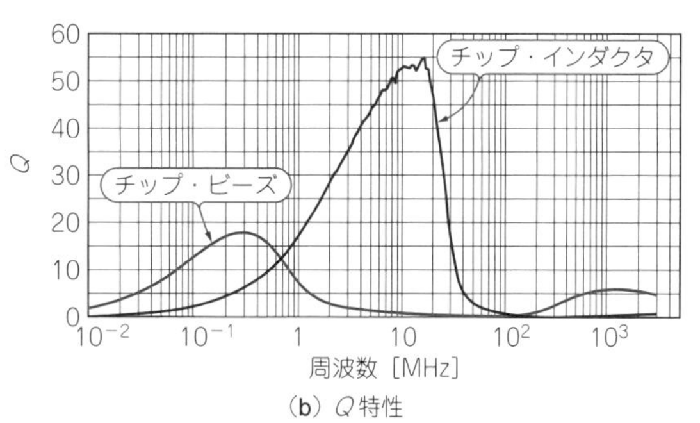

（b）Q特性

（c）高周波損失特性

図1　インダクタとビーズの電気的特性例
部品特性解析ソフトウェアSEAT（TDK）による

技④ ディジタル・ノイズにはビーズを，アナログ・ノイズにはインダクタを使う

チップ・インダクタとチップ・ビーズの周波数対減衰量特性のグラフを**図2**に示します．

チップ・インダクタは特定の狭い周波数帯域で減衰

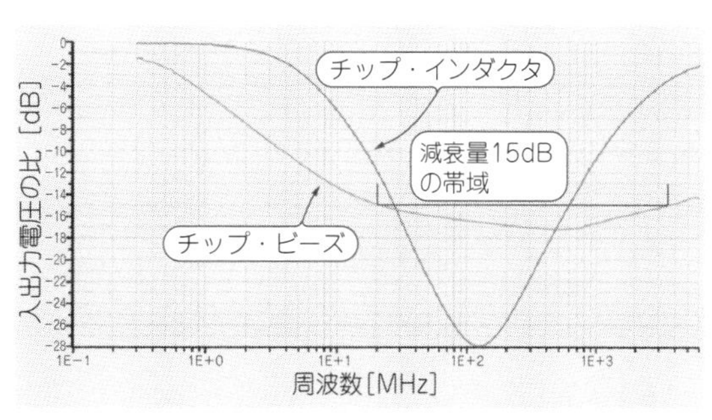

図2　チップ・インダクタとチップ・ビーズの周波数対減衰量特性
部品特性解析ソフトウェアSEAT（TDK）より

量が大きくなっています．チップ・ビーズの減衰量はチップ・インダクタほど大きくはありませんが，広い周波数帯域にわたって一定の大きさになっています．

インダクタは周波数が特定できるアナログ・ノイズの除去に適していて，ビーズは多くの周波数成分を含むディジタル・ノイズの除去に適しています．

● 広い周波数成分の除去にビーズが効果的な理由

クロック波形などのディジタル信号は**図3**に示すように多くの周波数成分から成り立っていて，これがノイズとなってほかの回路に影響を及ぼすことがあります．

チップ・ビーズのパルス応答特性と周波数スペクトラムを**図4**に示します．チップ・ビーズはパルス応答特性が良く，多くの周波数成分で電圧が低くなっています．

バイパス・コンデンサの使い方

図5に示すように，電源ラインとグラウンド間に接続したバイパス・コンデンサのノイズをグラウンドに流します．コンデンサのインピーダンス[容量性リアクタンス$X_C=1/(2\pi fC)$] が周波数に反比例する性質を利用して，コンデンサで作った側路(バイパス)にノイズを通すのです．

● 実際にはバイパスできる帯域が限られる

実際のコンデンサは電極や外部接続端子によってインダクタンス成分(ESL)や抵抗成分(ESR)をもちます．

インダクタンスのインピーダンス(誘導性リアクタンス$X_L=2\pi fL$)は周波数に比例します．ある周波数f_r以上ではインダクタンスのインピーダンスが支配的となって，ノイズが除去できなくなります．

そこで，f_rの異なるコンデンサを複数個使用して広帯域のノイズを除去します．

技⑤ ESLが小さければ広帯域のノイズを除去できる

少ない個数のコンデンサで広い周波数帯域のノイズを除去するためには，コンデンサのインダクタンス成分(ESL)を小さくします．

低ESLコンデンサの代表例として3端子コンデンサがあります．3端子コンデンサと一般のコンデンサの外観を**写真3**に，構造例とESLを**図6**に示します．3端子コンデンサのESLは，一般のコンデンサの約1/4になっています．

図7は一般のコンデンサと3端子コンデンサの伝送特性の比較です．3端子コンデンサの減衰帯域が広帯域にわたっているので，広い帯域のノイズを除去でき

周波数f_0の基本波　周波数$3f_0$の高調波　周波数f_0の方形波（クロック信号など）　周波数$7f_0$の高調波　周波数$5f_0$の高調波

ノイズ・レベル　f_0 $3f_0$ $5f_0$ $7f_0$ $9f_0$ $11f_0$ $13f_0$ $15f_0$　ノイズ周波数

基本周波数から約15倍までの高調波が他回路に影響する可能性がある

図3　ディジタル信号の周波数スペクトラム

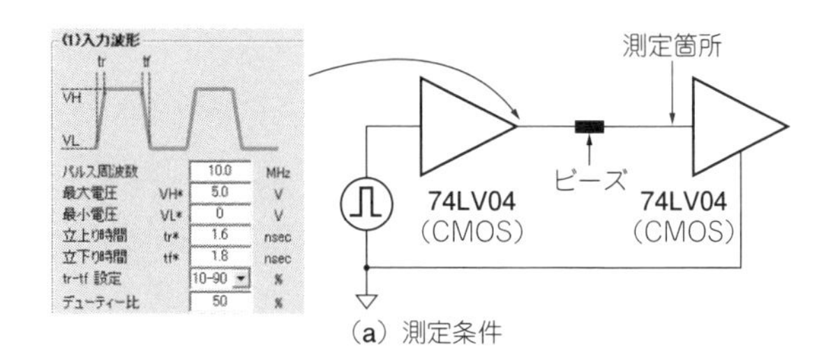

(a) 測定条件

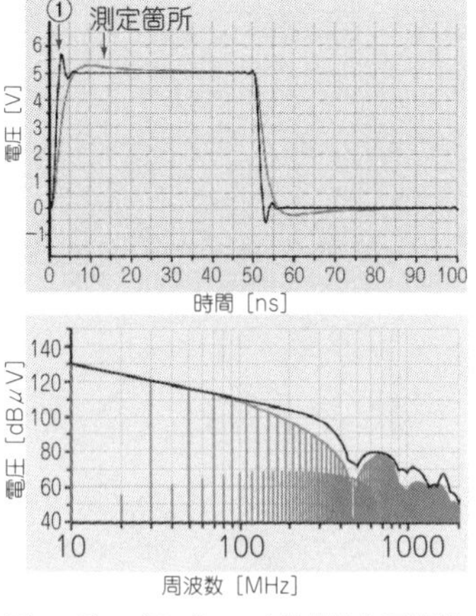

(b) 測定結果

図4　ビーズのパルス応答特性と周波数スペクトラム
部品特性解析ソフトウェアSEAT(TDK)より

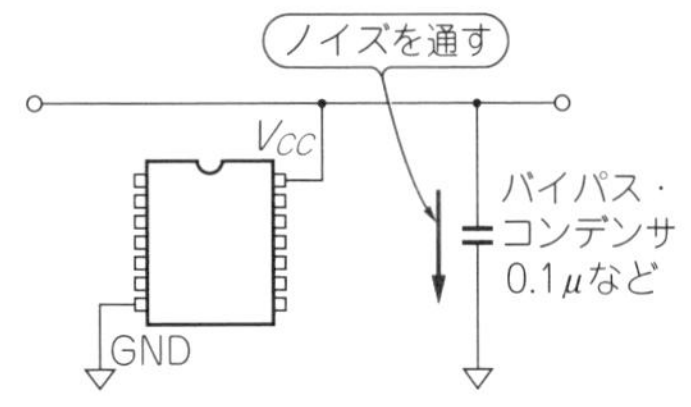

図5　バイパス・コンデンサの接続

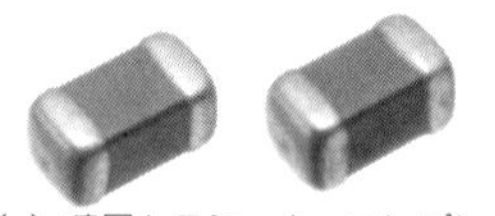

(a) 積層セラミック・コンデンサ

(b) 3端子コンデンサ

写真3　外観例
(a)はC1005X5R1C104K，(b)はCKD510JB1E104S(いずれもTDK)

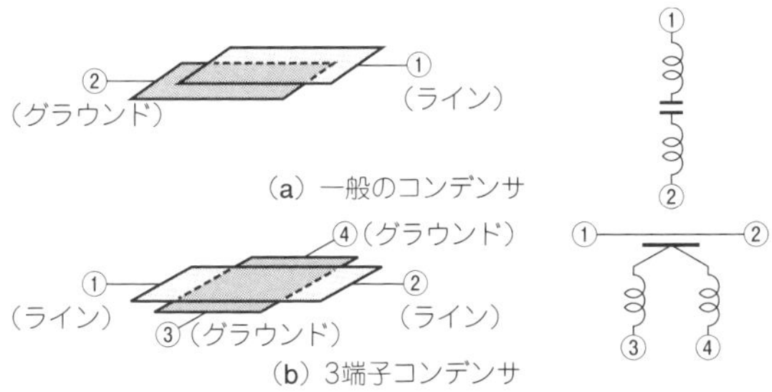

(a) 一般のコンデンサ

(b) 3端子コンデンサ

図6 3端子コンデンサの*ESL*は一般のコンデンサの約1/4

ることがわかります.

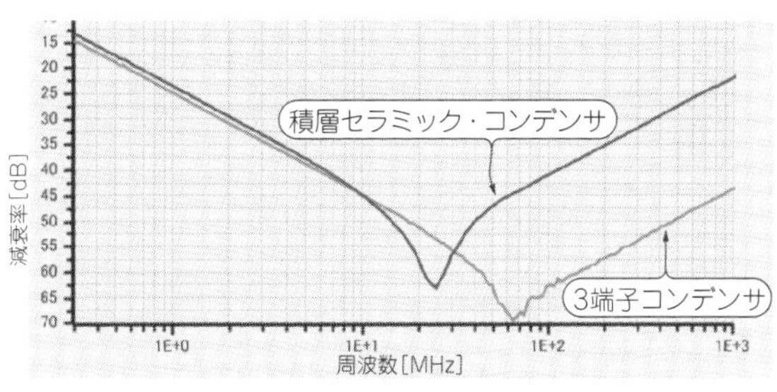

図7 伝送特性の比較
積層セラミック・コンデンサC1005X5R1C104K, 3端子コンデンサCKD510JB1E104S(いずれもTDK). 部品特性解析ソフトウェアSEAT(TDK)による

クランプ・フィルタの使い方

● ケーブルが放射ノイズを増やす

パソコンもデジカメも, 単体での放射ノイズは規格を十分に満足しています(**図8**).

しかし, デジカメからパソコンにUSBインターフェース・ケーブルで画像を送ると, **図9**のように放射ノイズが増えて規格を満足しなくなることがあります.

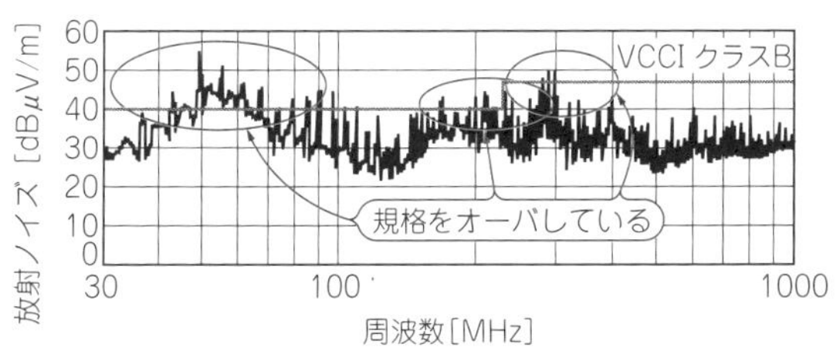

図9 単体では規格を満足するパソコンとデジカメを接続したときの放射ノイズ

● ノイズの発生原因

デジカメから画像データをパソコンに送るUSBインターフェースは差動伝送方式です. 差動伝送方式は2本の伝送線路で構成され, 同じ電圧の大きさで180°位相差のある信号を送っています.

しかし, ケーブルのばらつきなどで, この180°の位相がずれたり電圧の大きさなどが違ったりすると放射ノイズが発生します(**図10**).

技⑥ ケーブルの放射ノイズを低減するにはクランプ・フィルタを使う

放射ノイズを低減させるには, フェライト磁性体で作られているクランプ・フィルタ(**写真4**)を使います. ケーブルにクランプ・フィルタを取り付けると, 放射ノイズを低減して規格を十分に満足させることができます(**図11**).

このように, 完成したセットのノイズ対策には, クランプ・フィルタが便利で簡単です.

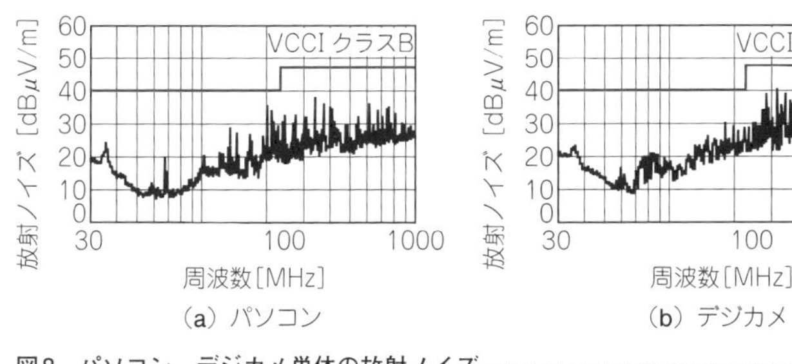

図8 パソコン, デジカメ単体の放射ノイズ

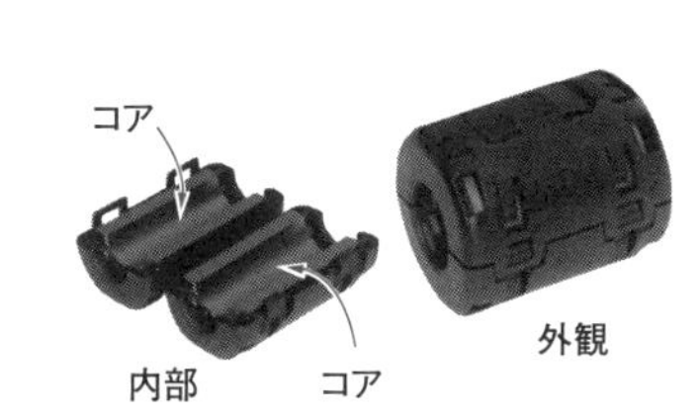

写真4 クランプ・フィルタの外観と内部

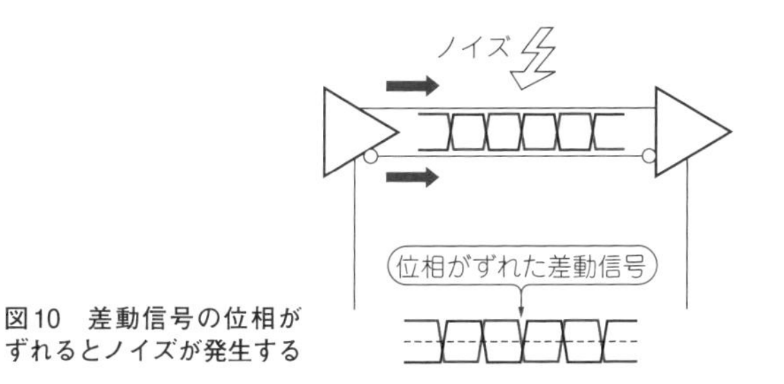

図10 差動信号の位相がずれるとノイズが発生する

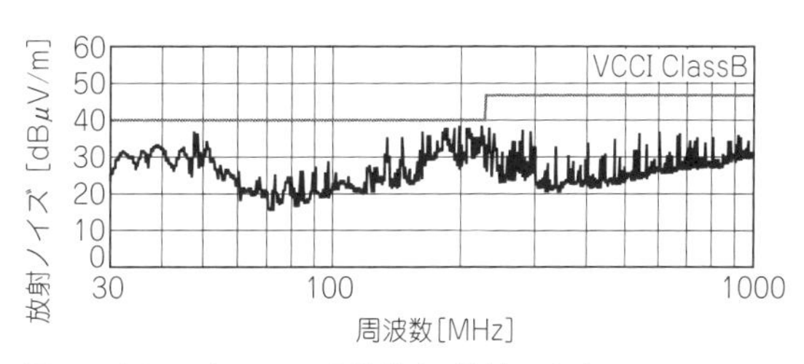

図11 クランプ・フィルタ装着時の放射ノイズ

AC電源用EMCフィルタの使い方

● AC電源用EMCフィルタの役割と内部の回路構成

AC電源はケーブルでつながっているので，ケーブルがアンテナとなって空中の電磁波を取り込んでしまいます．また，AC電源ケーブルは電気エネルギーと一緒に多くのノイズも運んでいます．そこで，電子機器ではAC電源ラインへ流れ出るノイズのレベルが規制されています．さらにAC電源ケーブルから電子機器にノイズが流れ込まないようにするためにも，AC電源回路にはAC電源用EMCフィルタを接続しています．

AC電源用ノイズ・フィルタの回路構成の例を**図12**に示します．コモン・モード・チョーク・コイルを2個，コモン・モード用コンデンサを2個使い，その接続点のグラウンド用端子が設けられています．外装ケースは金属製を使っています．

(a) 外観

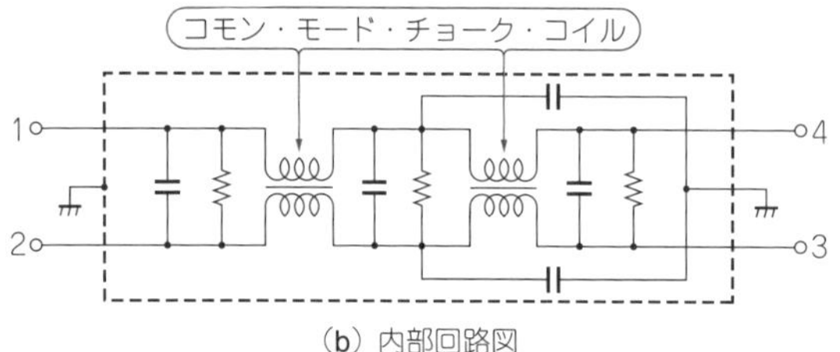

(b) 内部回路図

図12 AC電源用EMCフィルタの外観と内部の回路構成の例
3〜300 A，高減衰タイプ単相フィルタのRSHNシリーズ(TDK)

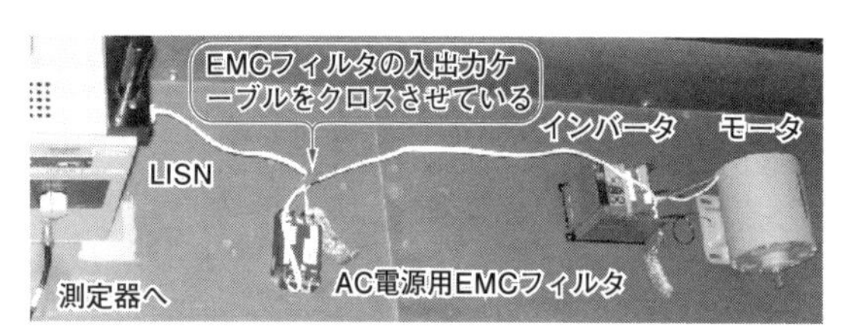

写真5 AC電源用ノイズ・フィルタの接続を変えてノイズ・レベルを測定する実験の接続
※LISN(Line Impedance Stabilization Network)

技⑦ 入力ケーブルと出力ケーブルは近づけてはいけない

AC電源用ノイズ・フィルタを機器に取り付けるときは，AC電源端子のケーブルと機器端子のケーブルを近づけたりクロスさせたりしないようにします．電子機器側のノイズから伝導してきたノイズがEMCフィルタを介さず，容量結合や誘導結合などによってAC電源側に流出してしまうのを防ぐためです．

技⑧ ケースとグラウンド端子は機器の金属ケースに接続する

グラウンド端子は，機器の金属ケースに接続し，AC電源用ノイズ・フィルタの金属ケースを機器のケースとしっかり接続します．そうしなければ，フィルタ本来の性能を発揮できません．

上記のことを実験で確認しました．

写真5は実験の接続です．ノイズ源にモータとインバータを使いました．LISN(疑似電源回路網)にAC電源，機器(モータとインバータ)および測定器を接続して伝導ノイズを測定しました．

図13にそれぞれの条件における伝導ノイズの測定結果を示します．

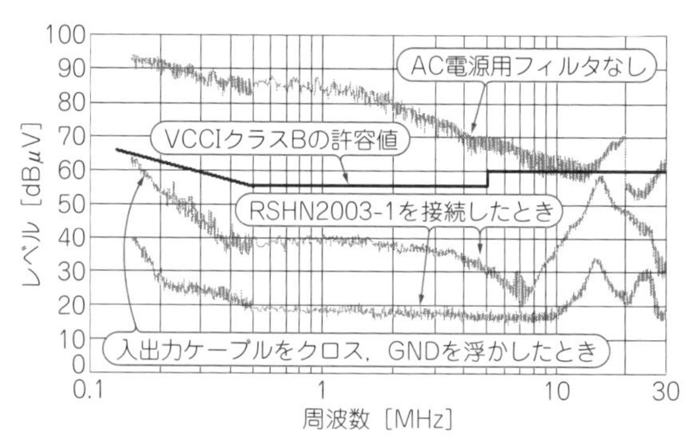

図13 写真5の実験によるノイズ・レベルの違い

第8章 酸化亜鉛バリスタやアレスタ，巻き線抵抗器など

落雷などの高電圧ノイズから機器を守る部品

鈴木 正俊 Masatoshi Suzuki

● 雷サージ対策に使用できる部品

雷サージ対策に使用できる部品には酸化亜鉛バリスタ（**写真1**，以下バリスタ）やアレスタ（**写真2**），巻き線抵抗などがあります．ダイオードやツェナー・ダイオードは，インパルス・ノイズ対策には使えても，雷サージ対策にはすぐ壊れて使えませんでした．

● とにかく酸化亜鉛バリスタをよく使った

筆者の経験では，雷サージやインパルス・ノイズ試験を行い始めたのは40年ほど前のことです．それ以前のノイズ試験といえば，大型リレーを2つ使って自励振動させるなど，今からみると定量化できない評価をしていました．

そんな状況で雷サージ試験などを行い，その対策を検討しなくてはならなくなったとき，周りを見渡せばバリスタがあり，よく雷対策に使ってしました．

しかしアレスタがバリスタより劣っているわけではありません．通信回線のサージ対策は，アレスタのほうが効果的と考えられます．

写真1　酸化亜鉛バリスタ（ZNR）

● バリスタは100 A以上のサージ電流が流れると制限電圧が3～5倍になってしまう

図1の電圧-電流特性例からわかるように，バリスタの制限電圧は電流依存性が大きいです．100 A以上のサージ電流が流れたとき，制限電圧がバリスタ電圧（1 mA時の制限電圧）の3～5倍にも達するので注意が必要です．この特性がバリスタの最大の欠点だと筆者は考えています．

利点はアレスタのように電圧がゼロになるまで放電を続ける続流現象がないので電源に使用できます．応答性能も良いのでサージの立ち上がり時間による放電

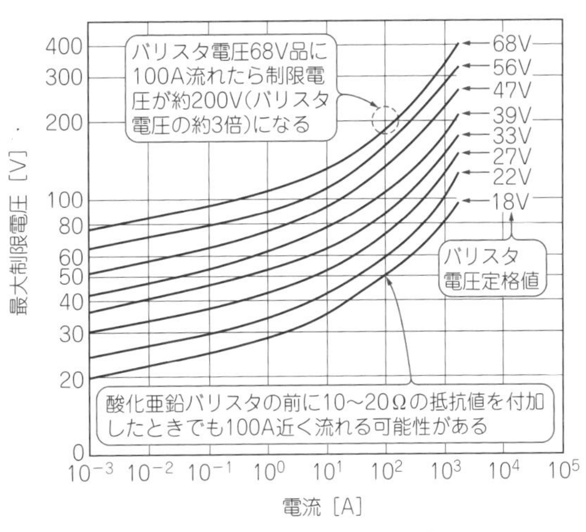

図1　酸化亜鉛バリスタ（ZNR）の電圧-電流特性
パナソニック資料より

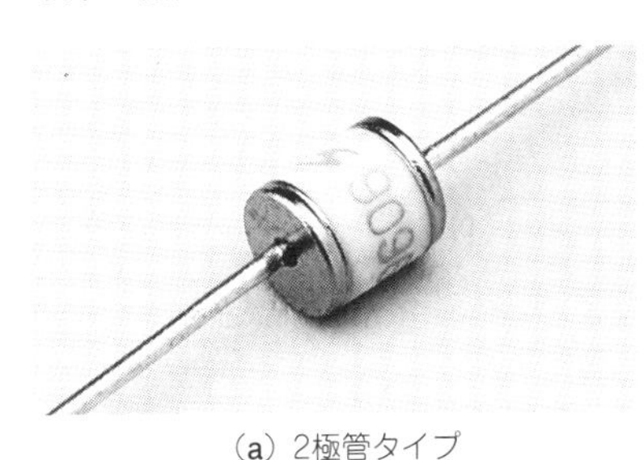

（a）2極管タイプ

（b）3極管タイプ

（c）表面実装タイプ

写真2　アレスタ（サンコーシヤ）

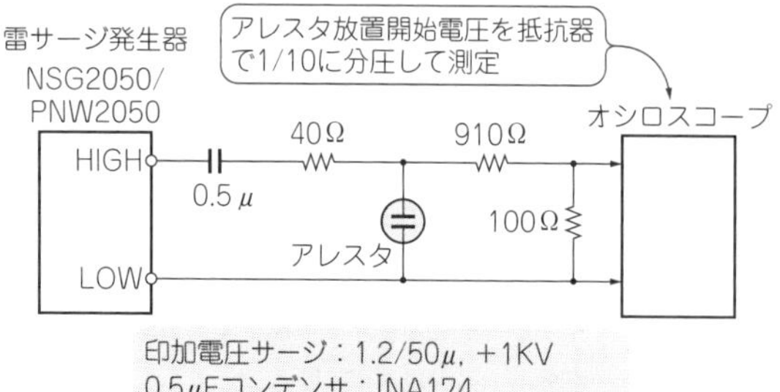

印加電圧サージ：1.2/50μ，+1KV
0.5μFコンデンサ：INA174
40Ω抵抗：CDN117
910Ω，100Ω抵抗：2Wセメント抵抗器

(a) アレスタ放電開始電圧測定試験

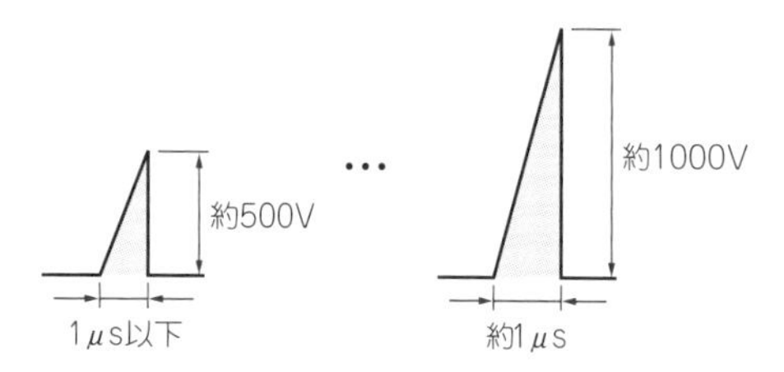

(b) 測定結果は約500Vから1000Vまでばらつきあり

図2 アレスタは応答が速くないので，短いサージに対して電圧が一定にならない

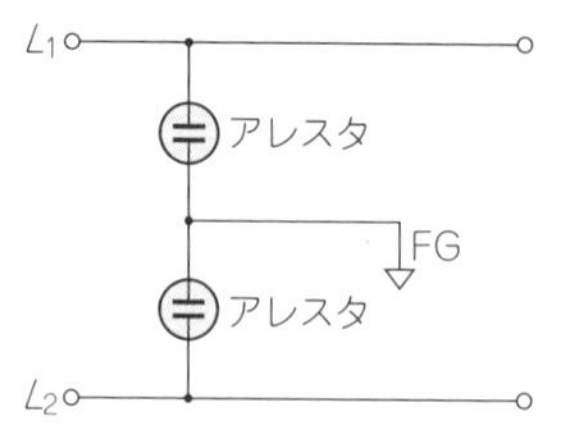

図3 アレスタによるコモン・モード対策回路
L_1/L_2とFG間のコモン・モード・ノイズ印加時，アレスタの放電開始電圧に差があるとノーマル・モード・ノイズに変化する．この対策のため3極管アレスタが必要

写真3 結合器用コンデンサの代替品として選んだメタライズド・フィルム・コンデンサ
定格電圧250 V_{AC}，端子相互間耐電圧1250 V_{AC}品CFJC22E474M-X（日通工エレクトロニクス）

開始電圧のばらつきはありません．ただしバリスタは静電容量が大きいので，高周波回路で使用するときには波形のなまりに注意が必要です．

技① アレスタは静電容量が小さく通信回線の雷サージ対策に向く

アレスタは，いったん放電が始まると短絡状態になります．バリスタはバリスタ電圧の3～5倍もの制限電圧が残りますが，アレスタは残りません．この点は長所です．しかし，サージ試験において放電開始電圧が定格電圧値になることはありません．**図2**に示す試験で，あるメーカの通信機器に実装されたアレスタ（アレスタ電圧100 V程度）の制限電圧特性を観測したところ，アレスタ放電開始電圧が500 ～1000 Vもありました．試験ごとに電圧レベルもまちまちでした．

放電開始電圧にばらつきが出た原因はアレスタの応答性能によるものでした．**図2**の試験では1.2/50 μsの電圧サージを加えたので，その影響が出たようです．通信回線の試験に用いられる10/700 μsならば応答性能の影響が少なくなり，放電開始電圧はもっと低くなると考えられます．

アレスタは静電容量が小さく高周波回路に向きます．通信回線の雷サージ対策に向いています．

技② 平衡回路には3極管アレスタを使う

図3の構成でL_1/L_2とFG間にコモン・モード・ノイズを加えると，アレスタの放電開始電圧に差があるためノーマル・モード・ノイズに変化します．この対策のため，**写真1(b)**のような3極管アレスタが必要になります．通常の回路には2極管アレスタ，平衡回路には3極管アレスタ，という使い分けになります．

● アレスタには続流があり電源には使いにくい

サージ侵入が終息しても，電源からの供給電圧により放電が継続し，放電電極間に電流が流れ続けます．これを続流(follow current)といいます．このため電源ラインへの使用に制限があります．電源ラインはバリスタ，通信ラインはアレスタというように使い分けるのは，実装上問題が生じることもあります．ある種の制御器では，電源もI/Oも同一端子台を使用してサージ保護素子を取り付けています．形状が異なるものが混在すると，設計上の制約が大きくなります．バリスタだけだと制限電圧を変更するのみで同一端子台に同一形状の素子を並べることが可能です．

技③ 巻き線抵抗器は雷サージ電流を制限できる

巻き線抵抗器(セメント抵抗器)は雷サージ電流を制限するのに効果的です．被膜抵抗器は「薄皮1枚」といった構造なので，高電圧・大電流で抵抗膜が吹っ飛びます．バリスタの前に電流制限抵抗器を設置すると，バリスタ制限電圧を低くできる，小形のバリスタで済み静電容量を下げられる，などのメリットがあります．

● AC用コンデンサはサージの重畳に使える

雷サージ試験を行おうとしたときのことです．サージを加えても電流が流れませんでした．原因は，結合器INA174の0.5 μFコンデンサが開放状態だったからです．このとき代用として役立ったのがスイッチング電源のAC入力フィルタ用コンデンサです．この部分は海外規格に対応するよう，AC220 V以上にも耐えられるようにできているので，使い物になりそうなコンデンサが入っています．筆者が選んだのは**写真3**に示すコンデンサでした．

第9章 オームの法則通りに動作してコスト面で有利

確実に高電圧ノイズを制限する抵抗器

鈴木 正俊 Masatoshi Suzuki

技① 対策の基本は抵抗による電流制限

● メリット1：オームの法則通りの動作で使いやすい

高電圧が加わるインパルス・ノイズの対策では，回路に流れるノイズ電流を制限することが重要です．ノイズ電流を制限する素子としては抵抗器とコイルがあります．コイルには磁気飽和や自己共振などの特性があり，インパルス・ノイズのように信号レベルが大きかったり高周波分が含まれたりする場合には，思ったように機能しません．これに対し，抵抗器はオームの法則通りの動作をします．

● メリット2：コストが有利

半導体の基本であるPN接合に過電圧が加わると，電子なだれ降状による過大電流が流れて破壊します．大電流が流れるから壊れるので，ここぞという場所に抵抗を入れて電流を制限すると効果的です．コスト面で有利です．

抵抗器の使い方

インパルス・ノイズ対策では，抵抗器はノイズ・エネルギーを消費し，確実に電流を制限します．ただし，エネルギーを消費するせいか，壊れやすい抵抗器があります．抵抗器の種類(チップ品かリード品か，あるいはワット数の違いなど)で破壊電圧が決まります．

技② チップ/カーボン抵抗はバリスタと組み合わせる

一般によく使われているチップ抵抗器は図1(a)のような構造です．トリミング部分に印加電圧が集中して放電破壊し，最後には$R = \infty$になります．

図1(b)に示すカーボン(炭素皮膜)抵抗器は，筆者の経験ではチップ抵抗器より約2倍耐電圧が高くなります．インパルス・ノイズでの破壊電圧は，1/8 Wチップ抵抗器で200 V程度，1/4 Wリード付きカーボン抵抗器で約400 Vでした．おもしろいことにインパルス・ノイズによる破壊電圧は，厚膜チップ抵抗器，カーボン抵抗器(リード・タイプ)とも抵抗定数にあまり関係なく同じような値でした．これらの抵抗器は，酸化亜鉛バリスタなどでノイズ・レベルを一定値以下に制限した後にのみ配置する必要があります．

技③ 雷サージには巻き線抵抗器が有利

巻き線抵抗器(セメント抵抗器)の構造を図1(c)に示します．皮膜抵抗器のように絶縁破壊して抵抗が吹っ飛ぶことがないので，実装上支障なければ，ノイズ

インパルス破壊電圧は，抵抗値にかかわりなく，1/8Wタイプで200V程度

(a) 厚膜チップ抵抗器

絶縁塗装
電極キャップ
リード線
らせん状のトリミング・ライン
セラミック・コアに抵抗皮膜

- 抵抗値の大小により，トリミング・ラインの本数が異なるが，インパルス破壊電圧は抵抗値にかかわりなく，1/4Wタイプで400V程度
- メルフ抵抗器も同様の構造なので，耐圧も同程度

(b) カーボン抵抗器

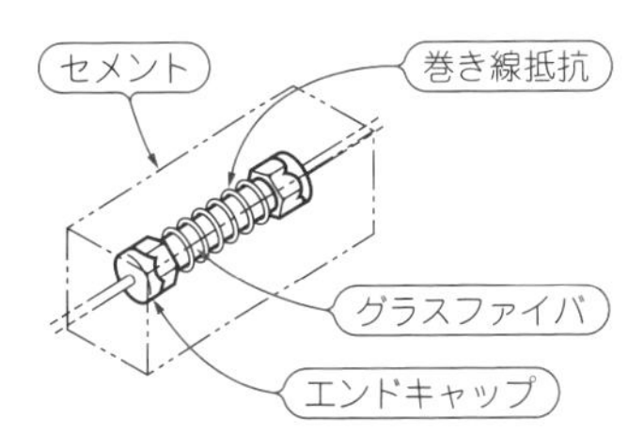

- 抵抗体が皮膜ではなく「線材」なので頑丈．雷サージ4kVでも破壊しない．ただし大きい

(c) 巻き線抵抗器

図1 抵抗器の構造

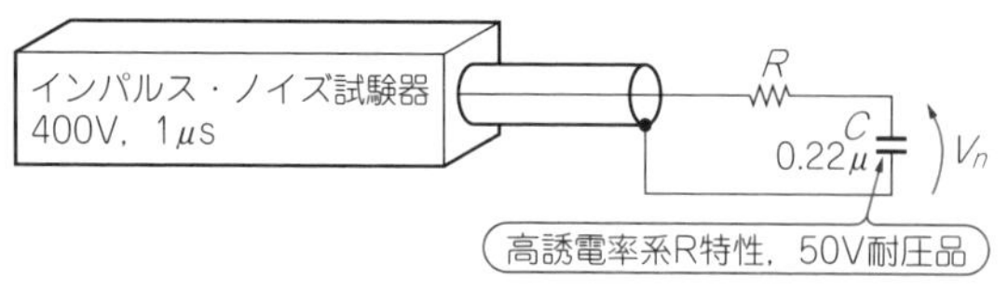

(a) 抵抗値とノイズ・レベル

RC回路の抵抗値R	コンデンサ両端の電圧 V_n
0Ω	300 V_{P-P}
10Ω(1/10Wチップ抵抗器)	R破損(抵抗値＝∞)
10Ω(1/4Wカーボン抵抗器)	200 V_{P-P}
22Ω(1/4Wカーボン抵抗器)	80 V_{P-P}

(b) 測定結果

図2 RC回路で電圧を抑制する効果(私が使用した部品の実力値)

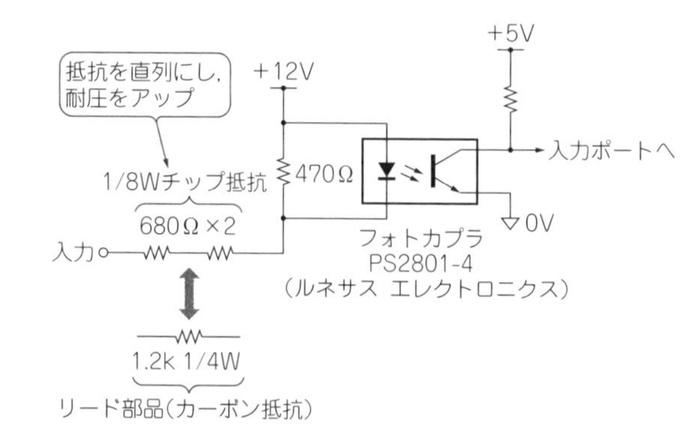

図3 フォトカプラ入力の保護回路(外部の装置やスイッチ，リレー接点などを受けるためサージが加わる可能性が大きい)

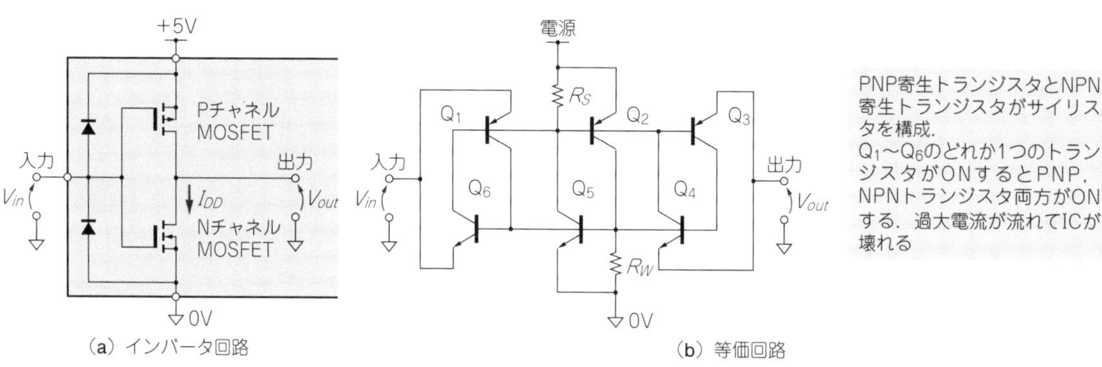

(a) インバータ回路　(b) 等価回路

図4 CMOSロジックには寄生トランジスタがある

が加わる場所には巻き線抵抗器を推奨します．

技④ RC回路で電圧を抑制する効果あり

図2は，電圧抑制効果を知るために，インパルス・ノイズ試験器の出力端に取り付けたRC回路において，コンデンサ両端の電圧を測定した結果です．インパルス・ノイズ試験器の出力インピーダンスを25Ωとすると，計算上は70V程度に減衰するはずです．しかし，高誘電率系コンデンサは加わる電圧が高くなると静電容量が低下するので，0.22μF単独ではノイズ吸収が不十分で追加で抵抗が必要でした．抵抗値Rが22Ω以上だとV_n抑制効果がでますが，DC電源のドロップが問題になります．

インパルス・ノイズ対策例

● フォトカプラ入力回路のサージ対策

図3は，リード部品を使用していたフォトカプラ(PHC)入力回路を，装置の小型化のためにチップ部品化した回路です．フォトカプラ入力回路は，リード部品のときはインパルス破壊電圧が400V程度の1/4Wカーボン抵抗器を使用していました．これを同200V程度の1/8Wチップ抵抗器を2個直列接続し，同等の耐圧を確保しています．なお最近は，チップ抵抗器も高耐圧角形チップ固定抵抗器KTR18(ローム)のような高耐圧品が発売されています．

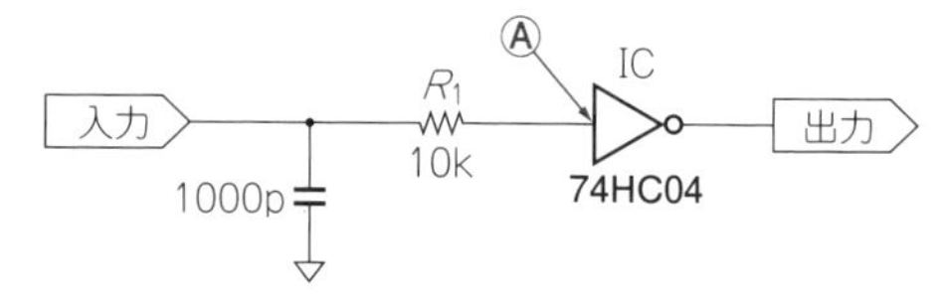

図5 ロジックICの入力部を保護する方法

● CMOSロジック回路のサージ対策

図4(a)に示すのはCMOSロジックICの入力部の回路とその等価回路です．構造上，**図4(b)**のような寄生トランジスタが存在し，サイリスタ構成になっているため，入出力端子に一定以上の電流が流れるとラッチアップ現象が起こり素子を破壊します．ラッチアップを防ぐために，外部とのインターフェースには**図5**のように入力に保護抵抗器が必要です．

回路内部でも，入力にコンデンサがあるときは**図5**のように抵抗器を挿入する必要があります．抵抗R_1がないとき，インパルス・ノイズの影響でⒶ部のレベルが変化することがあり，当然出力も誤動作します．R_1を入れると，ICへの入力電流が制限され，誤動作がなくなります．この現象は，電源変動とコンデンサの影響によるものです．

第10章 抵抗値が高電圧で急激に小さくなる特性を使う

高電圧ノイズをバイパスして機器を守るバリスタ

鈴木 正俊 Masatoshi Suzuki

● バリスタとは…

バリスタは，電圧がある値を超えると抵抗値が急激に小さくなる特性を生かしてエネルギーをグラウンドなどにバイパスするサージ対策部品です．ここではバリスタの一種である酸化亜鉛バリスタの特徴と，インパルス・ノイズへの対策例について紹介します．

ZNR(Zinc Oxide Nonlinear Resistor)はパナソニックの酸化亜鉛バリスタで，筆者はよく使っていました．

技① 消耗品なので交換しやすくしておく

写真1にディスク・タイプのZNRとリード線処理例を示します．ZNRは消耗品(交換が必要)なので，機器類の設置現場でも簡単に交換できるようにリード線に圧着端子を付けています．ZNRは静電容量が大きいので高周波回路には用いられないようです．近年は静電容量が小さいタイプも開発されているようです．

技② 故障モードが短絡なので電源ラインではヒューズを入れる

ディスク・タイプのバリスタは主に雷サージ対策に使用され，アレスタとよく比較され，それぞれ一長一短があります．バリスタはアレスタのように電圧がゼロになるまで放電を続ける続流現象がないので電源ラインにも使用されています．ただし故障モードが短絡なので，電源ラインに使用するときは，AC-酸化亜鉛バリスタ間にヒューズが必要です．

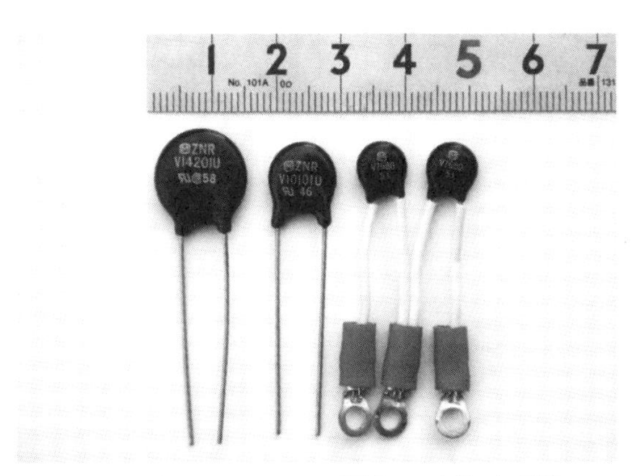

写真1　酸化亜鉛バリスタZNRの外形とリード線の処理例

● 酸化亜鉛バリスタのサージ制限特性：制限電圧がバリスタ電圧の3～5倍になる

回路電圧やサージ耐量に応じたZNRの代表例を**表1**と**図1**に示します．制限電圧値は電圧-電流特性曲線から読み取った値で，雷サージが直接加わったときに流れる500Aあるいは1000Aでの値としました．

ZNRの制限電圧は，バリスタ電圧の3～5倍にも達します．特にバリスタ電圧が低いほど制限電圧が相対的に増加する傾向があります．ZNRの前に10～20Ωの抵抗値を付加したときでもサージ電流は100A以上流れ，制限電圧がバリスタ電圧の3倍ぐらいになると覚悟しなければなりません．この特性がZNRの最大の欠点だと筆者は考えています．高電圧タイプのERZV07や高/低電圧タイプのERZV14もあります．

● アレスタは応答が遅く急しゅんなサージを防げない

制限電圧を下げるためZNRと並列にアレスタを入れている例もあります．ただし，サージが加わったからといってアレスタが動作する保証はありません．アレスタ単独の場合は，応答が遅いためサージの立ち上がりの急しゅんな部分を吸収できず，サージの先頭部分がそのまま出力されます．

インパルス・ノイズはパルス幅が1μs以下と短いためアレスタの単独使用は推奨できません．

● バリスタは壊れにくい!

当然ながら，外形が大きいほうがサージ耐量も大きくなります．また同じ外形でもバリスタ電圧が高いほうが耐量は多くなっています．なぜそうなっているのかわかりませんが，バリスタ電圧選定時に考慮する必要があります．

ただし，筆者の経験では，20Ω程度の制限抵抗器とERZV07D68などを併用して何度も雷サージを加え

表1 ZNRの特性．バリスタ電圧や形状・寸法によって制限電圧や静電容量が異なる

用途	型名	バリスタ電圧(@1 mA)	制限電圧(500/1000 A)	サージ電流耐量(1回目)	静電容量(@1kHz)	外形
12/24 V系電源やI/Oの保護	ERZV07D330	30～36 V	約170 V(500 A)	500 A	2900pF	φ8.5 mm
	ERZV14D330		約150 V(1000 A)	2000 A	12200pF	φ15.5 mm
回線48 V	ERZV07D680	61～75 V	約360 V(500 A)	500 A	1200pF	φ8.5 mm
	ERZV14D680		約350 V(1000 A)	2000 A	5500pF	φ15.5 mm
AC100 V電源	ERZV07D201	185～225 V	約530 V(1000 A)	1750 A	200pF	φ8.5 mm
	ERZV14D201		約520 V(1000 A)	6000 A	770pF	φ15.5 mm

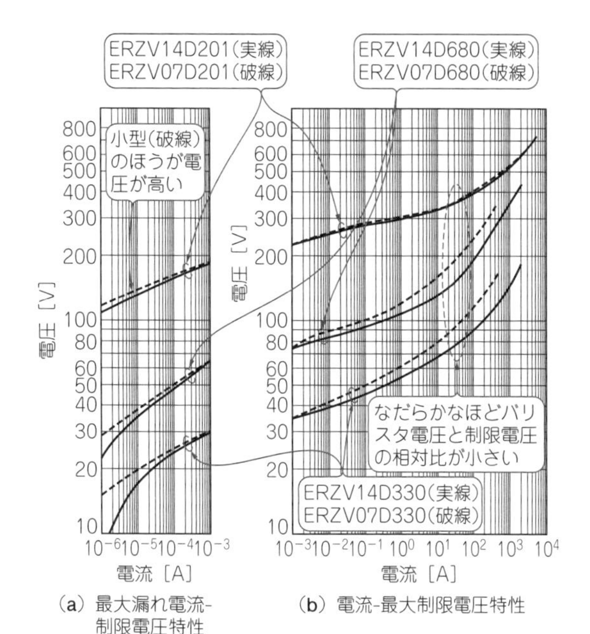

図1 ZNRの電圧-電流特性
サージ耐性(制限電圧)はバリスタ電圧の3～5倍になる．パナソニック資料より

ましたが，ZNRが破損した経験はありません．ZNRの最大の長所は壊れにくい点でしょう．

技③ 高速信号ラインでは静電容量が小さいタイプを選ぶ

ZNRは静電容量が大きいので，高速信号ラインでは欠点となりますが，DC電源ラインやI/Oラインなどでは「高耐圧コンデンサ」として役立ちます．

静電容量は，バリスタ電圧をなるべく高くし，外形を小型化することである程度抑えられます．信号ラインで静電容量が問題になる場合，電源系統ほどの雷サージはかからないと考えられるので，小型のZNRにすべきでしょう．

基板スペースが限られているセンサなどの用途では，ZNRはあまり使われていないようです．

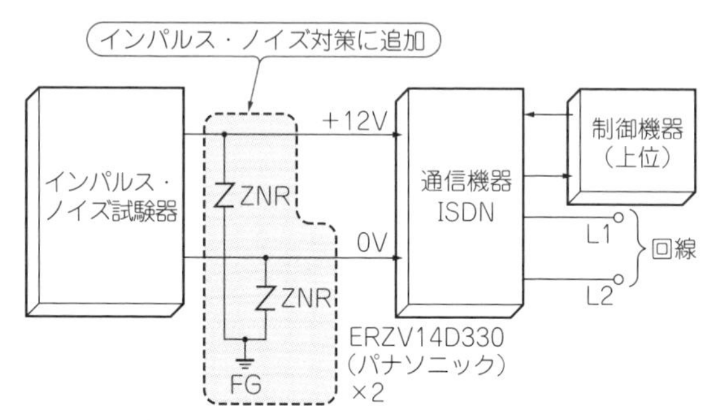

図2 通信機器DC電源ラインのZNRによるノイズ対策例
図の通信機器はZNRがないときのコモン・モード耐性が700～800 V程度だったが，ZNRを入れると1200 Vをクリアする

● DC電源入力のインパルス・ノイズ試験対策例

図2はコモン・モード・インパルス・ノイズを対策した通信機器のDC電源入力ラインの回路です．ZNRを使用しているので雷サージも対策できます．

図の通信機器において，ZNRなしのコモン・モード耐性は700～800 V程度でしたが，**図2**の対策で1200 Vをクリアしました．試験結果を**表2**に示します．

試験器の出力インピーダンスを25 Ωとすると，1200 V印加時にZNRに流れるノイズ電流Iは，I = 1200 V/25 Ω = 48Aです．サージ電流約50AでのZNR(ERZV14D330)の制限電圧は80 V程度なので，クリアするのは当然です．

ディスク・タイプのZNRとしては小型のERZV07D330でも効果がありましたが，1200 V，1 μs，周期10 msで連続印加したら，かなり発熱しました．

表2 図2の対策でコモン・モード試験のノイズ耐量が±1200 Vまで改善した

パルス幅	印加相	極性＋	極性－
1 μs	12 Vライン	+800 V	－700 V
	0 Vライン	+800 V	－700 V
100 ns	12 Vライン	+700 V	－700 V
	0 Vライン	+700 V	－700 V

(a) 図2の対策前

パルス幅	印加相	極性＋	極性－
1 μs	12 Vライン	+1200 V	－1200 V
	0 Vライン	+1200 V	－1200 V
100 ns	12 Vライン	+1200 V	－1200 V
	0 Vライン	+1200 V	－1200 V

(b) 図2の対策後

第11章 高誘電率タイプのセラミックやメタライズド・フィルムを使う

高電圧ノイズ対策に有効なコンデンサ

鈴木 正俊 Masatoshi Suzuki

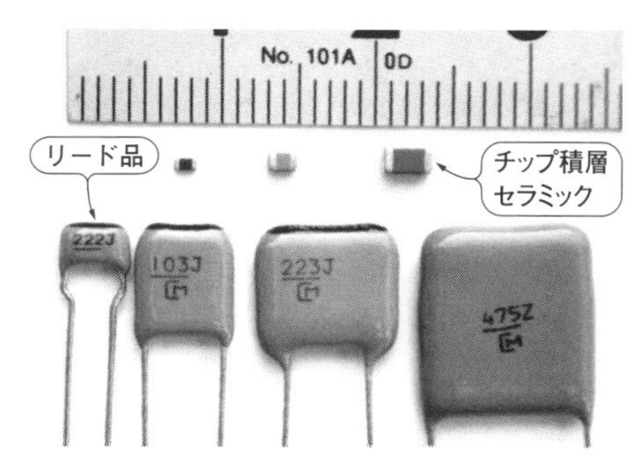

写真1 一番よく対策に使うセラミック・コンデンサ
高誘電率タイプがいい．F特性は使わないこと

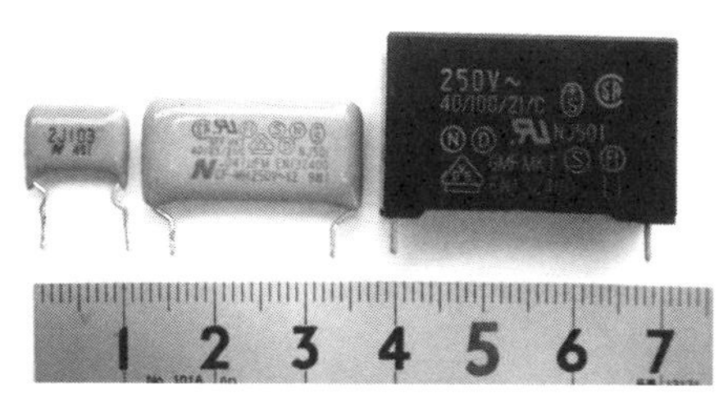

写真2 インパルス・ノイズの電圧値が大きいときに使うメタライズド・フィルム・コンデンサ

技① ノイズ対策には高誘電率タイプのセラミック・コンデンサを使う

▶温度補償タイプはコスト高，高誘電率タイプを使う

セラミック・コンデンサを**写真1**に示します．温度補償タイプと高誘電率タイプに分けられます．温度補償タイプは*LC*発振回路などアナログ用途に使用しますが，コスト高で形状も大きくなるのでノイズ対策に使われることはまずありません．ノイズ対策用には高誘電率タイプが一般に使用されます．

▶F特性は静電容量の変化が大きくて使えない

高誘電率タイプは，大まかにみて2種類あります．EIA規格記号でいうとX7R特性(以下R特性とする)とY5V特性(以下F特性とする)があります．前者のグループには温度範囲や規格の違いによりX5R特性やB特性なども含まれます．村田製作所のコンデンサ(耐圧50V)の形状や容量を次に示します．

サイズ 2012

R特性(X7R特性)	GRM21BR71H105K	1 μF
F特性(Y5V特性)	GRM21BF51H105Z	1 μF

サイズ 3216

R特性(X7R特性)	GRM31CR71H225K	2.2 μF
F特性(Y5V特性)	GRM31CF51H475Z	4.7 μF

R特性，F特性とも大差ありません．

しかし**図1**，**図2**から明らかなように，F特性は高温や低温で静電容量が1/2～1/3に低下します．静電容量は印加電圧によっても低下し，定格電圧付近では1/5近くになります．電源入力回路などに使用すると，高圧のサージに対しコンデンサの容量分がなくなり，ノイズをそのまま素通りさせます．5V電源や3V電源のパスコンとして使用するときも温度特性を考えると必要容量の3倍ほどよけいに実装せねばならず，コスト面でも有利とはいえません．筆者はたとえパスコンでもF特性を使用しないことにしています．

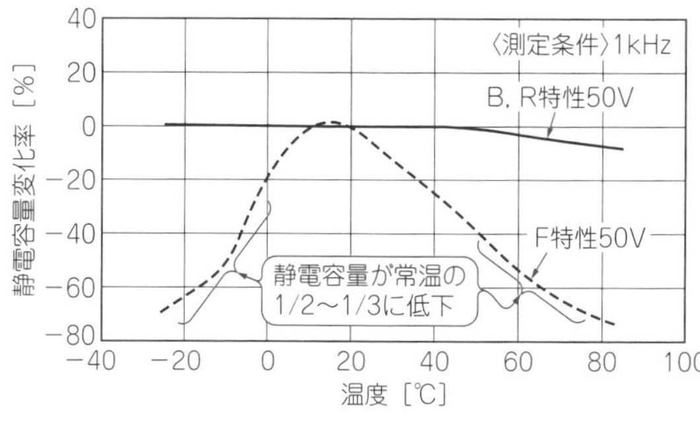

図1[1] **F特性のセラミック・コンデンサは温度変化が大きいので使わない**
村田製作所の資料より

技② フィルム・コンデンサは高圧で使う

高いノイズ電圧が加わるところにはメタライズド・フィルム・コンデンサを選択します(**写真2**)．メタラ

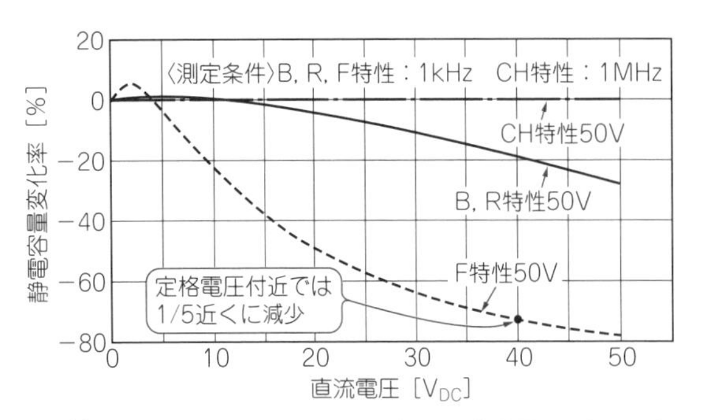

図2(1)　F特性のセラミック・コンデンサは直流電圧が加わると容量が減るので使わない
村田製作所の資料より

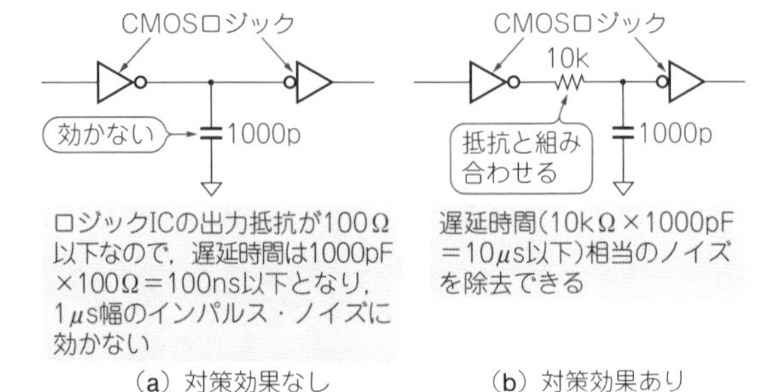

図4　コンデンサだけでは根本的なノイズ対策にはならないので，抵抗と組み合わせるべし

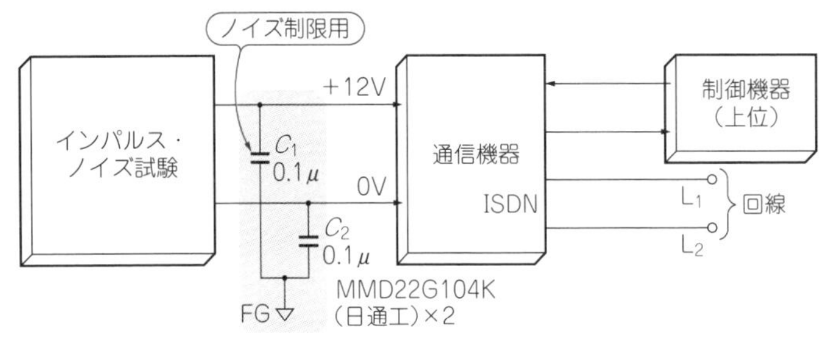

図3　通信機器におけるフィルム・コンデンサを使ったコモン・モード・インパルス・ノイズ対策例

表1　コンデンサを追加するとコモン・モード・ノイズの耐量が改善する
コモン・モードだけ，±1200 Vまで試験

パルス幅	印加相	極性＋	極性－
1 μs	12 Vライン	＋800 V	－700 V
	0 Vライン	＋800 V	－700 V
100 ns	12 Vライン	＋700 V	－700 V
	0 Vライン	＋700 V	－700 V

(a) 対策前：コンデンサなし

パルス幅	印加相	極性＋	極性－
1 μs	12 Vライン	＋1200 V	－1200 V
	0 Vライン	＋1200 V	－1200 V
100 ns	12 Vライン	＋1200 V	－1200 V
	0 Vライン	＋1200 V	－1200 V

(b) 対策後：コンデンサあり(使用コンデンサ0.1 μF/400 V，MMD22G104K，日通工エレクトロニクス)

イズド・フィルム・コンデンサは蒸着型構造で，自己回復作用により局所破損を修復する特性があります．フィルムを薄くでき小型化できますし，構造的に弱い部分があってもその部分だけ局所破損することで，コンデンサとしての機能を維持します．

ただし，フィルム・コンデンサはインピーダンスが高い回路には使えません(局所破損が起こらないため)．自己共振点が低いので高周波回路にも使えません．

そのほかのコンデンサについては，タンタル・コンデンサは，故障モードが短絡なので電源には使えません．電解コンデンサは寿命が短いので交換可能な箇所なら使えます．

● フィルム・コンデンサによるノイズ対策例

メタライズド・フィルム・コンデンサによる通信機器のコモン・モード・インパルス・ノイズ対策例を**図3**に示します．コンデンサがないときは誤動作に対するコモン・モード耐性700～800 V程度でしたが，対策後は1200 Vをクリアしました．試験結果は**表1**です．

静電容量は0.1 μFとしました．ノイズ発生装置の出力抵抗を25 Ωとすると，パルス幅1 μsのインパルスを減衰させるには数μs以上の時定数が必要です．コモン・モード・ノイズに対しては，C_1とC_2が並列に入るので，減衰量は以下の式で表せます．

$$減衰量 \fallingdotseq \frac{1\ \mu s}{25\ \Omega \times 0.1\ \mu F \times 2} = 20\ \%$$

上式からすると，1200 Vインパルス・ノイズ印加時のコンデンサに加わる電圧は，1200 V × 20 % = 240 Vなので，定格電圧は400 Vにしました．

技③ コンデンサは抵抗と組み合わせるとノイズ削減の効果が大きい

インパルス・ノイズ試験結果が思わしくないとき，回路各部にコンデンサを入れてみましたが，大してうまくいきませんでした．コンデンサはコイルと同様，ノイズ・エネルギーを消費しないため，単独では効果が少ないようです．コンデンサのみでは効果が少なく，エネルギーを消費する抵抗器が必要です．

ノイズで誤動作している信号ラインに対して，コンデンサを入れてあまり効果がない例を**図4(a)**に，抵抗とコンデンサで確実に遅延させた対策例を**図4(b)**に示します．

◆引用文献◆

(1) チップ積層セラミックコンデンサ(PDFカタログ)，村田製作所，2008.

第12章 インダクタンス値が高くコア形状の大きなコイルを使う

接地しない機器にはコモン・モード・チョーク・コイル

鈴木 正俊 Masatoshi Suzuki

● コイルでサージを抑え込むのは意外に難しい

サージ対策にコイルは有効ですが，1000 Vオーダで1 μs幅のインパルスに対しては磁気飽和します．またパルスの高周波域ではコイルの巻き線間容量が問題になります．

さらにインパルス・サージ対策にコイルを使用すると，サイズが大きくなります．雷によるサージでは，さらに大きくしなければならず，コイルの使用は実装上困難です．コイルによる効果的なサージ対策は意外に難しいのです．

技① 接地しない機器のサージ対策はコモン・モード・チョーク・コイルを使う

前章まで酸化亜鉛バリスタやコンデンサを使用し，接地端子へノイズを逃がしてきました．ところが，世の中には接地を意図的に行わないケースがあります．

例えば，通信機器を雷サージから守るには，機器全体を浮いた状態にしたほうがよく，接地しないほうがよいという考え方があります．それがサージ対策上正しいかどうかの判断はできませんが，人命には有害であることは間違いありません．接地の最大の目的は，人命とその財産を守るためのはずです．とはいえ，客先からの要求であるため，FG接地なしのサージ対策を検討することになりました．

接地しない環境下でのサージ対策は，コモン・モード・チョーク・コイルによるサージ電流上昇率(di/dt)の低減しか方法はありません(**写真1**)．コイルのみでノイズ・エネルギーを抑制するには，形状の大きいコモン・モード・チョーク・コイルを1個，場合によっては2個をシリーズに接続しなければなりませんでした．

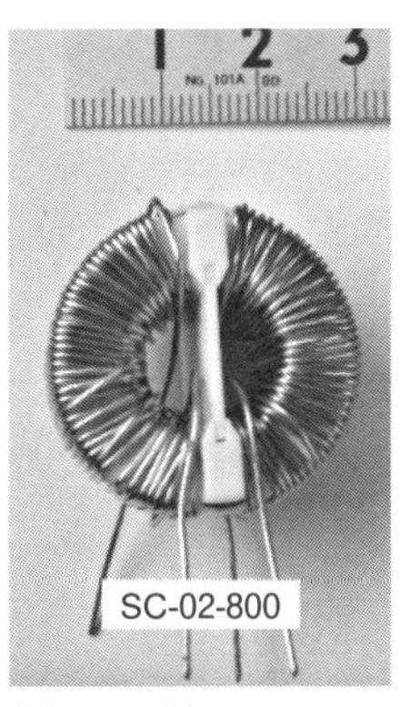

(a) トロイダル・コア・タイプ(SCコイル，トーキン)

(b) 一体型コア・タイプ(SSコイル，トーキン)

写真1 FGを「接地しない」機器のサージ対策に使うコモン・モード・チョーク・コイル

試験構成を**図1**に，試験結果を**表1**に示します．

● どんなコモン・モード・チョーク・コイルにノイズ抑制効果があるのか実測してみる

表2に示す何種類かのコモン・モード・チョーク・コイルのインパルス・ノイズ抑制効果を実測してみました．インダクタンス値は公称値で，実測値はもっと大きい値です．

図2に試験回路を示します．周波数特性などをみるためf = 1 kHz，10 kHzおよび100 kHzでのQ(quality factor)を測定しました．

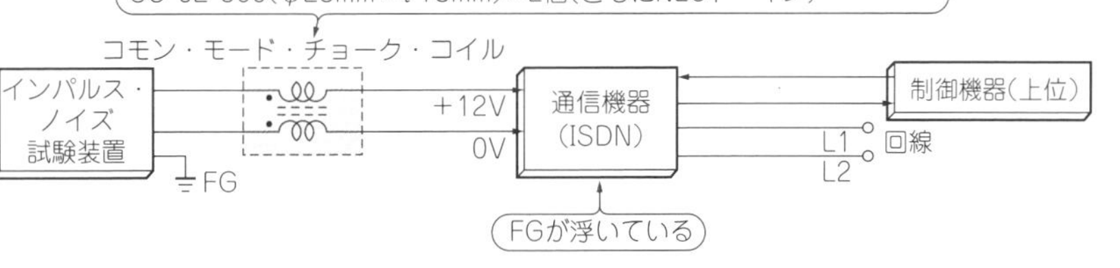

図1 FGが浮いている機器のインパルス・ノイズ対策は，サージの逃がし場がないので，コモン・モード・チョーク・コイルでdi/dtを抑える

表1 図1のコモン・モード・チョーク・コイルを入れると誤動作を起こす電圧が±700Vから±1200Vに改善した

パルス幅	印加相	コイルなし		コイルあり	
		極性＋	極性－	極性＋	極性－
1 μs	12 Vライン	＋800 V	－700 V	＋1200 V	－1200 V
	0 Vライン	＋800 V	－700 V	＋1200 V	－1200 V
100 ns	12 Vライン	＋700 V	－700 V	＋1200 V	－1200 V
	0 Vライン	＋700 V	－700 V	＋1200 V	－1200 V

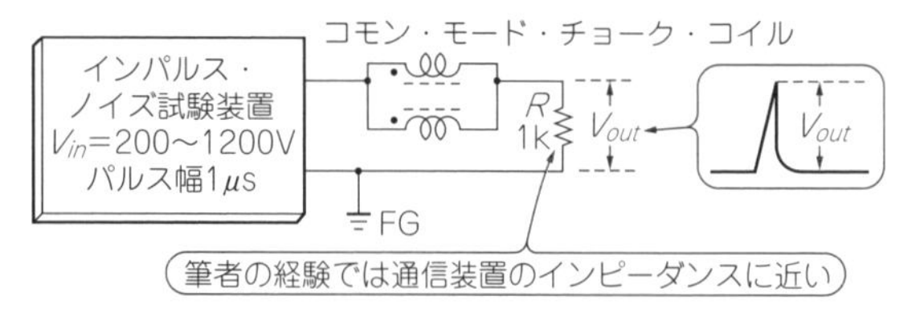

図2 コモン・モード・チョーク・コイルのインパルス・ノイズ抑制効果を調べるための実験回路

表2 評価したコモン・モード・チョーク・コイル

コア	外形寸法［mm］	型 名	定格電流［A］	最小インダクタンス［H］	最大直流抵抗［Ω］	Q(実測値)		
						f=1 kHz	f=10 kHz	f=100 kHz
トロイダル	ϕ 15×t8.5	SC-03-05GS	3	0.5	0.09	7.13	3.87	2.65
トロイダル	ϕ 23×t18	SC-02-500	2	5	0.2	25.6	53.1	23.6
トロイダル	ϕ 28×t21	SC-02-800	2	8	0.3	51.5	120	27.2
一体型	30×30×H23	SS28H-25045	2.5	4.5	0.32	11.1	21.9	9.34
一体型	30×30×H23	SS28H-25075	2	7.5	0.44	15	37.2	11.5

表3 図2の実験結果(太字がサージ抑制効果のあったコイルと電圧)

コア	外形寸法［mm］	型 名	V_{out}［V_{P-P}］						抑制率計算結果
			V_{in} = 200 V	400 V	600 V	800 V	1000 V	1200 V	
トロイダル	ϕ 15×t8.5	SC-03-05GS	200	400	600	800	1000	1200	86%
トロイダル	ϕ 23×t18	SC-02-500	**20**	**50**	**260**	800	1000	1200	18%
トロイダル	ϕ 28×t21	SC-02-800	**15**	**30**	**60**	**80**	**400**	1200	12%
一体型	30×30×H23	SS28H-25045	**30**	**100**	600	800	1000	1200	20%
一体型	30×30×H23	SS28H-25075	**15**	**40**	600	800	1000	1200	12%

コモン・モード・チョーク・コイルのノイズ抑制効果は，Lが理想的な特性であれば次式の単純なL/R過渡応答計算式で求められます．R_Dは抑制率です．

$$R_D = (1 - e^{-\frac{R}{L}T})$$

例えばR = 1 kΩ，L = 5 mHでは，抑制率は約0.18倍です．

$$R_D = (1 - e^{-\frac{1\,\mathrm{k\Omega}}{5\,\mathrm{mH}}1\,\mu s}) = (1 - e^{-0.2}) \fallingdotseq 0.18$$

ここでT = 1 μs

上式の計算結果と，実際の抑制結果をR = 1 kΩで実測した結果を表3に示します．

技② インダクタンス値が5 mH以上のコイルを使う

抑制率の計算式より，インダクタンス値が大きいほど抑制効果は高くなります．筆者の経験では，R = 1 kΩは実機に近い値です．インパルス・ノイズ試験のパルス幅は1 μsです．インダクタンスの値は5 mH程度は必要です．

技③ コア形状の大きなコイルを使うとノイズ抑制効果が大きい

コア形状が小さいと飽和電圧が低くなり，サージ抑制効果が低下しました．SC-02-500はインパルス600 V以上で飽和し始めましたが，SC-02-800は1000 V以上でした．コア形状が大きいほうが飽和しにくく抑制効果が大きくなりました．

技④ 一体型よりトロイダル・コイルを使うとノイズ抑制効果が大きい

トロイダル・コアと一体型コアを比較すると，同じようなインダクタンス値でもトロイダル・コアの方が飽和しにくくノイズ抑制効果が大きくなります．これは磁気飽和電圧かコイルQの差違によると考えられますが，どちらのほうが影響しているのかは，今回のデータではわかりません．インダクタンスを稼ぐためコイル巻き数を増やすと磁気飽和とコイルQがともに劣化し，ノイズ抑制効果が劣化するようです．

Appendix 1 通信機器のシールド効果は約2倍

ノイズを防御するシールドの効果

鈴木 正俊 Masatoshi Suzuki

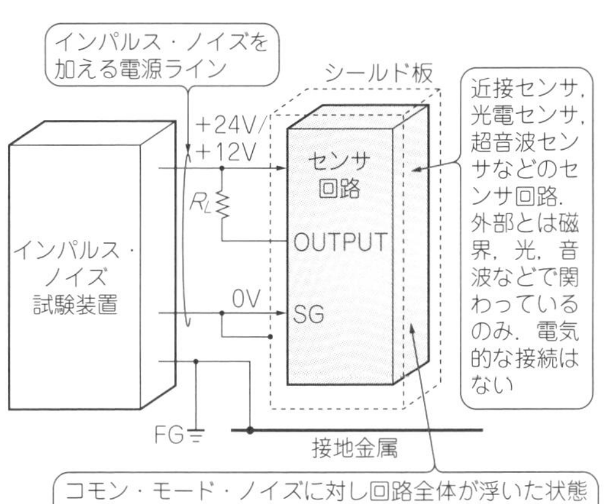

(a) センシング装置

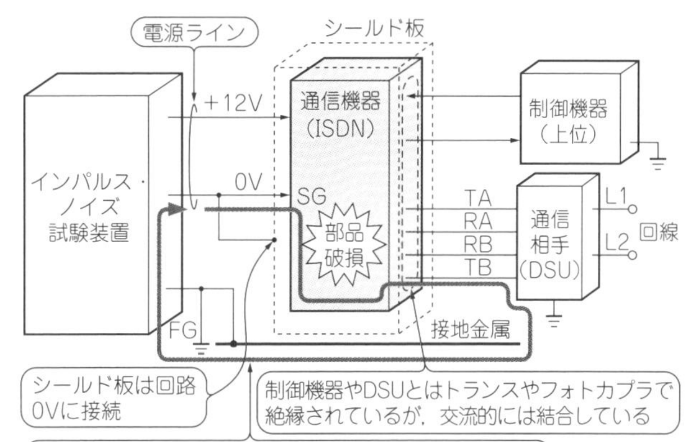

(b) 通信機器

図1 シールドによるインパルス・ノイズ対策
外部機器との接続がある通信機器などでは，結合によってノーマル・モードの高電圧が発生し，部品が壊れる

インパルス・ノイズに対するシールドの効果と回路の誤動作を防ぐちょっとした工夫を紹介します．

① 通信機器におけるシールドの効果は2倍ていど
② プリント基板のシグナル・グラウンド(SG)をベタ・グラウンドにして少しでもシールド効果を出す
③ OPアンプ回路でのノイズ対策としてCRで構成したローパス・フィルタを使う
④ 負荷短絡による保護機能があるトランジスタ出力回路の誤動作防止

技① 通信機器のシールド効果は約2倍

センシング機器のコモン・モード・インパルス・ノイズ対策は，図1(a)に示すように回路をシールドし，シグナル・グラウンド(SG)に落とすのが効果的です．

通信機器の場合はノイズがなるべく発生しないように回路やノイズ対策部品で対策するのが効果的です．前章では通信機器のインパルス・ノイズ対策として，酸化亜鉛バリスタやコンデンサ，コモン・モード・コイルなどによる対策例を挙げてきました．

通信機器をシールドした場合の効果も図1(b)のような構成で確認してみました．結果は，対策なしではコモン・モード・インパルス・ノイズ耐量が700 Vていど(誤動作しない最大インパルス・ノイズ電圧が約700 V)だったのが，シールドによって1400 Vまではクリアしました．それを少しオーバしたところで回路部品が破損しました．

回路部品が破損した原因は，図1(b)に示すように他の機器(上位制御機器，DSU)が接続されていたためです．試験対象機器は外部機器と，トランスなどで直流的には分離されていましたが，静電結合などで交流的には接続された状態でした．このため，コモン・モード・ノイズが機器内部でノーマル・モードに変化し，部品が破損したものと考えられます．この辺が通信機器とセンシング機器の違いです．

機器はいろいろなものが接続されるのが普通です．ノイズ源の元から断つために回路で対策し，その上で図1(b)のようにシールドすれば，さらに効果的です．ただしコストはかかります．

技② プリント基板のシグナル・グラウンドをベタにしてシールド効果を出す

プリント基板設計時，耐ノイズ向上のため配線パタ

column 01 OPアンプ回路ではCRによるLPFを使う

鈴木 正俊

センサ回路などで信号を増幅するとき，ノイズ除去目的でLPFを設けます．このとき反転増幅なら**図A**(a)のような回路構成にすることが多いと思います．筆者は**図A**(b)のようにします．違いは，OPアンプの高周波特性を信用するかどうかです．

図A(a)の回路は入力にインパルス・ノイズなどの高周波成分が入ったとき，そのままOPアンプに入力されます．**図A**(b)の場合，*CR*回路によるLPFで高周波域があらかじめ除去します．計算上，結果は同じで**図A**(b)のほうが抵抗1本余分に要ります．それでも筆者は**図A**(b)を選択します．その理由は，*CR*のみでLPFを構成しているためです．

電子回路を構成する部品のなかでももっとも理想に近い部品が抵抗器で，その次がコンデンサです．それに対しOPアンプは理想的とはいえません．特に高周波特性は理想的ではありません．

もし**図A**(a)の回路で入力に高周波信号やパルス信号が入ると，高周波域での特性が原因で誤動作するかもしれません．対策として，ゲイン帯域幅が広いOPアンプを選択しなければならないかもしれません．しかし，ゲイン帯域幅が広いOPアンプは，高価であったり，オフセットが大きかったり，バイアス電流が大きかったり，すぐに発振したりするので使いにくいという問題があります．

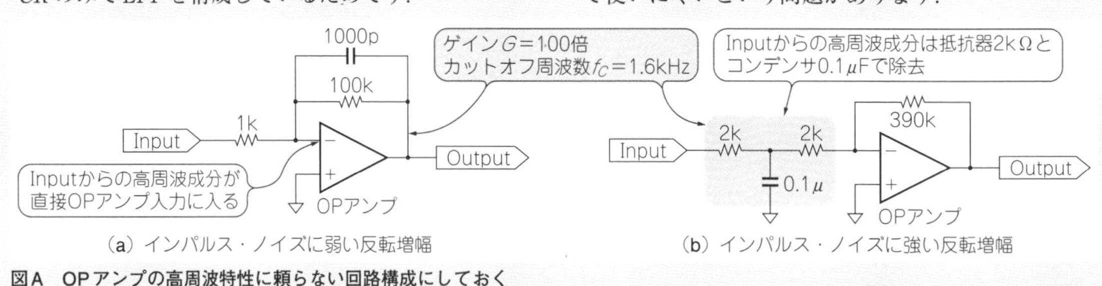

図A　OPアンプの高周波特性に頼らない回路構成にしておく

column 02 短絡検知とインパルス・ノイズ対策の両立が難しい

鈴木 正俊

図Bのように出力トランジスタに短絡保護回路がある場合，サージによって誤動作することがあります．誤動作の時間は1 μsのインパルス・ノイズを入力したときで，数～10 μsです．そこで*CR*回路やマイコンで以下の対策が必要になります．

①100 μs以上連続で短絡を検知したらOFFする
②出力トランジスタのOFF時間は①の100倍以上

図B　センサ出力回路のトランジスタ保護機能が誤動作の原因になることがある

ーンの空きスペースをベタ・グラウンドにすべきです．ベタ・グラウンドには，ある程度のシールド作用があるためです．通常のシールドと同じ効果まではないでしょうが，コストアップにはなりません．

ノイズが電源ラインや信号ラインに混入した場合，コンデンサを使ってSGへ逃がすようにします．SGの高周波インピーダンスが大きければ効果が半減するので，SGの高周波インピーダンスを少しでも低くするために，ベタ・グラウンドはなるべく大きくとります．

高周波回路でよく用いられますが，低周波回路でも耐ノイズ性向上のためにベタ・グラウンドにすべきです．

Appendix 2 回路や機構による対策あれこれ

部品と筐体による静電気対策

鈴木 正俊 Masatoshi Suzuki

回路による対策

回路による静電気対策としては抵抗による放電電流制限，ダイオードによる電圧保護などがあります．

技① 抵抗器で放電電流を制限する

放電電流の制限には抵抗器が有効ですが，その耐性を確認する必要があります．静電気放電による抵抗器の変化をみるため，**図1**に示すように抵抗器リードに

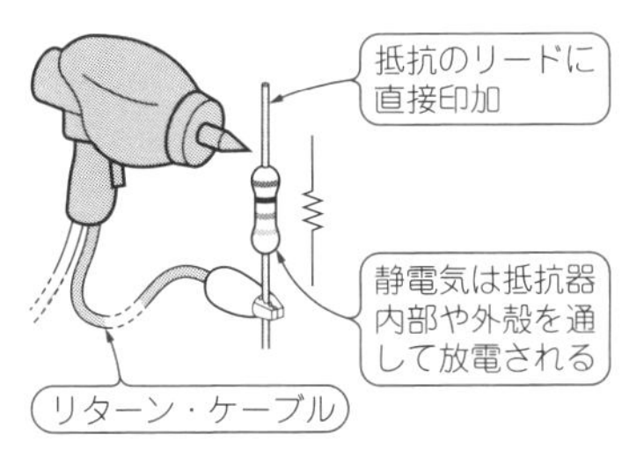

図1　抵抗器の静電気耐性を調べる(結果は表1)

表1　図1の抵抗器への静電気印加試験結果(試験はすべて各10回ずつ実施)

放電電圧	結　果
±8kV	異常なし
±15kV	異常なし．抵抗器外殻を通っての放電もなし．保護用として，この程度の形状は必要

(a) 1/2 Wカーボン抵抗器(リード付き100 Ω)

放電電圧	結　果
±8kV	100 Ω，1kΩとも異常なし
±15kV	100 Ω，1kΩとも異常なし．ただし抵抗器外殻を通って放電していたので，保護抵抗器の意味がない

(b) 1/4 Wカーボン抵抗器(リード付き100 Ωおよび1kΩ)

放電電圧	結　果
±8kV	抵抗値が減少．外殻を通して放電も発生．インパルス・ノイズでは，トリミング部分が破損して抵抗値が無限大になるものだが，逆に抵抗値が減少した

(c) 1/8 Wチップ抵抗器(100 Ω)

直接放電し，抵抗値変化などをみてみました．**表1**に結果を示します．結果から，静電気が直接印加される所で使用する抵抗器としては，1/4 W(できれば1/2 W)カーボン抵抗器(リード付きまたはメルフ・タイプ)が必要で，1/8 Wチップ抵抗は適切ではありません．

技② 小信号用ダイオードで静電気電圧から保護する

静電気対策部品として，ICの入出力保護にダイオードをよく使用します．静電気耐性をみるため，**図2**に示すようにダイオードのリードに直接放電してみました．

表2に静電気印加結果を示します．試験結果から，小信号用でも十分耐性があることはわかりました．試験したダイオードはリード品ですが，同じメーカのチップ品(1SS355TE)で静電気保護した基板に±8kVを放電しても異常はありませんでした．

技③ スイッチ入力回路の静電気対策に保護抵抗を入れる

図3にスイッチ入力兼外部入力回路の静電気保護例

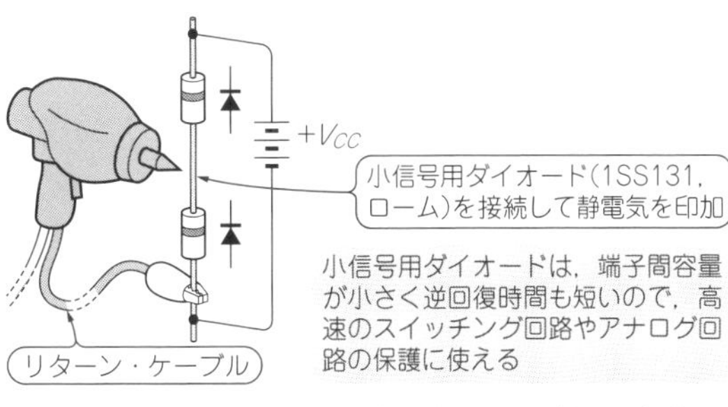

図2　小信号用ダイオードの静電気耐性を調べる(結果は表2)

表2　図2の小信号用ダイオードへの静電気印加試験結果

放電電圧	結　果
±8kV	異常なし
±15kV	異常なし

チップ品(1SS355TE，ローム)で静電気保護した基板に±8kVを放電試験しても，異常はなかった

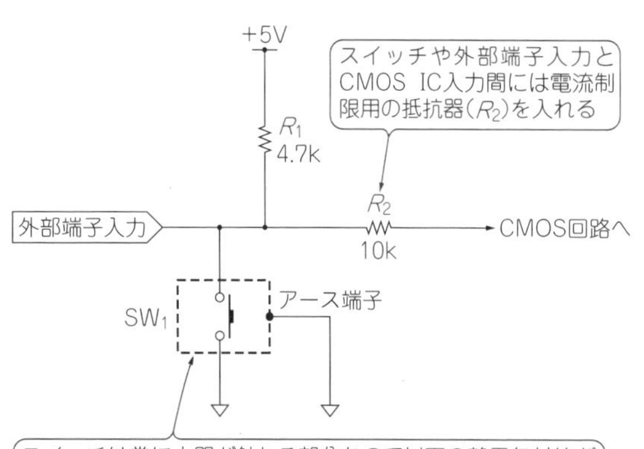

図3　スイッチ入力兼外部入力回路

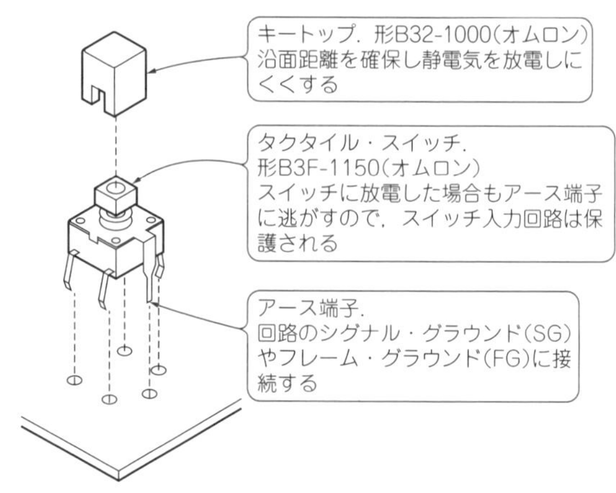

図4　アース端子付きのタクタイル・スイッチ構成例

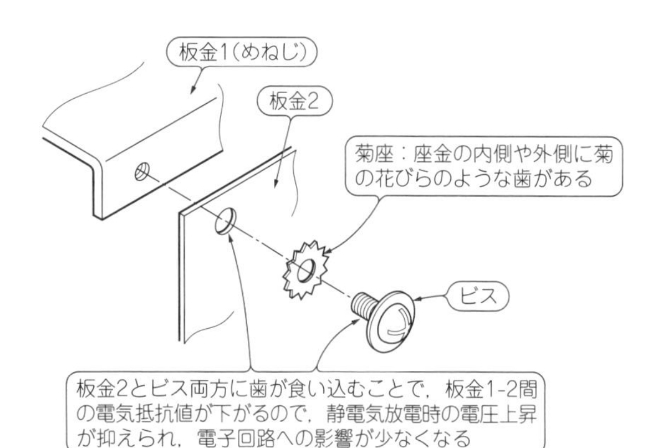

図5　金属筐体のネジ締めには菊座を使用

(a) 裏側に突起　(b) 締めた後

写真1　導通ビス
EV3-5S(タカチ電気工業)

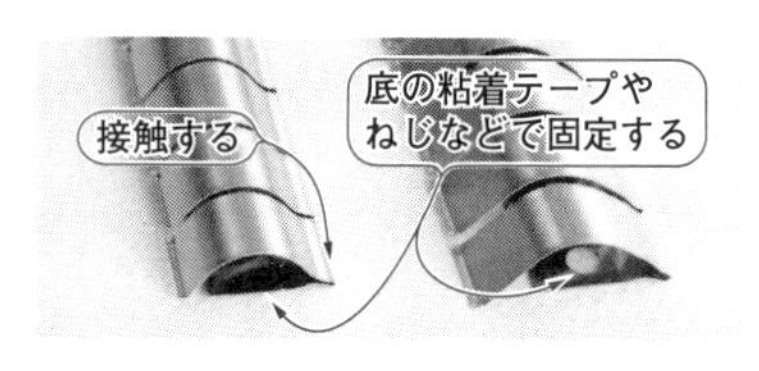

写真2　シールド・ガスケット
北川工業(株)

を示します．回路上の対策としては，スイッチや外部端子入力回路とCMOS IC入力間には，静電気と過電圧保護用の抵抗器R_2を入れます．

静電気対策の基本は放電させないこと，仮に放電しても回路部品に電流を流さないことです．図4にキートップで沿面距離を確保する例と，アース端子付きのスイッチでアース端子に放電させる例を示します．

機構による対策

対策の基本は，放電箇所から筐体(きょうたい)フレーム・グラウンドFG点(接地点)までの直流抵抗を下げることです．これにより放電部分の電位上昇が抑えられ，電気回路への影響が少なくなります．

メカトロニクスの世界では機構部のすき間に電子回路基板が密着しているので電位上昇は大敵です．

技④ ネジ締めには菊座を使用する

板金をネジ止めするときは，図5に示すような菊座を使用すると電気抵抗が下がります．

技⑤ 金属塗装面やアルマイト加工のビスは裏面に突起があるものを使用する

金属ケース(筐体)は，デザイン上塗装やアルマイト加工したものが用いられます．これらの金属をネジ締めする場合，図5のような菊座などは使用できないため，写真1に示すビスが効果的です．

技⑥ 筐体間にはガスケット(シールド・フィンガ)を使用する

ガスケットとは写真2に示すように，バネ材で金属間の導通を確保するものです．構造に応じていろいろな形状があり，シールド・ルームや電波暗室のドアなどにも使用されます．

第3部

みんなが気になる
電源ノイズの減らし方

第3部 みんなが気になる電源ノイズの減らし方

第13章 FPGAやマイコン基板のノイズ対策を例に

電源ノイズを下げるパスコンの正しい使い方

大津谷 亜士 Ashi Otsuya

ICを搭載した基板を設計するときに先輩方から「数μFのセラミック・コンデンサを，ICの電源とグラウンドの間につなぎなさい」といわれたことのある方は多いと思います．このコンデンサをバイパス・コンデンサ(通称：パスコン)と呼び，まるでおまじないのように電源のノイズ対策に使われています．**写真1**に示すのは，マイコンが搭載されたディジタル基板の部品面です．ICの近くには多くのチップ・コンデンサが取り付けられています．

最近のFGPA(Field Programmable Gate Array)などのディジタルICは低電圧・大電流化が進み，コア電源が1V以下で数十Aを超えるスイッチング電流が過渡的に発生することもあります．そのため，電源ノイズによる誤動作などのトラブルが増えています．

ノイズの原因は，低電圧化による電源電圧のマージンの減少と，高周波化による電源インピーダンスの上昇です．バイパス・コンデンサを使うと電源インピーダンスを低下できますが，そこには確固たる理論があります．

本章では，電源インピーダンスとノイズとの関係を説明し，どのようにバイパス・コンデンサを使用すべきか解説します．電源ノイズの観測方法とインピーダンスの測定方法についても触れます．

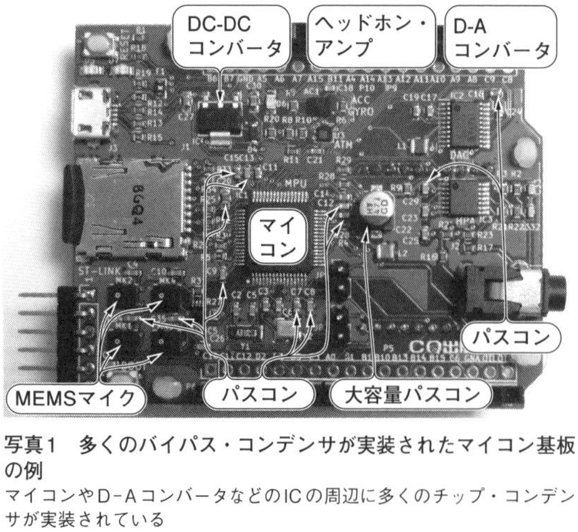

写真1　多くのバイパス・コンデンサが実装されたマイコン基板の例
マイコンやD-AコンバータなどのICの周辺に多くのチップ・コンデンサが実装されている

電子機器のトラブルの1つが電源ノイズ問題

● 不具合の多くは高速ディジタルICのトラブル

最近のあらゆる電子機器(カーナビ，パソコン，タブレット，携帯，サーバ，カメラ，医療機器など)には，高速ディジタルIC(FPGA，DDRメモリなど)が使用されています．これらのディジタルICはますます高速化されていますが，それに伴い誤動作も増えています．ICが高速化すると，ディジタル信号に許容されるジッタの量やアイ・パターンの開口度の制限も厳しくなるためです．

それらが誤動作すると，ICを使用している機器のトラブルの原因にもなります．携帯電話なら通信不具合，パソコンなら動作不良，カメラやディスプレイなら画像の不具合につながります．これらの電子機器の不具合は，設計・製造を行った企業の信頼性も損なうため，可能な限り避けたい問題といえます．

● トラブルの原因は外来ノイズではなくDC電源ノイズ

高速ディジタルICのトラブルが発生した場合，解決のため最初に何をすべきでしょうか．ディジタル信号のアイ・パターンやジッタを測定するために広帯域なオシロスコープを用いてデバッグしたり，高周波ネットワーク・アナライザを使用してディジタル伝送路のロスやクロストークを測定するでしょう．

ほとんどの場合これらの方法ではトラブル解決はできません．多くの高速ディジタル基板設計者の意見を聞いたところ，高速ディジタルICのトラブルのうち，6割程度がICに供給される電源のノイズに起因しているとのことでした．いくら高速ディジタル信号の見直しを行っても，半数以上のトラブルは電源ノイズ対策をしない限り解決しないのです．

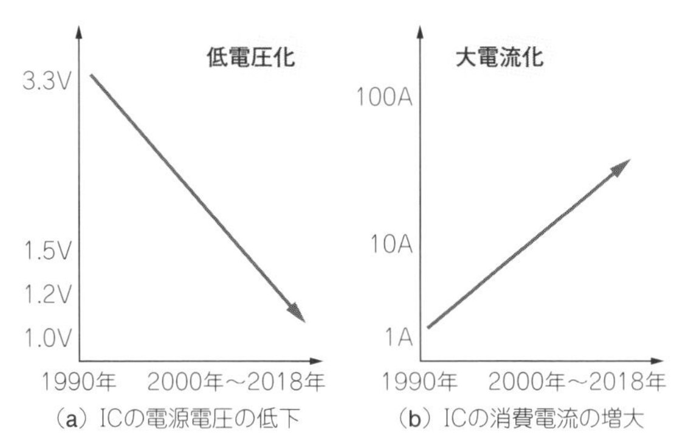

図1 高速ディジタルIC用電源は低電圧化・大電流化の傾向にある
1990年代のICの駆動電圧は3.3 Vがほとんどだったが，2018年には1.0 Vにまで下がってきている．消費電流も大電流化し10 A以上になることもある

● 低電圧・高周波化によってDC電源ノイズに弱くなる

6割ものケースが電源に起因するのは高速ディジタルICが電源ノイズに弱いからです．**図1**に示すように，ICに供給されるDC電源は低電圧化と大電流化の傾向にあります．ひと昔前までは3.3 Vの電圧で駆動していましたが，最近では1 V以下の電圧で駆動しています．

例えば，高速ディジタルICが駆動電圧の5 %の電源ノイズを許容できるとすると，1 Vの5 %は50 mVになります．mVオーダの非常に小さい電源ノイズを抑えない限りICが誤動作するという厳しい条件が設計者に突き付けられています．さらにICの消費電流は大電流化し，10 A以上必要なICも普通となっています．この大きな消費電流は，*IR*ドロップという現象によりDC電源ノイズを発生させ，高速ディジタル基板設計者を悩ませるのです．

● DC電源ノイズの原因は*IR*ドロップ

*IR*ドロップとは，ICに供給されるDC電源に発生する電源電圧変動(ノイズ)です．消費電流の変動量と電源インピーダンスの掛け算の分だけ発生します(**図2**)．つまり次のオームの法則により電源ノイズの発生量が決まるのです．

$V = IR$

ただし，V：*IR*ドロップにより発生するDC電源ノイズ電圧，I：IC消費電流の変化量，R：電源インピーダンス

電源インピーダンスとは，ICから見た基板，バイパス・コンデンサ，DC-DCコンバータなどによるDC電源の出力インピーダンスのことです．

昨今のIC駆動電圧の低下により，許容される電源ノイズ量は50 mVと小さく，しかも消費電流は10 A程度と増加しています．これにより，電源インピーダンスを5 mΩ程度と小さく抑えない限り，電源ノイズの許容量を超え，高速ディジタルICが誤動作するのです．

● 電源インピーダンス設計の現実

電源インピーダンスを低く抑えるためには，基板上にバイパス・コンデンサ(通称：パスコン，デカップリング・コンデンサとも呼ばれる)をうまく配置することが重要です．

実際の設計現場では，多くの場合かなり適当といえる対策が行われています．やみくもに大量のバイパス・コンデンサを配置し，動作すればOKという根拠のない対策を施している設計者が多いのです．動いた理由も不明なため，いざトラブルが発生すると，再び同じ対策をすることになり，作業効率が悪くなります．トラブル解決に時間もかかります．

● 入手できない部品は代替品でOKか？

次に設計者を悩ませるのが，昨今の部品不足の問題です．市場で不足し，どうしても手に入らない場合は使用実績のない海外製の製品を利用せざるを得なくなります．バイパス・コンデンサが，従来より使用して

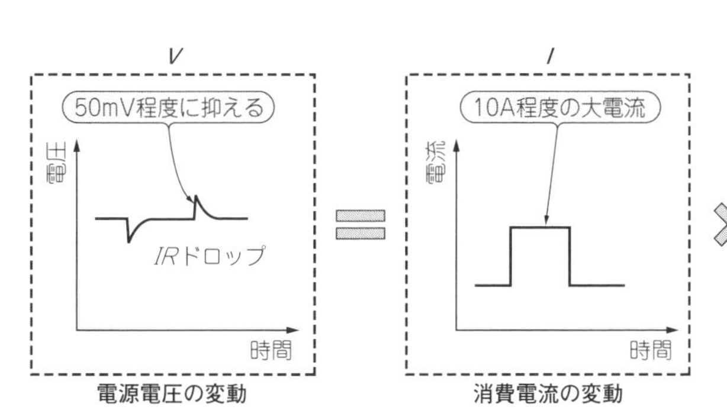

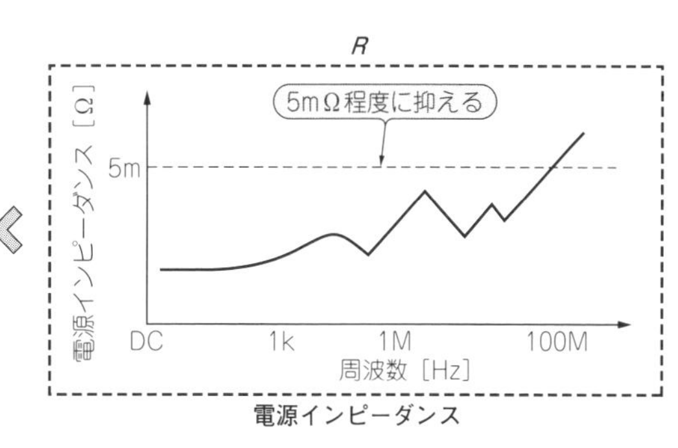

図2 *IR*ドロップとは電源電圧変動のことで電源ノイズの原因になる
ICの消費電流変動と電源インピーダンスのかけ算で決まる量だけ発生する．ICの駆動電圧の低下により許容電源ノイズは50 mVと小さく，10 Aの電流変動に対して電源インピーダンスは5 mΩ程度に抑える必要がある

いたものと同じようにノイズ対策に効果があるか不安になります．

一歩先を行く設計者は，シミュレーション・ツールを使い基板上に配置したバイパス・コンデンサの効果を予測しています．しかし本当にシミュレーション通りに効果があるか，やはり不安は尽きないのが現状のようです．これらのことから，「本当にパスコンが電源インピーダンスを低減し，ノイズ対策に効いているのか」が設計者の悩みの根源になっていると言えます．

では，なぜバイパス・コンデンサが必要で，どのように動作しているかについて説明します．

ICの電源を安定にする1つの方法は「パスコン」

● 電源ラインのインダクタンスが電源インピーダンスを押し上げる

IRドロップの発生量は，IC消費電流の変化量と電源インピーダンスの掛け算で決まります．

電源インピーダンスが大きくなる最たる理由は，基板上のDC電源とICの間をつなぐ電源ライン(配線パターン)のインダクタンスです．理想的なDC電源がICに直結されればよいのですが，現実はDC電源とICは基板上の電源ラインで接続されます．

電源ラインは導体で，長さが1 mmのとき約1 nHのインダクタンスをもちます．このインダクタンスは，$j\omega L$の計算により1 GHzにて約6 Ωのインピーダンスになります．「1 mm→1 nH→6 Ω@1 GHz」はキーワードとして覚えておくと便利です．

● 長さが10倍でも周波数が10倍でもインピーダンスは10倍で合わせて100倍

電源ラインの物理長が10倍になればインピーダンスは10倍になり，周波数が10倍になればさらに10倍になります．基板上の電源ラインの長さを見れば，およそのインピーダンスを暗算で見積もることができます．

図3の例では，10 mmの電源ラインは10 nHのインダクタンスになり，1 MHzにて60 mΩの電源インピーダンスになります．たいした大きさではないかもしれませんが，ここに1 MHzで1 Aのサイン波電流が流れ込むと，60 mVのIRドロップが発生します．1 VのDC電源をICに接続している状態で，電源ラインの両端で60 mV(＝1 A × 60 mΩ)分の電圧降下が発生するため，ICに到達する電圧が，60 mV分だけ1 MHzで変動するのです．これがIRドロップによるDCノイズになり，ICの誤動作を引き起こすのです．言い換えると，「遠くにある電源は，高周波では助けてくれない」のです．

技① ICの近くにバイパス・コンデンサを置くと高周波ノイズを低減できる

遠くにある電源が助けてくれないのであれば，**図4**に示すように，ICの近くにバイパス・コンデンサを置いて助けてもらう方法があります．

コンデンサのインピーダンスは，基本的には$1/(j\omega C)$で計算されます．ωは角周波数，Cはコンデンサの容量です．容量が大きく，周波数が高いほど低イ

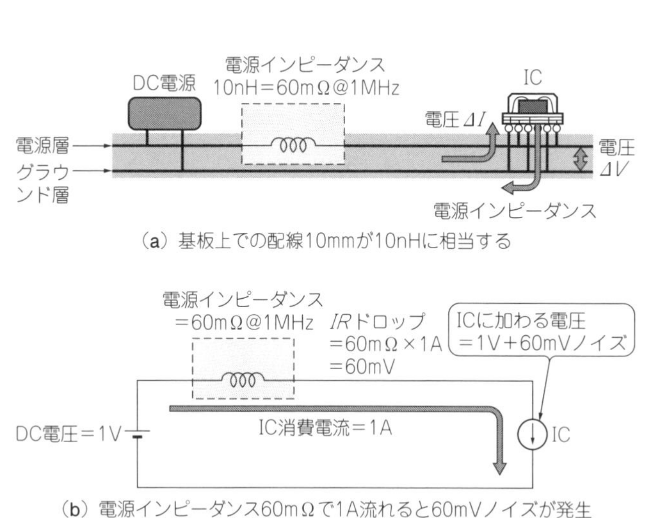

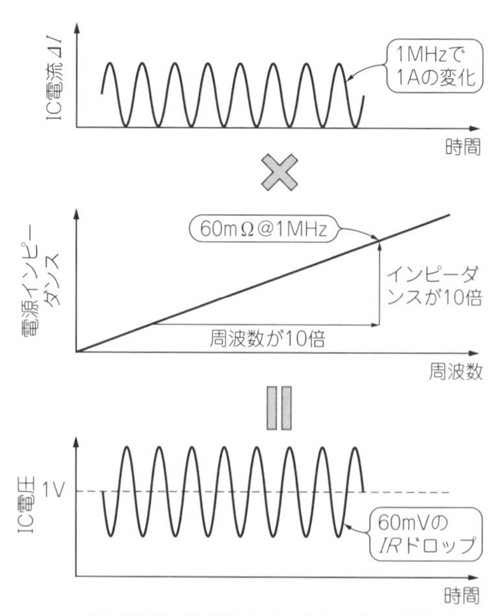

図3 配線インダクタンスは高周波では高インピーダンスになる
高周波でICが電流を引くと，少しの配線インダクタンスでも大きなIRドロップになり，過大なノイズが発生する

ンピーダンスとなります．

逆に言うと，低周波では高インピーダンスになります(**図5**)．これはICが電流を低周波でバイパス・コンデンサから引くと，電圧は変動しやすいことを意味します．

一方，高周波ではコンデンサは低インピーダンスになります(**図6**)．これはICが電流を高周波でバイパス・コンデンサから引いても電圧が変動しにくいことを意味します．短時間でICが電流を引き，すぐに電流を戻せば，電荷は少し抜けてすぐに戻るため，電圧はあまり変動しないのです．

● より高周波ではインピーダンスは上昇する

バイパス・コンデンサは，より高い周波数まで効果を発揮するわけではありません．実際のコンデンサは*ESL*(Equivalent Series Inductance)と呼ばれるインダクタンス成分をもっています．**図7**(**a**)に示すように，インダクタンスは$j\omega L$という計算により高周波

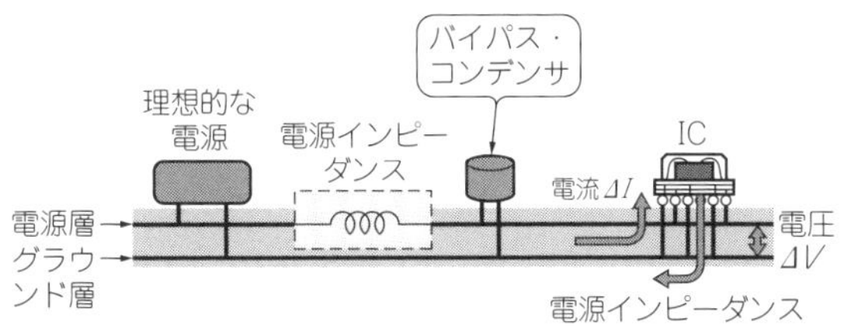

(a) ICの近くにバイパス・コンデンサを配置する

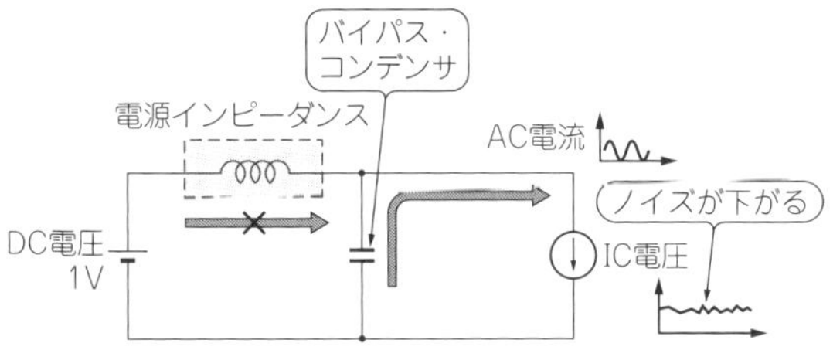

(b) バイパス・コンデンサはチャージした電荷を使って電流を供給してノイズを下げる

図4 ICの近くにバイパス・コンデンサを置いて高周波電流を供給する

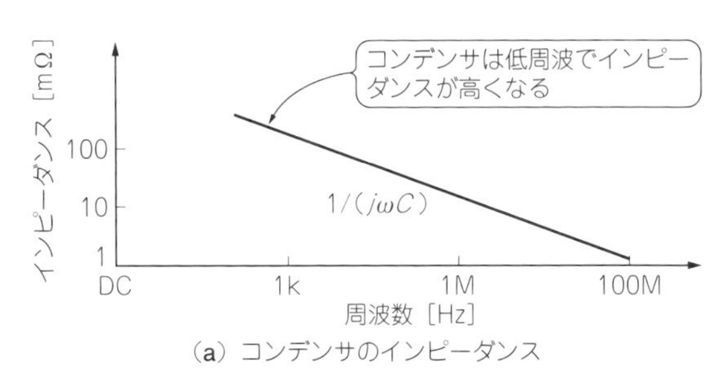

(a) コンデンサのインピーダンス

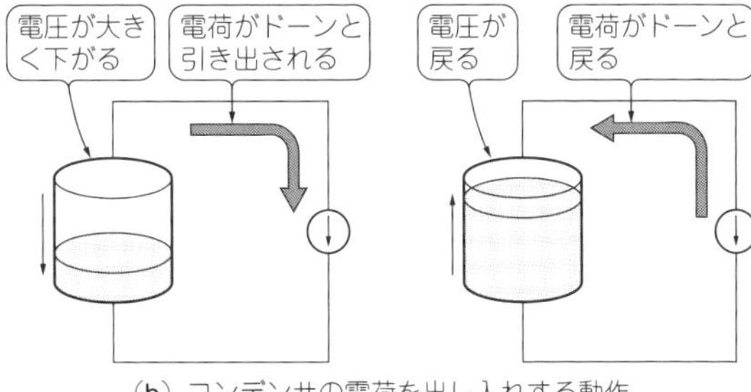

(b) コンデンサの電荷を出し入れする動作

図5 コンデンサは低周波では高インピーダンスになる

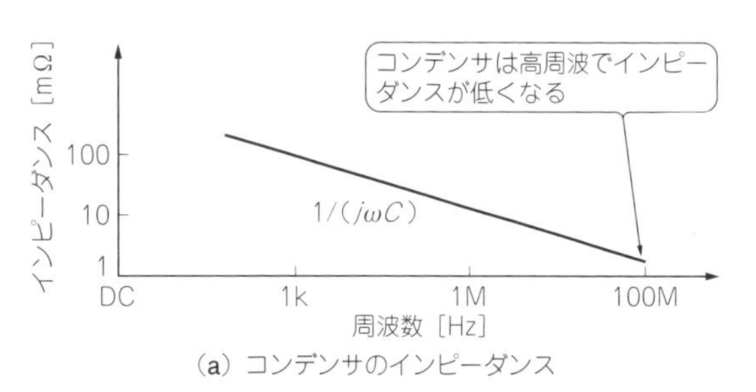

(a) コンデンサのインピーダンス

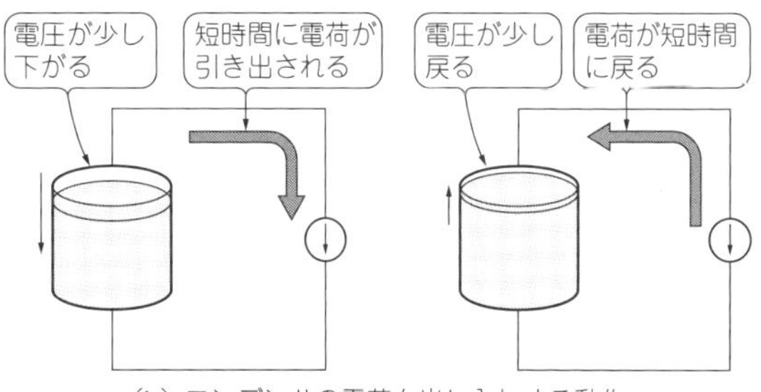

(b) コンデンサの電荷を出し入れする動作

図6 コンデンサは高周波では低インピーダンスになる

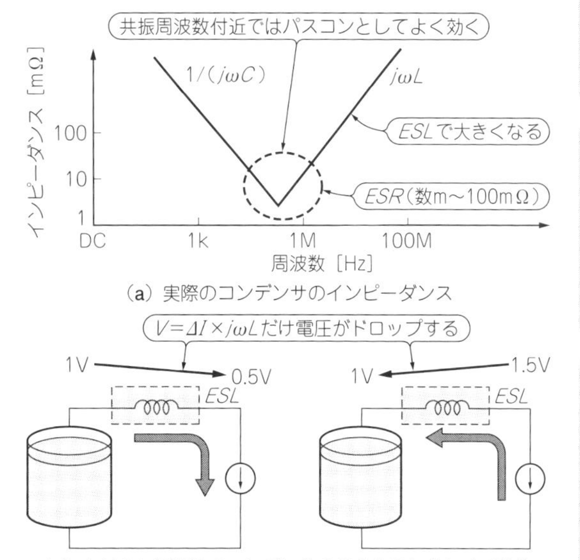

(b) より高い周波数でコンデンサの電荷を出し入れする動作

図7 コンデンサの*ESL*により，より高周波では効果が減る

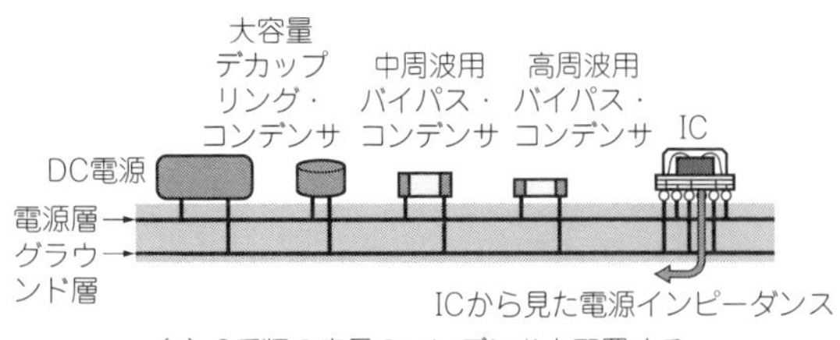

(a) 3種類の容量のコンデンサを配置する

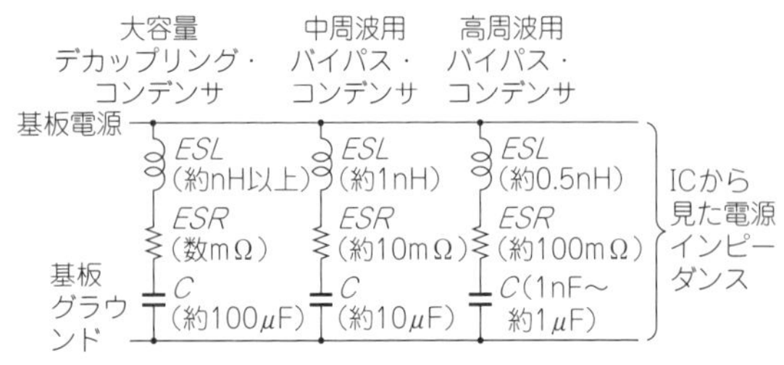

(b) 複数のコンデンサを配置したときの回路図

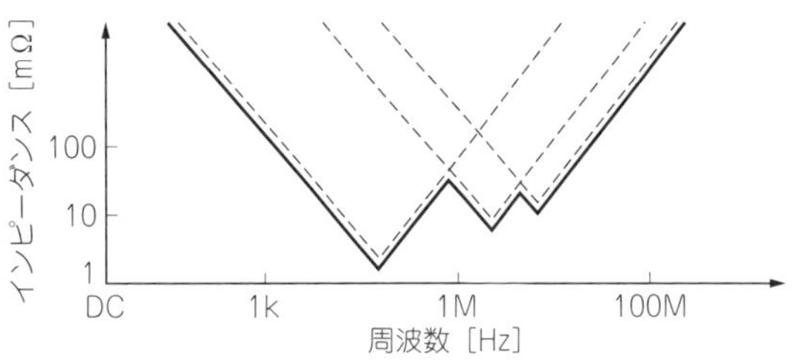

(c) 合成された電源インピーダンスの周波数特性

図8 容量の異なるバイパス・コンデンサを並列に接続すると，広い周波数帯域にて低インピーダンスになる

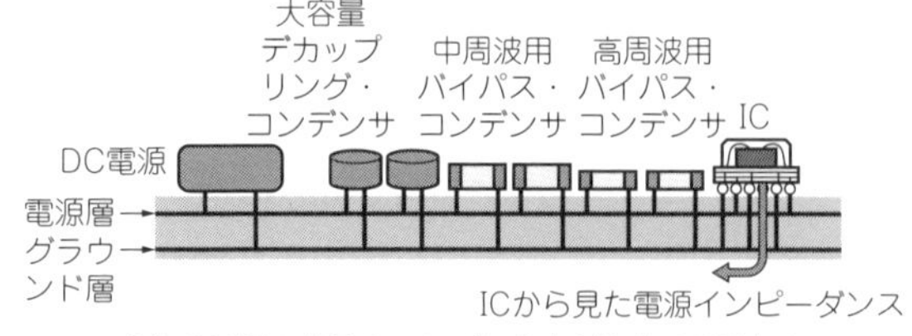

(a) 3種類の容量のコンデンサを2個ずつ配置する

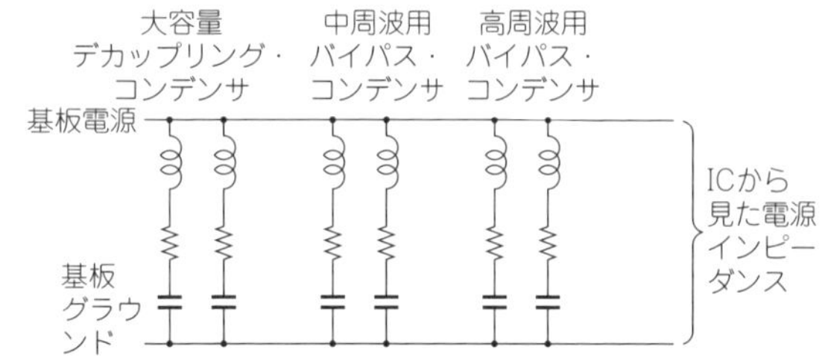

(b) 複数のコンデンサを2個ずつ配置したときの回路図

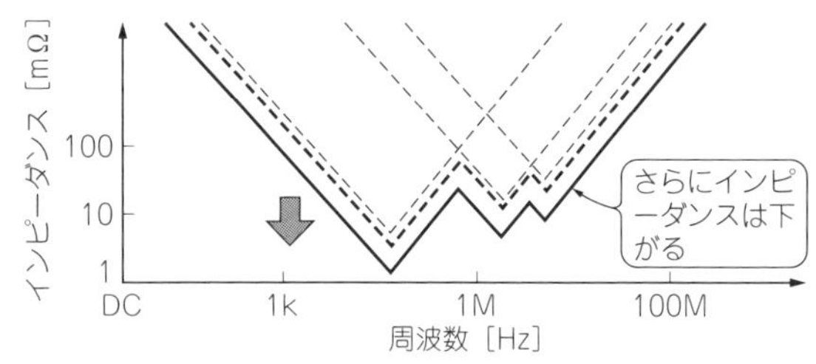

(c) 合成された電源インピーダンスの周波数特性

図9 同じ容量のバイパス・コンデンサの数を倍にすると，さらに電源インピーダンスは下がる

になると高インピーダンスになります．

図7(b)に示すように，高周波でICが電流を引くということは，短時間で電荷をコンデンサから出し入れするため，電圧は変化しません．しかし出口にある*ESL*が高周波では大きな障害となり，電圧が降下してしまい*IR*ドロップが発生するのです．

● バイパス・コンデンサのインピーダンスはV字カーブ

最終的にバイパス・コンデンサはV字カーブのインピーダンス周波数特性をもちます．高周波になるほど$1/(j\omega C)$でインピーダンスが下がり，共振周波数において*ESR*(Equivalent Series Resistance)の抵抗成分で底を打ち，共振周波数以上では*ESL*でインピーダンスが再び大きくなります［図7(a)］．つまり，バイパス・コンデンサは共振周波数の近辺にて低インピーダンスとなり，有効活用できるのです．容量の大きいものほど低周波で，容量の小さいものほど高周波で共振し，低インピーダンスとなり効果を発揮します．低インピーダンスにしたい周波数に応じた容量のバイパス・コンデンサを用いることがポイントです．

技② 数種類の容量のバイパス・コンデンサを基板上に配置する

基板上のICから見た電源インピーダンスが，低周波から高周波まで広範囲に低インピーダンスになるためには，低周波用の大きな容量のコンデンサ，中周波用に中くらいの容量のコンデンサ，高周波用に小さな容量のコンデンサを並列に配置します［図8(a)］．並列に配置すると，基本的には最も低いインピーダンスのコンデンサが支配的になるため，図8(c)の実線のようなインピーダンスの周波数特性になります．さまざまな容量のバイパス・コンデンサを満遍なく接続することにより，広い周波数帯にて低インピーダンスにすることが重要です．

技③ 数が多ければインピーダンスはさらに下がる

バイパス・コンデンサの容量だけでなく，数も重要な要素です．基本的にコンデンサの数を倍に増やすと電源インピーダンスは半分になります(図9)．さらに数を増やせば増やすほど電源インピーダンスは下がり，電源ノイズは発生しにくくなります．

しかし，数が増えると基板上での占有する面積も大きくなります．その結果，最終的な電子機器のサイズも大きくなります．製品の小型化を図るためには，パスコンの数の最適化が重要です．

● 配置するときの2つのルール

バイパス・コンデンサを基板上に配置するときの重要なルールがあります．

▶ルール① ICのなるべく近くに配置する

1つ目は，「バイパス・コンデンサをなるべくICの近くに置くと効果が上がる」ことです．基板上の長い電源ラインはインダクタンスになり，高周波では大きなインピーダンスとなります．このインピーダンスがICから見てバイパス・コンデンサを遮断すると，IC端におけるノイズ対策の効果がなくなります．ICの近くに置くとICから遮断されないので，ノイズ対策に効果を発揮します．

▶ルール② 大きな容量はICから離れていてもよいが，小さな容量はICの近くに置く

2つ目は，「低周波用の大きな容量のコンデンサはICから遠い位置でもよいが，高周波用の低容量のものはICの近くに置く」ことです．ICから見て小さい容量のバイパス・コンデンサが遠くに置かれると，長い距離の電源ライン・インダクタンスの影響で，高周波での電源インピーダンスが下がらないためです．

技④ 小さい容量のバイパス・コンデンサはICの近くに配置する

大容量コンデンサをICから遠くに，低容量のものをICの近くに配置したようすを**図10(a)**に示します．ICと大容量コンデンサの間には，長い配線の大きなインダクタンスが存在しますが，このインダクタンスは低周波では高インピーダンスにならないので影響はありません．高周波用の低容量バイパス・コンデンサはICのすぐ近くに配置されるため，短い配線なのでインダクタンスは高周波でも低インピーダンスのままです．その結果，**図10(b)**の実線のように低周波から高周波まで低インピーダンスを保てています．

● 高周波用バイパス・コンデンサをICから遠くに配置すると効果がなくなる

ルールと逆の間違えた配置を**図10(c)**に示します．ICのすぐ近くに置かれた大容量コンデンサは低周波では効果がありますが，高周波では効きません．高周

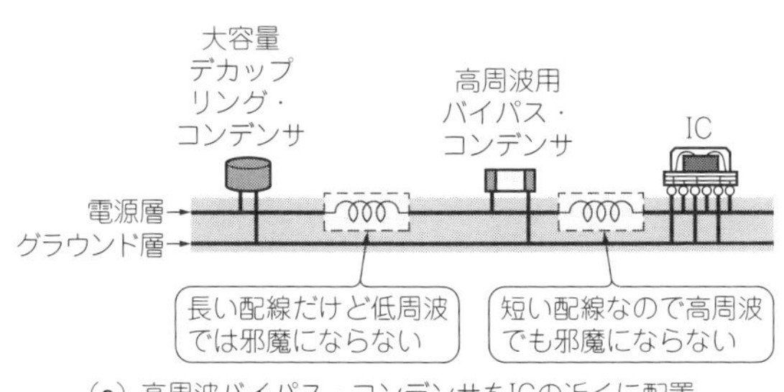

(a) 高周波バイパス・コンデンサをICの近くに配置

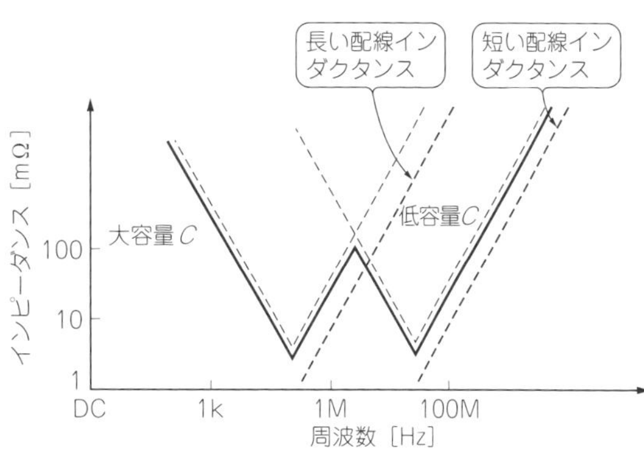

(b) (a)の電源インピーダンスは短い配線インダクタンスに制限される

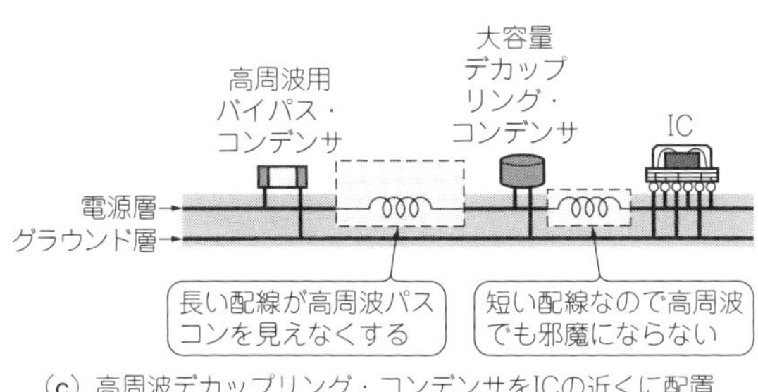

(c) 高周波デカップリング・コンデンサをICの近くに配置

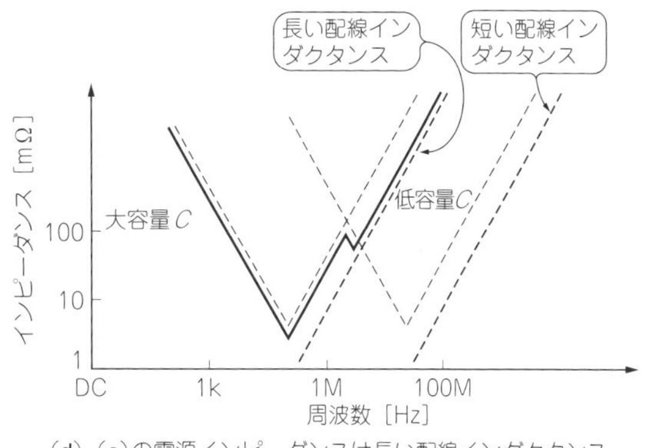

(d) (c)の電源インピーダンスは長い配線インダクタンスに制限される

図10 高周波用の低容量バイパス・コンデンサはICの近くに配置する

波では長い配線インダクタンスが大きなインピーダンスとなり，高周波用のバイパス・コンデンサをICから遮断します．その結果，高周波用のバイパス・コンデンサは効果がなくなり，**図10(d)**の実線のようにICから見た電源インピーダンスが高周波において増加します．

ルールどおり大容量はICから遠くに，低容量はICの近くに配置することがバイパス・コンデンサの効果を最大限に生かす方法となります．

技⑤ DC-DCコンバータはDCから低周波にてインピーダンスを下げる

基板上ではバイパス・コンデンサだけではなく，DC-DCコンバータが接続されます(**図11**)．DC-DCコンバータはフィードバック・ループをもち，ICが消費する電流にかかわらず出力電圧を一定に保つように動作します．

$V = IR$のオームの法則からすると，電流Iの変化量が大きくても電圧Vの変化量が小さいと等価的にR，つまり電源インピーダンスが小さいことになります．

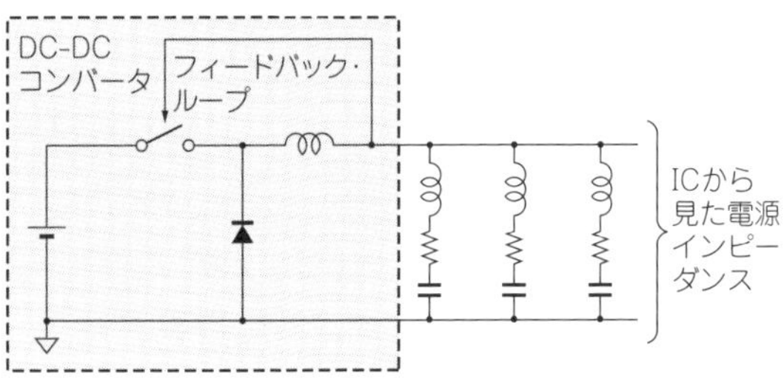

(a) DC-DCコンバータも基板上に存在する

(b) DC-DCコンバータの搭載された回路図

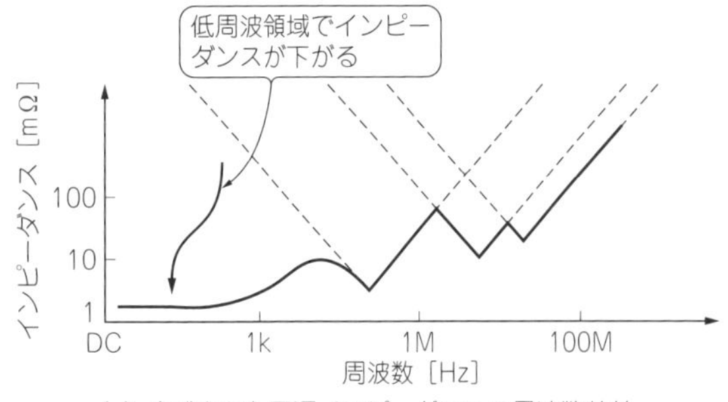

(c) 合成された電源インピーダンスの周波数特性

図11 DC-DCコンバータはDCから低周波にてインピーダンスを下げる効果がある

したがって，フィードバック・ループが効く極めて低い周波数では，DC-DCコンバータが電源インピーダンスを支配的に決めています．

● 実際の基板は非常に複雑で多くのバイパス・コンデンサが必要

高機能なディジタル基板は，非常に複雑な設計であることがよくあります．数多くの部品が実装され，基板のレイアウトも複雑になります．DC-DCコンバータや数多くのバイパス・コンデンサおよびICが実装された基板の電源インピーダンスを予測することは困難です．

電磁界シミュレーションを用いれば電源インピーダンスの予測はできますが，その結果が本当に正しいかどうかは何らかの方法で確認する必要があります．

電源の波形とインピーダンスの確認

● パワー・レール・プローブでmVオーダの波形観察

図12に示すのは，アクティブ・プローブとパワー・レール・プローブで測定されたDC電源のノイズ波形です．

アクティブ・プローブの波形には20 mV程度のトレース・ノイズが見られます．これには電源のノイズだけでなく，プローブ自身がもつノイズも含まれています．これでは高速ディジタル用電源に求められるmVオーダのノイズ性能を評価するには力不足です．

N7020Aパワー・レール・プローブ(キーサイト・テクノロジー)の波形にはトレース・ノイズはほとんど見られません．プローブ自身のもつ測定系ノイズが1 mV程度で十分小さく，mVオーダの電源ノイズ波

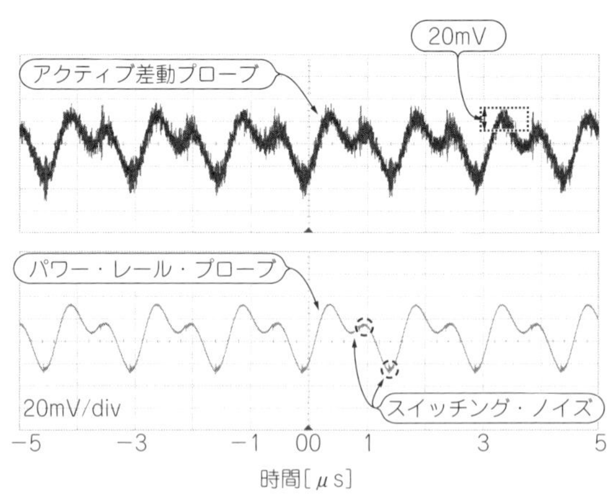

図12 パワー・レール・プローブを使用したmVオーダの波形観察

一般的なアクティブ・プローブでは20 mV程度のトレース・ノイズが見られるが，パワー・レール・プローブでは電源ノイズの波形がはっきり見える

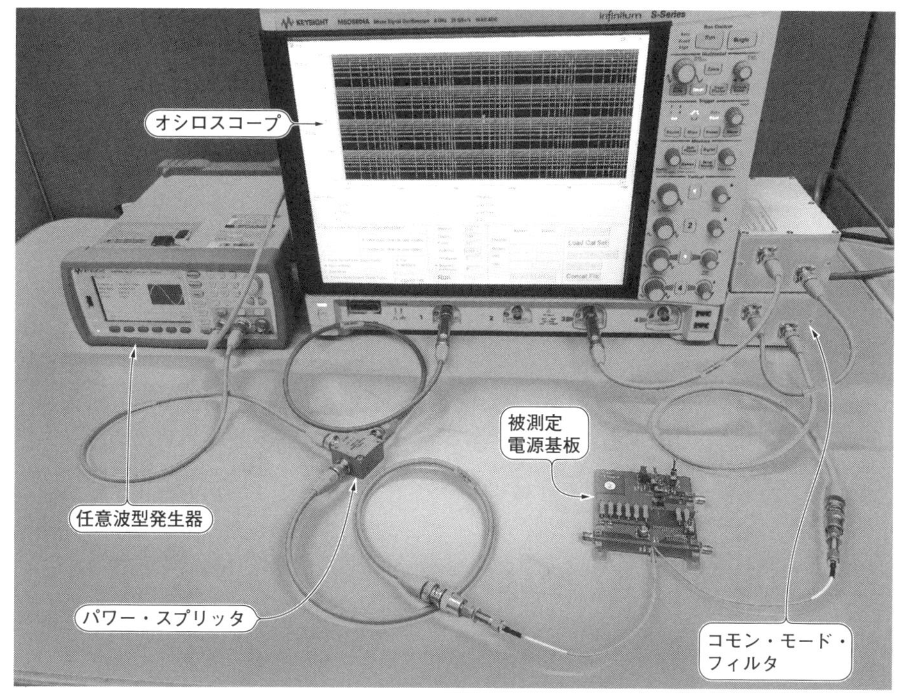

写真2　オシロスコープと任意波形発生器を用いた電源インピーダンス測定のようす
ほかにパワー・スプリッタとコモン・モード・フィルタが使われる

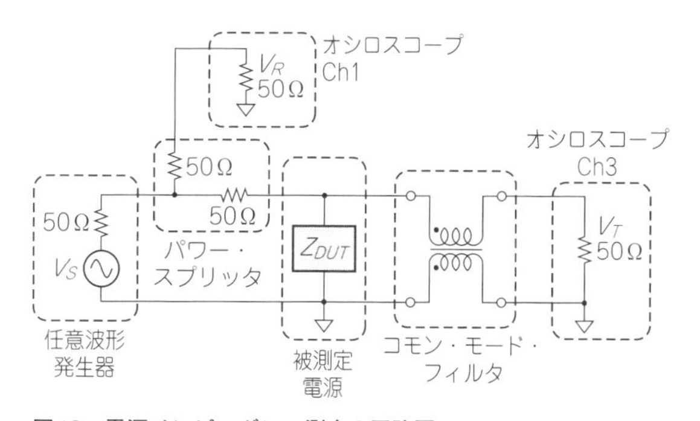

図13　電源インピーダンス測定の回路図
ネットワーク・アナライザを用いるシャント・スルー法を，オシロスコープと任意波形発生器に置き換えた構成である

約400mΩのピーク
インピーダンス[Ω]
1, 0.1, 10m, 1m
100, 1k, 10k, 100k, 1M, 10M
周波数[Hz]

図14　電源インピーダンスの測定例
1.2 MHz付近に約400 mΩのピークが見られる．対策は1.2 MHz近辺に効く積層セラミック・コンデンサを追加すること

形を観察することができます．

技⑥ 信号源とオシロスコープを組み合わせて電源インピーダンスを測定する

写真2に示すのが電源インピーダンスを測定するための構成例です．任意波形発生器とオシロスコープに，パワー・スプリッタとコモン・モード・フィルタを組み合わせています．

この測定回路を**図13**に示します．任意波形発生器からいろいろな周波数の正弦波が出力され，パワー・スプリッタで分岐されます．一方はオシロスコープに入力され参照信号V_Rとして測定されます．もう一方は被測定電源に接続され，コモン・モード・フィルタを通してオシロスコープの別のチャネルに入力され測定信号V_Tとして測定します．この2つの正弦波の振幅比と位相差からインピーダンスを算出します．この方法は，ネットワーク・アナライザで用いられるシャント・スルー法という低インピーダンス測定手法をオシロスコープ用に最適化したものです．

図14に示すのが，電源インピーダンスの測定例です．1.2 MHzに400 mΩほどのピークがあり，バイパス・コンデンサが不足していることがわかります．対策として1.2 MHz近辺に効く積層セラミック・コンデンサを追加すれば，電源ノイズを低減できます．

第14章 着目すべきはセラミック・コンデンサの共振

パスコンの反共振のしくみと対策

小林 芳直 Yoshinao Kobayashi

● バイパス・コンデンサはたくさんつければよいっていうもんじゃない

最近の回路は動作周波数が高いので，電源のインピーダンスを広い周波数範囲で低く保つ必要があります．そのために，高周波特性のよい小容量のセラミック・コンデンサをバイパス・コンデンサ(パスコン)として使うようになりました．

電源のパスコンとして入れた複数のコンデンサが共振現象を起こして，電源インピーダンスが周波数によって激しく変動することがあります．これを反共振といいます．反共振が起きると，回路が誤動作したり，ノイズが増えたりする不具合が発生します．本章では反共振のしくみと，その対策を説明します．

コンデンサは共振回路である

● コンデンサはインダクタに化ける

▶インダクタに化ける境界周波数「自己共振周波数」

コンデンサは容量という本来の機能の他に，内部配線やリード線による等価直列インダクタンス(*ESL*：Equivalent Series Lnductance)というインダクタンス成分を持ちます．さらに等価直列抵抗(*ESR*：Equivalent Series Resistance)という抵抗成分ももちます．**図1**に示す回路のように*C*，*R*，*L*が直列につながると直列共振回路になります．

直列共振回路は特定の周波数で共振状態になり，インピーダンスは最小になります．この共振周波数を自己共振周波数(*SRF*：Self Resonance Frequency)といいます．コンデンサは自己共振周波数より低い周波数では*C*として正しく働いてくれますが，自己共振周波数より高い周波数では*L*になり，ノイズ電流を吸収することなくノイズ電圧を発生します．つまり*L*成分となったコンデンサは，もはやパスコンとしての働きをしてくれません．それでもインピーダンスが低ければ，発生するノイズも少ないので，自己共振周波数より多少高い周波数領域でも使われます．

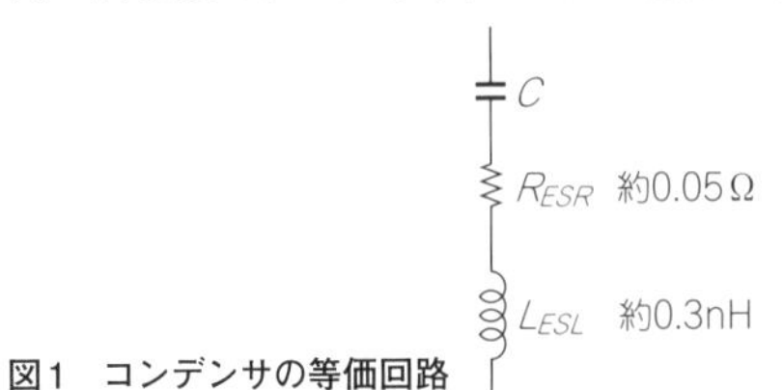

図1　コンデンサの等価回路

● 効くかどうかの分かれ道！クロック周波数と自己共振周波数の関係

システム・クロックが24.576 MHzなら，自己共振周波数が25 MHzの0.1 μFのセラミック・コンデンサを入れておけば，おそらくトラブルはないでしょう．システム・クロックが24.576 MHzなら，その高調波は10倍ぐらいまで高い周波数成分をもちますが，基本波さえ抑えておけば動作します．ところがシステム・クロックが100 MHzまで高くなると，コンデンサの自己共振周波数をもう少し高くしておかないとパスコンとして動作してくれません．1000 pFのセラミック・コンデンサなら自己共振周波数が250 MHzぐらいあるので，これを使います．

2つのコンデンサの自己共振周波数が違うので，うまくいけば広い周波数範囲でインピーダンスが低くなりますが，現実には2つのコンデンサが干渉して反共振を起こすことがあります．反共振の程度は，共振回路の*Q*という値で決まります．

● 共振の特性を表す2つのパラメータ「強さQ」と「中心周波数f_0」

共振回路の*Q*(Quality Factor：クオリティ・ファクタ)は共振周波数でのリアクタンス成分と抵抗成分の比率で決まります．リアクタンス分に対して抵抗分が少ないコンデンサがよいコンデンサといえます．

共振周波数は，等価直列インダクタンス*ESL*のインピーダンス$Z_{ESL} = 2\pi f_0 L_{ESL}$とコンデンサ*C*のインピーダンス$Z_c = 1/2\pi f_0 C$が等しくなったところです．

周波数f_0について解くと，

$$f_0 = \frac{1}{2\pi\sqrt{L_{ESL}C}}$$

という共振周波数が求まります．

QはCのリアクタンス成分と抵抗成分の比であり，またLのリアクタンス成分と抵抗成分との比でもあります．これは共振周波数で等しくなります．

$$Q=\frac{Z_{ESL}}{R_{ESR}}=\frac{Z_c}{R_{ESR}}$$

この式にfを代入して消去し，2つの式を積算するとfが消えて，

$$Q^2=\frac{L_{ESL}}{C}\cdot\frac{1}{R_{ESR}{}^2}$$

という関係が求まります．

つまりQは共振周波数を計算しなくても，ESLとESRとCの関係だけから求めることができます．

直列共振回路の性質はQの値で決まります．

$Q<0.5$　共振現象は起きない

$Q=0.5$　臨界制動．共振するかしないかの分かれ目

$Q>0.5$　共振現象，減衰振動が現れます

図2にコンデンサのインピーダンス・カーブとスミス・チャートでの共振を示します．LTspiceを使うと，**図3**のようにCを変化させたときのコンデンサのインピーダンス・カーブをシミュレーションによって確認できます．

● 共振のレベルと回路への影響

電源が共振するというのは一目して，とてもまずいことなのですが，軽い減衰振動ぐらいなら回路は誤動作しませんし，電源の減衰振動は日常的に発生しています．もともとディジタル回路は電源ノイズや信号ノイズに対して耐性があるので，電源電圧に多少の共振現象が起きても，振幅が小さくて，速やかに収まれば回路の動作に，おそらく影響はありません．

ノイズ耐性は電源電圧が低くなると，弱くなります．電源電圧が5 V時の0.1 Vのノイズと，1.8 V時の0.1 Vのノイズでは影響力が違います．電源電圧が低くなれば同じ比率でノイズ電圧も低くしないと誤動作につながります．回路の動作電圧が下がり，消費電流が増え，動作周波数が上がっている現状では，電源のインピーダンスを広い周波数領域で低く保つということはとても重要です．

技① 共振を心配しなければならないのはセラミック・コンデンサだけでよい

現実問題として，共振現象で悩むのはセラミック・コンデンサだけです．そのほかのコンデンサは共振が起きないか，共振が起きても問題が起きないしくみがあります．

電解コンデンサはESRが大きいので共振が起きません．ESRは温度特性をもっていて－20℃では1Ω程度にもなります．これだけで動作不良になる電子機器もあります．半導体は温度が低いほうが性能はいいはずなのに，低温で回路が動作しなくなるのは電源の温度特性が悪いからです．電解コンデンサのESRは，温度が高くなれば1桁ぐらい下がりますが，それでも共振条件は成立しません．100 kHzあたりの周波数でインピーダンスが最小になり，それより，高い周波数では抵抗入りのコイルとして働きます．

コンデンサとして評価が高い有機半導体コンデンサやOSコン(導電性高分子アルミ固体電解コンデンサ)も共振は起きません．自己共振周波数は少し高くなって，500 k～1 MHzのあたりになります．

パスコンを並列接続して確実に効果を出す方法

技② 同種同容量のコンデンサどうしを並列接続しても反共振は起きない

同種で容量や自己共振周波数が同じコンデンサを並列にしても反共振は起きません．起こるという人もいますが，**図4**に示すとおり自己共振周波数が同じものがいくら並列に入っても，インピーダンスが個数に，反比例して単調に下がるだけで，反共振は起きません．ただし，電源のインピーダンスを広い周波数範囲で低くするというもくろみはまったくかないません．

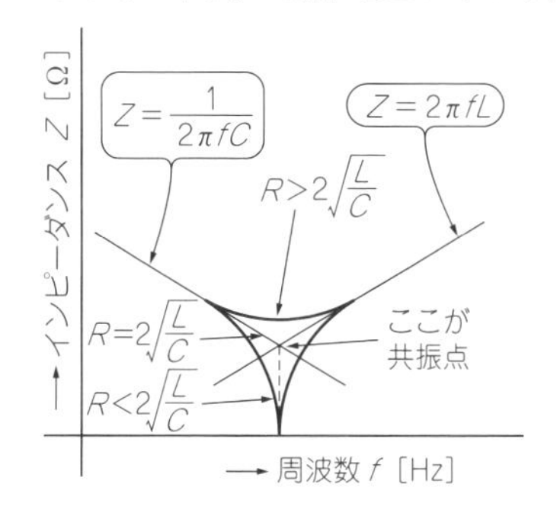

(a) コンデンサのインピーダンス・カーブ

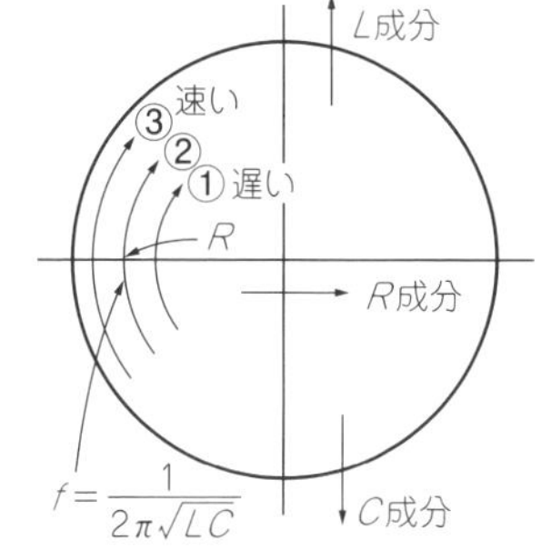

Rによらずインピーダンス・カーブは常に円弧を描く
Rが小→通過速度が速い
Rが大→通過速度が遅い
① $R>2\sqrt{\frac{L}{C}}$ のとき過制動：共振は起きない
② $R=2\sqrt{\frac{L}{C}}$ のとき臨界制動：共振の分かれ目
③ $R<2\sqrt{\frac{L}{C}}$ のとき共振が起きる

(b) スミス・チャートで見る共振

図2 コンデンサの共振動作

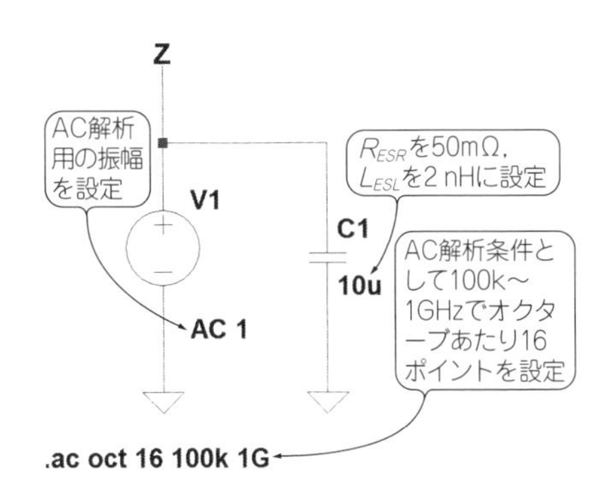

（a）C＝10 μF時のシミュレーション回路

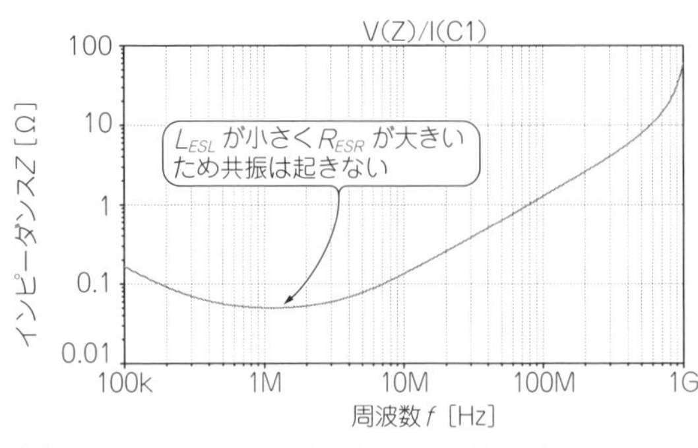

（b）C＝10 μF，ESR＝50 mΩ，ESL＝2 nH時のシミュレーション結果

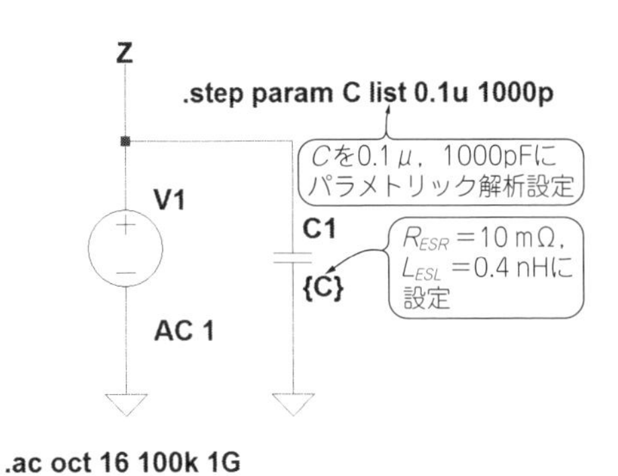

（c）C＝0.1 μF，1000pF時のシミュレーション回路

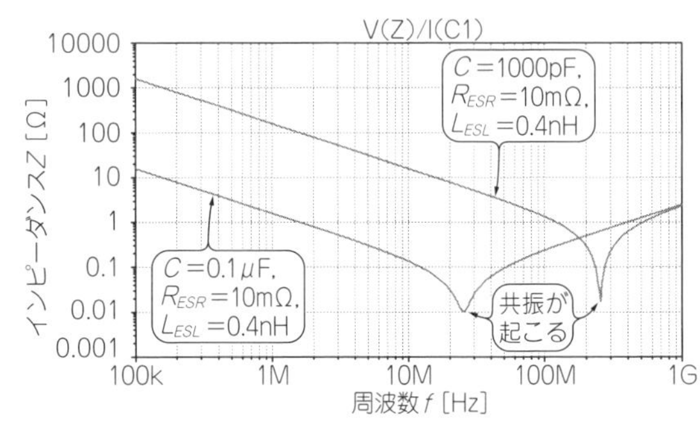

（d）C＝0.1 μF，1000pF時のシミュレーション結果

図3　10 μFと0.1 μFのコンデンサのインピーダンス周波数特性（LTspiceを使用）

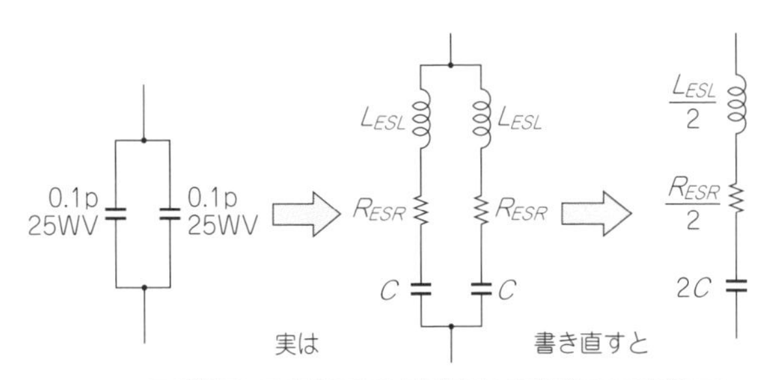

（a）同種のコンデンサを並列にした場合の等価回路

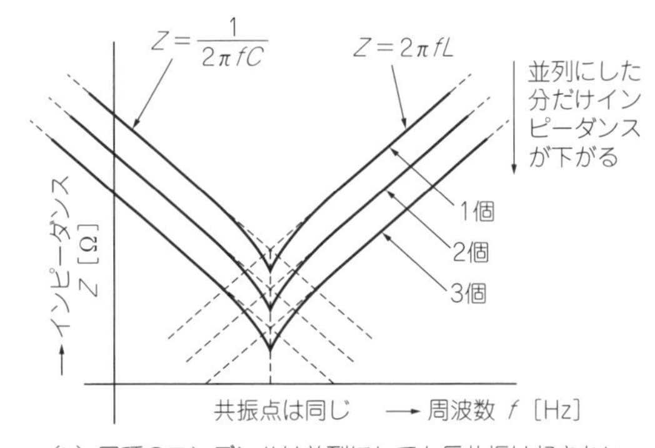

（b）同種のコンデンサは並列にしても反共振は起きない

図4　同種のコンデンサを並列にした状態

技③ セラミック以外のコンデンサどうしを並列接続しても反共振は起きない

また共振が起きないコンデンサをいくつ並列にしても反共振も起きませんので，電解コンデンサとOSコンを並列にするのはまったく問題ありません．電解コンデンサに1 μFのフィルム・コンデンサを並列に入れて，1 MHzまで周波数領域を拡大しても反共振は起きません．フィルム・コンデンサ単体では共振が起きても，相方の電解コンデンサのQが低すぎて反共振を起こさないのです．電解コンデンサを外して，電源のパスコンをフィルム・コンデンサだけにすると問題が発生する可能性があります．

● 自己共振周波数と容量が違うセラミック・コンデンサを並列にすると反共振が起きる

セラミック・コンデンサは共振条件が成立しているので，容量や自己共振周波数が違うセラミック・コンデンサを2つ並列にすると反共振が起きます．

2つのコンデンサの自己共振周波数のうち，低いほうをf_{r1}，高いほうをf_{r2}とすると，f_{r1}とf_{r2}の間の周波数では，自己共振周波数の低いコンデンサはLになり，

$$f_{r1} = \frac{1}{2\pi\sqrt{L_1 C_1}}$$

$$f_{r2} = \frac{1}{2\pi\sqrt{L_2 C_2}}$$

$$f_a = \frac{1}{2\pi\sqrt{(L_1 + L_2)\left(\frac{C_1 C_2}{C_1 + C_2}\right)}}$$

Lは直列　Cも直列

(a) 異なるコンデンサを並列にすると反共振が起こる

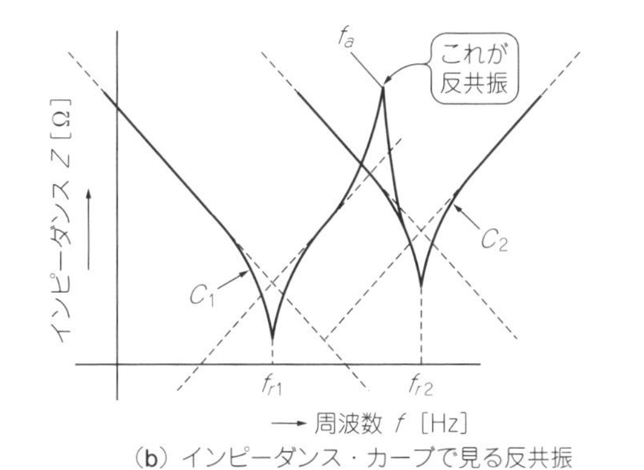

(b) インピーダンス・カーブで見る反共振

図5 自己共振周波数と容量が違うセラミック・コンデンサを並列にした状態

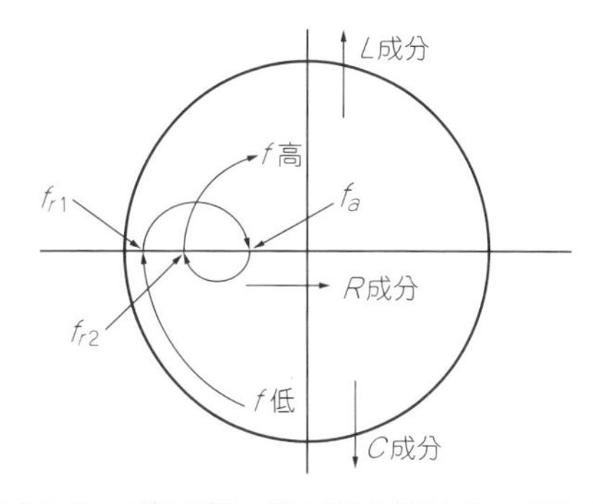

周波数を高くしていくと最初にCからLに切り替わるのがf_{r1}，次にLからCに切り替わるのがf_a，最後にCからLに切り替わるのがf_{r2}

(c) スミス・チャートで見る反共振

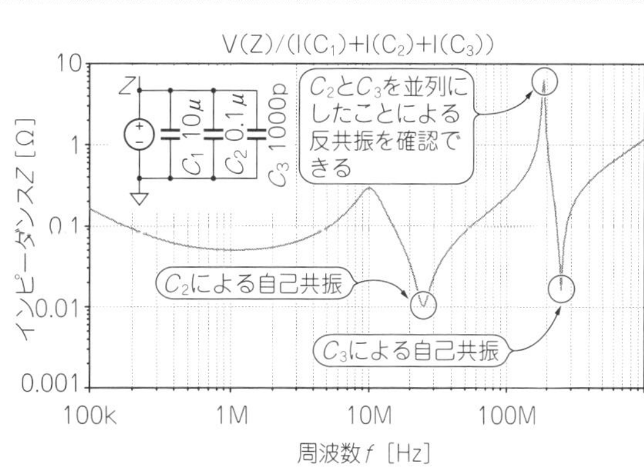

図6 セラミック・コンデンサ2個を並列接続したときのインピーダンスの周波数特性(LTspiceによるシミュレーション)

高いコンデンサのCになります．このLとCが並列共振回路を作り，インピーダンスが高くなります．共振点でのインピーダンスはR_{ESR}のQ倍程度になります．**図5**にコンデンサを並列にした際の反共振を示します．LTspiceを使うと，**図6**のようにコンデンサを並列につないだ場合の反共振を確認できます．

Qと共振回路のインピーダンスの関係を説明しておきます．直列共振回路では，$Q = 1$で直列共振の場合にはC成分とL成分がキャンセルして，インピーダンスがESRに等しくなることは簡単にわかります．同じことが並列共振回路でもおきます．

並列共振回路で$Q = 1$のとき，L成分は，$R_{ESR}(1 + j)$，C成分は，$R_{ESR}(1 - j)$というように実数部と虚数部が同じ大きさで，虚数部の符号が違うという状態になります．この2つを並列にすると，インピーダンスはESRに等しくなります．並列共振回路でQが1でないとき，L成分は$R_{ESR}(1 + Qj)$，C成分の方は$R_{ESR}(1 - Qj)$であり，これを並列にすると，$R_{ESR}(1 + Q^2)/2$というように，並列共振回路のインピーダンスはQ^2に比例して大きくなります．Qが1より小さくなるとインピーダンスは，ESRの半分程度まで小さくなります．共振条件を満たしていないコンデンサを並列にしたときがこれで，インピーダンスは並列にした分だけ単純に小さくなります．傾向としてQが低いときはインピーダンスは，並列にした分だけ小さくなり，Qが高くなると$Q^2/2$倍にインピーダンスが高くなります．つまりある程度のR_{ESR}があったほうがQを低くできてインピーダンスを低く保てます．ESRは電源のインピーダンスが高くなるので損ですが，反共振を考えると$Q = 1$ぐらいまでESRを大きくする取引は得です．

● 反共振の強さ

2つのコンデンサの自己共振周波数をそれぞれf_{SRFL}，f_{SRFH}とすると，反共振はその中間の周波数で起きます．セラミック・コンデンサの場合は，容量に関わらずESRとESLは一定と近似的に考えてよいので，0.1 μF，R_{ESR} = 10 mΩ，L_{ESL} = 0.4 nHならQは6.32，1000 pF，R_{ESR} = 10 mΩ，L_{ESL} = 0.4 nHならQは63.25となります．並列接続にすると，2つのコンデンサを直列につないだ共振周波数が反共振の周波数になります．コンデンサは直列で990 pF，R_{ESR}は2倍で20 mΩ，L_{ESL}も2倍で0.8 nH，Qは44.72となります．f_{SRFH}の0.7倍($\sqrt{2}/2$)より，やや高い周波数で，Qも0.7倍で強烈な反共振が起きることがわかります．もし2つのコンデンサのQが低ければこの反共振は起きません．

● Qの大きいコンデンサを付け足していくと強烈な反共振が生じる

電源インピーダンスを広い周波数領域で低く保つためには，使用するコンデンサのESRとESLを小さく保つ必要がありますが，それにも増してコンデンサのQを低く保つことが重要です．どうしてもESLを小さくできない場合は，それに合わせてESRを大きくした方が総合的なインピーダンスは低くなります．

ノイズが出たからと，高周波特性のよい(Qの大きい)小容量のコンデンサだけ追加すると，何やらノイズが増大して，強烈な反共振に悩まされることになります．

▶抵抗器で対策すると寄生インダクタンスで逆効果になることもある

電源のインピーダンスが最大になるのは2つのセラミック・コンデンサが反共振を起こした場合です．

R_{ESR}を少し大きくしてQを1近くまで下げるとインピーダンスが下がるので，Qを1以下にする必要はありません．$Q>1$でも，そこそこ低ければ，ある程度の減衰振動は残っても平均したインピーダンスを低くできます．

● 0.1 Ω程度の抵抗分を加えると反共振が収まる

セラミック・コンデンサはもともとR_{ESR}が小さいので，ほんの少し抵抗分を追加してやれば，反共振のインピーダンスを下げることができます．

増やすべきはほんの0.1 Ω程度の抵抗です．ただし，これは慎重に追加しないといけません．

抵抗を直列に入れればよいんだと，本当に抵抗を入れてしまうのは困難な試みです．セラミック・コンデンサのESLが問題といっても，せいぜい0.3 nH程度です．抵抗を追加すると，配線だけで1 mmあたり1 nHのインダクタンス成分が追加され，それに抵抗のESLが追加されてコンデンサの特性を決定的にダメにしてしまいます．配線よるインダクタンス成分の追加を考えないで，純粋な抵抗だけを追加してシミュレーションすると，シミュレーション結果はよかったけれど，実機で大惨事になりかねません．プリント基板の配線抵抗をQダンプに使おうとしても同じ結果になります．武骨にビーズでも入れて共振を抑えるか，反共振対策をした部品を使ってください．村田製作所からは「反共振抑制機能を備えたESR制御型低ESLコンデンサ」という部品も販売されています．

現実的な反共振対策

● プリント・パターンも共振の一因

現実の回路では図7のように2つのコンデンサの間に配線によるL成分とR成分が入ります．R成分は味方ですがL成分は敵です．ここにL成分が入ると反共振の周波数が低くなり，共振回路のQが高くなって，インピーダンスが高くなります．現実の回路ではコンデンサのESLより配線のL成分のほうがずっと大きくて，配線によって共振周波数が決まります．

複数のコンデンサはできるだけ近接して配置するのが基本です．著者がよく使う手は，わざわざリード線のついたOSコンを使い，その裏側のピン間に0.1 μFのセラミック・コンデンサを実装することです．OSコンとセラミック・コンデンサの配線を最短にできます．OSコンのパッドで電源電流が裏面(電源側)から表面(回路側)移動するようにパターンを設計すれば電源と回路のアイソレーションもできます．これが20 MHzぐらいまでのシステムの1つの解と思います．

技④ 黄金の組み合わせは10 μ OSコン＋0.1 μセラミック＋1000pセラミック＋0.01 μ ESR制御型低ESL

現実問題として反共振が起きるのはセラミック・コンデンサだけです．電源に使う一番容量の大きいコンデンサは，場所とコストが許すなら，有機半導体系のコンデンサにして反共振の要因を外しておくべきです．電解コンデンサは100 kHzまでしか使えないので，セラミック・コンデンサが得意とする10 MHz以上の周波数までの間隔が広すぎます．ここに補助的に10 μFのセラミック・コンデンサを使うと，周波数のつながりはよくなりますが，数MHzあたりで反共振が出やすくなります．反共振が出て問題だといっている人には，電源に大容量セラミック・コンデンサを使う人に多いです．最大容量のコンデンサが決まったら，あとは自己共振周波数を10倍程度の比率で等間隔に並べます．自己共振周波数はおおむね容量の平方根に比例する傾向があるので，容量を1/100にすれば自己共振周波数は10倍ぐらい高くなります．つまりESLは容量に関係なくほぼ一定ということです．

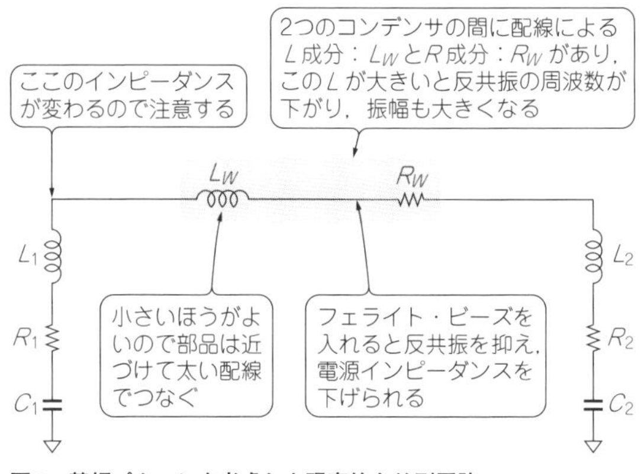

図7　基板パターンを考慮した現実的な並列回路

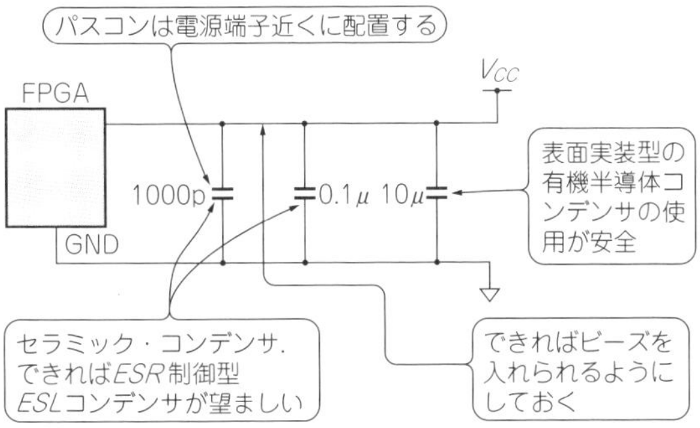

パスコンは電源端子近くに配置する
FPGA
V_{CC}
1000p
0.1μ 10μ
表面実装型の有機半導体コンデンサの使用が安全
GND
セラミック・コンデンサ．できればESR制御型ESLコンデンサが望ましい
できればビーズを入れられるようにしておく

図8　パスコンの配置例

こうして10 μFのOSコン，0.1 μFのセラミック・コンデンサ，1000 pFのセラミック・コンデンサというような部品の選び方になります．

さらに0.01 μFの*ESR*制御型低*ESL*コンデンサを1000 pFと0.1 μFの間に追加すれば完ぺきです．

技⑤ ビーズが入れられるパターンを用意しておく

反共振のメカニズムから反共振が起きるのは自己共振周波数が隣り合ったコンデンサの間だけです．しかも両方のコンデンサの*Q*が高いという条件が成立しないと反共振は起きません．

例えばOSコンとセラミック・コンデンサを組み合わせても，反共振は起きません．しかし47 μFのセラミック・コンデンサと0.1 μFのセラミック・コンデンサの間では反共振が起きます．両者の間には，実装しないまでも，ビーズが入れられるようにパターンは用意しておくべきです．

● メーカのパスコン指定にも安心は禁物

システムの中にFPGAが使われていて，複数のセラミック・コンデンサの使用が，仕様で指定されている場合などは極めて危険です．

10 μF，0.1 μF，1000 pFと指定されている場合は，10 μFには表面実装型の有機半導体コンデンサが安全です．図8にパスコンの配置例を示します．0.1 μFと1000 pFはセラミック・コンデンサにするしかありませんが，*ESR*制御型低*ESL*コンデンサが入手できるならそれが望ましいです．低*ESL*品があれば優先的に使うべきです．コンデンサを自己共振周波数の順に並べたとき，共振条件のコンデンサが連続しないように対策部品を配置していけば反共振は防げます．

実際の部品で実験

● 配線はやっぱり共振の要因

いくつかの部品についてネットワーク・アナライザでインピーダンス特性を調べました．強烈な反共振が起きたのは大容量のセラミック・コンデンサと0.1 μFのコンデンサを組み合わせたときだけでした．それも近接配置すれば反共振は弱くなります．

配線は重要で，ほんの少し長くするだけでコンデンサ本来の性能を損なってしまいます．つまりリード線のない表面実装型の部品を最短距離で配線することが極めて肝要と思われます．配線はホット側もコールド側も同様な注意が必要です．コンデンサの片側だけICのピンにぴったり付けて，アース側はGNDプレーンだから知らないというのでは電源インピーダンスを低く保てないかもしれません．

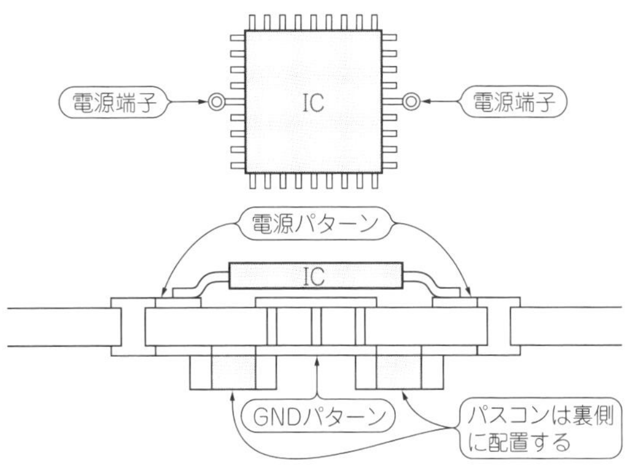

図9　理想的なレイアウト

技⑥ ノイズ対策の理想なレイアウトはICの裏側にパスコンを配置する

もし部品を裏側にも配置してよいなら，パスコンをICのピンの真下に置くと，電流ループを最短にできるので，ICから見た電源インピーダンスを最小にできます．図9に理想的なレイアウトを示します．

技⑦ チップ積層セラミック貫通コンデンサが効く

貫通コンデンサにすれば*ESL*を決定的に小さくできます．これはチップ積層セラミック貫通コンデンサとして入手できますが，やや高いです．探せばよい部品がたくさんありますので．従来の部品を回路技術で使いこなすだけではなくて，最新の部品を使い無理なく設計，実装が必要と思います．

● まとめ

パスコンの上手な配置は以下の通りです．

(1) 高周波特性のよいパスコンをICの真近にピン単位で配置する
(2) 容量の異なるコンデンサを隣接配置する
(3) 反共振を絶対に起こしたくなら貫通コンを使う

第15章 省スペースや低コストに効果テキメン

パターン・インダクタによる電源ノイズ対策

加藤 隆志 Takashi Kato

コンピュータ装置などに搭載されているSoCやFPGAは，高速化のため低電圧大電流化が進んでいます．そのため1枚の基板上に複数のDC-DCコンバータを分散配置するケースも多いようです．今や装置作りにDC-DCコンバータは必須です．

DC-DCコンバータからは小さくないスイッチング・ノイズが出ています．これらは多層基板の電源プレーンやGNDプレーンを経由して回路全体に伝搬するので，装置全般に悪影響を及ぼします．具体的には，ディジタル回路だとジッタによりビット誤り率(BER：Bit Error Rate)が大きくなり，アナログ回路だとS/N悪化の原因になります．

本章では，DC-DCコンバータから発生するスイッチング・ノイズのうち対策の難しいスパイク・ノイズを除去するためのプリント・パターン設計法(**図1**)を紹介します．

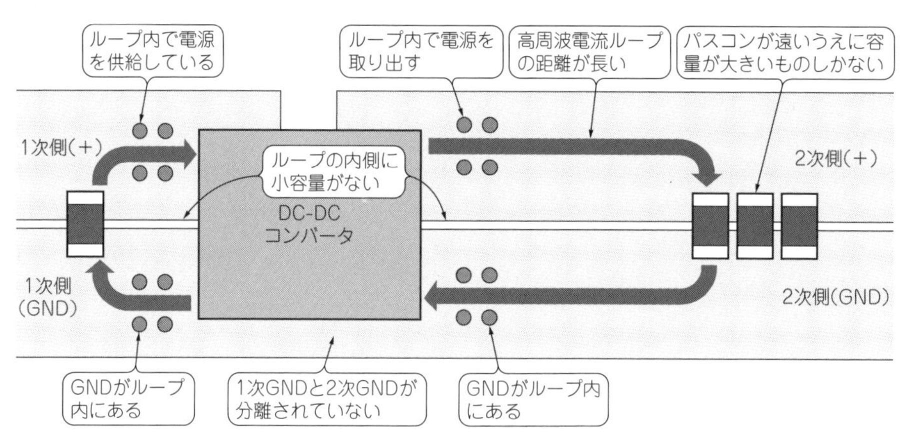

(a) 対策前…電流ループが広い範囲に分布して回路全体にノイズが漏れていく

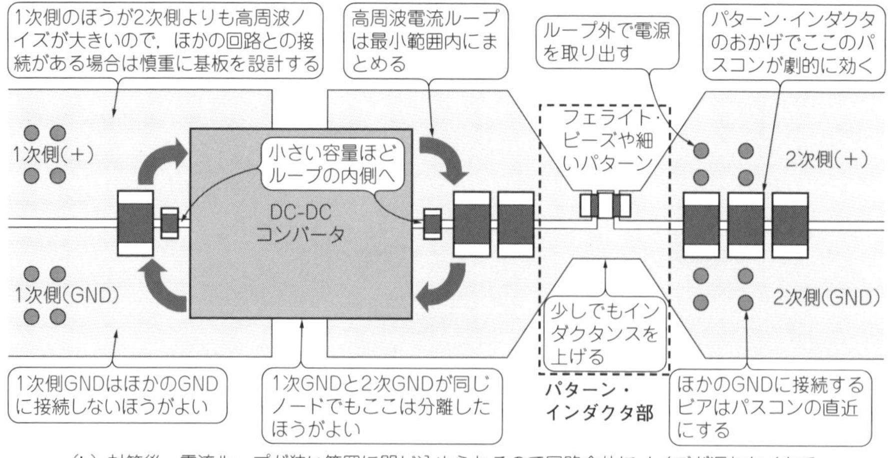

(b) 対策後…電流ループが狭い範囲に閉じ込められるので回路全体にノイズが漏れなくなる

図1 プリント・パターン・インダクタを使ったDC-DCコンバータのノイズ対策例
大電流ループを狭い範囲に閉じ込め，電源の入出力はループの外側に置くとノイズが回路全体に伝搬しなくなる．出力側経路のインダクタンスを上げるのが効果的

特に対策しにくいスパイク性のノイズ

● DC-DCコンバータが出す2種類のノイズ

DC-DCコンバータは，**図2**に示すとおり2種類のノイズを発生させます．

(1)リプル・ノイズ

内部スイッチング動作により発生するノイズです．周波数は50k～2MHzです．振幅はインダクタとコンデンサ，スイッチング周波数で決まります．

リプル・ノイズは設計したとおりの周波数と振幅で発生するので，事前の対策ができ，通常は問題になりません．フィルタやLDO(Low Drop Out)レギュレータで除去できます．

(2)スパイク・ノイズ

内部寄生成分の共振により発生するノイズです．周波数は100M～500MHzです．振幅はさまざまで最大1V_{P-P}近くになります．予期しないノイズであるスパイク・ノイズは，観測や対策が難しく，やっかいです．

● 特にスパイク・ノイズはやっかい

▶理由1：周波数が高い

スパイク・ノイズは周波数成分が数百MHzと高いので，廉価なオシロスコープとプローブでは観測できません．観測にはスペクトラム・アナライザや同軸ケーブルなど特別な測定環境が必要です．周波数の高いノイズは，高速伝送のジッタの原因にもなるので，放置できません．高効率化と小型化のため，DC-DCコンバータのスイッチング速度の高速化が進められています．DC-DCコンバータの発生するスパイク・ノイズの周波数は今後ますます高くなりそうです．

▶理由2：振幅が大きい

DC-DCコンバータICや電源モジュールを使うとき，ノイズ対策とデカップリングの目的で大きめのコンデンサを並べます．配置や選定を誤ると電源ラインに大量のノイズを漏えいします．数A以上の負荷では1V_{P-P}近いスパイク・ノイズが発生することもあります．

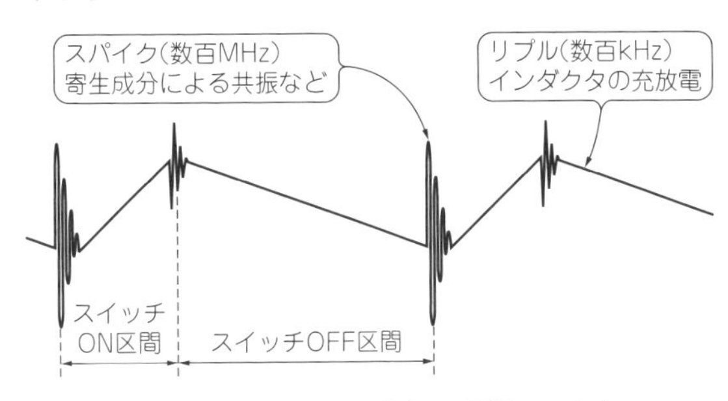

図2　DC-DCコンバータから発生する2種類のノイズ
低い周波数成分のリプルと高い周波数成分のスパイクから成る．やっかいなのは予期しないノイズであるスパイク

オーディオや計測，SDR(Software Defined Radio)受信機など，高いダイナミック・レンジを要求する回路は，スパイク・ノイズの振幅を低く抑える必要があります．振幅の大きいノイズは，性能悪化の原因になります．

▶理由3：パスコンが効かない

電源経路にバイパス・コンデンサ(パスコン)をたくさん配置すればスパイク・ノイズが除去できそうですが，実際にはあまり効果がありません．

スパイク・ノイズは信号源インピーダンスが低いときが多いので，コンデンサによるノイズ除去はあまり期待できません．特に大電流の分配のため多層基板を使用し，幅の広いプレーンを使ったときに顕著です．

スパイク・ノイズの伝達経路

● 大電流ループに乗って伝搬する

図3にDC-DCコンバータと外付けコンデンサの等価回路を示します．DC-DCコンバータは高速MOSFETとインダクタで構成されています．

スパイク・ノイズの伝達経路は**図3**の矢印で示した電流ループです．このループを狭い範囲に閉じ込めることが重要です．ループが基板上の広い範囲を巡るようになると，全体にスパイク・ノイズが伝達します．

● ノイズが集まるポイントと少ないポイント

電源などの極めて低いインピーダンスの回路には絶対的なGND(基準電位)は存在しません．そこで，**図4**にあえてGND記号を排除した等価回路を示します．ダイオード付近にはノイズ電流が集まります．ここをほかのGNDと接続するとノイズが回路全体に伝搬する危険があります．1番ノイズが少ない箇所はパスコンの両端(直近)です．外部電源とのやりとりはすべてパスコンの両端を介して行い，プリント・パターンはすべてインダクタンスと考えます．

● 電源/GNDプレーンだと特に伝搬しやすい

図4の出力(右側)の丸で囲った箇所を見てください．

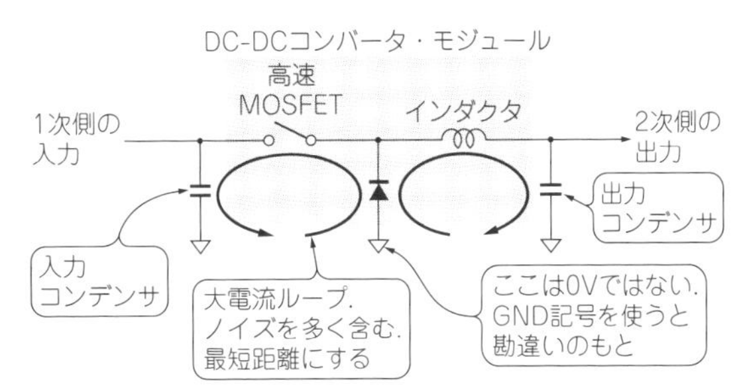

図3　スパイク・ノイズは大電流ループに乗って伝搬する
DC-DCコンバータの内部回路．スイッチング・ノイズは外部のパスコンを通して大電流ループを形成している

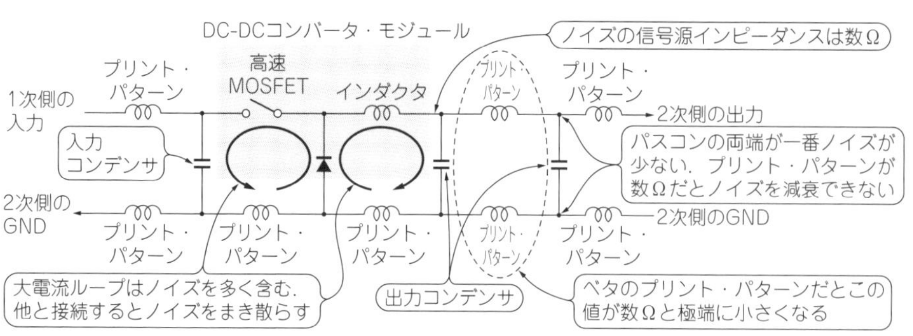

図4　図3からグラウンド記号を排除した等価回路
電源ノイズのインピーダンスは低いのでグラウンドとインダクタとして考えると，ノイズが漏れ出す経路が見えてくる．丸で囲った箇所よりも出力コンデンサのほうがインピーダンスが高いと，ノイズが2次側出力に漏れ出す

1～2nH　1000p　数m～数十mΩ
寄生インダクタ．部品単位では0.5nH程度

図5　セラミック・コンデンサの等価回路
実装状態ではパターンなどの影響で実際には1n～2nHのインダクタンスが直列に入っている．小さい値だがスパイク・ノイズの数百MHzでは無視できない

ここが多層基板のプレーンだと，インダクタンスはかなり低くなり，L成分がなくなるときもあります．

FR-4の基板で層間厚0.1 mm，プリント・パターン幅10 mmの伝送路は，特性インピーダンスZ_0が2 Ω程度になります．DC-DCコンバータのノイズ源としての信号源インピーダンスは数Ω程度と予想されるので，この伝送路はほとんどインダクタとして働きません．伝送路よりも出力コンデンサのインピーダンスが高いと，スパイク・ノイズの電流ループは2次出力の経路に漏れ出します．

対　策

技①　2次側のインダクタンスを高めてノイズの伝搬をシャットアウトする

図5にコンデンサの等価回路を示します．寄生インダクタによる直列インダクタンスが出力コンデンサのインピーダンスを高めています．

実際にインピーダンスを計算してみます．DC-DCコンバータのリプル・ノイズ除去用に，100 μFの2125サイズのセラミック・チップ・コンデンサを使ったとします．実装の影響を含めて2 nHくらいのインダクタンスをもっていると想定します．このときのインピーダンスZ_Lは6.3 Ω（$= 2\pi \times 500\ \text{MHz} \times 2\ \text{nH}$）です．ノイズ信号源のインピーダンスは数Ωしかないので，コンデンサ1個だけでは十分に減衰できません．

寄生インダクタの影響を最小にするためサイズが0603～1005，実装時インダクタンスが0.5 nH以下，容量が4700 pF以下のコンデンサを数個組み合わせる方法が効果的です．やみくもにコンデンサを増やしても効果は限定的です．コンデンサを増やしすぎると物理的な寸法が大きくなるので高周波のバイパスとして働きません．より効果的にコンデンサを働かせるには，電源ラインに対してシリーズにインダクタンスが少しでもあればよいです．

● ステップ1：シミュレーションで効果を確認する

出力2.5 V/3 Aを想定したDC-DCコンバータの内部とコンデンサの等価回路，プレーンのインダクタなどを含めたLTspiceのシミュレーション回路を**図6**に示します．外側にあるインダクタンスを介したパスコンC_1，C_6，C_7の効果を見てみます．DC-DCコンバータ直近のパスコンC_8は，ノイズ電流ループを狭い範囲に閉じ込めるために必要です．

図6の回路の解析結果を**図7**に示します．2次側のプリント・パターンのインダクタンスを0.5 nHにするとスパイク・ノイズは0.3 $V_{P\text{-}P}$になりました．インダクタンスを2 nHに上げると，スパイク・ノイズのレベルは0.04 $V_{P\text{-}P}$と1/10程度に落ちました．このようにノイズ信号源インピーダンスが低いと2 nHでも大きな効果があります．

● ステップ2：実現方法を検討する

ステップ1の結果に基づき，フェライト・ビーズなど電流を流せるインダクタを置きます．またはプリント・パターンを使ってインダクタンスを上げます．GNDプレーンが周辺にないとき，線路幅1 mm程度のプリント・パターンのインダクタンスは長さ1 mmだとほぼ1 nHになります．特定箇所だけ線路幅を絞るだけでも効果があります．内層のGNDパターンがあるときは伝送路の計算が必要です．

● ステップ3：基板レイアウトを設計する

図6の等価回路をもとに基板レイアウトを設計した結果を**図1**に示します．矢印のように1次側，2次側ともにノイズ電流ループが物理的に最小の範囲に収まるように設計します．この経路が広いと電流ループがアンテナになりノイズが電磁波として空中放射しやすくなります．高い周波数のノイズを除去する小容量のコンデンサほど内側に配置して，高周波ループを狭い範囲に閉じ込めると効果的です．

1次側の大きなスパイク・ノイズが2次側に影響し

ここのインダクタンスをわずかでも上げるとノイズが劇的に低下

大小さまざまなコンデンサを並べて広帯域化する

DC-DCコンバータ内部の等価回路

図6 パターン・インダクタとパスコンによるスパイク・ノイズ除去効果をシミュレーションで確認
DC-DC内部回路やセラミック・コンデンサの寄生成分まで考慮すると実測とほとんど同じスパイク・ノイズを再現できる

ないよう，GNDは切り離されています．1次側にアナログ回路のようなノイズを気にする装置を接続するとき，2次側と同じかそれ以上のノイズ対策が必要です．

パターン・インダクタの具体的な設計は，基板の層間厚などで大きく変わるので，伝送路の計算ツールを使用します．確実にインダクタンスを発生させるにはパターン・インダクタ部分だけ内層のGNDパターンを抜く事も効果的です．

これらのインダクタでは数nHなのでDC-DCコンバータの応答特性に影響を与えるような電圧ドロップは発生しません．パターン・インダクタがコントロールするのはあくまで数百MHzの高周波帯域だけです．

最適なパスコン選定とプリント・パターンの設計によって，DC-DCコンバータから発生するスパイク・ノイズを数十mV_{P-P}以下にできる場合もあります．

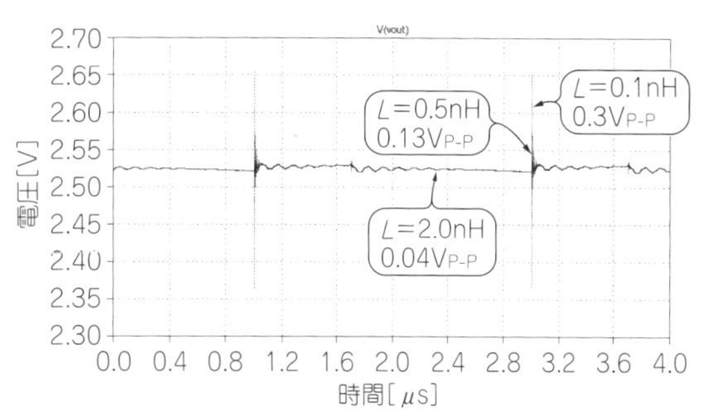

図7 図6のシミュレーションで発生させたスパイク・ノイズ波形
直列に入るパターン・インダクタ2nHでスパイク・ノイズを1/10程度まで減衰できることを確認した

今後このような広帯域パスコンがDC-DCコンバータに内蔵されれば，より簡単に低ノイズ電源が入手できるようになります．

column 01 スパイク・ノイズはプローブを使わず同軸ケーブルで観る

加藤 隆志

周波数の高いスパイク・ノイズは，廉価な測定器では観測できません．信号帯域1GHz以上のオシロスコープとプローブを用意すれば観測できますが，とても高価です．用意できたとしても，DC-DCコンバータ周辺は強力な磁界ノイズがあるため，ノイズがプローブに直接磁気結合して，正しく測定できません．同軸ケーブルをDC-DCコンバータの出力に直接はんだ付けして，スペクトラム・アナライザで測定するとスパイク・ノイズを観測できます．ノイズ源のインピーダンスは数Ωと低いときが多いので，**図A**のように50Ωの同軸ケーブルを直接接続すると観測できます．その際はオシロスコープの入力を50Ωに設定します．

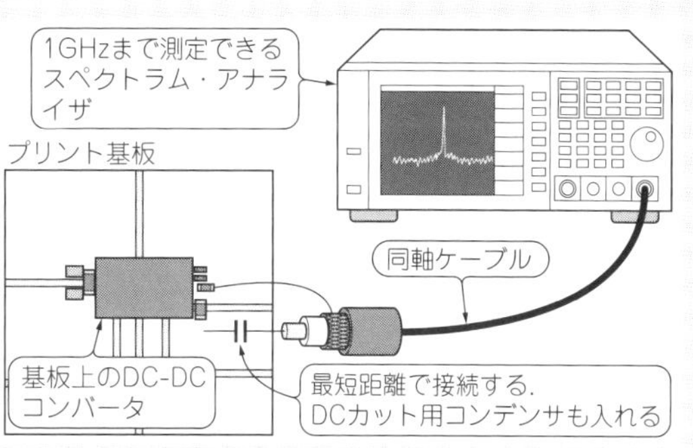

図A 同軸ケーブルを使うと磁界ノイズの影響を受けずにスパイク・ノイズを観測できる
スパイク・ノイズの測定方法．DC-DCコンバータ内部のコイルから強力な磁気ノイズが出ているためプローブを使うとノイズを直接受ける

第4部

発生源から考えるノイズのはなし

第4部 発生源から考えるノイズのはなし

第16章 発生源から考えるノイズのはなし

ノイズの分類と増幅回路の雑音

馬場 清太郎 Seitaro Baba

電子回路では，必要とする信号以外の電気的信号をノイズ(雑音)と呼びます．不要なものはないほうがよいですから，出力に現れる雑音を低減する「雑音対策技術」はとても重要です．

雑音の文献では，統計学の知識が必須ですが，ここではそういった高度な定量的解析には触れず，定性的な話と実験をします．雑音に影響するパラメータにどのようなものがあるかを明確にするために，いくつか数式を示しましたが，これらは定量的な解析のためではありません．というのは，雑音に影響する要因にはほかにもたくさんあり，一筋縄ではいかないからです．興味のある人は，稿末の参考文献(3)または(4)を参照してください．

ノイズを分類してみる

● 外来／誘導雑音をゼロにしても残る雑音「真性雑音」

図1に示すように，雑音にはさまざまな種類があります．

発生源で分けると「外来雑音」と「内部雑音」の2種類あります．

外来雑音は，信号線に乗ってくる雑音のほか，電源ラインに乗ってくる雑音もあります．

増幅回路自体から発生する内部雑音についても，内部回路どうしの誘導や発振などがあります．そのような「誘導雑音」をすべて対策しても，除去できない雑音が「真性雑音」です．真性雑音はすべての電子部品から発生しており，回路の理論的最低雑音レベルを決定します．ここでは，真性雑音について説明します．

● 真性雑音の構成要素

図1に示すように，増幅回路の真性雑音は，熱雑音，ショット雑音，接触雑音，分配雑音が主要な雑音源です．これらの真性雑音のうち，どれが一番影響の大きい雑音源でしょうか？　それは要求仕様と設計によります．

ただし，一般的な低周波増幅回路では，適切な低雑音OPアンプICを選択した場合，入力信号源抵抗による熱雑音が支配的になります．例えば，後出の図12(b)を見るとわかるように，入力信号源抵抗1 kΩ以上で，OPアンプIC自体の雑音は無視できるほど小さくなっています．

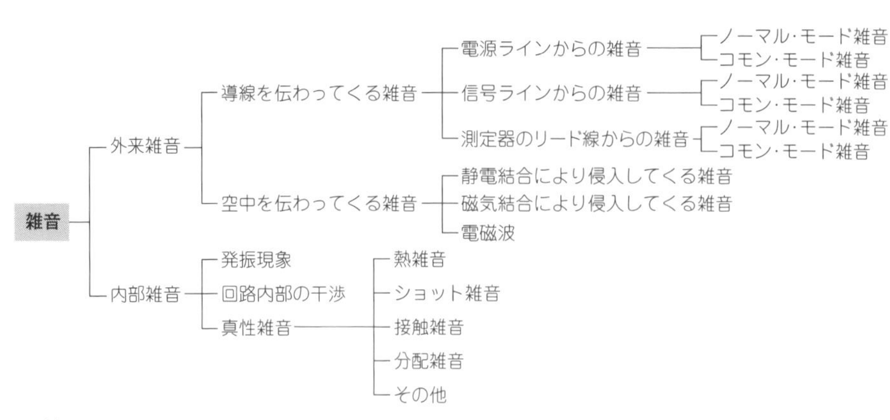

図1(2)　雑音のいろいろ

雑音レベルの扱い方の基本

● 周波数特性

図2に一般的な増幅回路の雑音の周波数特性を示します．縦軸は単位帯域幅当たりの雑音電圧です．

数十Hz以下の低域では，1/*f*雑音によって周波数が下がるほど増加します．1/*f*雑音は周波数に反比例します．オーディオ帯域ではピンク・ノイズと呼ぶこともあります．

数十～数百kHzの中域では周波数の変化に対し一定の白色雑音が支配的です．白色光は周波数特性が一定なので，フラットな周波数特性を示す雑音のことをこのように呼びます．白色雑音の主な原因は熱雑音とショット雑音です．

数百kHz以上の高域では，分配雑音によって周波数が上がると増加します．

雑音電圧密度の単位が[V_{RMS}/Hz]ではなく，[$V_{RMS}/\sqrt{Hz}$]となっているのは，基本が電圧ではなく電力だからです．雑音電力密度の単位が［W/Hz］となっていて，これの平方根($\sqrt{\ }$)から雑音電圧密度を求めます．

表1　正規分布している雑音の振幅頻度と波高率

頻度 [%]	波高率 [V_{peak}/V_{RMS}]
1	2.6
0.1	3.3
0.01	3.9
0.001	4.4
0.0001	4.9

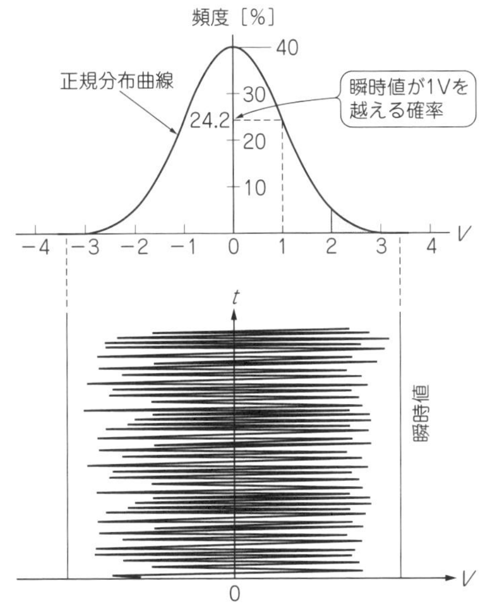

図3　増幅回路の雑音電圧の時間変化

● 時間変化

雑音の瞬時値は時刻の関数では表すことができませんが，瞬時値は確率的な取り扱いが可能です．したがって，**図2**にも示したように雑音レベルは実効値で表します．

▶雑音レベルは正規分布する

図3に，実効値1V_{RMS}の雑音レベルの時間変化を示します．

このように，雑音レベルを横軸にとり，発生頻度を縦軸にとると正規分布(ガウス分布)になります．これは雑音レベルが正規分布すると仮定しても，実際の雑音と矛盾しないことを意味しています．

▶実効値は尖頭値の約1/6

表1に，正規分布している雑音の振幅頻度と波高率を示します．これから，オシロスコープで雑音の尖頭値を観測して，その値の約1/6が実効値になることがわかります．

実効値は**図3**に示す雑音波形のだいたい1Vラインのところです．オシロスコープの波形を観測して，尖尖頭値(ピーク・ツー・ピーク)を観測した場合，発生頻度0.1～0.01 %の波形を捕らえることになります．**表1**を見ると，発生頻度0.1 %のとき6.6$V_{P\text{-}P}$，0.01 %のとき7.8$V_{P\text{-}P}$ですから，捕らえた波形の尖頭値の約1/6～1/8を実効値つまり雑音レベルと考えてよいで

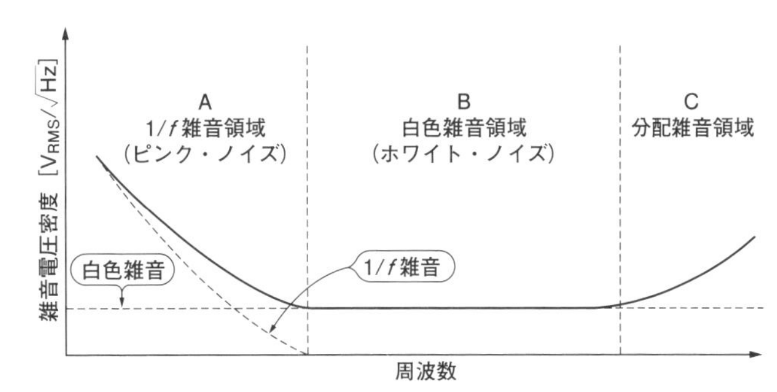

図2[1]　増幅回路の雑音電圧の典型的な周波数特性

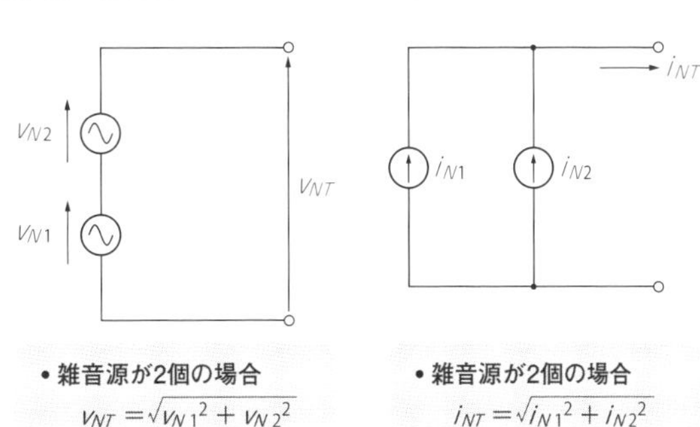

図4　雑音源が複数ある場合の総合雑音の算出方法

しょう.

真性雑音の性質

● 雑音源が2個以上あるときの雑音レベル

増幅回路には，複数の雑音源が含まれています.

図4に示すのは，雑音源が2つある場合の雑音レベルの計算法です．これは「ピタゴラスの定理」そのものです．2個の雑音源は互いに独立してランダムな挙動を示します.

統計学の用語では，これを「互いに無相関である」といいます．電気(数学)用語では「互いに直交している」といいます.

● 雑音の帯域を表す「等価雑音帯域幅」

図5に示すように，全雑音電力が特定の帯域幅内に含まれると仮定したとき，その帯域幅を等価雑音帯域幅といいます.

表2に，周波数特性にピークがないバターワース・フィルタの等価帯域幅と－3dB帯域幅との関係を示します．**図5**中の定積分の式(1)は，留数定理を適用して求めます.

▶入力換算雑音電圧を算出するときに使える

等価雑音帯域幅は，白色雑音領域において，増幅回路の入力換算雑音電圧v_{NI}［V］を求めるときに使用します．雑音電圧密度をv_{ND}［V/$\sqrt{\mathrm{Hz}}$］とおくと,

$$v_{NI} = v_{ND}\sqrt{f_B} \cdots\cdots (2)$$

が成り立ちます．雑音電圧密度は，OPアンプICのカタログに記載された値と入力に接続される抵抗の熱雑音(後述)のベクトル和です．出力の雑音電圧は，v_{NI}に増幅回路のゲインを乗じると求まります.

図6に示すのは，アナログ・レコードの再生回路に使われているRIAAイコライザの等価雑音帯域幅の算出過程です．RIAAイコライザの1kHz基準入力レベルは，数mVかそれ以下と小さいことが多く，等価雑音帯域幅が109.4Hzと雑音を小さくするような録音特性になっていたのがわかります.

表2[1] バターワース・フィルタの等価帯域幅と-3dB帯域幅との関係

次数	減衰傾度［dB/oct.］	係数k
1	－6	1.57
2	－12	1.11
3	－18	1.05
4	－24	1.03

$f_B = kf_C$
ただし，f_B：等価雑音帯域幅
f_C：－3dB周波数

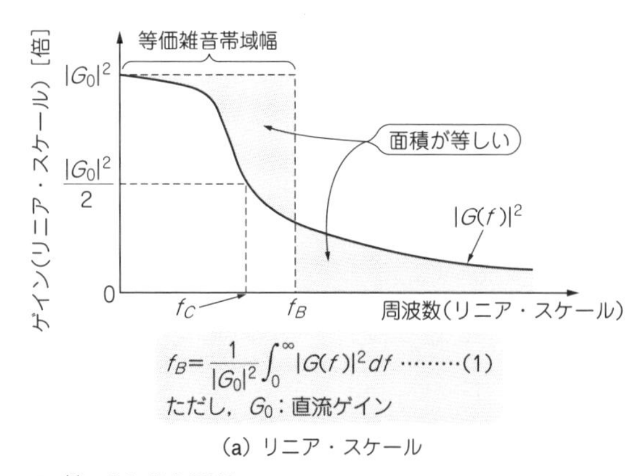

(a) リニア・スケール

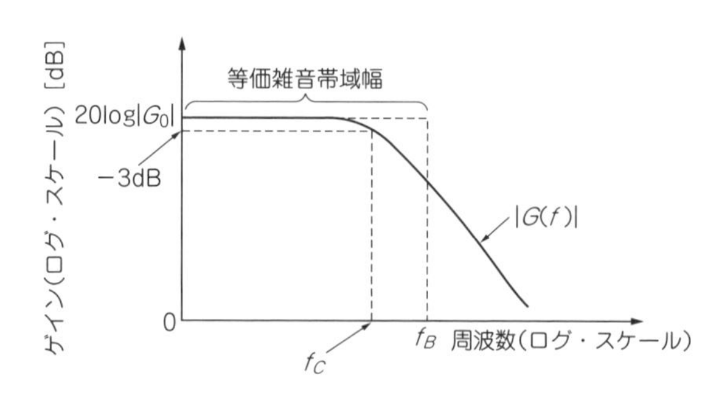

(b) ログ・スケール

図5[2] 等価雑音帯域幅

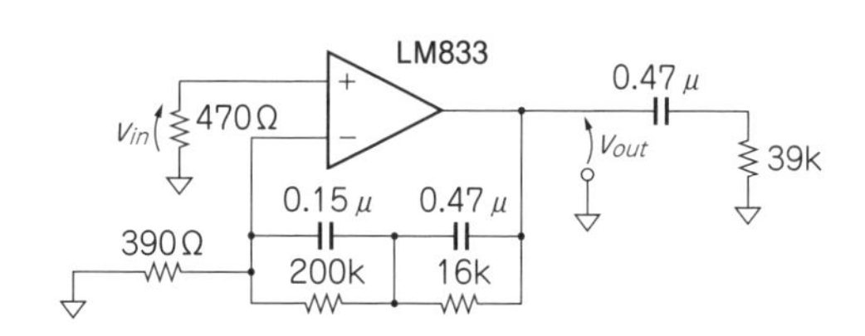

RIAA特性の伝達関数Gは,

$$G = G_0 \frac{1 + j\omega\tau_2}{(1 + j\omega\tau_1)(1 + j\omega\tau_3)}$$

ただし，$\tau_1 = 3180\mu s$，$\tau_2 = 318\mu s$，$\tau_3 = 75\mu s$と定義されている．等価雑音帯域幅f_Bは,

$$f_B = \frac{1}{|G_0|^2}\int_0^\infty |G|^2\, df$$

$$= \int_0^\infty \frac{1 + (2\pi\tau_2)^2 f^2}{\{1 + (2\pi\tau_1)^2 f^2\}\{1 + (2\pi\tau_3)^2 f^2\}}\, df \quad \cdots\cdots (3)$$

留数定理から,

$$f_B = \pi j \sum_{Im(f)>0} \mathrm{Res}\left[\frac{1 + (2\pi\tau_2)^2 f^2}{\{1 + (2\pi\tau_1)^2 f^2\}\{1 + (2\pi\tau_3)^2 f^2\}}\right]$$

$$= \frac{1}{\tau_1^2 - \tau_3^2}\left(\frac{\tau_1^2 - \tau_2^2}{4\tau_1} + \frac{\tau_2^2 - \tau_3^2}{4\tau_3}\right)$$

$$\fallingdotseq 109.4\mathrm{Hz}$$

図6[7] RIAAイコライザ・アンプの等価雑音帯域幅の算出例

R_1, $v_{t1} = \sqrt{4kTf_B R_1}$, R_2, $v_{t2} = \sqrt{4kTf_B R_2}$ ＝ $R_1 + R_2$, $v_t = \sqrt{4kTf_B (R_1 + R_2)} = \sqrt{v_{t1}^2 + v_{t2}^2}$

（a）直列接続の場合

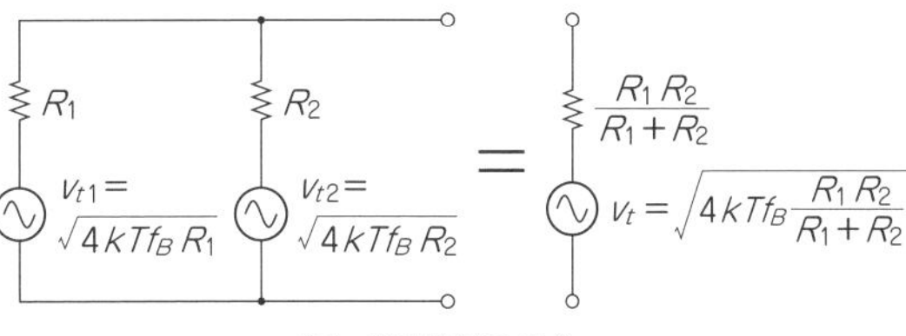

（b）並列接続の場合

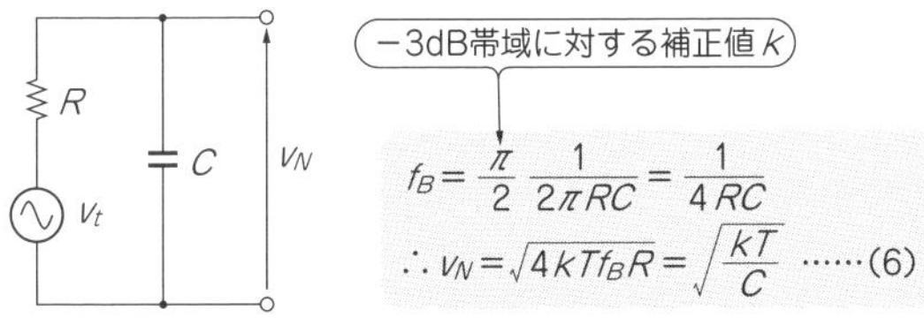

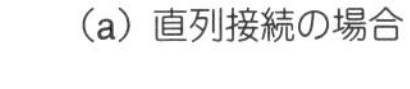

$$f_B = \frac{\pi}{2} \frac{1}{2\pi RC} = \frac{1}{4RC}$$

$$\therefore v_N = \sqrt{4kTf_B R} = \sqrt{\frac{kT}{C}} \quad \cdots\cdots (6)$$

（c）並列容量がある場合

図7　抵抗の組み合わせと熱雑音の算出方法

真性雑音を構成する雑音のいろいろ

■ エネルギを消費するものすべてから発生する「熱雑音」

● 回路の雑音レベルの下限を決める

熱雑音[3]は，抵抗内の電子の熱擾乱(じょうらん)（ブラウン運動）に起因するもので，エネルギを消費するものはすべて熱雑音を発生します．回路の最低雑音レベルは熱雑音で決まります．

抵抗R［Ω］に発生する熱雑音v_T［V_{RMS}］は，理論的に次式に示すナイキストの定理で表されます．

$$v_T = \sqrt{4kTf_B R} \quad \cdots\cdots (4)$$

ただし，k：ボルツマン定数（1.38×10^{-23}）［J/K］，T：絶対温度［K］，f_B：雑音帯域幅［Hz］

式(4)から，熱雑音を低減するには次の3つの方法があることがわかります．

①抵抗値を小さくする
②温度を下げる
③回路の周波数帯域を狭くする

● 常温，$R = 1\,\mathrm{k\Omega}$，$f_B = 1\,\mathrm{Hz}$のとき$4\,\mathrm{nV_{RMS}}$

雑音電圧密度v_{ND}［$V_{RMS}/\sqrt{Hz}$］は，

$$v_{ND} = v_T/\sqrt{f_B} = \sqrt{4kTR} \quad \cdots\cdots (5)$$

で表されます．v_{ND}に等価雑音帯域幅($\sqrt{f_B}$)を乗じると熱雑音電圧v_Tが求まります．式(5)は，定量的な計算に使いますから，常温で$R = 1\,\mathrm{k\Omega}$，$f_B = 1\,\mathrm{Hz}$のとき$4\,\mathrm{nV_{RMS}}$と覚えておくと便利です．

● 熱雑音レベルの計算方法

図7に熱雑音の種々の計算方法を示します．

熱雑音レベルは抵抗値によりますから，まず合成抵抗を計算し，その抵抗値を式(4)に代入して求めます．

開放された回路では抵抗値が無限大ですから，雑音も無限大になると思われるかもしれません．しかし，図中の式(6)に示すように，抵抗ではなく浮遊容量によって雑音レベルが決まります．

■ 半導体素子内部で発生する「ショット雑音」

● $I_{DC} = 1\,\mathrm{mA}$，$f_B = 1\,\mathrm{Hz}$のとき18 pA

ショット雑音[3]は，半導体素子内部の電位障壁を越えて流れる電流に関係した雑音です．したがって，電位障壁のない導体や抵抗体はショット雑音を発生しません．トランジスタやダイオードのPN接合部分に流れる平均電流をI_{DC}［A］とすると，ショット雑音の実効雑音電流I_{sh}［A_{RMS}］は，

$$I_{sh} = \sqrt{2qI_{DC}f_B} \quad \cdots\cdots (7)$$

ただし，q：電子の電荷（1.59×10^{-19}C），f_B：雑音帯域幅［Hz］

で与えられ，これをショットキーの定理といいます．

雑音電流密度I_{shD}［$A_{RMS}/\sqrt{Hz}$］は，

$$I_{shD} = I_{sh}/\sqrt{f_B} = \sqrt{2qI_{DC}} \quad \cdots\cdots (8)$$

で与えられます．この式も熱雑音ほどではありませんが，定量的な計算に使いますから，$I_{DC} = 1\,\mathrm{mA}$，$f_B = 1\,\mathrm{Hz}$のとき18 pAと覚えておくと便利です．

● 回路性能とのトレードオフを考慮して低減させる

ショット雑音を低減するには，次のような方法が考えられます．

- PN接合部分に流れる平均電流を減少させる
- PN接合部分に電流が流れないFETを使う
- 回路の周波数帯域を狭くする

電流を減少させると等価的な抵抗値が大きくなり，熱雑音が増加します．FETを使用するとゲインが減少し，これを補うため回路の構成を工夫する必要があり，他の特性が犠牲になります．

したがって，ショット雑音の低減には限度があり，実測して最低値を求める必要があります．

■ 導電率の変動によって発生する「接触雑音」

● 数十Hz以下で支配的な雑音源

接触雑音[4]は，材料間の接触状態の不完全さに起因する導電率の変動によって発生します．スイッチ，

リレー，コネクタはもとより，トランジスタなどの半導体素子や抵抗などの受動部品と不完全なはんだ付け部分からも接触雑音は発生します．接触雑音電力は周波数に反比例して大きくなるため，「$1/f$雑音」とも呼びます．

接触雑音は，接触部を流れる電流の平均値I_{DC}［A］に比例して大きくなります．単位帯域幅当たりの実効雑音電流I_{FD}［$A_{RMS}/\sqrt{Hz}$］は次式で表されます．

$$I_{FD} = I_F/\sqrt{f_B} \fallingdotseq KI_{DC}/\sqrt{f_0} \cdots\cdots (9)$$

ただし，I_F：実効雑音電流［A_{RMS}］，K：材料とその形状による比例定数，f_0：注目している周波数［Hz］，f_B：f_0を中心にした雑音帯域幅［Hz］

Kがわかりませんが，一般にI_{FD}は数十Hz以下で支配的になるくらいの大きさになります．

● 接触雑音を減らすには

▶金属皮膜抵抗器を使う

受動部品のなかでも，この雑音が多いのは，一般的に使用されている炭素皮膜抵抗器です．炭素皮膜の微少な欠陥によって，不完全な接触ができてしまうことが原因です．

最も低雑音な抵抗は巻き線抵抗器ですが，周波数特性と製作可能な抵抗値範囲が狭く，特殊な用途にしか使えません．次に低雑音な抵抗は金属皮膜抵抗器です．低雑音増幅回路には金属皮膜抵抗器を使用します．

▶低域でゲインを下げるか低雑音OPアンプを選ぶ

$1/f$雑音が支配的である数十Hz以下の信号を増幅しない交流増幅回路とするか，直流まで増幅する必要がある場合は，できるだけ$1/f$雑音の小さいOPアンプを選択します．

■ 2つの電極に電流が別れるとき生じる「分配雑音」

● 高周波で支配的な雑音源

2つの電極，例えばベースとコレクタに電流が分配されるとき必ず雑音が発生します．これを分配雑音[3]といい，高周波における支配的な雑音源です．分配雑音の実効雑音電流I_{div}［A_{RMS}］の単位帯域幅当たりの値I_{divD}［$A_{RMS}/\sqrt{Hz}$］は，周波数$f_0 < f_T$において，

$$I_{divD} = \frac{I_{div}}{\sqrt{f_B}} \fallingdotseq \frac{\sqrt{2qIE}}{\sqrt{h_{fe(f0)}}} \cdots\cdots (10)$$

ただし，f_0：注目している周波数，$h_{fe(f0)}$：f_0での電流増幅率，I_E：トランジスタのエミッタ電流，q：電子の電荷量，f_B：雑音帯域幅［Hz］，f_T：$|h_{fe(f0)}| = 1$となる周波数［Hz］

で与えられます．高周波になると$h_{fe(f0)}$が低下し，分配雑音は増加します．

● 分配雑音を低減するには

次のような方法があります．

- 電流が分配されないユニポーラ素子つまりFETを使う
- バイポーラ・トランジスタであればできるだけf_Tの大きなものを使う．ただし，これらの素子は低周波の雑音が大きい傾向がある

余談ですが，カスコード増幅回路は，陰極(K)から飛び出した熱電子が，陽極(P)と遮蔽格子(SG)に分配されることによって発生する5極真空管の高周波分配雑音を防止するため，Wallmanが考案したものです．

真性雑音を構成する雑音のいろいろ

■ OPアンプICの雑音の求め方

● データシートの値を使って計算する

▶雑音電圧源と雑音電流源で表された雑音等価回路を使う

OPアンプICを使った増幅回路も例外ではなく，出力される雑音レベルは，前述のようなさまざまな要因によって決まります．

しかしこれでは複雑すぎますから，実際には**図8**に示すような等価回路を使います．つまり，実際のOPアンプICが，雑音のないOPアンプと入力に入れた雑音電圧源と雑音電流源でできていると考えます．

▶各雑音源のパラメータはデータシートから得られる

一般に，雑音電圧源と雑音電流源のデータは，メー

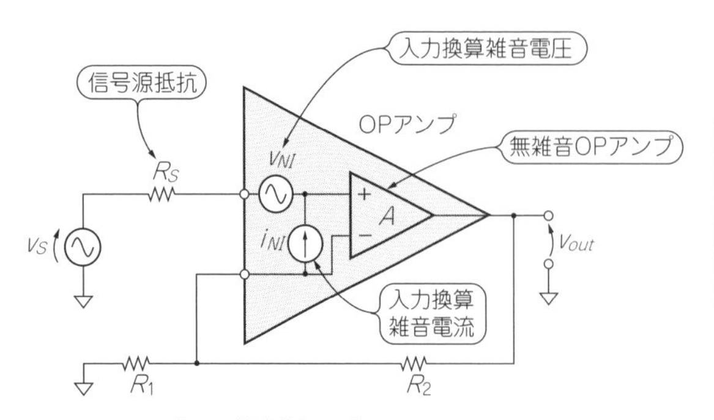

このOPアンプ回路の入力換算雑音電圧v_{NT}は，

$$v_{NT} = \sqrt{v_{NI}{}^2 + i_{NI}{}^2 (R_S + R_1 /\!/ R_2)^2 + 4kTR_S + 4kT(R_1 /\!/ R_2)}$$

熱雑音を除いた等価入力雑音電圧v_{ND}は，

$$v_{ND} = \sqrt{v_{NI}{}^2 + i_{NI}{}^2 (R_S + R_1 /\!/ R_2)^2}$$

となる

図8　OPアンプICの雑音等価回路

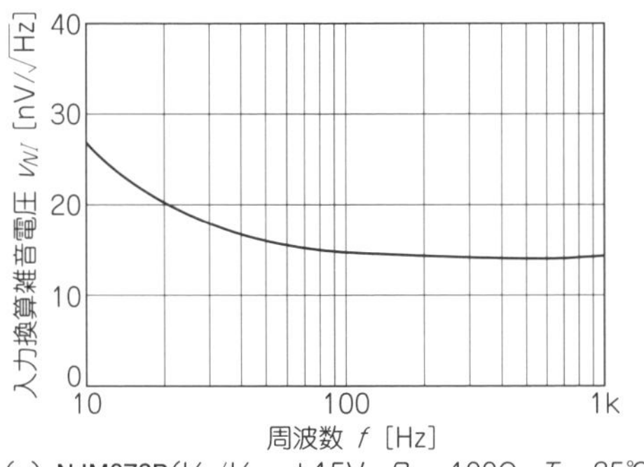

(a) NJM072B(V_+/V_-=±15V, R_S=100Ω, T_a=25℃)

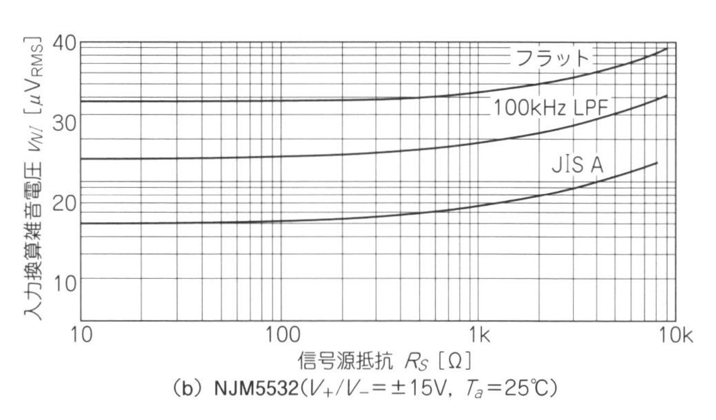

(b) NJM5532(V_+/V_-=±15V, T_a=25℃)

図9(6) 実際のOPアンプICの雑音特性例

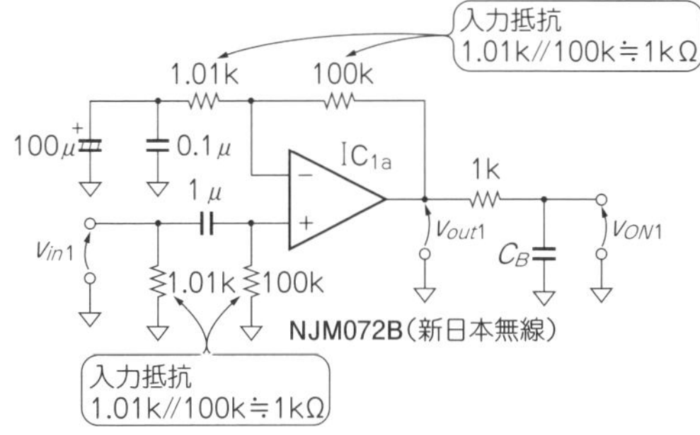

C_B	雑音帯域幅
2.5μF	100Hz
0.25μF	1kHz
0.025μF	10kHz

(a) NJM072Bによるゲイン100倍の増幅回路(実験回路Ⅰ)

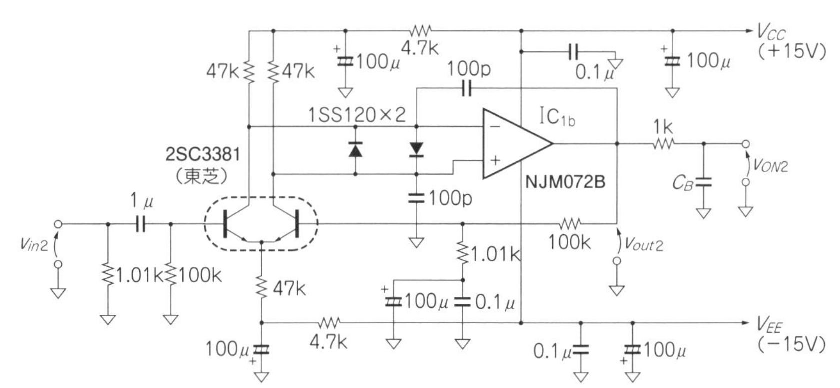

(b) 2SC3381とNJM072Bによるゲイン100倍の増幅回路(実験回路Ⅱ)

図10 データシートに示された雑音特性を確認するための実験回路

表3 図10の実験回路の出力雑音電圧と雑音電圧密度

雑音レベル / 回路	等価雑音帯域幅					
	100 Hz		1 kHz		10 kHz	
	出力雑音電圧 [μV]	雑音電圧密度 [μV/√Hz]	出力雑音電圧 [μV]	雑音電圧密度 [μV/√Hz]	出力雑音電圧 [μV]	雑音電圧密度 [μV/√Hz]
実験回路Ⅰ(実測)	15	1.5	50	1.58	142	1.42
実験回路Ⅱ(実測)	9	0.9	21	0.664	59	0.59
1kΩ抵抗2本(計算値)	5.7	0.57	18	0.57	57	0.57
NJM072B(2)(計算値)	13	1.3	41.1	1.3	130	1.3
NJM072B(2)と1kΩ抵抗2本(計算値)	14.2	1.42	44.9	1.42	142	1.42

注▶(1)電圧はすべて実効値, (2)NJM072Bの$1/f$雑音成分は含めない

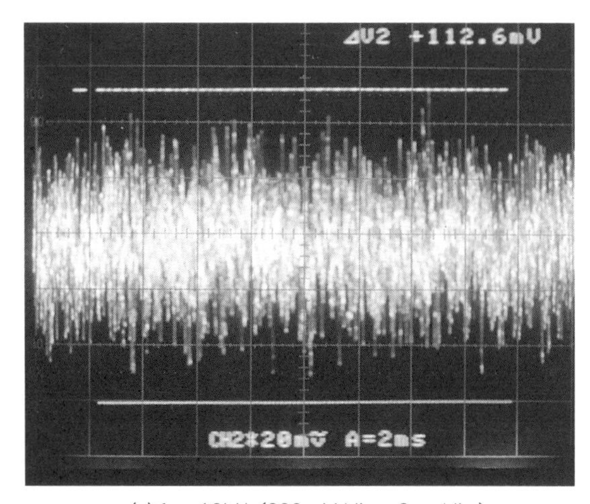

(a) f_B = 10kHz(200 μV/div., 2ms/div.)

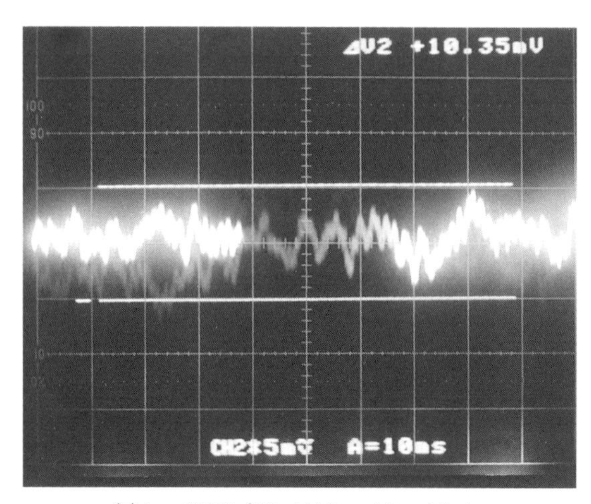

(b) f_B = 100Hz(50 μV/div., 10ms/div.)

写真1　実験回路Ⅰ［図10(a)］の出力雑音波形

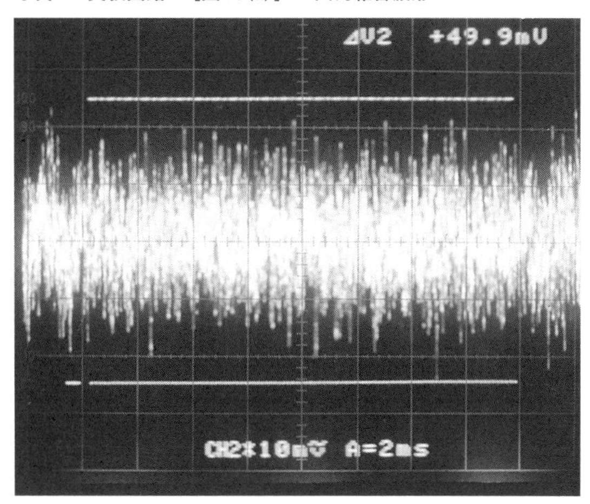

(a) f_B = 10kHz(100 μV/div., 2ms/div.)

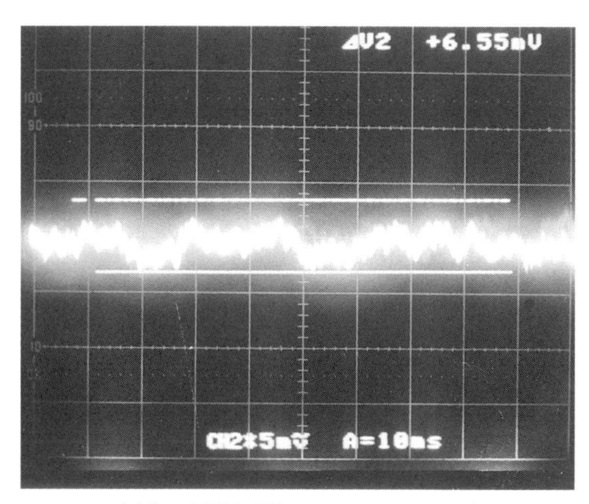

(b) f_B = 100Hz(50 μV/div., 10ms/div.)

写真2　実験回路Ⅱ［図10(b)］の出力雑音波形

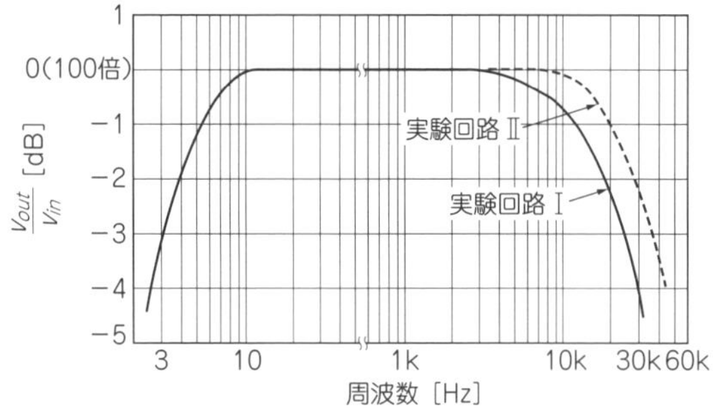

図11　図10の実験回路の周波数特性(実測)

カが代表値を発表しています．

汎用OPアンプIC NJM072Bは，もともと入力バイアス電流がゼロに近いため，雑音電流のデータは発表されていません．入力バイアス電流が流れるOPアンプの場合は，信号源抵抗による雑音特性が発表されていることがあります．**図9**に示すのは，メーカのデータシート[(6)]に載っている雑音特性の例です．

高精度OPアンプは1/*f*雑音が問題になる超低周波から直流帯域で使われることが多いため，データシートに1/*f*雑音レベルが載っています．NJMOP-07のデータシートには，0.1 Hz～10 Hzで最大0.65 μV_{P-P}の1/*f*ノイズが発生すると書かれています．さらに詳しいことは，稿末の文献(1)や(5)を参照してください．

● 計算値と実測値の比較

▶2つのOPアンプ増幅回路を作って実験する

図10に示す2つの回路を実際に作って，出力雑音を測定してみました．

図10(a)は，NJM072Bを使ったゲイン100倍の増幅回路です．**図10(b)**は，NJM072Bの前段に低雑音トランジスタ 2SC3381による差動増幅回路を追加したゲイン100倍の増幅回路です．差動増幅回路は最適化設計をしていません．**図11**に2つの実験回路の周波数特性を示します．**表3**に実験回路の出力雑音電圧と

column 01 雑音に関する統計用語

馬場 清太郎

● エルゴード的

統計的に同等なn個の信号源の時刻tで求めた平均値や実効値が，その中の1つの信号を期間Tの間測定して求めた平均値や実効値に等しいとき，その信号はエルゴード的であるといいます．

つまり，n→∞のときの値と，T→∞のときの値が等しいわけです．例えば，1個のさいころを1000回振るとき，特定の目が出る確率と1000個のさいころを1回振るときの確率は等しくなりますから，この確率過程はエルゴード的であると言えます．

本文で取り上げた真性雑音はすべてエルゴート的です．

● 定常的信号

時刻tにおける瞬時値が確定できなくても，時刻tによらず平均値や実効値が確定できる信号を定常的信号といいます．本文で取り上げた真性雑音はすべて定常的信号です．

● 標準偏差と分散

皆さんにもなじみのある言葉だと思います．これは，電気用語と統計用語で，同じことを意味しているのにまったく違うい方をする典型的な例です．つまり，電気用語である「実効値」は，統計用語「標準偏差」のことです．

図2に示した実効値は，標準偏差を意味しています．また，実効値の自乗を「分散」といいます．

電子回路の世界で使われている言葉が，他の分野でどのように表現されているのかをよく考えながら，いろんな文献を読むことがとても重要です．

雑音電圧密度の測定結果を，**写真1**と**写真2**に出力雑音の波形を示します．

▶データシートは信用できそう

実験回路ⅡとNJM072Bと2本の1kΩ抵抗で計算した雑音電圧を比較してください．等価雑音帯域幅を広くすると差がなくなり，メーカ発表のデータが信頼できることがわかります．NJM072Bと2本の1kΩ抵抗で計算した雑音電圧は，$1/f$雑音を無視した値です．単純な加算ではなくベクトル和ですから，**図4(a)**中の式を使って算出しました．

▶低雑音トランジスタと組み合わせたほうが低雑音

表から，等価雑音帯域幅が等しい場合，出力雑音電圧は，OPアンプICに低雑音トランジスタを追加すると1/2以下に低減することがわかります．低雑音化する必要があるときは，低雑音トランジスタの使用を検討することが有効です．

■ OPアンプ増幅回路の低雑音化テクニック

● 熱雑音に見合ったOPアンプICを採用する

▶低雑音OPアンプの内部雑音は熱雑音より小さい

低雑音OPアンプICのデータシートを見ると，最も低雑音になるのは，入力信号源の抵抗値が特定の範囲にあるときだけです．**図12**に示すのは，低雑音OPアンプAD797，AD743，OP27のデータシートの一部です．いずれのOPアンプも，入力抵抗の熱雑音を含む入力換算雑音電圧が熱雑音の$\sqrt{2}$倍以下です．これは，OPアンプICの内部雑音が熱雑音よりも小さいことを意味しています．

OPアンプICを選ぶときは，設計仕様に規定された入力信号源の抵抗値を考慮して，適当なものを採用しなければなりません．例えば，入力信号源抵抗が50Ω～2kΩのときはAD797，600Ω以上ではAD797よりも低雑音特性のAD743を選ぶわけです．

● 増幅回路の帯域は必要最小限に制限する

数十Hz以下の低域では，$1/f$雑音によって周波数が下がるほどトータルの雑音が増加します．一方，数百kHz以上の高域では分配雑音によって周波数が上がると増加します．

これらの雑音の帯域を避けて，増幅回路の周波数特性を数十Hz～数百kHzに制限すれば，雑音は白色雑音だけになります．この場合，入力換算雑音は周波数帯域の平方根に比例します．

● 直流バイアス電流は実験で決める

▶バイアス電流は小さければ良いというものではない

前述の考察によれば，熱雑音以外は直流バイアス電流を小さくするほど雑音が減りますから，OPアンプICを組み合わせるバイポーラ・トランジスタ回路の直流バイアス電流をぎりぎりまで小さくすれば，最も低雑音になると思うかもしれません．

しかし，内部の等価抵抗は直流バイアス電流を小さくするほど大きくなり，同時に熱雑音が増えます．また，トランジスタの小電流におけるトランジション周波数f_Tは，直流バイアス電流が小さいほど低くなって，低周波ではほとんど問題にならないはずの分配雑音が影響してくる可能性があります．

それ以外にも，製造プロセスなどの種々の要因があ

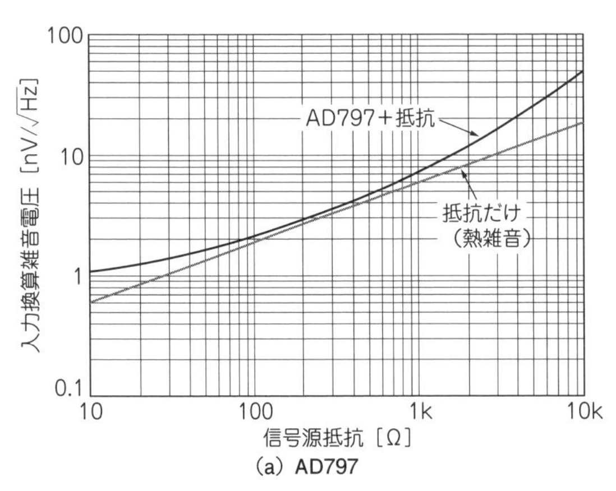

(a) AD797

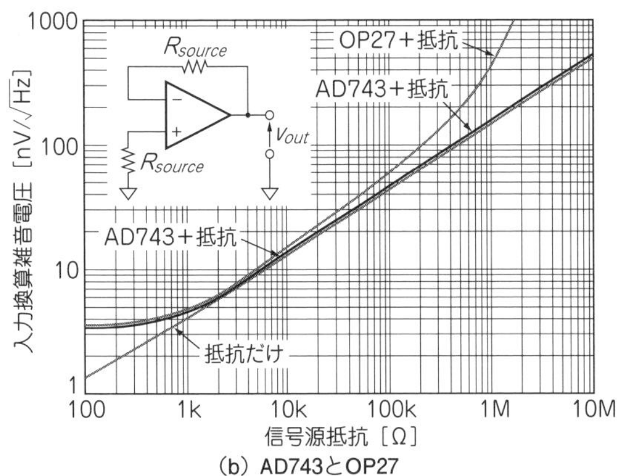

(b) AD743とOP27

図12[(8)]　超低雑音OPアンプの入力信号源抵抗と入力換算雑音電圧密度

って，一筋縄ではいきません．実験で最適素子と最適直流バイアス電流を求めるのがよいでしょう．

● 高ゲイン増幅回路は複数のOPアンプICを使って低雑音化する

一般に，汎用OPアンプICで増幅回路を構成する場合，最大ゲインは100倍(40 dB)以下にします．広帯域増幅回路の場合はさらに低くします．それ以上のゲインが必要な場合は，**図12**に示すように，いくつかのOPアンプ増幅回路を縦続接続します．

▶初段に超低雑音，高ゲインのアンプを置く

等価入力雑音電圧の等しいOPアンプICを複数個使用して，高ゲインの増幅回路を作る場合は，とにかく初段にAD797やAD743といった超低雑音OPアンプICを採用した高ゲインの増幅回路を置くことが重要です．

コスト的な制約がある場合は，**図10(b)**に示す低雑音トランジスタと汎用OPアンプICとの組み合わせた回路も初段の増幅回路に有効でしょう．トランジスタ回路のコレクタに流すバイアス電流は，信号源抵抗に対して最も雑音が小さくなる大きさに設定します．

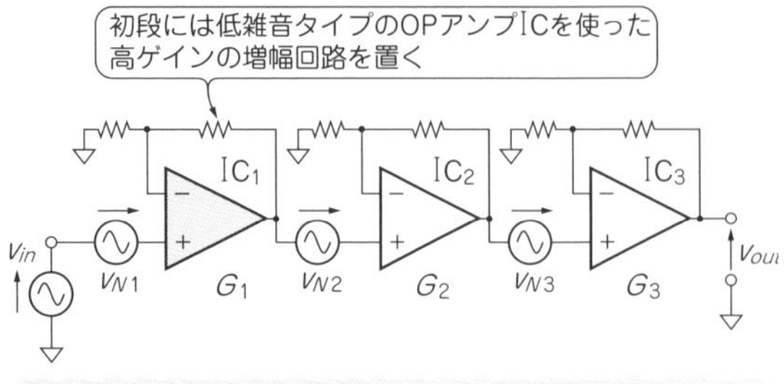

出力雑音 v_{ON} は次式で表される．

$$v_{ON} = v_{N1}G_1G_2G_3 + v_{N2}G_2G_3 + v_{N3}G_3$$

ただし，v_{N1}，v_{N2}，v_{N3}：各ICの入力換算雑音，

G_1，G_2，G_3：各ICのクローズド・ループ・ゲイン

トータル・ゲインを $G_T = G_1G_2G_3$ とすると，

$$v_{ON} = G_T\left(v_{N1} + \frac{v_{N2}}{G_1} + \frac{v_{N3}}{G_1G_2}\right)$$

ここで，$G_1 \gg G_2$，$G_1 > G_3$ とすれば，

$$v_{ON} \fallingdotseq v_{N1}G_T$$

したがって初段ICの入力換算雑音の影響が最も大きい

図13　高ゲインでかつ低雑音特性を得るためには…

▶電源ラインから侵入するノイズをフィルタで除去

電源ラインから侵入してくるノイズへの対策，つまりフィルタの採用も重要です．OPアンプICの電源雑音除去比は一般的な使用では不足ありませんが，低雑音増幅の場合は，OPアンプICの電源雑音除去比が雑音レベルを決定する場合があります．

● 参考文献について

高性能アナログ回路の文献はほとんどが絶版になっています．現状で入手可能な遠坂俊昭氏と黒田徹氏の著書を読まれるよう強く推薦します．

文献(5)には，AD797の内部等価回路にまで踏み込んだ詳しい解説があります．低雑音増幅回路の設計において参考になります．

◆参考・引用＊文献◆

(1)* 遠坂俊昭；計測のためのアナログ回路設計，pp.11～102，1997年11月，CQ出版㈱．

(2)* 谷本茂；OPアンプ実戦技術，1980年，㈱誠文堂新光社．

(3)* A.Van Der Ziel，平野信夫訳；雑音源・特性・測定，1973年1月，東京電機大学出版局．

(4)* F.C.Fitchen，斉藤正男監訳；低雑音電子回路の設計，1977年9月，近代科学社．

(5)* 黒田徹；解析OPアンプ＆トランジスタ活用，pp.169～212，2002年9月，CQ出版㈱．

(6)* JRC汎用リニアIC半導体データ・ブック2000-2001，2000年8月，新日本無線㈱．

(7)* OPアンプ・データ・ブック1995版，1994年，ナショナルセミコンダクター ジャパン㈱．

(8)* リニア・データ・ブック1997～1998，1996年，アナログ・デバイセズ㈱．

第5部

オーディオ回路の低ノイズ設計

第5部　オーディオ回路の低ノイズ設計

第17章　高分解能D-A変換ICの性能出し

ジッタとノイズの実験研究

加藤 隆志 Takashi Kato

ハイレゾ音源などの再生・録音で使われる最近の$\Delta\Sigma$型オーディオD-AコンバータやA-Dコンバータは，ダイナミック・レンジが100 dBを超えています．そのためジッタによるわずかなS/N悪化も無視できなくなってきています．

ディジタル伝送は，アナログ伝送に比べてノイズなどのケアがおろそかになりがちです．しかし実際は，ディジタル伝送時のジッタが，D-A変換された後のアナログ信号のノイズの原因になっています．

本章ではオーディオを例にジッタの具体的な弊害を示し，その後にジッタの量とS/Nの悪化の相関関係を実験で確認します．さらにジッタを防ぐための対処方法を解説します．

基礎知識

● ディジタル伝送のジッタにより，音質やS/Nが劣化する

ディジタル伝送にジッタが発生すると，D-A変換回路でアナログ信号に変換されたときにノイズやひずみとなり信号が劣化します．オーディオであれば，ひずみによる音質劣化やS/Nの低下が起こります．

ディジタル伝送の品質を決めるパラメータとして，ビット誤り率(*BER*；Bit Error Ratio)とジッタ，アイ開口率，搬送波対ノイズ比(C/N)があります．ジッタはディジタル伝送の波形品質を評価する最も重要なパラメータで，ディジタル機器の性能や信頼性を決めています．

ジッタとは，**図1**のようにディジタル信号の時間方向のゆらぎのことで，10 Hz以上の変調がかかったものと定義されています．波形のエッジが時間軸方向にずれる量なので単位は時間ですが，時間軸方向へのずれがゆっくり動くか速く動くかの違いもあります．そのためジッタは，変調強度が1 nsで周波数100 kHzの成分で変調されているというようないいかたをします．実際のジッタ周波数はノイズのような広帯域に分布することが多いので，単純に周波数で決められません．その場合は帯域で表現します．

ジッタのよしあしの目安は信号の速度に依存するので，アイ開口率で表現されるのが一般的です．しかし，オーディオ帯域に限定すると，ジッタがそのままノイ

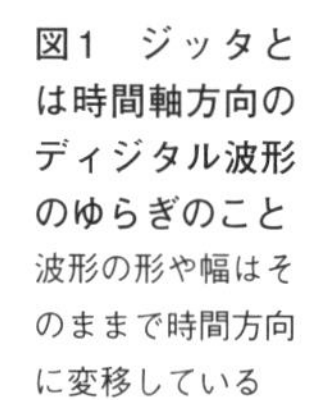
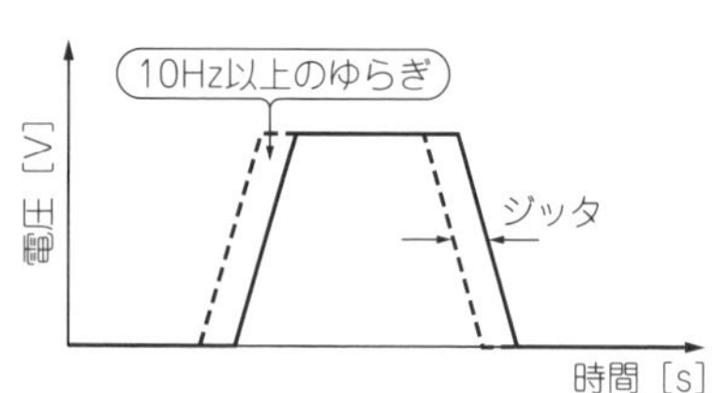

図1　ジッタとは時間軸方向のディジタル波形のゆらぎのこと
波形の形や幅はそのままで時間方向に変移している

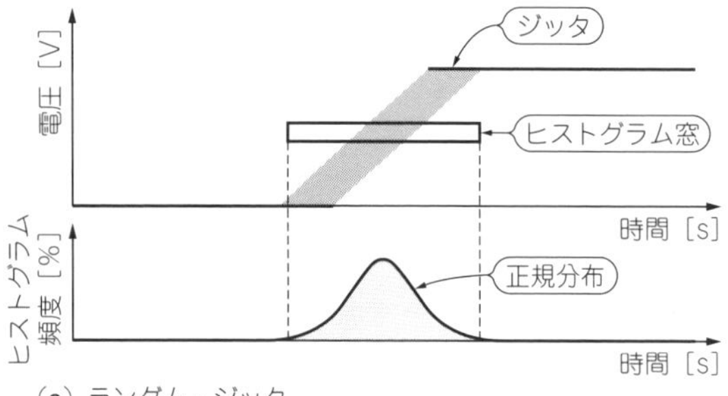

(a) ランダム・ジッタ
確率的に分布するため，立ち上がり波形の中心に多く，中心から外れるほど少なく分布している

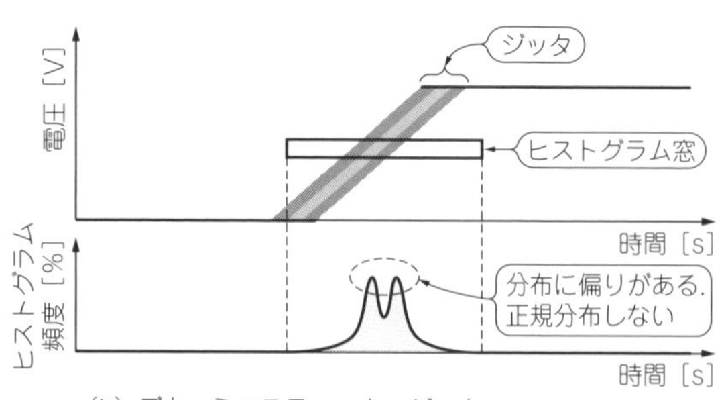

(b) デターミニスティック・ジッタ
この例では2本の線がはっきりわかるくらいに分布に偏りがある

図2　ジッタは発生理由によって2種類に分けられる

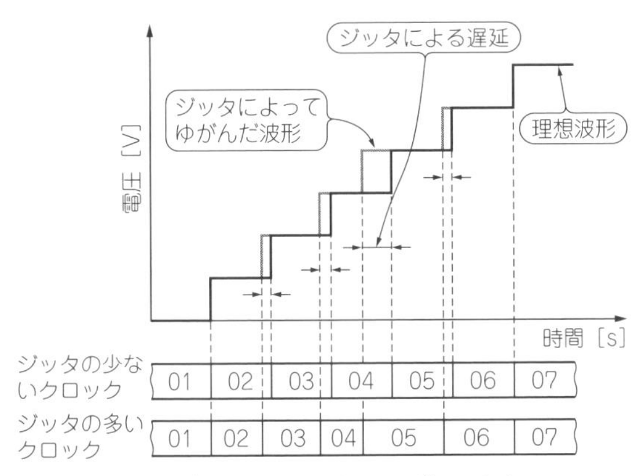

図3　クロックのジッタによって波形がひずむようす

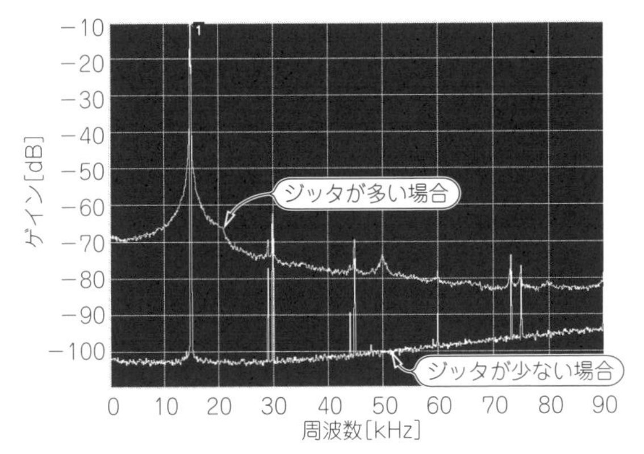

図5　図4の全帯域スペクトル
全帯域でS/Nが悪化している

ズとなるためS/Nに換算します．

● ジッタが悪化する原因は2つに分けられる

ジッタには，大きく分けてランダム・ジッタ(Random Jitter)［図2(a)］とデターミニスティック・ジッタ(Deterministic Jitter)［図2(b)］があります．

▶ジッタ悪化の原因①

ランダム・ジッタは，半導体などが出すショット・ノイズやサーマル・ノイズ(熱雑音)により発生します．確率的に発生するためガウス分布します．長時間観測すると，随分大きなものになります．ランダム・ジッタが発生する主な原因を次に示します．

- 電源ノイズ(サーマル・ノイズ)
- デバイスのサーマル・ノイズ

▶ジッタ悪化の原因②

デターミニスティック・ジッタは，確率的に発生するランダム・ジッタと異なり，伝送路や回路，波形など物理的な条件に起因して発生します．予測が可能なパラメータです．デターミニスティック・ジッタが発生する主な原因を次に示します．

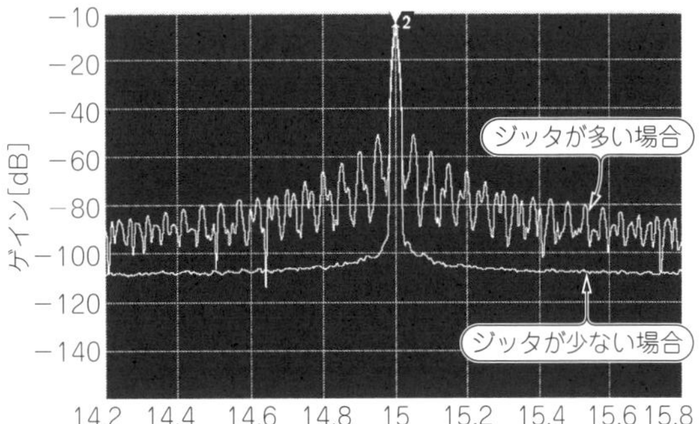

図4　ジッタによって変調されたD-Aコンバータの出力スペクトラム
特定の信号のS/Nが悪化している

- 伝送路のロスによる波形なまり
- 伝送路と入出力インピーダンスの不整合
- 電源ノイズ(リプル)
- グラウンド・ノイズ
- 外来ノイズ
- 信号源のリンギング

伝送路のロスによる波形なまりや，伝送路と入出力インピーダンスの不整合，電源ノイズは伝送路で対策できます．デバイスのサーマル・ノイズと信号源のリンギングはデバイス選定や回路方式の見直しで改善できます．外来ノイズは外部の電子機器などから電磁気的に誘導されるもので，伝送路の設計でかなり防げます．

技① マスタ・クロックに発生するジッタに注目して対処する

オーディオ回路に限定すると伝送レートが低いため注意するポイントが変わってきます．

オーディオはジッタによってエラーが起こる領域では使用されず，ビット誤り率(BER)がほぼ無視できる領域で使用しています．そのため，ジッタによるS/Nを気にします．普通の通信はS/Nはかなり悪くてエラーが一定の確率で起こる環境で使用しています．その代わりにオーディオよりも比較にならないくらい高速です．

ハイレゾでも伝送速度は192 kbps程度までなので，Gbpsの高速伝送路のようにアイが開かずにエラーが発生することはまずありません．データ・ラインのジッタの影響はほとんど無視できます．

図3のように，オーディオはリアルタイムなデータ伝送と再生を行っているため，D-Aコンバータのマスタ・クロックにジッタがあるとひずみやノイズが増加します．極端な例ですが，図4はクロックに大きな

ジッタが入った場合とジッタがない場合のD-Aコンバータ出力のようすを示しています．図5は帯域全体を観測したものです．S/Nが大きく劣化しています．

ジッタの測り方

どの程度のジッタによって，D-Aコンバータの出力にどのくらい影響が出るのか数値で確認します．

技② ジッタの測定にはスペクトラム・アナライザを使用する

ジッタは，クロックに位相変調をかけた状態のことです．クロックに位相変調をかけると，図6のようにクロック周波数の近傍に裾野のようなノイズが現れます．このノイズと信号との比を搬送波対ノイズ比(C/N)と呼びます．C/Nの単位は1Hzあたりの信号対ノイズの電力比で表します．

ジッタを解析するにはC/Nを測定します．ジッタを直接測らずにC/Nを測定して換算する理由は，ジッタは測りづらいからです．スペクラム・アナライザのダイナミック・レンジは150dB近くありますが，オシロスコープは100dBもありません．ここで問題にするジッタは微小な値であるため，オシロスコープで観測するのは難しいでしょう．スペクラム・アナライザ以上に精密に測れるジッタ測定器がありますが，高価(1000万円以上)です．

本稿では，ダイナミック・レンジが100dB以上あるスペクトラム・アラナイザを使用してC/Nを測定してジッタを求めます．

技③ クロックのC/N測定は発信源にPLLを使った機器で有効である

クロックのC/Nが悪化すると，D-Aコンバータ出力のフロア・ノイズとして現れます．そして，最終的にはD-Aコンバータ出力のS/Nを悪化させます．クロック信号f_Cが特定の信号f_Sで位相変調されると，D-Aコンバータ出力に不要な信号(スプリアス)として現れることもあります(図7)．

クロックのC/Nを測定する場合，水晶発振回路で直接クロックを作っている機器のC/Nは精度よく測れません．なぜなら，スペクトラム・アラナイザは，ダイナミック・レンジは大きいのですが，基準発振源が水晶発振回路だからです．発振源にPLL(Phase Locked Loop)を使っている機器や，ノイズなどの影響でジッタが発生している場合にはスペクトラム・アラナイザでC/Nを観測できます．

一般的に水晶発振回路のC/Nは信号から1kHz離れたところで−130～−150dBc/Hz程度，PLLでは−110dBc/Hz以上になります．

技④ フロア・ノイズを帯域で積分すればノイズの総量がわかる

図8はC/Nを示したグラフの片側を拡大したものです．この中からジッタに影響する帯域を決めて積分すればノイズの総電力が求まります．

図8は水晶発振回路のC/NとVCO(Voltage Controlled Oscillator)のC/Nの例です．水晶発振回路を基準としたPLLのC/Nも表示しています．PLLのループ帯域以内ではループ・ゲインにもよりますが，水晶発振回路のC/Nに近いレベルまで抑えられます．PLLは水晶振動子並みのC/Nは得られませんが，自由に周波数を変更できるため，USBオーディオ・インターフェースなどでよく使用されています．

積分範囲はそのシステムが影響を受ける帯域全体を考慮するように設定します．ここではオーディオ帯域として20Hz～20kHzの区間を積分します．

スペクトラム・アラナイザのRBW(Resolution Band Width；分解能帯域幅)で積分範囲を割ってBW(Band Width)比を求めます．ジッタは多くの場合ノイズなので帯域で考えないと電力の計算ができません．ジッタがある固有の1個の周波数なら信号比でもOKです．ここでは$RBW = 1$Hzとします．

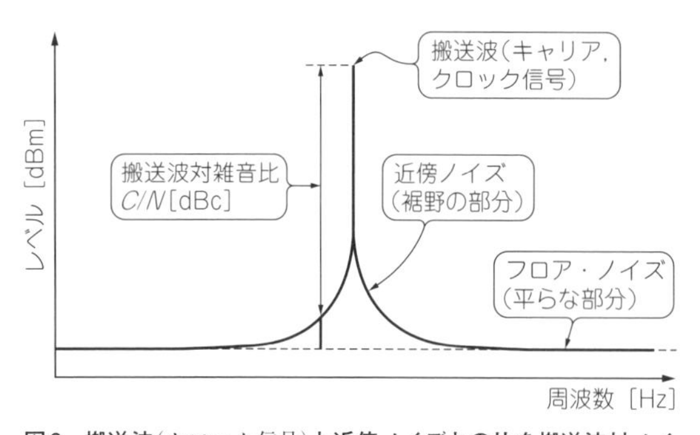

図6 搬送波(クロック信号)と近傍ノイズとの比を搬送波対ノイズ比C/Nという

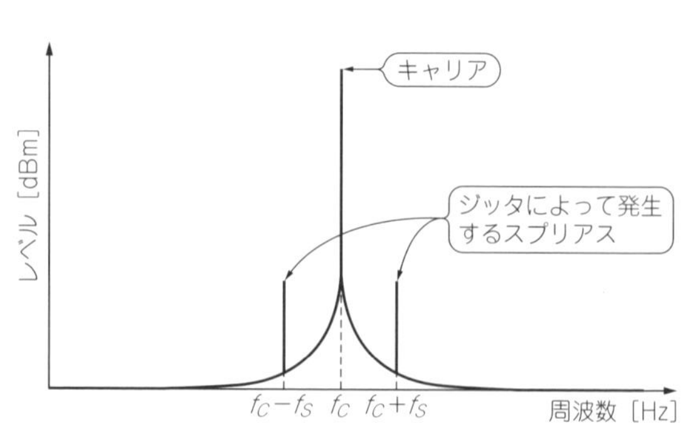

図7 クロック信号が特定の周波数のノイズで汚染された場合，スプリアスが発生する

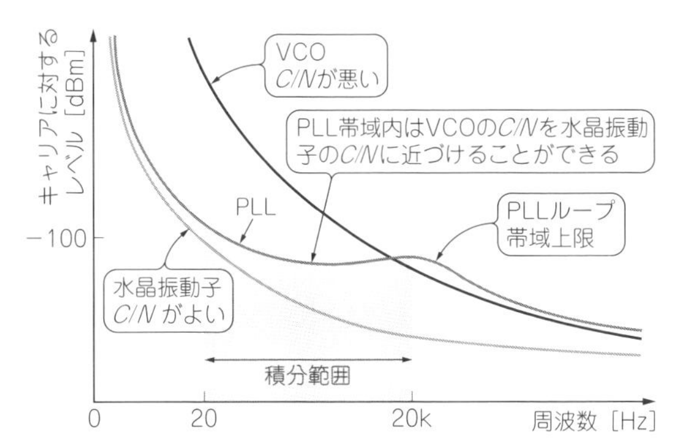

図8 PLLのC/Nスペクトルの特徴
VCOのあまりよくないC/NがPLLの働きで水晶振動子のC/Nに近づく

$$BW比 = \frac{20\ \mathrm{kHz} - 20\ \mathrm{Hz}}{1\ \mathrm{Hz}} = 19980\ \mathrm{Hz} \cdots\cdots\cdots\cdots (1)$$

ノイズはフラットに分布しているとすると，次式になります．

$$10^{-100\mathrm{dBm}/10}\mathrm{mW/Hz} = 0.1\ \mathrm{pW/Hz}$$
$$0.1\ \mathrm{pW/Hz} \times 19980\ \mathrm{Hz} = 2\ \mathrm{nW} \cdots\cdots\cdots\cdots (2)$$

例えばスペクトラム・アナライザで$RBW = 1$ kHzで表示されている電力が0 dBmなら，1 kHz帯域あたりの電力が0 dBm(1 mW)という意味です．信号の帯域が10 kHzあるとすると，10倍して20 dBm(10 mW)がその帯域の総電力となります．

式(2)の計算結果より，スペクトルの反対側も合わせると4 nWとなります．スペクトラム・アナライザの入力インピーダンスは50 Ωなのでノイズ電圧は0.4 mVです．

技⑤ ジッタはベッセル関数を使って直線近似で計算できる

ノイズ電圧からジッタを求めるにはベッセル関数を使います．AM変調やDSB(Double Side Band)変調は基本波(キャリア)に変調信号を乗算するため，三角関数の公式でスペクトラム強度を計算できます．FM変調やPM変調は次式になるため，基本的な三角関数の公式では解けません．

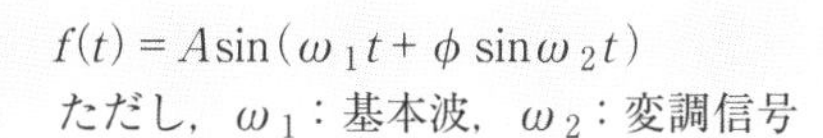

$$f(t) = A\sin(\omega_1 t + \phi \sin\omega_2 t)$$
ただし，ω_1：基本波，ω_2：変調信号

入れ子になった$\sin(\sin x)$を解く必要があるため，ベッセル関数を使います．これと似た現象に2次元の膜の振動があります．sin関数で表現できる弦などの1次元の振動に対して，波の分布と強度が無秩序にみえる現象です．

ジッタは変調度の極めて浅い位相変調なので，ベッセル関数の中でも1次関数的に振る舞うシンプルな領域なので，解析は容易です．

図9(a)は第1種ベッセル関数のグラフです．縦軸は出力されるスペクトルの強度の相対値，横軸mは変調強度です．信号変調周波数の整数倍nに複数のスペクトルが現れます．ベッセル関数は式で表すと手強い感じですが，Excelでは次式でグラフを表示できます．

= BesselJ(m, n)
ただし，m：変調強度(0～10 rad)，n：変調周波数の整数倍

図9(a)を見ると，$n = 0$はキャリアなので無変調時は1で，$n > 0$では0ですが，mが極めて小さい場合$n = 1$のみmに比例した1次関数に近似できます．ジッ

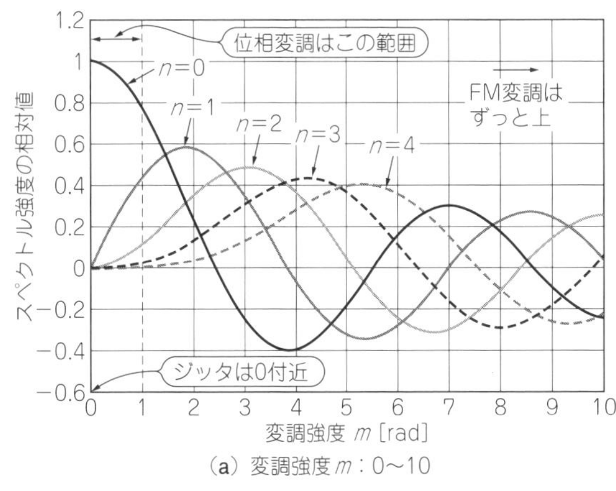

(a) 変調強度m：0～10

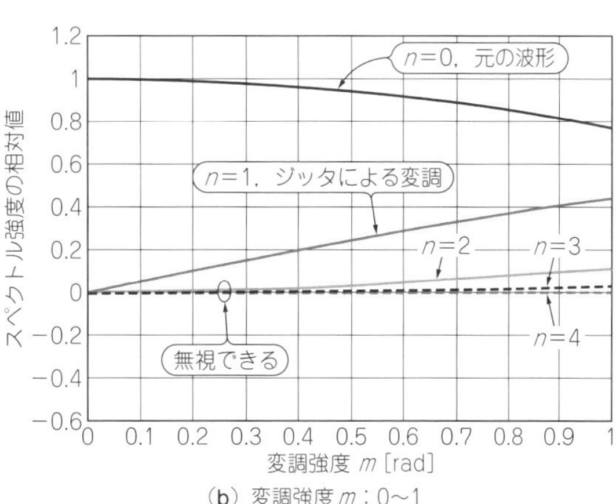

(b) 変調強度m：0～1

図9 第1種ベッセル関数を使えばジッタの振る舞いを解析できる
ジッタの計算に使うのは$m = 0$付近なので実は単純である

タは変調が極めて浅いため，この$n=1$のみで計算できます．変調強度0～1の部分を拡大したグラフを図9(b)に示します．$n=0$～1以外は無視でき，$n=1$は$m/2$に近似できます．

技⑥ ジッタを求める場合，実際に計算する部分は掛け算と割り算だけ

キャリア$n=0$と変調$n=1$だけの信号を次式で表します．

$$A\cos(\omega+p)t+A\frac{m}{2}\cos(\omega+p)t+A\frac{m}{2}\cos(\omega-p)t$$

ジッタは$n=1$の項だけ注目するので，次式になります．

$$A\frac{m}{2}\cos(\omega+p)t+A\frac{m}{2}\cos(\omega-\mathrm{p})t$$

Aは0 dBmなので0.22 Vとなります．先ほど計算したジッタの総電力から求めた電圧0.4 mVからmを求めると，次式になります．

$$2A\frac{m}{2}=0.22m=0.4\ \mathrm{mV}$$

$$m=0.002\ \mathrm{rad}=0.116\ \mathrm{deg}$$

この値はRMS(Root Mean Square value；実効値)なのでピーク・ツー・ピークに変換するには，値を6倍にします．

$$0.116°_{\mathrm{RMS}}\times 6倍=0.7°_{\mathrm{P\text{-}P}}$$

このPLLの発振周波数を96 MHzとすると，ジッタは次式になります．

$$\frac{1}{96\ \mathrm{MHz}}\times\frac{0.7}{360}\fallingdotseq 20.2\ \mathrm{ps}_{\mathrm{P\text{-}P}}$$

この計算を逆から行うと，ジッタがわかっているマスタ・クロックから最終的なノイズ・レベルを計算できます．ジッタによって悪化するS/Nを予想できます．

図10は，C/N [dBc] とジッタ [ps] の関係を表したものです．キャリア周波数から20 Hz～20 kHz離れたの範囲(キャリアから20 Hz～20 kHzオフセット)でC/Nが一定だと仮定します．C/Nが－110 dBcを過ぎたあたりからジッタが大きくなっています．

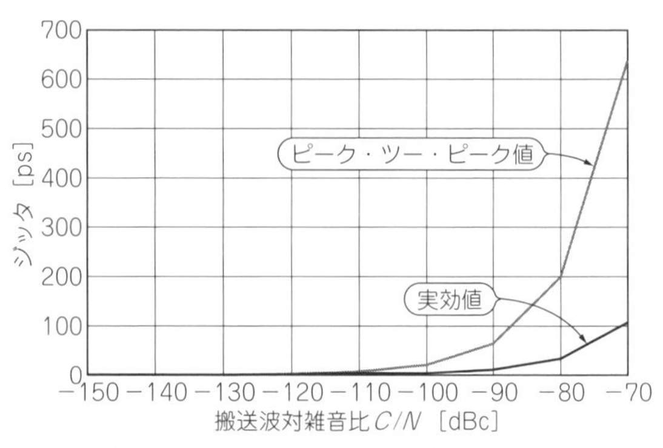

図10 搬送波対雑音比，C/Nとジッタの関係

ピーク・ツー・ピークのジッタはRMSのジッタの6倍と定義しています．これはジッタが正規分布しているとして3σを想定したもので，長時間観測すればこれを超えるジッタも起こり得ます．

実際に測ってみた

システム・クロックのジッタが出力信号のノイズになっていることを実験して確認します．

● 実験回路

D-Aコンバータ UDA1345(NXPセミコンダクターズ)のシステム・クロックにジッタがあると想定します．ジッタの影響でD-Aコンバータの出力がどのように変化するか確認します．

図11に実験した回路を示します．

シグナル・ジェネレータ(SG)でAM変調をかけてジッタを発生させて，D-Aコンバータのシステム・クロックに入力します．

クロックにAM変調をかけるということは，電源がノイズで汚染されてクロックが振幅方向に変調されている状態を表しています．

図12に変調なし，25％のAM変調をかけたとき，50％のAM変調をかけたときのシステム・クロックのスペクトラムを示します．

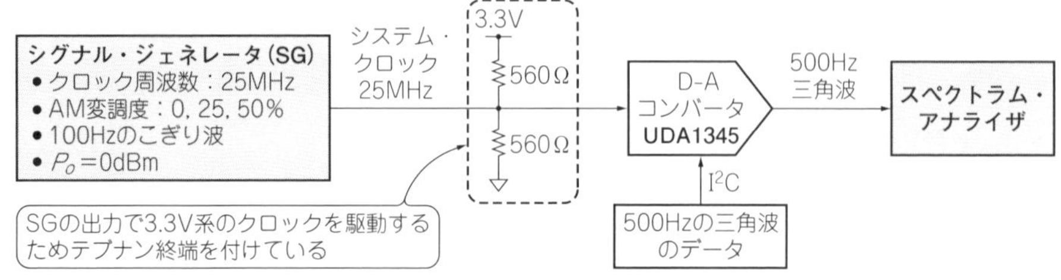

図11 ジッタの影響を実験した回路
SGでAM変調をかけてジッタとする．この信号をD-Aコンバータのシステム・クロックに入力してジッタの影響をスペクトラム・アナライザで観測する

SGにAMまたはPM変調をかけることで擬似的にジッタを発生できます．ジッタは位相(PM)変調なので，SGでPM変調を加えたほうが正しくジッタを再現できますが，今回は準備できる測定器の都合でAM変調としています．

AM変調は振幅だけが変化するので理想的にはジッタは発生しないはずですが，変調が深くなると位相方向の変化も大きくなりジッタになります．実際にAM

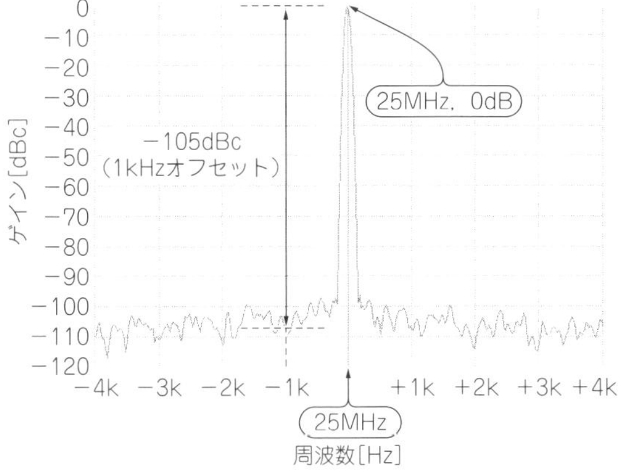

（a）変調をかけていない場合
C/*N*は−105 dBc(1 kHzオフセット)

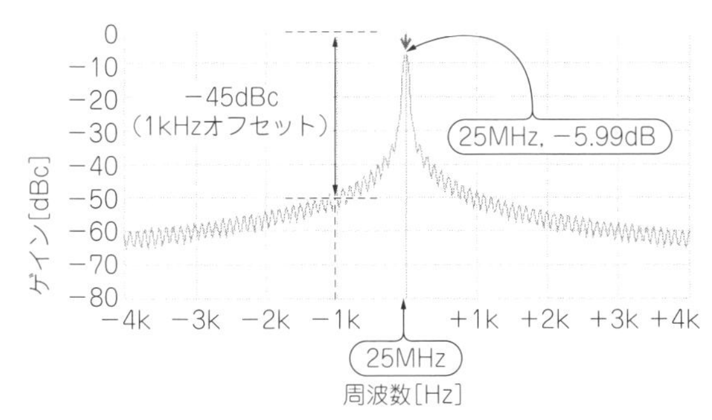

（b）25 %のAM変調をかけた場合
変調波は100 Hzのこぎり波．*C*/*N*は−45 dBc(1 kHzオフセット)

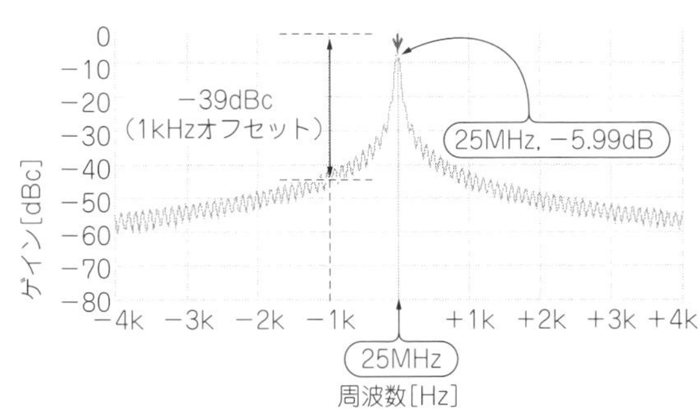

（c）50 %のAM変調をかけた場合
変調波は100 Hzのこぎり波．*C*/*N*は−39 dBc(1 kHzオフセット)

図12　D-Aコンバータに入力するシステム・クロックのスペクトラム

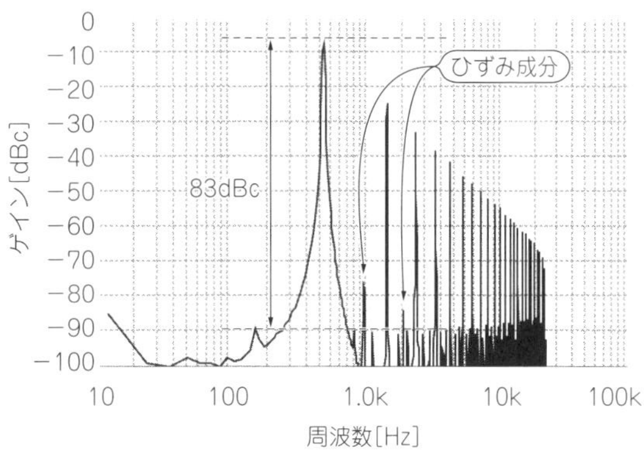

（a）システム・クロックに変調をかけない場合

三角波の基本波と奇数次高調波が並んでいる．のこぎり波によって変調されたスペクトラムのみに注目すると，変調0％だが漏えいによるものと思われる−83 dBcが確認できる

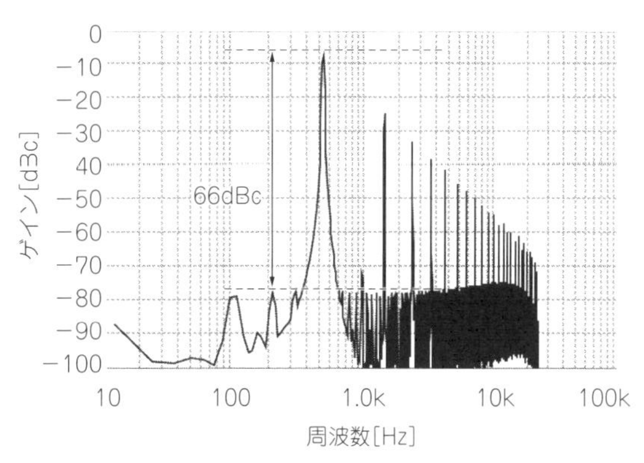

（b）システム・クロックに25 %のAM変調をかけた場合

のこぎり波によるスペクトラムが−66 dBcと確認でき，フロア・ノイズ全体が大きく増大している

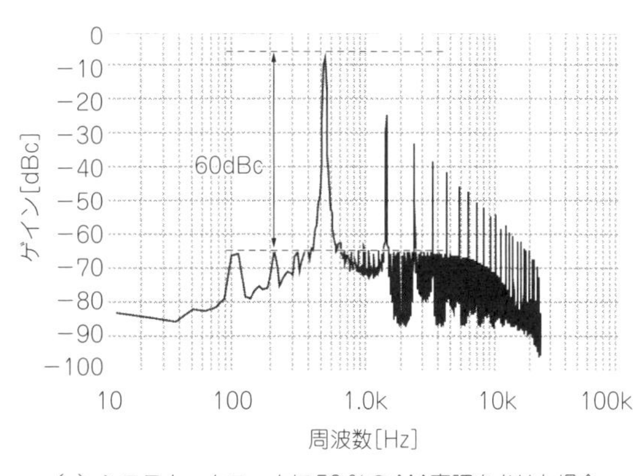

（c）システム・クロックに50 %のAM変調をかけた場合

のこぎり波によるスペクトラムが−60 dBcと確認でき，フロア・ノイズ全体もさらに大きく増大している

図13　図2のクロックを入力したD-Aコンバータの出力スペクトラム

変調によってジッタが発生するケースは多くあります．

● 結果

ジッタのある25 MHzのシステム・クロックをD-Aコンバータに入力します．そして，D-Aコンバータから500 Hzの三角波を出力させます．三角波は奇数次に高調波が並ぶため広帯域の影響を確認できます．SGは100 Hzのノコギリ波でAM変調をかけます．のこぎり波は偶数次にも高調波が発生するため，近傍の影響を確認できます．

オシロスコープではジッタは微小すぎて観測できないので，スペクトラム・アナライザで観測します．

図13は**図12**で示したシステム・クロックを入力したときのD-Aコンバータの出力信号のスペクトラムです．システム・クロックにかけたAM変調度を深くするほどのこぎり波の100 Hzで変調されたスペクトラムが三角波の基本波と高調波の近傍に見えてきます．

● ジッタは*S/N*を悪化させる

この実験ではノイズ源をノコギリ波としていますが，実際のジッタはサーマル・ノイズ由来の広帯域ノイズであることが普通です．この場合フロア全体がノイズで持ち上がって全体の*S/N*が悪化したように見えます．

対策

● ジッタが発生しない伝送路とは

伝送路は，ディジタル伝送品質を決定する重要な部分です．ジッタを発生させない伝送路とはどのようなものでしょうか．まず自らがジッタを発生させない線路であることと，外部からのノイズの影響を受けにくい線路であることです．それらには次の種類が考えられます．

- 自らジッタを発生させない線路
  - (1) 低ロスな線路
  - (2) 低反射な線路
- 外部からジッタを受けない線路
  - (3) ストリップ・ライン
  - (4) 差動線路
  - (5) 同軸ケーブル

技⑦ 低ロスな線路を使うことでジッタを発生させないようにする

図14に示すように，高域になるほどロスが大きくなる伝送路に信号を通すと立ち上がり/立ち下がり波形はなまります．**図14**のような特性の伝送路にデータ信号を通すと，**図15**のように直前のシンボルの状態に影響を受けてジッタが発生します．このジッタはシンボルに依存するシンボル間干渉と呼ばれるジッタです．オーディオ用D-Aコンバータの場合は，マスタ・クロックのジッタが支配的なので，シンボル間干渉は無視してよいでしょう．

● 波形がなまるとジッタの原因となる

波形がなまることで振幅ノイズの影響がジッタに変換されます(**図16**)．そのため周期的なクロック信号でもこの伝送ロスの影響は現れます．このように波形の立ち上がりが遅いと振幅方向のノイズによってジッタが発生しやすくなります．

一般的に伝送ロスが発生するのは基板上の伝送路になります．同軸ケーブルのロスは基板に比べるとはるかに小さく，ほとんどの場合，問題になりません．

● ジッタを優先するなら最短距離の伝送路に徹する

基板上で伝送路を低ロスに設計するには，次のポイントに注目します．

(1) 線路長を極力短くする
(2) 線路幅をできるだけ広くする
(3) 低損失な基板材料を使う
(4) マイクロストリップ・ラインを使う

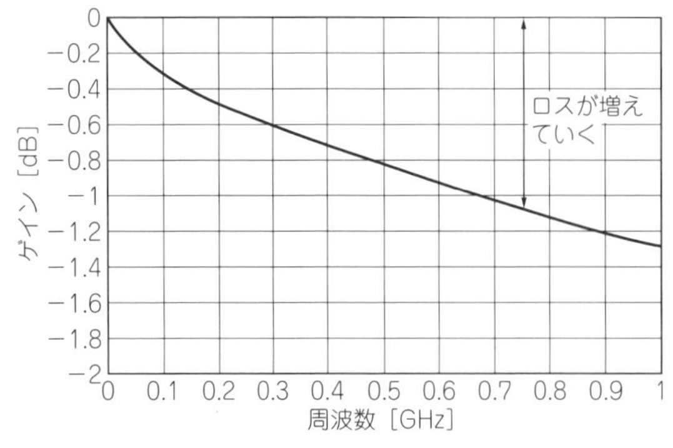

図14 ストリップラインを伝わる信号の周波数が高いほど減衰する(FR-4，W = 0.1 mm，L = 80 mmのとき)

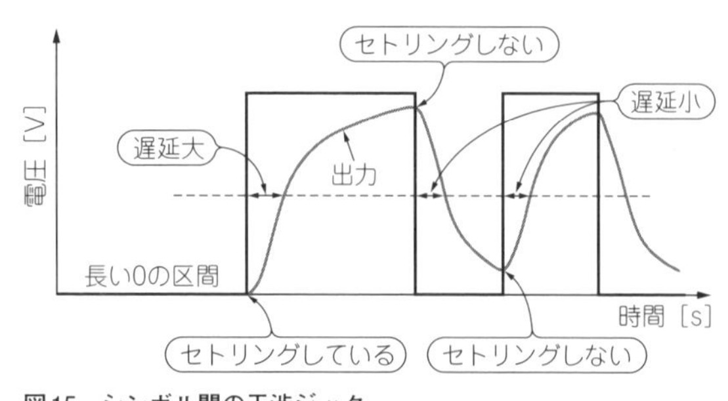

図15 シンボル間の干渉ジッタ
直前のシンボルの状態によりジッタの大きさが変化する

伝送路を短くできればほかは満たしてなくても問題なくなります．問題はやむを得ず長くなってしまう場合です．

● 伝送路が長くてもストリップ・ラインの方が有利

低損失な基板材料はたいへん高価です．低い誘電率と誘電正接によって低損失を実現しています．マイクロ波などの高周波向けのため生産数も少なくあまり一般的とはいえないでしょう．

図17はストリップ・ラインとマイクロストリップ・ラインの違いを示しています．誘電体は大きな損失を生じるためロスに関してはマイクロストリップ・ラインが有利です．同じ特性インピーダンスで線路幅もずっと太くなりロスが減らせます．ただし，空間に開いた構造のため，ノイズの影響を受けやすく，ジッタの原因になります．そのためストリップ・ラインを選択したほうが有利な場合が多いです．

技⑧ 低反射な線路を使うことでジッタを発生させないようにする

伝送路と送受信端のインピーダンスが整合されていない場合，反射が発生します．遅延した反射波がエッジに重なると，それがジッタになります(**図18**)．

ストリップ・ラインの場合，内層基板の遅延時間はおよそ7 ps/mm程度です．長さ200 mmの伝送路では往復で3 nsになり，立ち上がり1 nsの波形では十分に影響が出る値です．

反射は信号の周波数が低いほど起きにくいため，信号の立ち上がりが速いほど不利になります．先ほどとは逆になります．

周波数が高いほど短い伝送路で反射の影響が現れ，小さな寄生容量や寄生インダクタンスの影響も無視できなくなります．

最近のデバイスは高速動作するものが多いため，クロック周波数や伝送レートが低くても立ち上がり/立ち下がりエッジが速いことがあり注意が必要です．

図16　波形がなまると振幅ノイズがジッタに変換される

● 立ち上がり速度と周波数の関係

立ち上がりt_Rと立ち下がり時間t_F(10－90 %)と等価な周波数f_Eの関係は，次のように近似されます．

$$f_E = \frac{0.35}{t_R}$$

例えばt_Rとt_Fが1 ns程度のデバイスの場合，f_Eは350 MHzとなります．NRZ(Non Return to Zero)のようなデータの帯域は上記350 MHzが仮に上限だとしても，スペクトルはDC(スード)近傍まで広く分布します．

図19は，PRBS(Pseudo - Random Bit Sequence；疑似ランダム・ビット・シーケンス)信号とクロックのスペクトルです．PRBSはクロック周波数f_CとしてDCからt_Rやt_Fで決まる周波数まで広く分布します．この例ではDC～350 MHzまでのインピーダンス整合を考慮した伝送路を設計したほうがよいことを示しています．

● インピーダンスと反射係数

インピーダンス不整合の影響は，次式で計算できます．反射波の振幅をΓ，伝送路の特性インピーダンスをZ_O，デバイスのインピーダンスをZ_Dとすると，次のようになります．

$$\Gamma = \mathrm{abs}\frac{Z_O - Z_D}{Z_O + Z_D}$$

Z_O = 50 ΩでZ_D = 100 ΩとするとΓ = 0.33となり，振幅の33 %の反射波が加算されます．これがエッジ

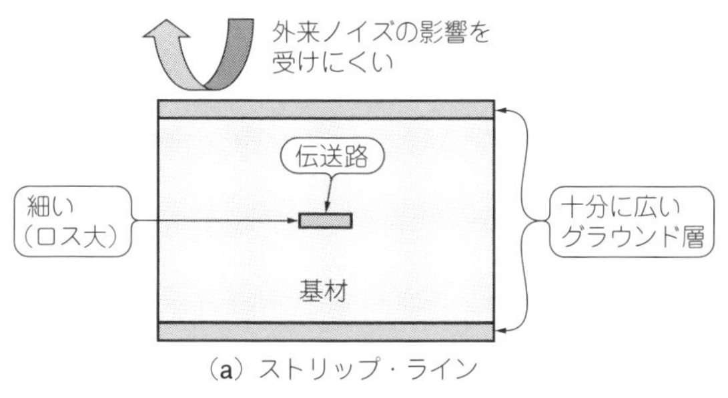

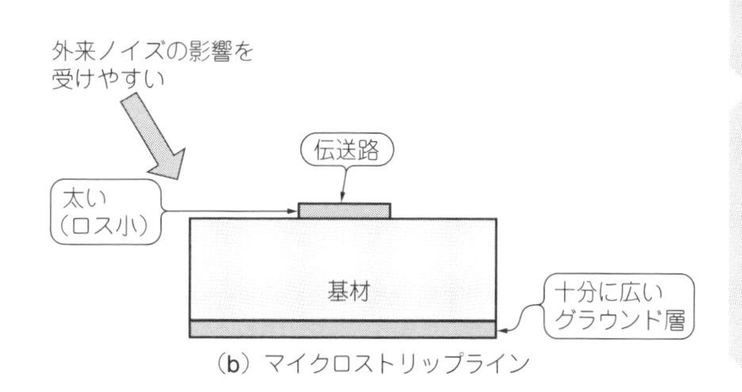

図17　ストリップ・ラインとマイクロストリップ・ラインの違い

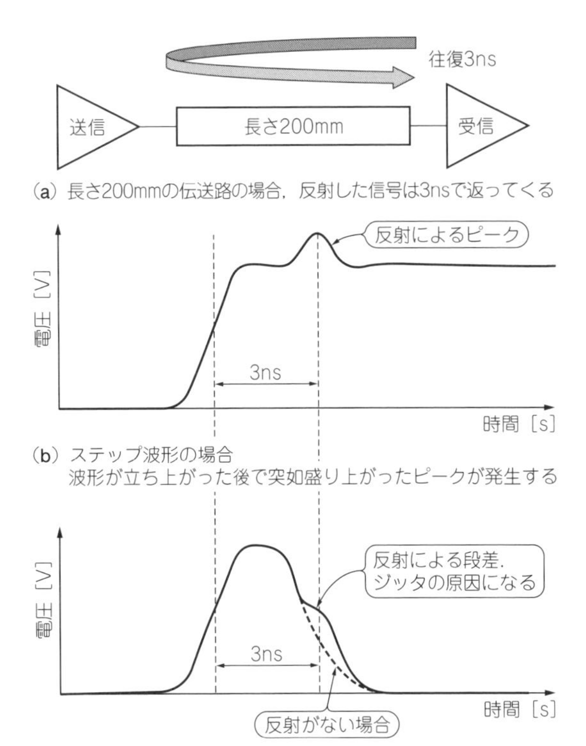

(a) 長さ200mmの伝送路の場合，反射した信号は3nsで返ってくる

(b) ステップ波形の場合
波形が立ち上がった後で突如盛り上がったピークが発生する

(c) クロック波形の場合
波形のエッジが変形する．ジッタの原因になる

図18 反射による波形ひずみ

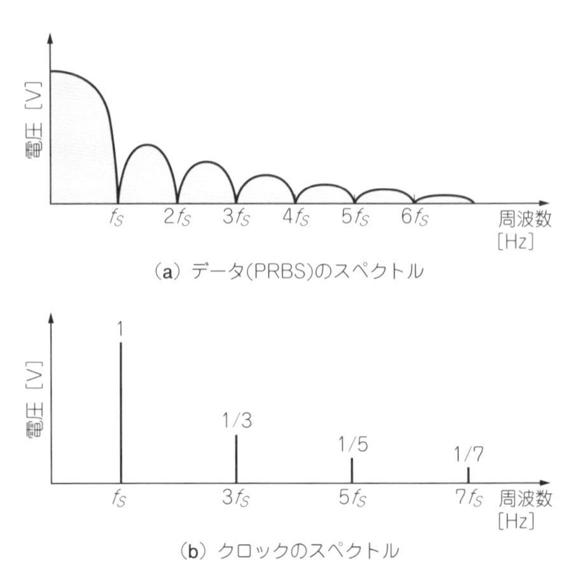

(a) データ(PRBS)のスペクトル

(b) クロックのスペクトル

図19 PRBSデータとクロックのスペクトル
データ，クロックともに本来の周波数(f_S)よりも遥かに高い帯域までエネルギが分布している

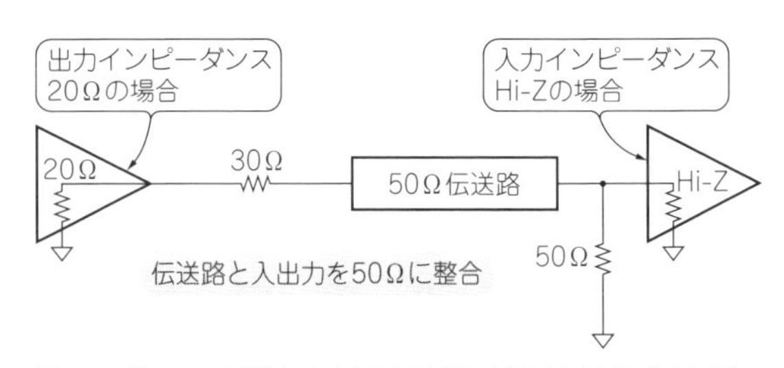

図20 ジッタの原因となる反射を減らす重要な技術「インピーダンス・マッチング」

に重なった場合，立ち上がりが1 ns(10 % − 90 % = 0.8)とすると，次式になります．

$$\frac{0.33 \times 1\ \text{ns}}{0.8} = 412.5\ \text{ps}$$

412.5 psと，無視できないジッタになります．ただし，クロックの場合はいつも同じタイミングで繰り返されるためジッタにはなりませんが，エッジに段が付いたりする可能性もあるためクロックでもなるべく反射は考慮すべきです．

ストリップ・ラインのインピーダンスは内層の層間厚による制限のため，50 Ω以上のインピーダンスは実現しにくいものです．デバイスのインピーダンスが大きくてストリップ・ラインとの整合が取れない場合は，図20のように終端抵抗を追加します．

技⑨ ストリップ・ラインにして外部からジッタを受けにくくする

ストリップ・ラインは内層にあるため外来ノイズの影響を受けにくい構造です．ただしノイズが乗っていない広いグラウンド・ベタ層か十分にグラウンドとバイパスされた電源ベタ層に挟まれていることが絶対条件です．

図21のようにグラウンド・ベタ層が不連続になっていたり切れているのは厳禁です．グラウンド層にもストリップ・ラインと同じ電流がストリップ・ラインに沿って流れているため，不連続部分があると電流が迂回し特性インピーダンスがこの部分だけ大きく変化します．特性インピーダンスの不連続部分があると，その位置で反射が起こりジッタの原因となります．

ストリップ・ラインは線路幅が細くなるためロスが大きくなる傾向にあります．できるだけロスを減らすためには層間厚を可能な限り大きくして，同じ特性インピーダンスでも線路幅を広くします．

技⑩ 差動線路にして外部からジッタを受けにくくする

図22の差動線路はストリップ・ラインの1種です．グラウンド・ベタ層にはさまれていなくても実現可能です．差動線路はコモン・モード・ノイズの影響を受けても差動回路で相殺するためあまり影響を受けません．一般的に差動回路の効果によって20 dB程度のノイズ低減効果があります．

ストリップ・ラインで問題になったグラウンド・ベ

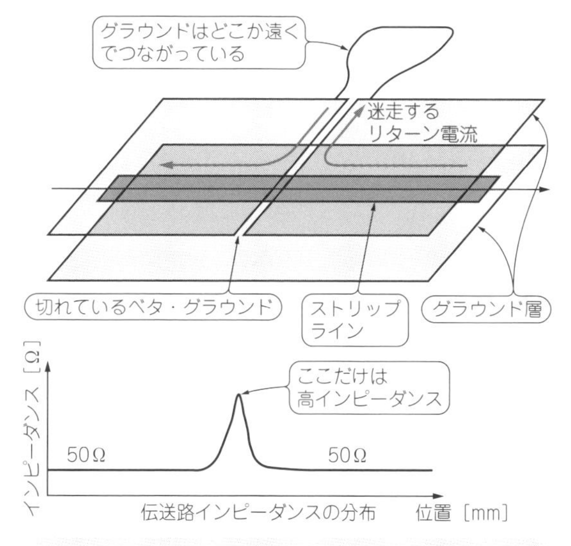

グラウンド・ベタに挟まれた細い伝送路の電流がグラウンド・ベタを通ってリターン電流が戻っていく．途中の経路が切れているためリターン電流は伝送路に沿って帰ることができずに迂回している．リターン電流は伝送路に沿って流れようとする

図21　リターン電流が迷走する一例

タ層の切れに対しても大きな影響を受けません．差動線路は電流の往復経路がほぼ差動線路だけで完結しているためで，そのためグラウンド層が近くになくても動作します．

差動線路の問題点はデバイスが差動回路に対応していないと使えないことです．差動入出力になっていれば差動で伝送するほうが圧倒的に有利です．

差動線路は通常100 Ωの伝送路になりますが，ストリップ・ラインで特性インピーダンス100 Ωを実現するのは困難なためグラウンド・ベタ層が離れていた方が都合の良い場合が多くなります．

技⑪ 電源をノー・ノイズ化する

電源ノイズは装置全体に影響します．伝送路も例外ではありません．伝送路とカップリングする関係にある電源プレーンやグラウンド・プレーンにノイズが乗ると，伝送路を通る信号やクロックにジッタが発生します．電源の低ノイズ化は大変重要です．

可能であればリニア電源が理想ですが，大きくて重く高価になるためHi-Fiオーディオ以外ではめっきり目にすることがなくなりました．ここではスイッチング・レギュレータを前提に，どこを注意して電源を低ノイズ化するかを説明します．

● スイッチング・レギュレータはノイズの塊

スイッチング・レギュレータはその構造上ノイズ発

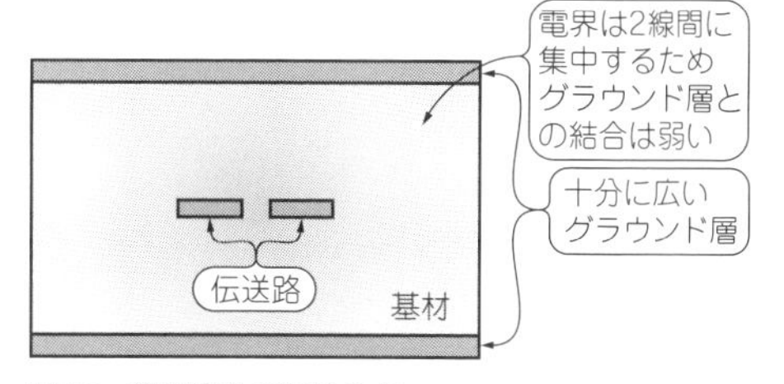

図22　差動線路の電界分布

差動線路の周りの電界は差動線路を中心に急激に弱っていく

生器そのものです．その出力には図23のようなノイズが乗っており，そのインピーダンスも低いためなかなか簡単には消えてくれません．またスイッチング・レギュレータ内蔵インダクタからは強力な磁気ノイズも出ています．

スイッチング・レギュレータ出力からは少なくとも20 m～100 mV_{P-P}程度のリプル・ノイズがあると考えなくてはなりません．その周波数成分はスイッチング周波数の数百kHz～数MHzと内部寄生成分の共振から起こる数十MHz～数百MHzの広帯域なノイズです．

● D-Aコンバータの電源にノイズがあると*S/N*が悪化する

D-Aコンバータの電源電圧変動除去比(*PSRR*；Power Supply Rejection Ratio)を60 dBとすると，電源のリプルは1 %(－40 dB)以下に抑えないとD-Aコンバータ出力のダイナミック・レンジは100 dBを確保できません．

*PSRR*は周波数が高くなるほど悪化するため，電源リプル帯域がオーディオ帯域に入る際は，この後に紹介するノイズ除去対策が必要になります．

● 電源とグラウンド・パターンにノイズが乗るとジッタの原因になる

電源ノイズは信号源インピーダンスが低いため駆動能力が高く，十分にインピーダンスが低いと思っている電源ベタ・パターンやグラウンド・パターンにも現れることがあります．

ベタ・パターンはクロックなどの伝送路のグラウンドとなっているため，グラウンド・レベルにつられてクロック信号も振幅方向への変動を受けてジッタに変換されます．

● 広帯域なバイパス・コンデンサで高域ノイズを低減する

電源ノイズは意外と広帯域なので，大容量のバイパス・コンデンサを置いただけで安心してはいけません．大容量のコンデンサは電解コンデンサにしろセラミック・コンデンサにしろ寄生抵抗や寄生インダクタンス

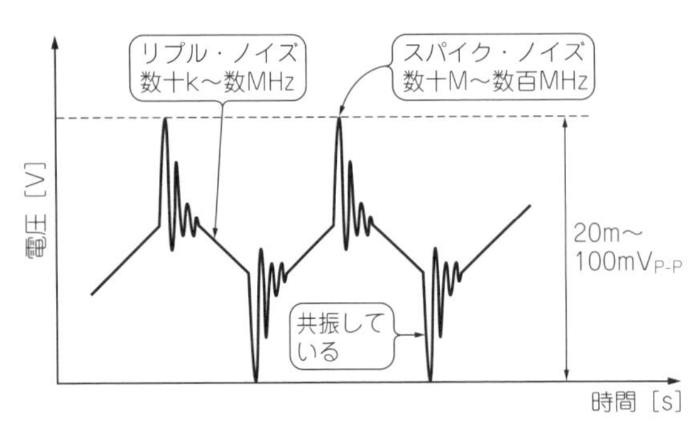

図23　スイッチング電源の出力ノイズ
リプルとスパイクの波形

の影響があります．図24のように高周波ではバイパス効果がほとんど期待できないためです．

電源ノイズの帯域によって複数の低容量バイパス・コンデンサを数個配置することで大きなノイズ低減効果が得られます．図25はそうやって広帯域化した電源インピーダンスを表しています．

この対策で電源ノイズを1桁程度減らすことが可能です．50 mV_{P-P}なら10 mV_{P-P}以下まで減らせます．後に述べるリニア・レギュレータと併用すれば1 mV_{P-P}程度も狙えます．

● リニア・レギュレータでノイズを低減する

スイッチング・レギュレータの出力にリニア・レギュレータを置くと，ループ帯域内であればノイズの抑圧効果が非常に大きいため，それだけで十分な性能を得ることができます．ただしループ外になると急激に抑圧効果が低下するため，広帯域バイパス・コンデンサと併用します．一般的にリニア・レギュレータのループ帯域は数十kHzのものが多いため，最近のスイッチング周波数の高いものでは思ったほど効果が得られない場合があります．

図26はD-Aコンバータ周辺回路にリプル特性のあまり良くないスイッチング・レギュレータから電源を供給したときのD-Aコンバータの出力をスペクトラム・アラナイザで観測したものです．リニア電源のスペクトルと比較しています．

図27はリニア・レギュレータを間に入れてノイズ改善をしたものです．リニア・レギュレータのループ帯域である20 kHz以下で大幅な改善効果が見られます．

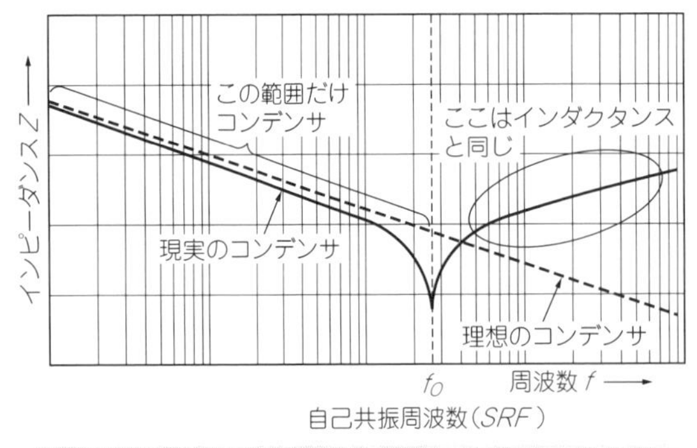

図24　コンデンサの周波数特性
周波数が上がるとコンデンサはインダクタになる．f_0を界にインピーダンスが上がっていく

技⑫ IC内蔵のクロック・リカバリ回路でジッタを低減する

最近用途が広がっているUSBベースのオーディオ用D-Aコンバータでは，システム（パソコンなど）からの分配クロックが得られないため，PLLベースのクロック・リカバリ回路が内蔵されています．

USBからはデータ信号しか得られないため，クロック・リカバリ回路はデータのエッジからクロックを回復します．このクロックは広帯域のPLLによって同期がかかるため，生成されたクロックはデータのジッタにトラッキングされており，クロックがデータに同期して位相変異するため*BER*は大きく改善します．

図28はUSBオーディオ用D-AコンバータPCM2704の内部等価回路です．96 MHzのPLLが内蔵されており，USBからクロック・タイミングを回復する回路になっています．

クロック・リカバリ回路はPLLそのものであるため，ジッタの大きさはPLLと同等になります．

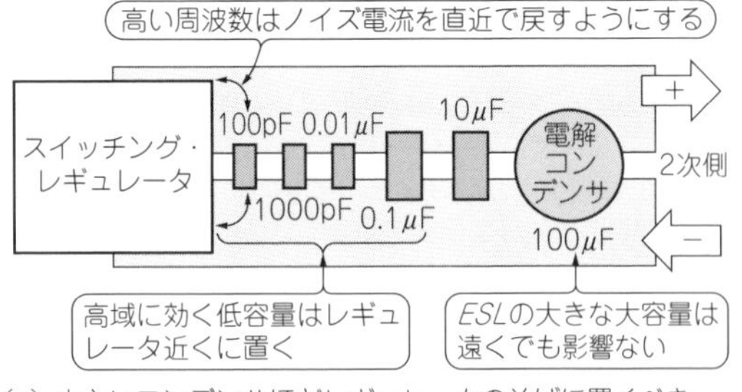

(a) 小さいコンデンサほどレギュレータのそばに置くべき

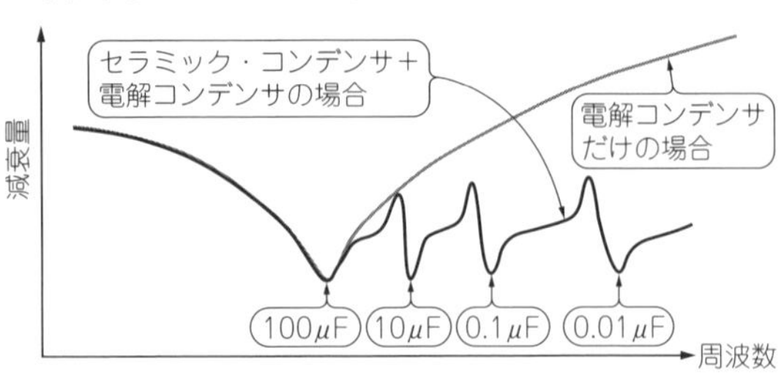

(b) 周波数特性が改善されている

図25　複数のバイパス・コンデンサを配置してノイズを低減する

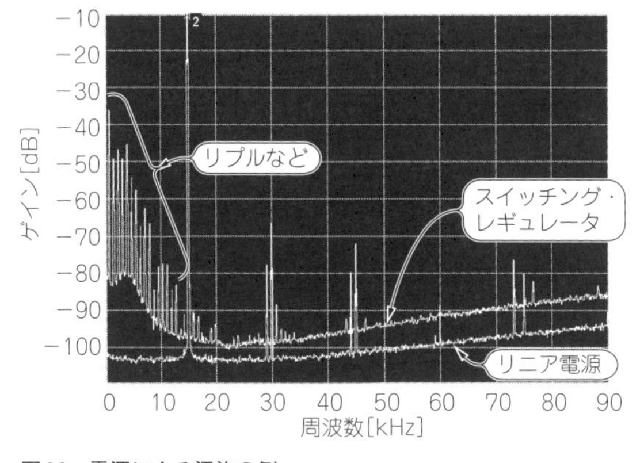

図26　電源による汚染の例
電源リプルが除去されずオーディオ信号に乗っている．帯域全体のノイズ・レベルが上がっている

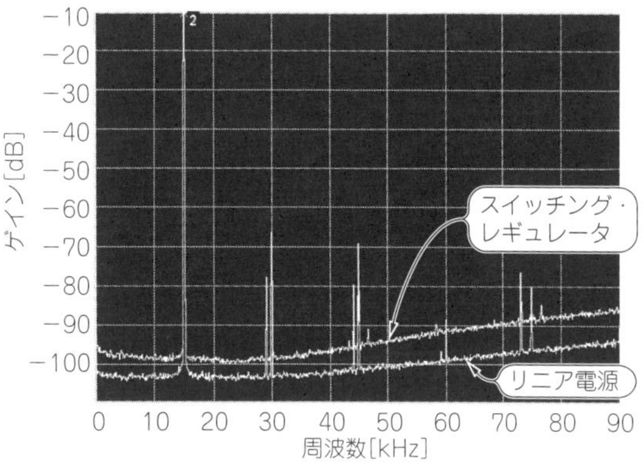

ゲイン[dB]
−10 −20 −30 −40 −50 −60 −70 −80 −90 −100
スイッチング・レギュレータ
リニア電源
0 10 20 30 40 50 60 70 80 90
周波数[kHz]

図27　リニア・レギュレータでノイズ改善
低域が大きく改善しているが，高域はほとんど改善していない

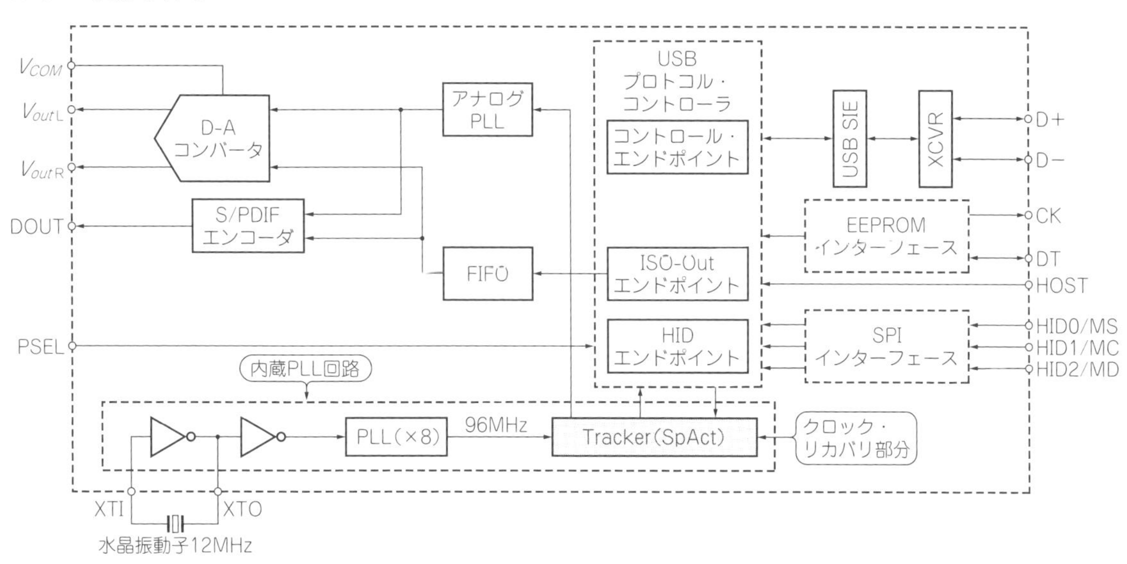

図28　USB入力のD-AコンバータPCM2704にはPLLベースのクロック・リカバリ回路が内蔵されている

第18章 回路内部のノイズとひずみを視る

高精度&低ノイズ オーディオ用OPアンプの選び方

猪熊 隆也 Takaya Inokuma

小信号デバイスではOPアンプが進化を続けています．低ノイズに特化したICやオフセット電圧・電流の小さい高精度品などオーディオに使用できるものはまだまだたくさんあります．ここではオーディオ用途として使えそうなOPアンプを集めました．

オーディオ用OPアンプとは

● オーディオ用OPアンプとは

オーディオ性能でとくに重要な特性としては，ノイズ，ひずみ，オフセットなどです．オーディオ帯域(20 Hz～20 kHz，最近は10 Hz～100 kHzが一般的)の信号を，いかにノイズを付加せずにひずみなく増幅するかがオーディオ・アンプの肝だからです．

ハイレゾ音源に対応するために，オーディオ・アンプのパワー・バンド幅は100 kHzを超えてきています．DC～100 kHz以上の周波数をひずみなく増幅するためには，アンプ自体の利得，スルーレート，安定度も重要です．これらの要求を満たすために，オーディオ用OPアンプは，低ノイズ，低ひずみ，低オフセット，高スルーレート，高ドライブ電流など，これまでは高速アンプや高精度アンプといわれてきたような特性をもった素子が開発されてきました．

● 測定した各社のOPアンプ

今回測定したOPアンプを**表1**に示します．カタログやデータシートからオーディオ性能で重要な項目を抜き出しましたが，メーカごとに測定条件や表記が異なり，仕様から直接比較するのは困難です．

それでも近年はかなり細かいデータが載るようになり，選択の目安が広がっています．日清紡マイクロデバイス(NISD)からは，今やオーディオ用としても定番のNJM4580や音質にもこだわったというMUSES8820，低ノイズ，高利得を謳うNJM8068を選びました．テキサス・インスツルメンツ(TI)社からは性能と安定度のバランスの良さで定評のあるLME49720，レール・ツー・レール出力などの最新技術満載のOPA1612，JFET入力のOPA827などが並びます．アナログ・デバイセズからはオーディオ用高性能OPアンプの代名詞ともいえるAD797やAD8599，またLT1115などを選びました．これらは，インターネットから比較的容易に購入することができます．

表1　測定に使用したオーディオ用OPアンプの特性 (注)詳細データは必ず個別データシートでご確認ください

型名	メーカ	構成	電源電圧	開ループ・ゲイン(標準)	オフセット電圧(最大)	オフセット電流(最大)	利得帯域幅	スルーレート(/μs)	入力換算雑音電圧(/√Hz)	入力換算雑音電流(/√Hz)
NJM4580D	NISD		±2～18V	110dB	3mV	200nA	15MHz	5V	-	-
NJM5532D	NISD		±3～22V	100dB	4mV	150nA	10MHz	8V	5nV	0.7pA
NJM2114M	NISD	2回路Bip入力		110dB	3mV	300nA	13MHz	15V	3.3nV	0.4pA
MUSES8820	NISD		±3.5～16V		3mV	200nA	11MHz	5V	4.5nV	-
NJM8068	NISD		±4～18V	120dB	3mV	200nA	19MHz	6.8V	3.5nV	-
LME49720	TI	2回路Bip入力	±2.5～17V	140dB	0.7mV	65nA	10MHz	20V	2.7nV	1.6pA
OPA1612	TI	2回路Bip入力，RTR出力	±2.25～18V	130dB	0.5mV	175nA	80MHz	27V	1.1nV	1.7pA
OPA827	TI	1回路FET入力	±4～18V	126dB	0.15mV	10pA	22MHz	28V	4nV	2.2fA
LT1115	ADI		±22V		0.2mV	200nA	70MHz	15V	0.9nV	1.2pA
LT1028	ADI	1回路Bip入力，非補償	±22V	-	0.08mV	100nA	75MHz	15V	0.9nV	1pA
AD797	ADI		±5～18V		0.08mV	400nA	110MHz	20V	0.9nV	2pA
AD8599	ADI	2回路Bip入力	±15V	-	0.12mV	200nA	10MHz	14V	1.1nV	1.9pA
AD8672	ADI	1回路Bip入力	±5～15V		0.075mV	20nA	10MHz	4V	2.8nV	0.3pA

オーディオ回路のノイズとは

● オーディオ帯域におけるノイズ

OPアンプのノイズ要因には，キャリアの不規則運動性が原因のショット・ノイズやサーマル・ノイズ，半導体の未結合手にキャリアが捕獲，放出されて起こるフリッカ・ノイズ(1/*f*ノイズ)があります．ほかにもオーディオ帯域で発生するポップコーン・ノイズなどもありますが，半導体製造技術の発達により今日ではあまり確認されることはありません．

低ノイズを狙うアプリケーションでは，ホワイト・ノイズ(白色雑音)となるショット・ノイズやサーマル・ノイズがなるべく少ないもの，また，1/*f*ノイズのコーナ周波数の低いものを選ぶのが重要です．これらはOPアンプ自体が発生するノイズとして，アンプの利得倍(正確にはノイズ・ゲイン倍)されて出力に現れます．低ノイズに特化したOPアンプの仕様書には，**図1**に示すような入力換算雑音電圧や入力換算雑音電流の特性が載っているので確認してください．

OPアンプ内部で発生した電流性のノイズは外部抵抗などにより電圧に変換されて出力されますが，これ自体は測定が困難なほど小さいので，ここでは電圧ノイズにのみ注目して測定を行います．実際のオーディオ回路設計では，信号源抵抗をできるだけ小さくするなどして，電流性ノイズの影響を少なくするなどの工夫をします．

● オーディオ回路に出てくるノイズ用語

測定の前に，オーディオ回路でよく登場するノイズ用語について説明します．オーディオ回路設計では，これらノイズの違いを頭に入れながら，回路のどの部分を低インピーダンス化すれば回路全体が低ノイズになるか，また電圧性ノイズと電流性ノイズとのバランスをどのように取るかを考えながら構成や部品，定数を決定していきます．

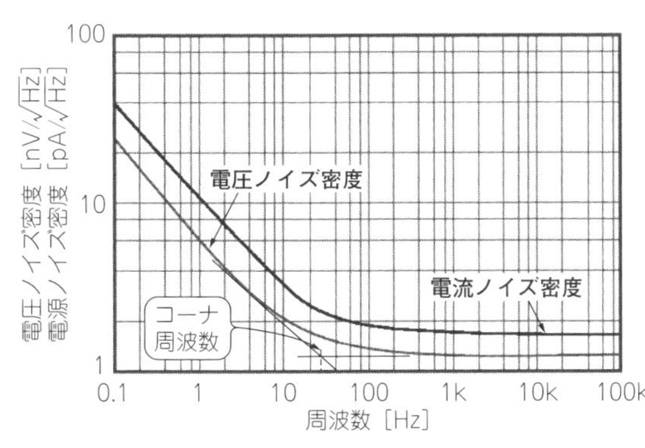

図1 OPアンプの入力換算雑音電圧/電流の仕様

▶サーマル・ノイズ(熱雑音)：導体内部の自由電子が不規則に熱運動(ブラウン運動)をするために発生するノイズ．材料の違いによらず，次の式で決定されます．

$V_n = \sqrt{4kTBR}$

k：ボルツマン定数 1.38×10^{-23} (J/K)

▶フリッカ・ノイズ(1/*f*ノイズ)：低周波領域で発生し，周波数が低くなるほど値は大きくなり，材料や部品の構造に依存します．

▶分配雑音：高周波領域で発生し，半導体回路内の分流比の微小なゆらぎにより発生するノイズ．

▶ショット・ノイズ：半導体のpn接合部に電流を流した場合，キャリアが接合部を通過するときに発生するノイズ．サーマル・ノイズと同様に周波数特性はフラット(ホワイト・ノイズ)になりますが，電流が流れない場合ショット・ノイズは発生しません．

▶ホワイト・ノイズ(白色雑音)：単位周波数あたりの強さが周波数によらず一定のノイズ．すべての周波数帯域で均等に分布しているので，すべての色を含んでいる白色にちなんでホワイト・ノイズと呼ばれます．サーマル・ノイズやショット・ノイズはホワイト・ノイズの一種になります．

▶ピンク・ノイズ(ピンク雑音)：ホワイト・ノイズに－3 dB/octのローパス・フィルタを通したものです．周波数が高いほどエネルギーが小さくなります．オクターブで見ると同じエネルギー量になるため，オーディオ計測用のテスト信号としてよく使われます．

▶入力換算雑音電圧(電流)密度：ホワイト・ノイズのような周波数特性がフラットなノイズでは，その量はバンド幅の平方根に比例します．そのため，OPアンプなどのデータシートには単位周波数あたりに発生するノイズ電圧として入力換算雑音電圧が規定されています．使用する回路の帯域幅がわかっていればそのOPアンプが発生するおおよそのノイズ量は，上記V_n式に増幅度をかけた値で計算することができます．単位は$V/\sqrt{Hz}$ ($A/\sqrt{Hz}$)です．

▶ノイズ・フィギュア(*NF*)：増幅器の入力と出力の*S/N*(出力電圧とノイズ電圧の比)の比を表したもの．

$NF = 20\log$(出力信号のS/N入力信号のS/N)

で表されます．

増幅器につながる信号源の信号源抵抗が大きいと，増幅器の入力雑音電流が信号源抵抗に流れ込み電圧性のノイズとなって出力に現れ，*S/N*を悪化させます．

オーディオなどの低周波回路では，低インピーダンス送信，高インピーダンス受信での信号伝送が一般的ですが，低ノイズ・トランジスタやFETなどには*NF*が明記されていて，使用回路の信号源抵抗に合わせて最良の*S/N*になるような部品を選定します．

技① ノイズとひずみはオーディオ・アナライザで測定する

図2がノイズとひずみの測定回路です．測定器となるオーディオ・アナライザは，ローデ・シュワルツのUPVオーディオ・アナライザを使用しています．オーディオ計測用に特化した他メーカのアナライザでは，オーディオ・プレシジョンのAPシリーズやキーサイト・テクノロジーのU8903Bなどがあります．

ノイズ特性の評価では，人間の聴感を考慮して決められたさまざまな聴感補正フィルタ規格がありますが，その中でもJIS-Aカーブがもっともよく使われています．そのJIS-Aフィルタを内蔵し，真の実効値表示が可能な交流電圧計M2174A(NF回路設計ブロック)を同時に接続し，具体的なノイズ・レベルを測定しています．

これらの機器を用い，利得40 dBのアンプ回路を作って，入力をショートした状態での出力のノイズ・スペクトラムを観察しました(**図3**)．グラフ中に書かれている数字がM2174Aで測定したJIS-Aフィルタ挿入時の実効値です．

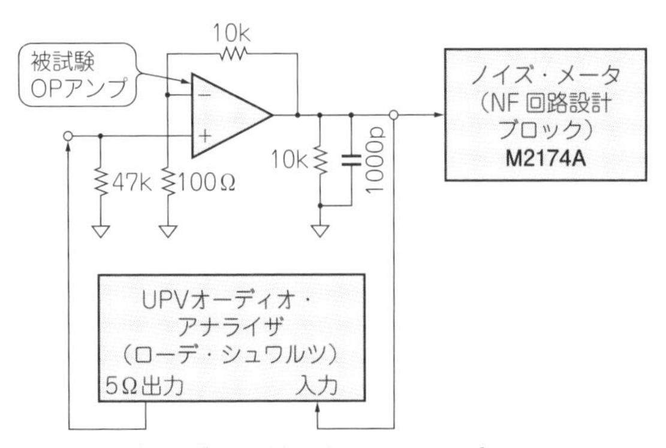

図2　ノイズ・ひずみの測定回路…40 dBアンプ

電源はアナログ・ドロッパ・タイプの安定化電源から供給します．電池などのDC駆動で電源がOPアンプに与える影響をなくすという考え方もあるようですが，負荷が軽いことと，OPアンプの電源電圧変動除去比(*PSRR*)が十分に高いため，OPアンプ同士の相対比較においては問題ないと判断し安定化電源を使用しました．

● 測定結果の考察

日清紡マイクロデバイスの各OPアンプは，ほぼ横並びで−110 dBm程度，最新のNJM8068がもっともよくて−115 dBmです．

海外勢ではやはり，AD797やAD8599，LT1115がさすがといった性能で，全帯域において−120 dBmを超えています．今回唯一のFET入力タイプであるOPA827が健闘しており−115 dBmとなっています．

オーディオのアプリケーションでは，スピーカから出るショック・ノイズを防ぐため低オフセット・タイプのOPアンプが必要です．しかし原理的にオフセットがほとんどないFET入力かつ低ノイズOPアンプというのはあまり存在しません．カップリング・コンデンサでDCカットができないような条件では，このようなOPアンプは選択肢の1つになります．

高調波ひずみの測定

アンプなどの増幅器では非線形素子を使っています．そのために，入力信号に対しては必ずひずみが付加されます．基本波の実効値に対してその波形に含まれる

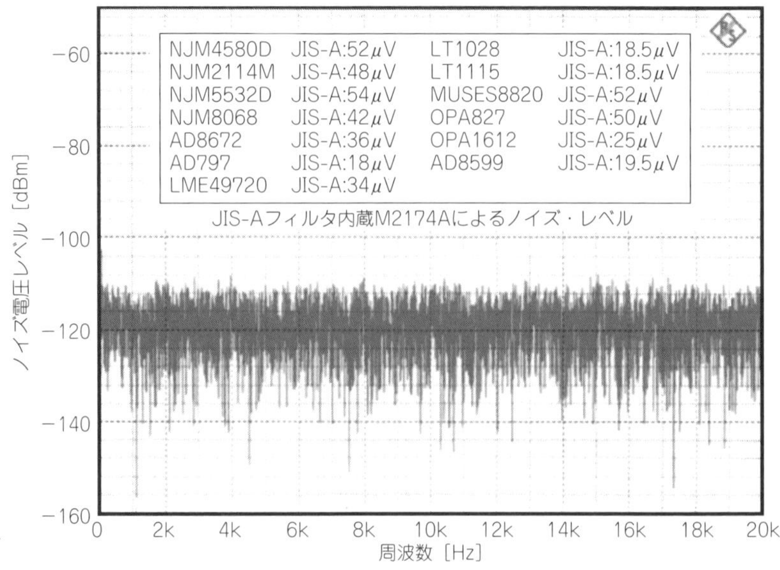

図3　測定した出力ノイズ・スペクトラム
示したノイズ電圧レベルのスペクトラムはNJM4580D．−110 dBm程度．スペースの都合でほかのICのスペクトラムは省略した．ノイズ電圧レベルを除くとスペクトラム・イメージはほとんど同様．AD797，AD8599，LT1115は全帯域において−120 dBmであった．FET入力のOPA827は−115 dBmであった

全高調波ひずみの実効値の比が*THD*：Total Harmonic Distortion（全高調波ひずみ率）です．

図2の回路で*THD*を測定した結果を**図4**に示します．負荷はJEITA CP-301Aのプリアンプ用標準負荷の10 kΩに容量負荷1000 pFを並列接続したものです．

MUSES8820はNJM4580と特性が非常によく似ています．また内部回路構成は異なりますが，NJM5532，2114と新しくなるにつれて，着実に基本性能をアップデートしていっていることがよくわかります．

ここでもやはりAD797やLT1028，LT1115が頭1つ抜き出ています．しかし，これらは非補償型OPアンプなので，実際の回路で負荷が変動する場合や，閉ループ・ゲインの低いバッファとして使う場合などには，安定性確保のための入念な位相補償設計が必要です．総合すると，NJM8068，LME49720，OPA1612あたりのOPアンプが性能，安定性においてバランスがとれているようです．

技② 実際にスピーカを駆動できるパワー・アンプで性能を確かめる

次に実際にスピーカを駆動できるパワー・アンプを組んでみました（**図5**）．アンプの仕様は増幅度20 dB（10倍），出力電力は8 Ω負荷で2 W程度です．これはデスクトップに置くような小型スピーカやヘッドホンなら十分にドライブすることができるパワーです．OPアンプの出力にバイアス回路とドライバ，ファイナル・トランジスタはTO-220パッケージの2SA1837/2SC4793とし，バイアス用とファイナル・トランジスタは小型のヒートシンクに固定しています．

10 kΩの可変抵抗は，出力トランジスタに5 mAの無信号電流が流れる，つまり入力端子ショート時に出力トランジスタのエミッタに付いている0.47 Ωの両端が2.4 mVになるように調整します．

LT1115やLT1028などのOPアンプはこのまま使うと発振しますので，47 pFの外部補償をかけています（**図6**）．またAD797は周辺回路を含めた複雑な位相補償が必要なため，ここでは評価しません．

20 kHzハーフ・パワー（1 W）での*THD*と，入力ショート時のノイズ電圧をまとめたものが**図7**です．ノイズ電圧はオーディオ測定で一般的な，人間の耳の感度に併せて補正をかけたJIS Aカーブを入れて入力端子ショートで測定しています．周波数特性は170 kHz程度とします．増幅度が10倍なので，利得帯域幅積は数MHzあれば十分です．このようなアプリケーションの場合，広帯域の特性よりも裸利得の高いほうが，オーディオ帯域内での*THD*向上を図れます．

● OPアンプを替えてひずみを確認する

ここでノイズと*THD*のバランスがよいOPA1612をNJM4580Dと比較してみます．

図8と**図9**が出力電力対*THD*の特性です．OPA1612のほうが高域の*THD*が低いことが一見してわかります．20 Hzでのひずみが NJM4580Dより悪いのは，出力電流に対するドライブ能力がNJM4580より低いと考えられます．OPA1612は低い出力電流の条件下で低ひずみ，低ノイズを狙う目的で使うことで最高の性能を引き出せそうです．

さらにOPA1612はレール・ツー・レール出力のため，NJM4580と比較してクリッピング電圧が高くなっており，クリッピング・パワーは2 W（4 V）を大きく超えています．ドライブ段でのロスを少なくする工夫をすれば，電源電圧いっぱいまで出力が振れるため，求められる性能に対してギリギリまで電源電圧を下げることができ，回路全体の発熱を下げられます．

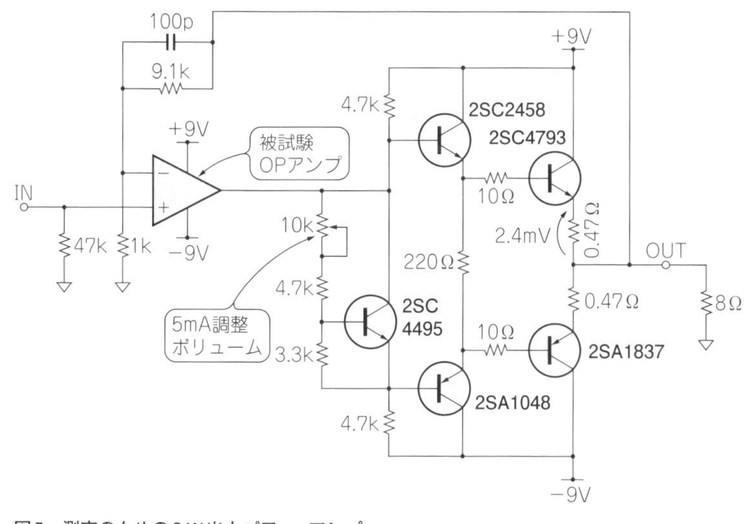

図5 測定のための2 W出力パワー・アンプ

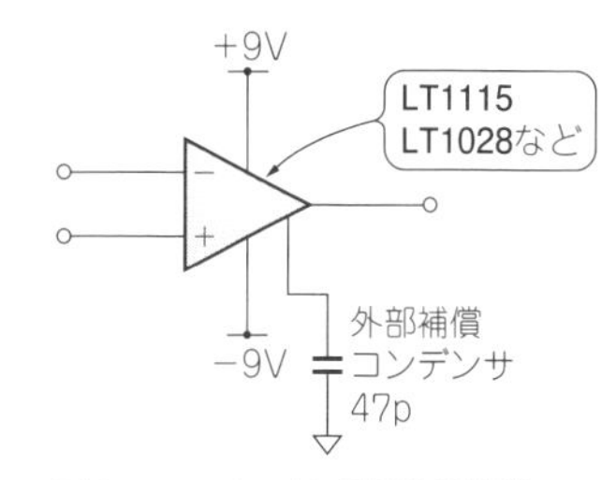

図6 OPアンプの外部位相補償
（LT1115，LT1028など）

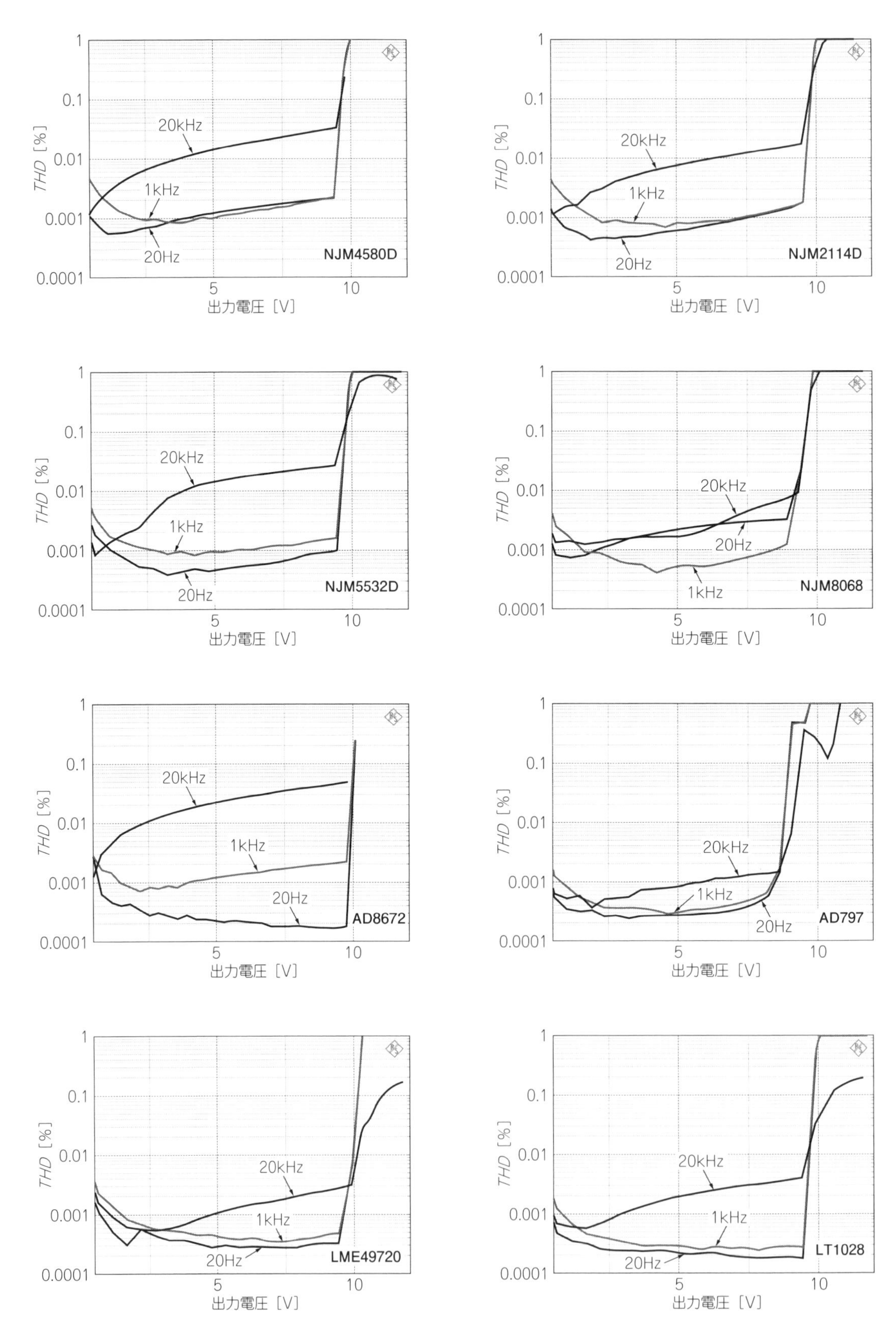

図4 ノイズ・ひずみの測定回路(図2)で測定したOPアンプの全高調波ひずみ率

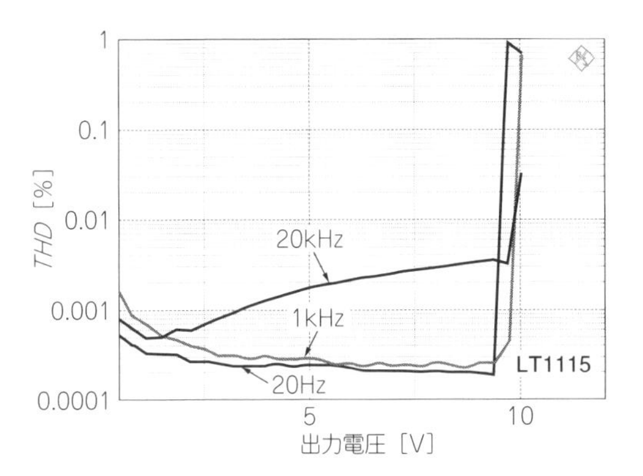

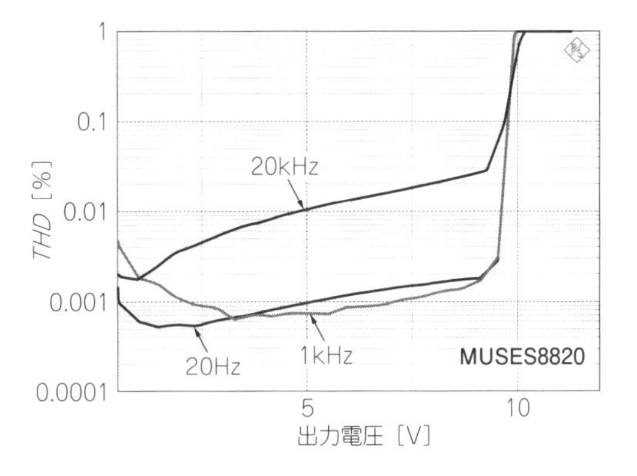

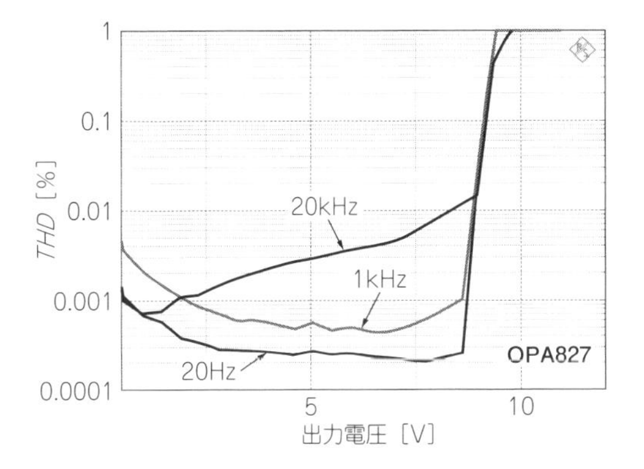

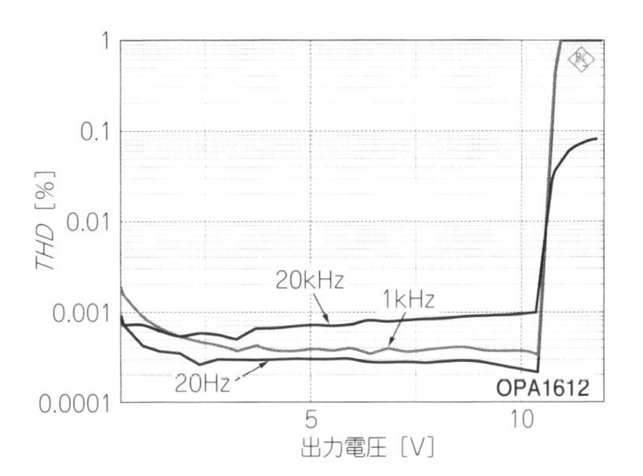

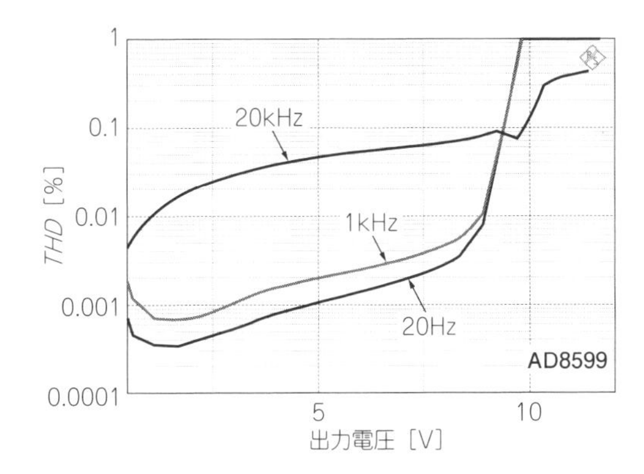

OPA1612は出力電圧範囲拡大のため終段がコレクタ出力になっており位相余裕が少なく，今回のような外付けバッファの外側から帰還をかける場合は安定度が問題になるかと思われましたが，容量負荷の条件でも安定に動作しました.

● 出力オフセット電圧の大きさを測定する

出力のオフセット電圧も測ってみましたが，どのOPアンプもおおむね±5 mVの範囲に収まっています．個体のバラつきもありますが，もっとも大きかったのはNJM5532の9.1 mV，小さかったのはFET入力のOPA827で0 mVでした．オフセットは周囲温度の変化でも変動するため，それが問題になる場合には，出力にカップリング・コンデンサを入れるか，帰還にDCサーボ(通常の帰還とは別にDC～低周波での利得が大きいアンプを挿入する)をかけて数ヘルツ以下の低周波を取り除くなどの対策が必要です.

D-Aコンバータを使ったフィルタ回路の実験

オーディオ用途でアンプの次に多いのが，OPアンプをフィルタに使った回路です．その中でも高域の不要なノイズをカットするためのローパス・フィルタがもっともよく使われます.

ディジタル・オーディオ機器のD-Aコンバータは$\Delta\Sigma$型が多いため，20 kHz以上の可聴帯域外にはノイズ・シェーピングによる量子化ノイズが盛大に含まれます．これを取り除くのがポスト・フィルタと呼ばれるアクティブ・ローパス・フィルタになります.

図10のD-Aコンバータは，D-A変換ICの出力に1次と2次を直列接続した3次のバタワース型ローパス・フィルタが接続された形になっています．カットオフ周波数は50 kHzで可聴帯域内での平坦な特性を狙っており，ディジタル信号の24ビット0 dBフル・スケールを入力したとき，2.5 V_{RMS}を出力するようにゲイ

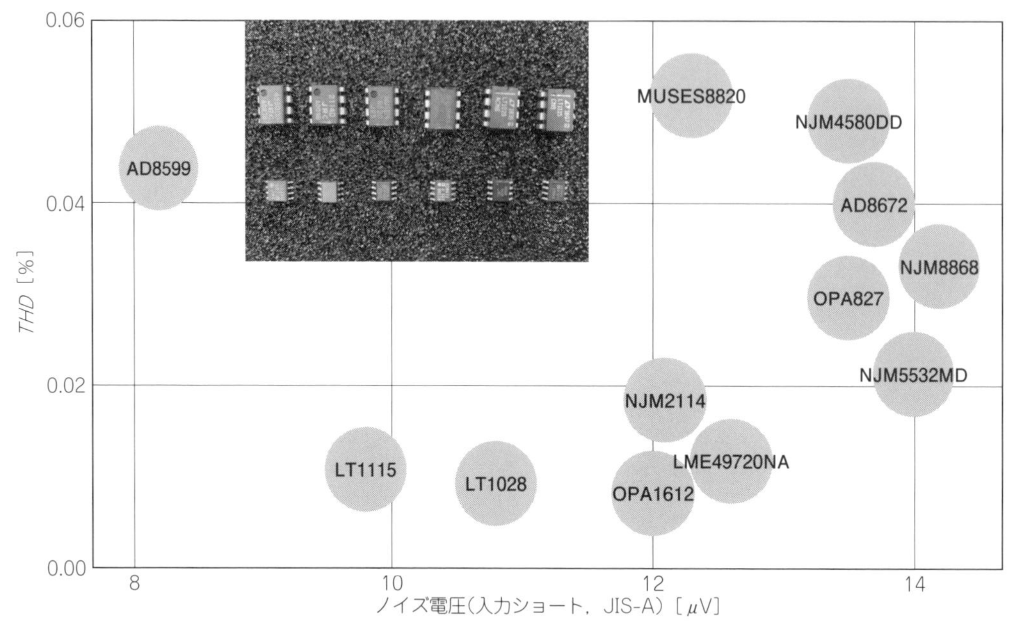

図7　20 dBパワー・アンプにおける全高調波ひずみ率と雑音電圧の比較

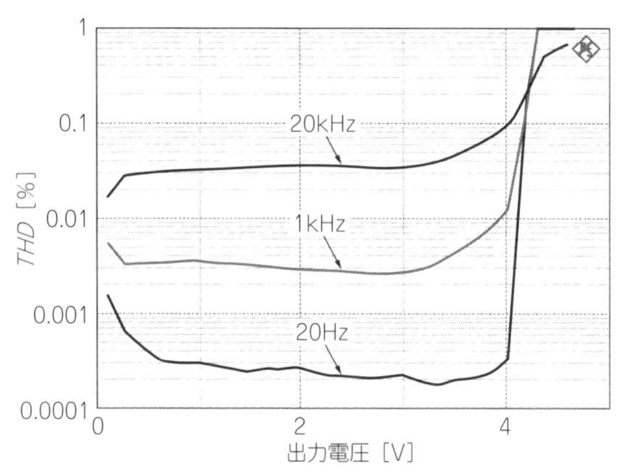

図8　NJM4580Dの全高調波ひずみ率vs出力電圧

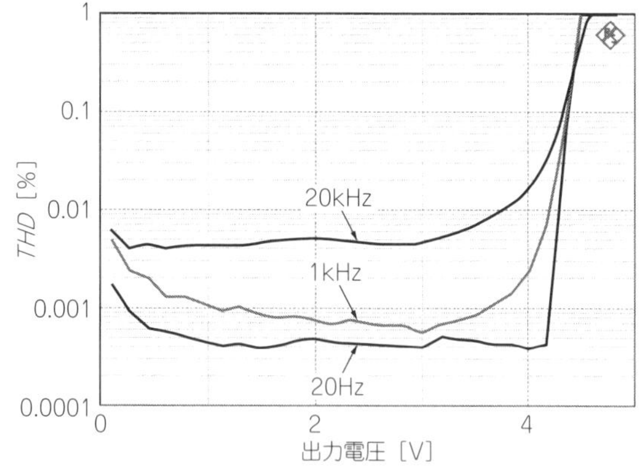

図9　OPA1612の全高調波ひずみ率vs出力電圧

ンを設定しています．

使用したD-AコンバータIC PCM1796(テキサス・インスツルメンツ)の出力は差動型の電流出力なので，1段目は電流-電圧変換(*I*-*V*変換)を兼ねたフィルタ($Q = 0.5$)，2段目には電圧変換されたプラスとマイナスの信号を合成して出力する2次の多重帰還型フィルタ($Q = 1.0$)になっています．

ディジタル・オーディオの評価には，全高調波ひずみ率とノイズを合わせた*THD*+*N*がよく使われます．**図11**に1段目と2段目ともにNJM4580を使用した*THD*+*N*を示します．

技③　*I*-*V*変換回路でD-Aコンバータの高速パルス電流を電圧に変換する

1段目の*I*-*V*変換回路は，D-Aコンバータの定電流源から出力された高速なパルス波形を正確に電圧に変換しなければなりません．高い周波数は帰還抵抗に並列に接続されているコンデンサを通ってOPアンプでドライブされます．そのため，ここで使用するOPアンプは，高周波でのドライブ力と低インピーダンス特性，さらにオフセットのバラツキは変換精度の誤差にもなりますので，低オフセット性能も要求されます．

NJM4580の代わりに，トータル・バランスのよいLME49720を1段目に使った場合の*THD*+*N*特性が**図12**です．帰還利得が高いため，高域におけるひずみ率の上昇が抑えられ素晴らしい特性です．

技④　2次ローパス・フィルタには低ノイズOPアンプを使う

2段目の2次ローパス・フィルタに要求されるのは，

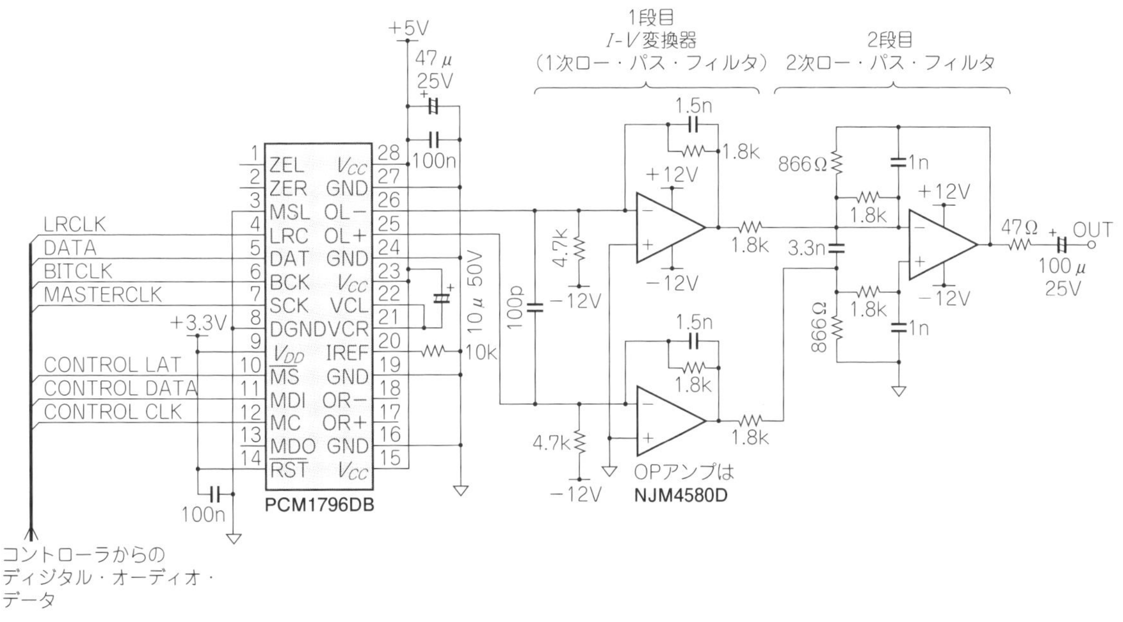

図10 D-Aコンバータ出力用ローパス・フィルタ

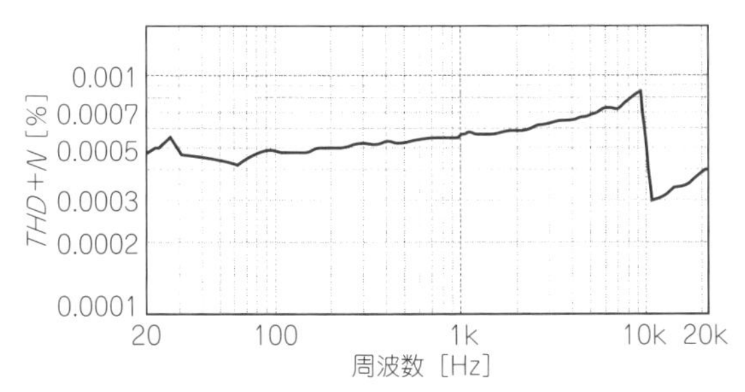

図11 *I-V*変換部，2次フィルタにNJM4580Dを使用したときの*THD+N*特性

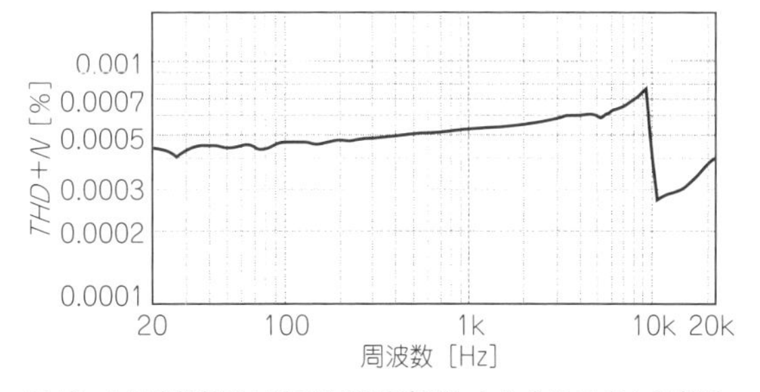

図12 *I-V*変換部をLME49720に変更したときの*THD+N*特性

ノイズ特性です．1段目のフィルタであるていど高周波ノイズはカットされており，多重帰還型の場合1段目からの電流も少なく設定できます．そのため，自らの出すノイズの少ないOPアンプを選択するのがセオリとなります．出力端子につながれる負荷を十分にドライブできる力も必要ですが，次段に接続されるプリアンプなどの入力インピーダンスは一般的に数十kΩです．したがって，定格の2.5 Vに対して1 m～2 mAが安定に出力できれば問題ありません．

そこで，先ほどのパワー・アンプの実験ではドライブ能力がやや少ないと思われたOPA1612を再度試してみます．1段目をLME49720のまま，2段目をOPA1612に変えた場合の*THD+N*特性が図13です．

全体域にわたって大幅に特性がよくなっているのがわかります．これだけの性能を出せる回路をディスクリートで組むとなると，回路規模も大きくなり大変です．ノイズはまだしも，ひずみみ性能ではOPアンプで組んだアクティブ・フィルタにはかないそうもありません．

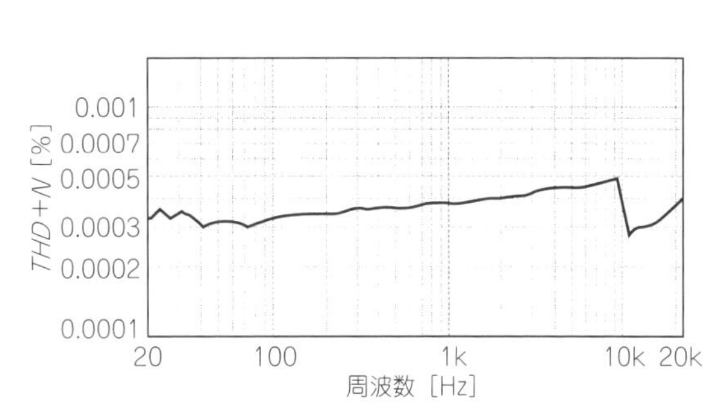

図13 *I-V*変換部にLME49720、2次フィルタ部にOPA1612を使用したときの*THD+N*特性

技⑤ *I-V*変換回路を並列駆動させるとノイズが低減できる

PCM1796はオーディオ用2チャンネルD-Aコンバータですが，高級オーディオではこのようなステレオD-Aコンバータをモノラル・モードで動作させ，フ

ィルタ部で合成してノイズを低減させる方法も用いられています(**図14**).

電流出力を合成したものをI-V変換器に入れる方法もありますが，これはI-V変換器の後で，出力電圧を加算するタイプのものです．**図15**が測定結果です．文句ない性能ですが回路規模もかなり大きくなるため，

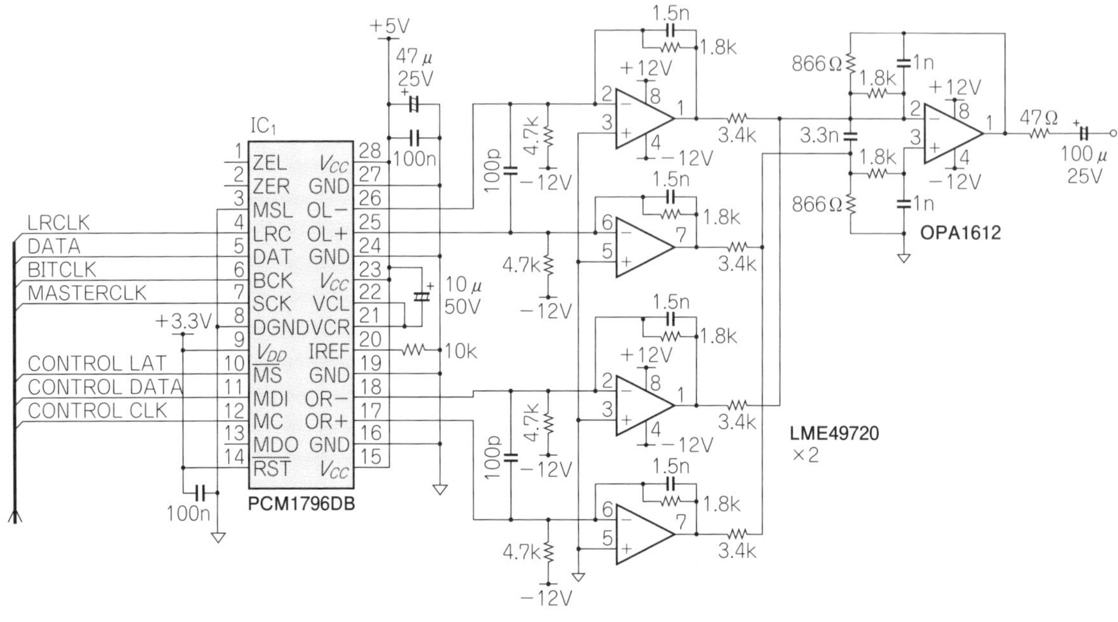

図14　2チャンネルD-Aコンバータの並列駆動回路例

column▶01 オーディオ・アナライザについて

猪熊 隆也

オーディオ・アナライザは，高精度な低周波発振器とひずみ率計が一体になったものです．

被測定器の性能が，信号に対して−120 dB(100万分の1)に近づいており，測定器自体が発する残留ひずみやノイズなどにもそれ以上に高性能なものが求められます．現在ではA-D変換技術やディジタル・フィルタ処理を駆使したオーディオ・アナライザが数社から発売されています．

ローデ・シュワルツのUPVは制御用のパソコンとモニタが1ボディに内蔵されており，最大周波数帯域幅が250 kHzで，120 dBのダイナミック・レンジ，−140 dBのアナログ・ノイズ・フロアと，高性能オーディオ測定にも十分に対応できます(**写真A**).

ほかにもFFT解析や周波数特性，群遅延測定などが簡単に測定可能で，高価な計測器ですがこれ1台あればオーディオ性能測定のほとんどがカバーできるといっても過言ではありません．

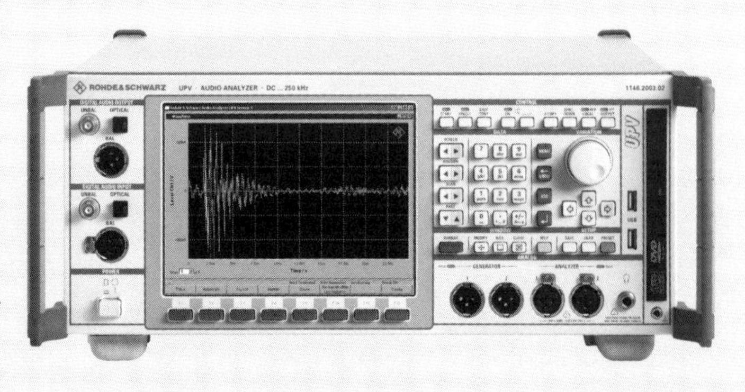

写真A　UPVオーディオ・アナライザの外観(写真提供：ローデ・シュワルツ・ジャパン)

コストに見合った効果が得られるかどうか，よく検討する必要があります．2つの信号を合成しているので，理論的にノイズは$1/\sqrt{2}$倍されますが，部品数が増えることによるサーマル・ノイズの増加など他の影響を受けやすくなり，実際のノイズ削減効果は15～25％と考えられます．

このようにアプリケーションにマッチしたOPアンプを選択し，それらを使いこなすことで，ディスクリート構成に勝るとも劣らない性能を引き出すことが可能になります．

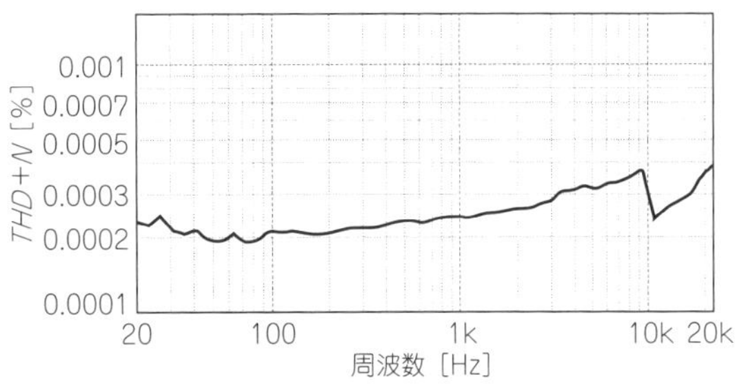

図15　*I-V*変換部 LME49720を並列駆動，2次フィルタ部にOPA1612を使用したときの*THD＋N*特性

column 02　アナログ・フィルタの方式による特性の違い

猪熊 隆也

一般にローパス・フィルタにはサレン-キー型(正帰還型)と多重帰還型があります．どちらもよく使われますが，オーディオ性能においてはどのような違いがあるのでしょうか？同じ特性(1 kHzカットオフ，2次バタワース特性，NJM4580Dを使用)で比べてみました(**図A**)．

ひずみ性能は多重帰還型が圧倒的に優位で，サレン-キー型に比べ1桁近く上回っています(**図B**)．雑音は，サレン-キー型が6.4 μV，多重帰還型が7.6 μVでサレン-キー型の勝ちです．素子数が少なく，出力に現れるノイズの影響度が少ないためです．

注意したいのは周波数特性です(**図C**)．多重帰還型に比べ，サレンキー型は高域でフィルタの効きが悪くなっています．この傾向は帯域幅の狭いOPアンプほど大きく，原因は帰還抵抗に並列についているコンデンサを通って入力信号電流が流れるため，高域の利得が小さいと出力インピーダンスが十分に下がらず，出力にその信号が現れてしまうためです．OPアンプの利得帯域幅とも関係しますが，カットオフ周波数を高く取る場合には，フィルタの方式にも注意を払う必要があります．

22n
10k
10k
10n
(a) サレン-キー型

10k
7.5n
10k
10k
33n
(b) 多重帰還型

図A　2次ローパス・フィルタ回路(カットオフ周波数1 kHz，$Q=0.707$)

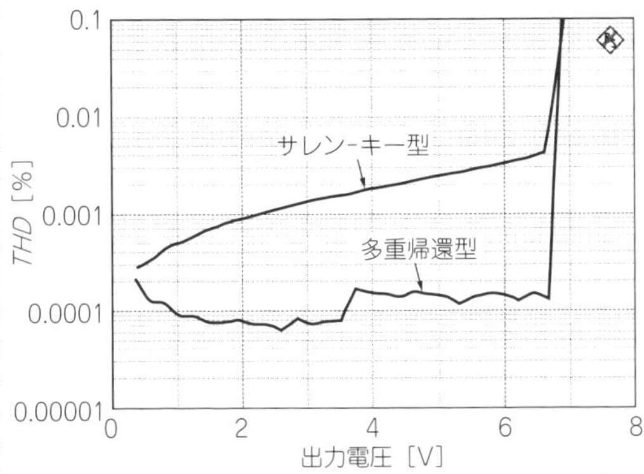

図B　サレンキー型と多重帰還型フィルタの全高調波ひずみ率の比較

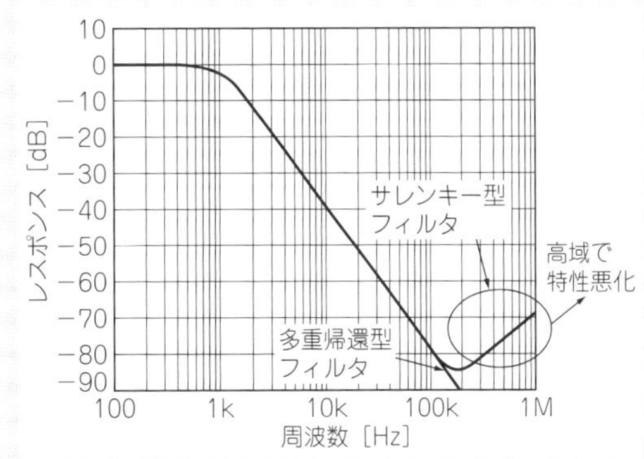

図C　サレンキー型と多重帰還型フィルタの周波数特性の比較

第19章 オーディオ回路でよく使われる7種類のフィルタ回路

低ノイズ&低ひずみ D-A変換出力用フィルタの設計

加藤 隆志 Takashi Kato

本章では，D-Aコンバータ出力に置くローパス・フィルタを解説します．オーディオでもよく使われる7種類のフィルタ回路を取り上げます．

フィルタ回路はカットオフ周波数などの性能を，設計者自身がシステムに合わせてカスタマイズするため，伝達関数を使って周波数特性を求める必要があります．本章では，その方法を説明します．

アナログ・フィルタの必要性と要件

技① ローパス・フィルタでスプリアスやノイズを取り除く

ディジタル・オーディオではD-Aコンバータにしろ A-Dコンバータにしろ，ナイキスト周波数を境界にしたノイズ(イメージ・スプリアス)の発生が問題になります．ナイキスト周波数とは，サンプリング周波数の半分の周波数でD-Aコンバータで信号を再現できる上限です．**図1**はそのようすです．

サンプリング周波数44.1 kHzの場合，ナイキスト周波数は22.05 kHzです．15 kHzのディジタル・オーディオ信号をD-Aコンバータから出力すると29.1 kHzにその折り返しノイズが現れます．この折り返しノイズは，ディジタル化される前のアナログ信号に存在しない信号です．この現象をエイリアシングと呼びます．$\Delta\Sigma$型D-Aコンバータ PCM2704(テキサス・インスツルメンツ)のエイリアシングを実測したスペクトラムを**図2**に示します．「このノイズは可聴周波数以上だから」と放置するとほかの信号と混じり合って可聴周波数の信号をひずませます．これを相互変調ひずみといいます．不要な信号はできるだけ減衰させる必要があります．この折り返しスプリアスの影響を除去するためにD-Aコンバータ出力にはナイキスト周波数以上をカットするローパス・フィルタを置きます．これをアンチ・エリアシング・フィルタと呼びます．

技② 技群遅延特性が一定のアナログ・フィルタを使う

ローパス・フィルタが信号に与える悪影響として最初に思い浮かぶのは，通過帯域のリプルや意図しない

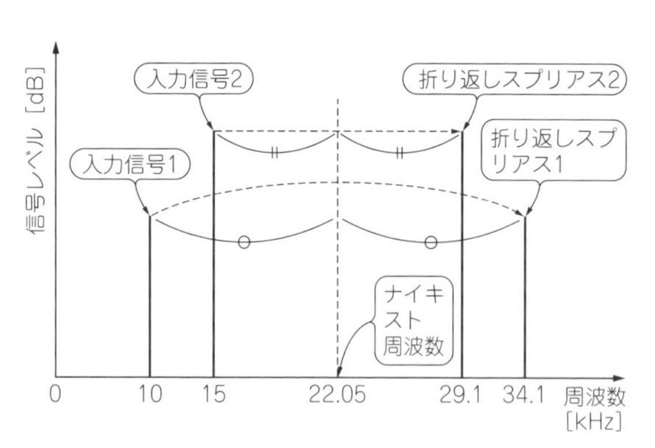

図1 A-D変換後(D-A変換前)のディジタル信号には入力のアナログ信号(入力信号1と入力信号2)にはないノイズ信号(スプリアス)が含まれている
ナイキスト周波数に対して折り返しスペクトルが出る周波数軸上のイメージ信号のことを折り返しスプリアスと呼ぶ．またこの折り返しスプリアスが生じる現象をエイリアシングと呼ぶ．ディジタル・オーディオ信号をアナログ信号に戻すときは折り返しスプリアスを除去するフィルタが必要である

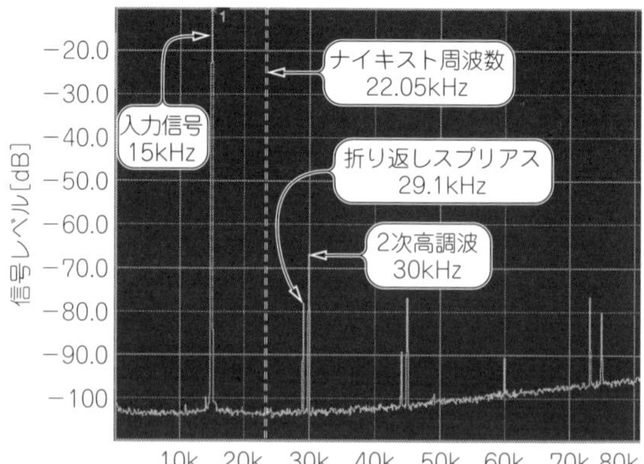

図2 PCM2704のエイリアシングを実測したスペクトラム
測定器：MXAシグナル・アナライザN9020(キーサイト・テクノロジー)
ナイキスト周波数は22.05 kHz．折り返しスプリアスと2次高調波が接近している

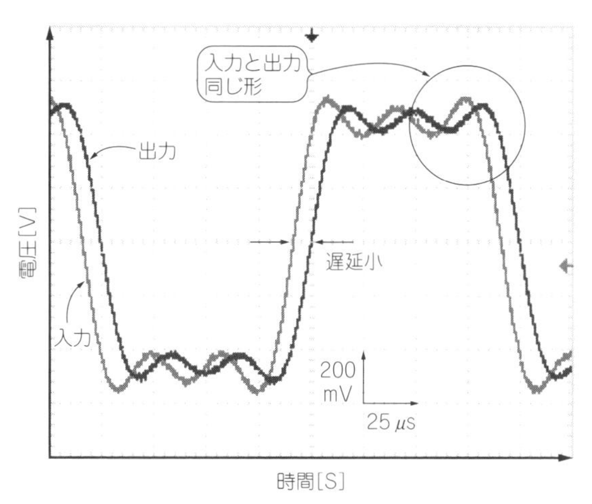

(a) 遅延時間—周波数特性(群遅延特性)が一定のアナログ・フィルタに通した場合

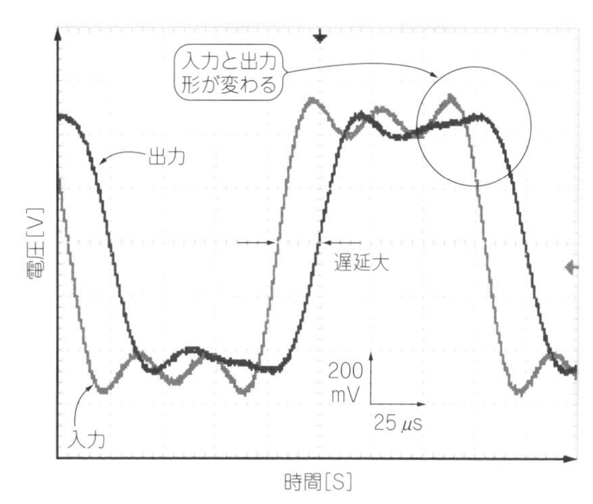

(b) 遅延時間—周波数特性(群遅延特性)が一定でないアナログ・フィルタに通した場合

図3 5 Hz, 15 kHz, 25 kHzの周波数の3つの正弦波を足し合わせた信号を周波数–遅延時間特性の異なる2つのアナログ・フィルタに入力したときの応答

周波数によって遅延時間の違う特性のアナログ・フィルタを使うとD-Aコンバータの出力信号の波形が崩れる.(b)のフィルタは,3つの正弦波のうち1波に対して遅延を生じさせている

減衰です.しかし忘れてはいけないのは,フィルタに入力する信号の周波数と遅延時間の関係です.この特性を群遅延特性と呼び,単位は[s]です.低周波から高周波まで遅延時間が一定のフィルタのことを群遅延一定のフィルタといいます.遅延時間が周波数によらず一定と言うことは,周波数が2倍になると位相の回転は2倍になるということです.

図3(a)は,基本の周波数にその整数倍の高調波が3つ合成された短形波です.これら3つの周波数成分が同じ時間だけ遅延する場合は波形は変化しません.しかし,高周波側の1つの高調波だけが遅延すると,図3(b)のように全体の波形が崩れます.すべての周波数で同じだけ遅れる場合は波形は崩れませんが,周波数によって遅延差がある場合,広帯域の波形は崩れます.これでは元の信号を忠実に再現したことになりません.

ディジタル・オーディオだけでなく,携帯電話などに代表されるディジタル変復調を使った通信でも,帯域のあるパルス性の波形を崩さずに伝送させることが重要で,極めて高い位相特性がフィルタに求められます.広帯域な信号を忠実に再生するためには位相特性は非常に重要です.

技③ キレのよいフィルタほど群遅延特性が悪くなることに注意する

D-Aコンバータの後段にローパス・フィルタを入れる場合,折り返しスプリアスを可能な限り減らしたいものです.できれば急峻(きゅうしゅん)に減衰するキレの良い特性が良いですが,キレのよいフィルタは大きな位相回転特性を持ち,広帯域の信号波形を崩してしまいます.

入出力の位相差が可聴帯域内で聴感上影響ない数度以内に抑えようとすると,最も位相特性の優れたベッセル・フィルタを使ってもカットオフ周波数は随分高いところに設定しなければなりません.減衰特性と位相特性の両立はアナログ・フィルタでは不可能です.

技④ ナイキスト周波数は信号帯域の4〜5倍の余裕が欲しい

位相特性を極限まで気にする計測器などでは十分な群遅延特性を得るため,ナイキスト周波数を信号帯域の4〜5倍程度に設定しています.オーディオでは帯域上限を24 kHzとするとナイキスト周波数は4倍の96 kHz,サンプリング周波数は192 kHzになります.必要な帯域よりもずっと高いサンプリング周波数で動作するD-Aコンバータが必要で,ビット分解能が低くなるか,分解能はあるけれども高価なD-Aコンバータを選択するしかありません.

技⑤ ΔΣ D-Aコンバータなら群遅延特性の良い1次のフィルタが使える

最近オーディオの分野で一般的になってきたΔΣ方式のD-Aコンバータは極めて高い分解能が特徴です.D-Aコンバータに内蔵されたディジタル信号処理回路によっては128倍オーバーサンプリングを実現し,内蔵ディジタル・フィルタによってナイキスト周波数より上の帯域ノイズを除去しています.

したがって後段のフィルタに要求される減衰特性は非常に緩やかなものとなり,位相特性をアナログ・フィルタによって悪化させる心配がなくなりました.

ΔΣ型の欠点はその原理上,変換速度が遅いことです．近年急速に周波数も伸びてきており最近は24ビット，4 MHzサンプリングのものもリリースされています．ΔΣ型D-Aコンバータを使う前提では後段は1次フィルタでも十分です．今回はそれ以外にも位相特性に注目し，より信号の忠実度をあげるフィルタにこだわってみます．

もっともよく使うRC 1次フィルタ

技⑥ ΔΣ型D-Aコンバータなら簡単なRCフィルタでも十分使える

1次フィルタは，減衰特性も位相特性も穏やかです．カットすべきノイズ成分が50 kHz以上にしかないΔΣ型D-Aコンバータの出力に使えます．減衰は100 kHzで－10 dBもあれば十分ですが，15 kHz以下で位相回転を10°以下に抑えたいときには1次フィルタで十分です．

図4に示す*RC* 1次フィルタは減衰特性が20 dB/decです．カットオフ周波数f_Cの10倍高い周波数で減衰が1/10程度で良い用途に使用されます．ΔΣ型D-Aコンバータの出力はナイキスト付近の折り返しは小さく，ずっと高域にのみスプリアスが存在するため，この*RC* 1次フィルタで十分な性能が得られます．

● 用途

簡単な構造で安価，解析も容易なため，もっともよく使われる回路です．次のような用途にも使われます．

(1) フィードバック回路のループ・フィルタ
(2) 信号ラインのノイズ除去
(3) 90°移相器
(4) 時定数回路

● 基本的な特性

(1) 1次なのでf_C以上の減衰は20 dB/dec(＝6 dB/oct)
(2) 位相回転は最大90°，f_Cで45°となる
(3) 入出力インピーダンスの影響を強く受ける
(4) 電流通過損失が大きい

伝達関数は，次のようになります．

$$\frac{V_{out}}{V_{in}}=\frac{1}{sC_1R_1+1} \qquad (1)$$

これを整理して実数項と虚数項に分けると，次式になります．

$$\frac{V_{out}}{V_{in}}=Z_R+JZ_I=\frac{1}{\omega^2C_1{}^2R_1{}^2+1}-J\frac{\omega C_1R_1}{\omega^2C_1{}^2R_1{}^2+1} \qquad (2)$$

ゲインG[dB]を求める場合は，次式になります．

$$G=20\log\sqrt{Z_R{}^2+Z_I{}^2} \qquad (3)$$

位相θ [°]は次式で計算します．

$$\theta=\frac{180}{\pi}\tan^{-1}\frac{Z_I}{Z_R} \qquad (4)$$

上記の式により，Excelで周波数特性を確認できます．**図5**はExcelで数式を計算して，ゲインと位相をプロットしたものです．**図5(a)**はR_1 = 3.3 kΩ，C_1 = 0.1 μFでf_C = 400 Hzのときです．ΔΣ型D-Aコンバータの出力用に設計する場合は，R_1とC_1の定数をそれぞれ1/10すれば，f_Cは40 kHzとなり**図5(a)**の100倍になります．カットオフ周波数が100倍変わってもレベルの傾きや位相回転は変わりません．

● 実際の回路の特性と効果

▶回路を製作して周波数特性を測ってみた

周波数特性を位相まで含めて実測します．

実測する場合，入出力インピーダンスに注意します．

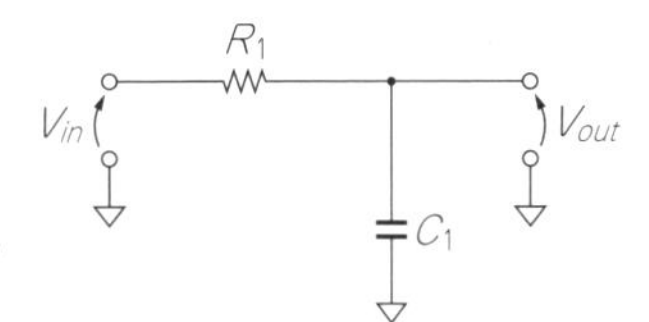

図4 *RC* 1次ローパス・フィルタ回路

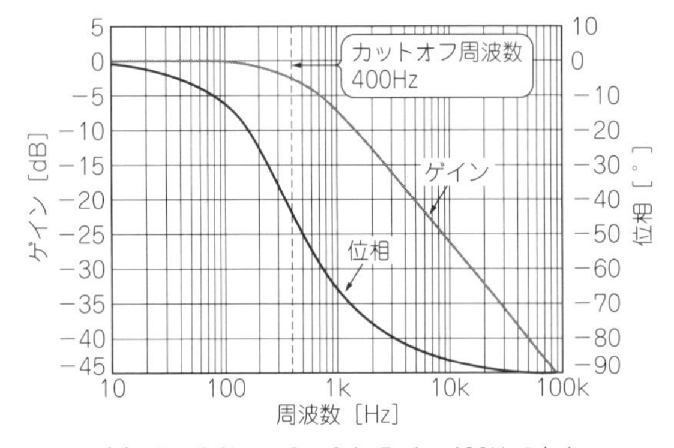

(a) R_1=3.3kΩ, C_1=0.1μF, f_C=400Hzのとき

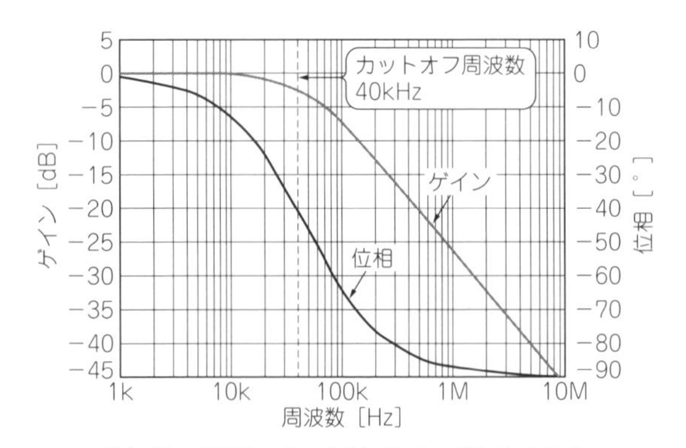

(b) R_1=330Ω, C_1=0.01μF, f_C=40kHzのとき

図5 *RC* 1次ローパス・フィルタは，カットオフ周波数f_Cが変わってもレベルの傾きや位相回転は変わらない

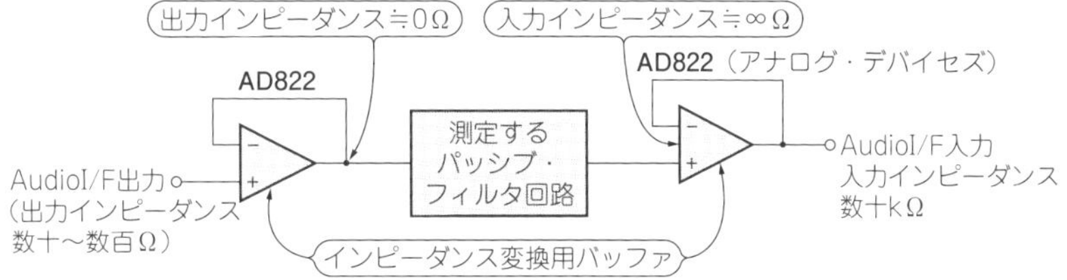

図6 RC 1次フィルタをはじめとするパッシブ・フィルタは入出力インピーダンスの影響を強く受けるため，インピーダンス変換用のバッファを入れて特性を評価する

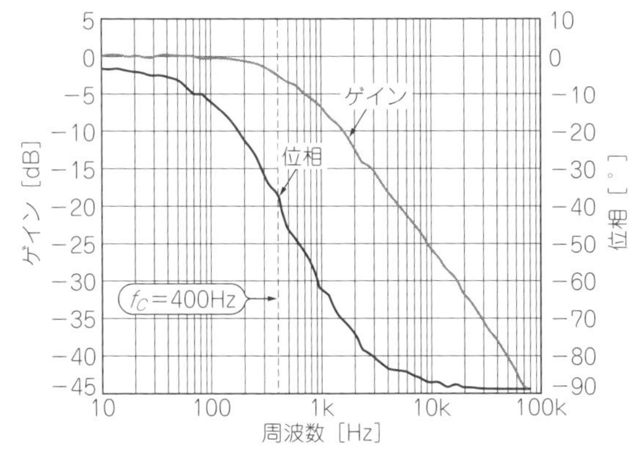

（a）R_1=3.3kΩ，C_1=0.1μF，f_C=400Hzのとき

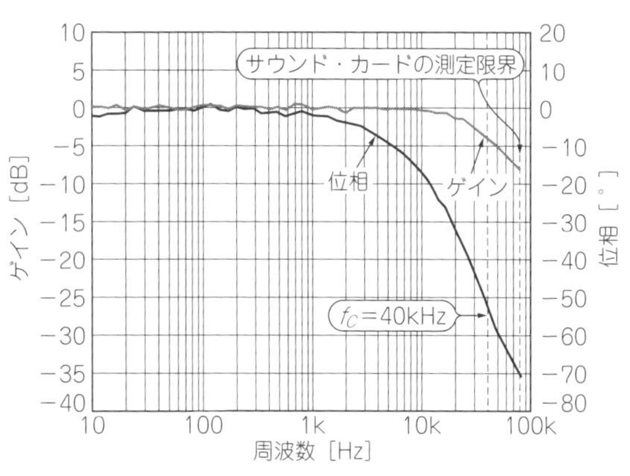

（b）R_1=330Ω，C_1=0.01μF，f_C=40kHzのとき

図7 RC 1次ローパス・フィルタのゲインと位相(実測)
図6に示したようにバッファを入れれば，理論値と同じ特性結果が得られる

図4の回路の伝達関数は入出力インピーダンスが考慮されていません．この式の前提条件はV_{in}のインピーダンスは0Ω，V_{out}は∞Ωとなっているため，実測で同じ条件とするために，**図6**のようにバッファ回路(インピーダンス変換回路)を入出力に置きます．このバッファ回路の入出力をショートさせ，そのときの周波数特性でキャリブレーションしてからフィルタ経由につなぎかえて測定します．

実測結果を**図7**に示します．計算結果と実測結果は振幅，位相ともによく一致しています．

▶D-Aコンバータのノイズ・フロアが10 dB減少

ΔΣ型D-AコンバータのPCM2704出力のフロア・ノイズのスペクトルを測定した結果が**図8**です．D-Aコンバータの出力と，D-Aコンバータにf_C = 40 kHzのRCフィルタを加えた出力を比較すると，フロア・レベルが帯域によっては10 dB近く改善しています．

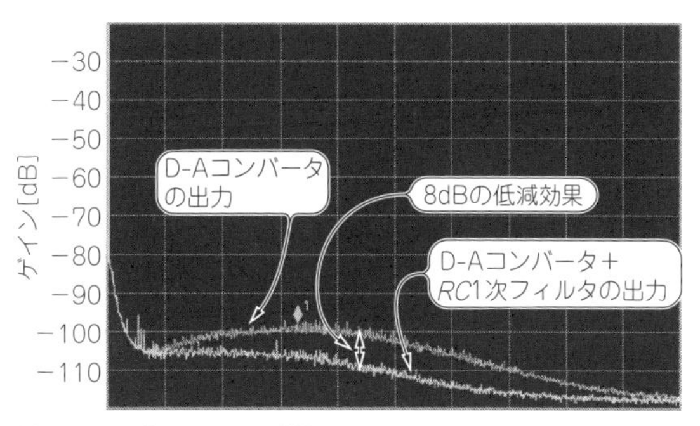

図8 RC 1次フィルタの効果
ノイズ・フロアが最大8 dB下がった
測定器：N9020 MXAシグナル・アナライザ(キーサイト・テクノロジー)

▶ステップ応答

周波数が低く立ち上がりの速い矩形波は，次式のように非常に多くの周波数成分を含んでいます．

$$f(t)=\frac{\pi}{4}\left\{\sin(\omega t)+\frac{1}{3}\sin(3\omega t)+\frac{1}{5}\sin(5\omega t)+\frac{1}{7}\sin(7\omega t)+\cdots\right\}\cdots\cdots(5)$$

振幅の減衰はもちろん位相の回転の影響も波形に現れ，また帰還回路の場合，収束具合から位相余裕の状態も診断できます．ステップ応答の他にインパルス応答もありますが，信号の生成しやすさから本章ではステップ応答を使います．

図9は，ステップ応答を実測した波形です．ステップ波形を入力してRCフィルタを通過させた波形を取っています．この波形から高域が減衰するローパス特性と判断できます．ステップ波形からは，**図10**に示すような判定が可能です．

RC 1次フィルタ+ゼロ

D-Aコンバータやアンプの出力に広域ノイズをカットするためのコンデンサを追加すると，位相余裕がなくなって不安定になることがあります．量産などでは，素子のバラツキや温度変化などで発振する危険性

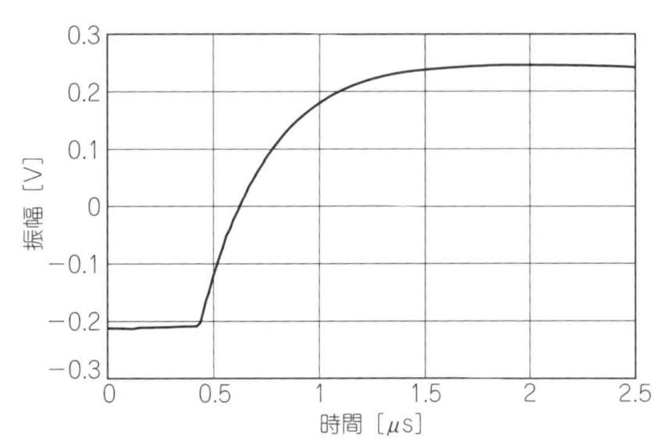

図9 *RC* 1次ローパス・フィルタのステップ応答
高い周波数がカットされて立ち上がりが滑らかになる

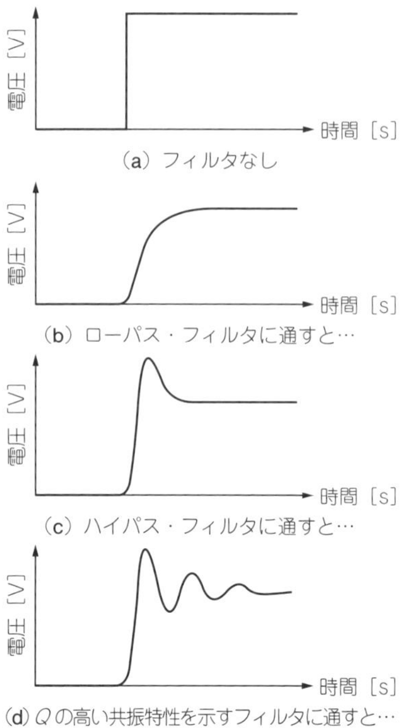

図10 フィルタ特性のいろいろとステップ応答波形

もあります．そういった場合は，コンデンサに直列に抵抗を入れてゼロを追加することで，コンデンサによって回った位相を元に戻して位相余裕を確保します．

技⑦ 抵抗を追加すると周波数特性に影響を与えず位相を調整できる

図11のように，*RC*フィルタの*C*に対して直列に抵抗R_2を追加すると，カットオフ周波数にあまり影響を与えることなく位相を90°戻せます．このような周波数特性の特異点を*RC*フィルタのポールに対してゼロと呼び，位相回転を制限したい用途で使われます．

アンプなどの帰還回路の出力に大きな容量を付けると，位相回転によって発振条件を満たしてしまい動作が不安定になったり，発振することがあります．ゼロを追加すると位相だけが戻るため，減衰特性と位相余裕の両立できます．そのため，アンプを内蔵したD-Aコンバータの出力にこの形式のフィルタが付いている例が見られます．

● **用途**

(1) フィードバック回路のループ・フィルタ
(2) 電源回路のリプル・フィルタ

● **基本的な特性**

(1) 1次なのでf_C以上の減衰は20 dB/decまたは6 dB/oct
(2) 位相回転は最大90°からそれ以下を設定可能
(3) 入出力インピーダンスの影響を強く受ける
(4) 電流を流すと通過損失が大きい
(5) R_2を大きくすると減衰特性が悪化する

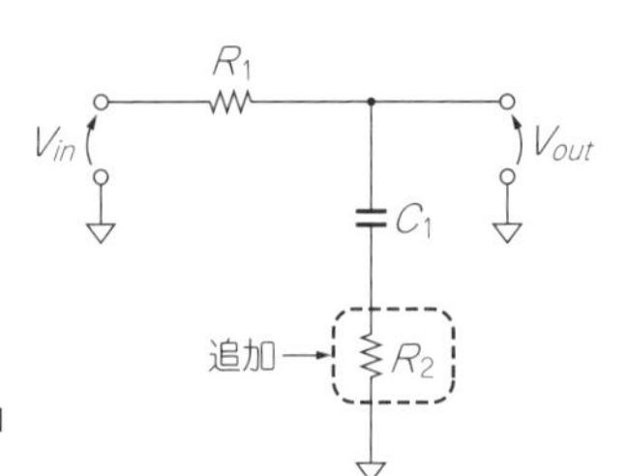

図11 *RC* 1次＋ゼロのローパス・フィルタ回路

伝達関数は，次のようになります．

$$\frac{V_{out}}{V_{in}}=\frac{sC_1R_2+1}{sC_1R_1+sC_1R_2+1} \cdots\cdots (6)$$

式(6)を整理して実数項と虚数項に分けると，次式になります．

$$\frac{V_{out}}{V_{in}}=\frac{\omega^2{C_1}^2R_2(R_1+R_2)+1}{\omega^2{C_1}^2(R_1+R_2)^2+1} -j\frac{\omega C_1R_2-\omega C_1(R_1+R_2)}{\omega^2{C_1}^2(R_1+R_2)^2+1} \cdots\cdots (7)$$

EXCELでゲインと位相をプロットしたものを**図12**に示します．**図12(a)**はR_1 = 3.3 kΩ，C_1 = 0.1 μFでf_C = 400 Hzですが，ΔΣ型D-Aコンバータの出力用に設定する場合，定数をそれぞれ1/10にするとf_C = 40 kHzと100倍になります．

技⑧ 減衰特性を十分に得るにはポールとゼロのカットオフ周波数を離す

位相余裕を確保するためゼロを入れる場合，ボード線図を作成して慎重に位相余裕を調整します．通常はカットオフ(ポール)周波数よりもずっと高い周波数でゼロが欲しい場合がほとんどです．ポールとゼロが近いと位相回転は全帯域で抑えられますが減衰特性は悪化し，全帯域で減衰が十分に得られない状態になりま

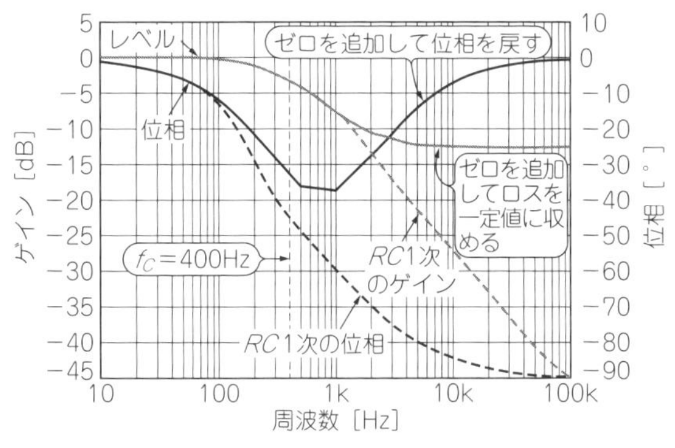

(a) R_1=3.3kΩ, R_2=1kΩ, C_1=0.1μF, f_C=400Hzのとき

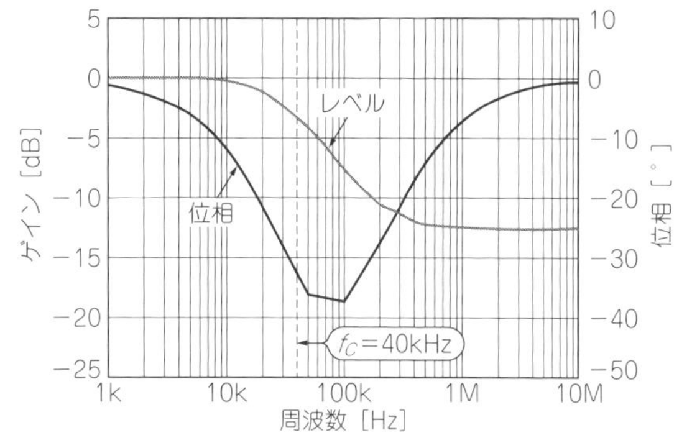

(b) R_1=330Ω, R_2=100Ω, C_1=0.01μF, f_C=40kHzのとき

図12 *RC* 1次+ゼロのローパス・フィルタの周波数特性を伝達関数から求めた
ゼロを追加すると位相が戻り，ロスも一定に収まる．カットオフ周波数f_Cが変わってもゲインの傾きや位相回転は変わらない

す．したがってポールとゼロの関係は$R_1 \gg R_2$が基本的な使い方です．

● **実際の特性**

実測する回路を**写真1**に示します．入出力インピーダンスに注意します．**図6**のバッファ回路(インピーダンス変換回路)を入出力に置いて測定します．

図13に測定結果を示します．計算結果と実測結果は振幅，位相ともによく一致しています．

▶ステップ応答…ゼロのあるなしの違い

図14はステップ応答波形を実測したものです．先ほどのポールだけのステップ応答(**図9**)と重ねてあります．比較すると確かに差異がみられます．もっとも大きな違いは立ち上がり初期のもっとも傾きが大きな部分です．ゼロが付いていると高域の減衰が制限されているため，高域の成分を含みます．

アクティブ1次フィルタ

RC 1次LPFと同じ特性ですが，フィルタリングと同時に増幅したりインピーダンス変換したりできます．D-Aコンバータ出力にこのフィルタを置くと後段のライン出力を直接駆動できます．ただし，アンプを使うためノイズとひずみに対してケアが必要です．

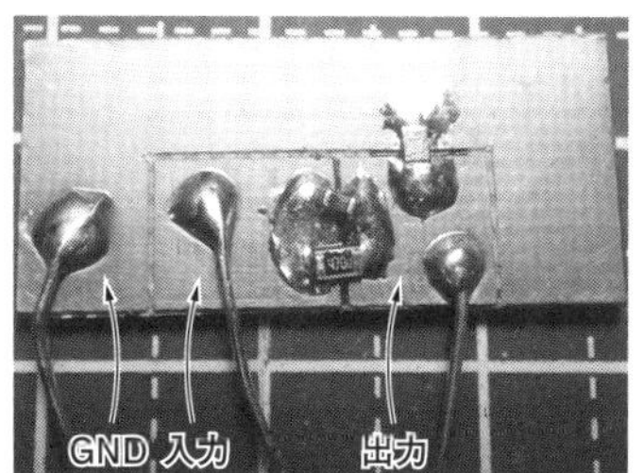

写真1 実測に使用した*RC* 1次+ゼロ・フィルタの回路

技⑨ ゲインが得られ入出力インピーダンスが自由に設定できる

図15に示す回路は，アクティブ1次フィルタです．アクティブであっても1次フィルタなので，減衰特性は*RC* 1次フィルタと同じ20 dB/decです．位相特性も全く同じです．なぜアクティブ・フィルタを使うの

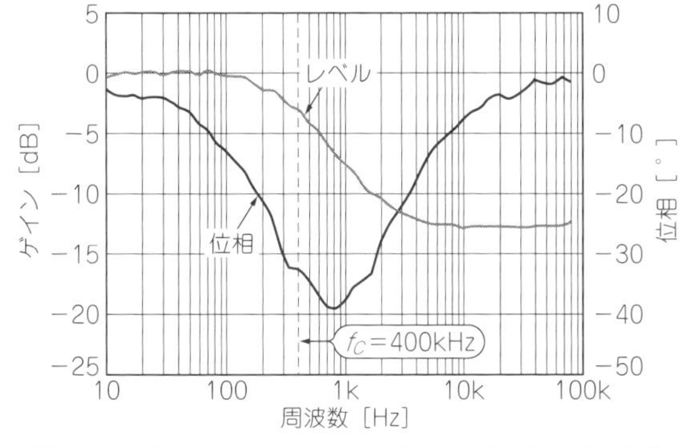

(a) R_1=3.3kΩ, R_2=1kΩ, C_1=0.1μF, f_C=400Hzのとき

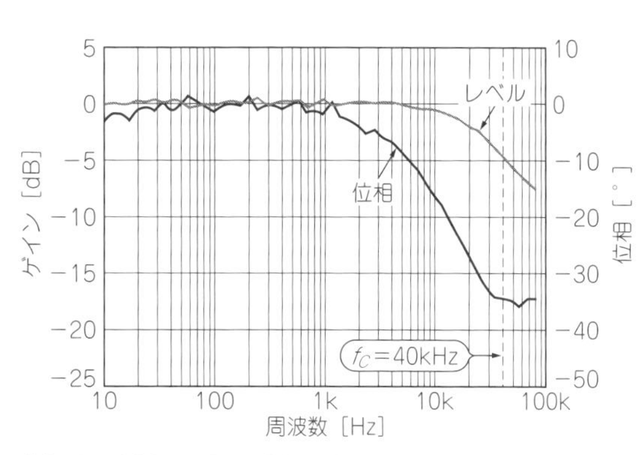

(b) R_1=330Ω, R_2=100Ω, C_1=0.01μF, f_C=40kHzのとき

図13 実測した*RC* 1次+ゼロのローパス・フィルタのレベルと位相
図6に示したようにバッファを入れれば，理論値と同じ特性結果が得られる

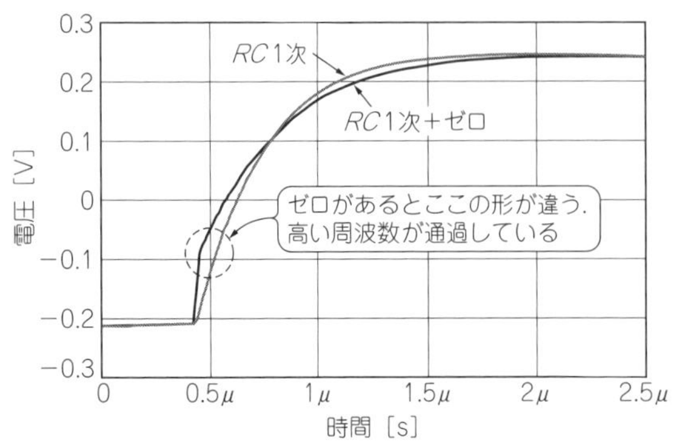

図14 RC 1次＋ゼロのローパス・フィルタのステップ応答
ゼロが追加されると高い周波数が通過するため，波形の立ち上がり部分に違いが出る

でしょうか？　それはゲインが得られることと，入出力インピーダンスを自由に設定できるからです．2次以上のフィルタではQ値を自由に設定できます．

● 用途

最も簡単な構造で安価，解析も容易なため最もよく使われるアクティブ・フィルタです．次に示すような用途にも使われます．

(1) フィードバック回路のループ・フィルタ
(2) 積分回路
(3) 90°移相器

● 基本的な特性

(1) 1次なのでf_C以上の減衰は20 dB/decまたは6 dB/oct
(2) 位相回転は最大90°，f_Cで45°となる
(3) 入出力インピーダンス設定可能範囲が広い
(4) ゲインを得ることができる
(5) サーマル・ノイズ(熱雑音)を発生する
(6) ひずみを発生する

伝達関数は，次式になります．

$$\frac{V_{out}}{V_{in}}=\frac{R_2}{R_1(sC_1R_2+1)} \cdots\cdots (8)$$

式(8)を実数項と虚数項に分けると，次のようになります．

$$\frac{V_{out}}{V_{in}}=\frac{R_2}{R_1(\omega^2 C_1^2 R_2{}^2+1)}-j\frac{\omega C_1 R_2}{R_1(\omega^2 C_1^2 R_2{}^2+1)} \cdots\cdots (9)$$

図16は，Excelでゲインと位相をプロットしたものです．**図16(a)**はR_1 = 3.3 kΩ，C_1 = 0.1 μFでf_C = 400 Hzですが，定数をそれぞれ1/10にすると，**図16(b)**のようにf_C = 40 kHzと100倍になります．

● 実際の特性

出力インピーダンスは十分に低いため，そのままサウンド・カードに接続します．入力は影響を受けるためバッファを介して接続します．

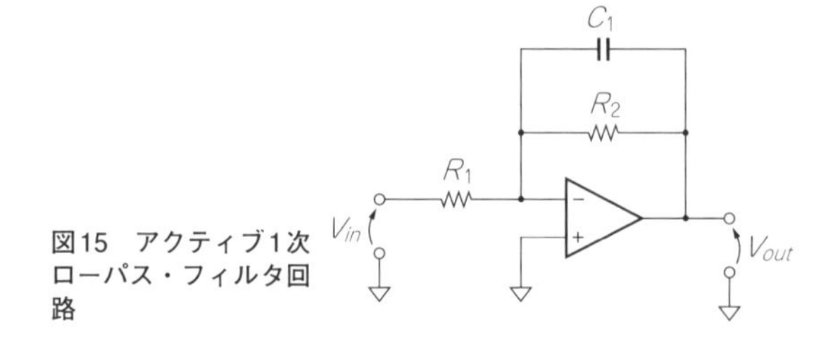

図15 アクティブ1次ローパス・フィルタ回路

図17に実測結果を示します．計算結果と実測結果は振幅，位相ともによく一致しています．

▶ステップ応答

ステップ応答波形の実測結果を**図18**に示します．RC 1次フィルタの波形と全く同じです．

技⑩ 低ノイズを優先するなら抵抗値を低く設定する

抵抗と半導体はノイズを発生します．発生源はOPアンプの電圧ノイズ，電流ノイズ，抵抗値と絶対温度から求まるサーマル・ノイズです．基本となる抵抗によるサーマル・ノイズは次式で計算できます．

$$v_N=\sqrt{4kTR} \cdots\cdots (10)$$

ただし，k：ボルツマン定数(1.38×10^{-23})，
T：絶対温度(300 K)，R：抵抗値(600 Ω)

オーディオ機器の入出力は600 Ωの場合が多いですが，その場合27℃(300 K)で約3 nVです．低ノイズOPアンプの入力ノイズ電圧が1 n～3 nVくらいなので600 Ωの入力インピーダンスだけで3 nVは無視できない値です．OPアンプの駆動能力から考えて周辺抵抗は数百Ω～数kΩになるはずです．このノイズがどの位の値になるのかを計算してみましょう．

次式は，式(10)を発展させると得られるOPアンプ・ノイズの計算式です．各変数の意味と単位は**表1**を参照してください．

$$V_{out}=\sqrt{(v_{NI}G_N)^2+(I_BR_SG_N)^2+4kTR_SG_N{}^2+(I_BR_F)^2+4kTR_F+\frac{4kT}{R_G}R_F{}^2} \cdots\cdots (11)$$

式(10)は，高抵抗であるほどノイズが大きくなることを示しています．

▶抵抗値を変えてノイズを計算してみる

図19は大きい抵抗と小さい抵抗でそれぞれ発生するノイズをExcelで計算したものです．使用したのはオーディオ用の低ノイズOPアンプMUSES8832(日清紡マイクロデバイス)です．抵抗値はそれぞれ10倍違いますが，ノイズの計算結果は8 dBほどの差になります．スペクトラム・アナライザで測定しやすくする

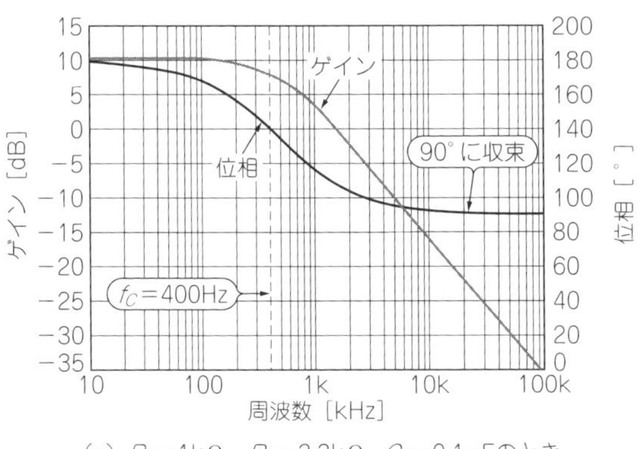

(a) R_1=1kΩ, R_2=3.3kΩ, C_1=0.1μFのとき

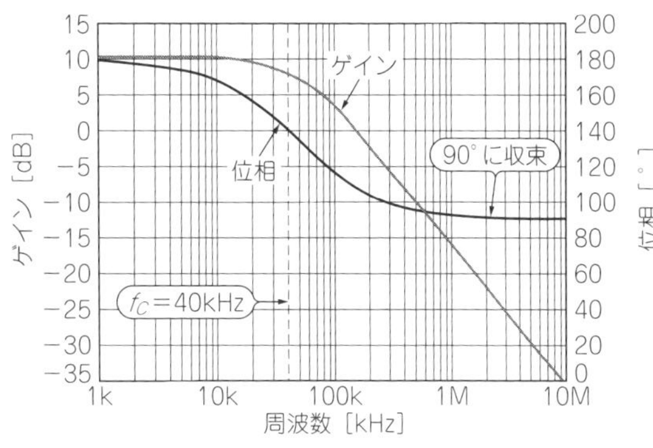

(b) R_1=100Ω, R_2=330Ω, C_1=0.01μFのとき

図16 アクティブ1次ローパス・フィルタは*RC* 1次ローパス・フィルタと同じ周波数特性になる
伝達関数から周波数特性を求めた

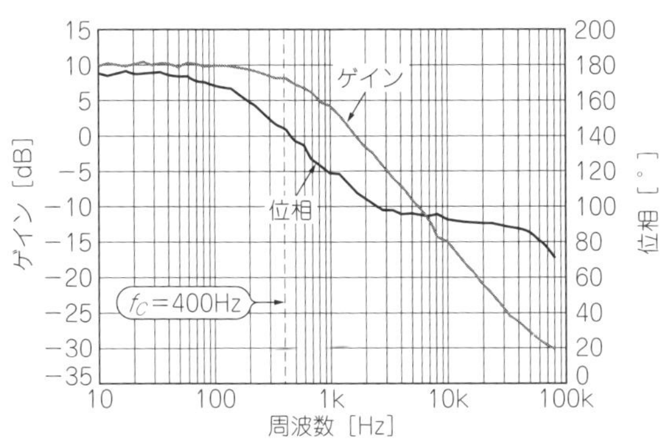

(a) R_1=1kΩ, R_2=3.3kΩ, C_1=0.1μFのとき

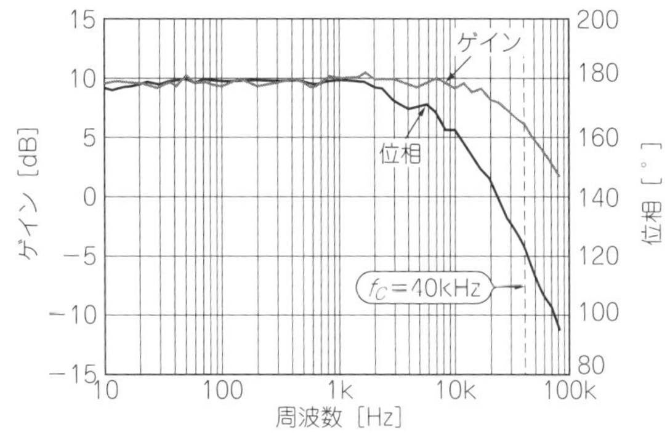

(b) R_1=100Ω, R_2=330Ω, C_1=0.01μFのとき

図17 実測したアクティブ1次ローパス・フィルタのゲインと位相
オーディオ帯域で使用したいのでカットオフ周波数40 kHz時の特性がみたいが，使用したサウンド・カードの周波数帯域は80 kHzのため，全体は測定できない．計算によりカットオフ周波数が低くても同じだとわかっているため，f_Cが400 Hzのときも測定した

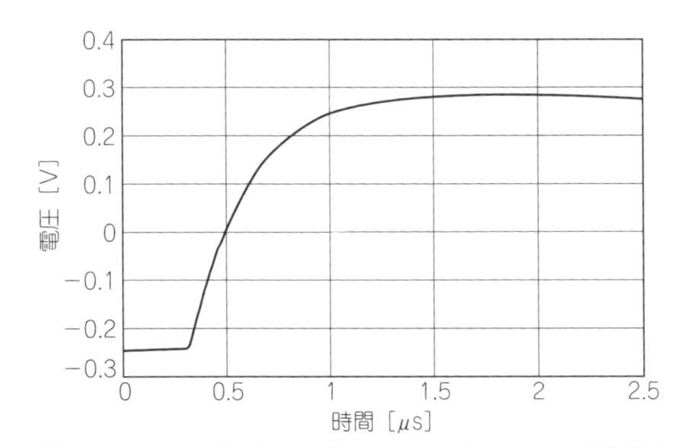

図18 アクティブ1次ローパス・フィルタのステップ波形は*RC* 1次ローパス・フィルタと同じ応答特性となる

ため後段でG_{ain} 20 dBかせいでいますが，サーマル・ノイズはレベルのもっとも低い初段が支配的になるため後段の影響はほぼ無視できます．**表1**の定数の回路で実測した結果を**図20**に示します．$RBW = 1$ Hzで測定してあり，その条件でほぼ計算通りの結果が得られています．このように，低ノイズを優先するなら周辺抵抗は低く設定する必要があります．

技⑪ 抵抗値が小さいほどひずみが発生して*S/N*が低下する

ノイズのことだけを考えるとOPアンプ周辺のインピーダンスはできるだけ低くしたいですが，インピーダンスを低くしてOPアンプが駆動する電流が増えると，アンプの宿命であるひずみ特性が悪化します．

▶ひずみを測定する

2次ひずみと3次ひずみは発生原因が異なるため分離して測定したほうが後の対策が取りやすくなります．

2次ひずみは振幅の上下で非対称な波形です．2次ひずみを測定するには**図21**のように，偶数次の高調波，特に2倍の高調波を測定します．

同じように奇数次を測定すればよいのですが，3次以降は周波数が離れすぎて周波数特性の影響を受けるため，**図22**のような2トーン信号の相互変調ひずみで評価したほうがよいです．波形は上下対象でひずみます．

負荷を50Ωと500Ωで変えて多重帰還2次ローパス・フィルタのひずみが変わる例を表にしたのが**表2**です．

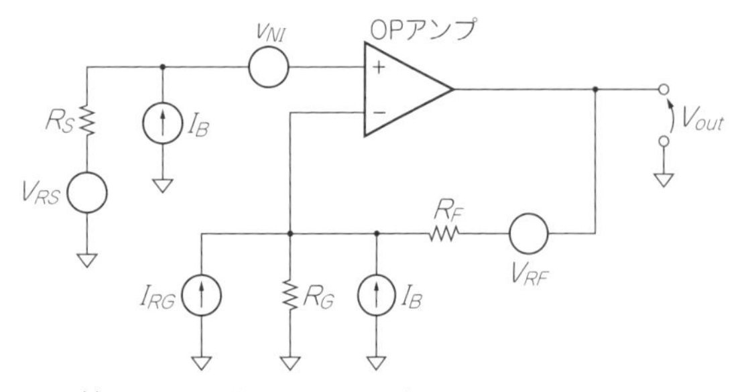

図19[1] OPアンプのノイズ・モデル
OPアンプに入力されるノイズを等価的に加えている．この回路を使ってノイズを計算する

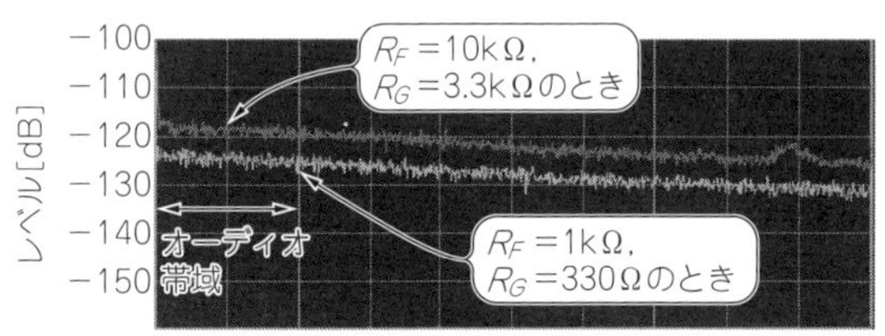

図20 実際に抵抗値を変えてノイズを測定した結果(負荷：50 Ω)
測定器：MXAシグナル・アナライザN9020(キーサイト・テクノロジー)
高い抵抗値を使っているほうがノイズが多くなっている

2次ひずみは信号レベルが10 dB増えると20 dB増加し，3次ひずみは30 dB増加します．その点を考慮しつつ必要なダイナミック・レンジが取れるよう負荷のレベルやインピーダンスを決めることになります．

多重帰還2次フィルタ

逐次変換型D-Aコンバータの出力段でよく使われるアクティブ2次フィルタの定番回路です．2次フィルタを2段カスケードに接続して4次とすると，48 kHzサンプリングで15 kHz信号を出した場合の折り返しイメージ33 kHzは15 dB減衰できます．

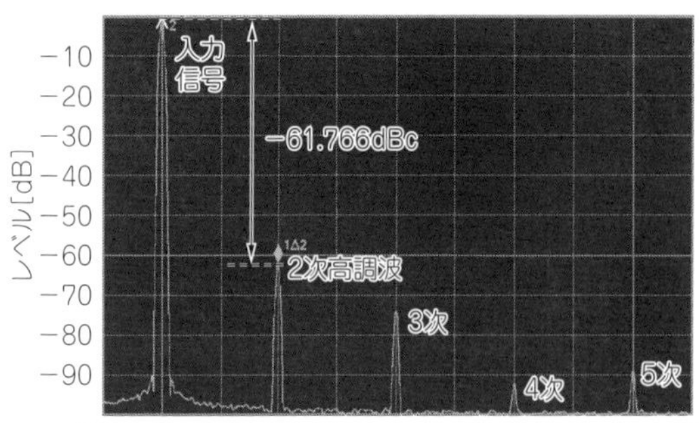

図21 2次高調波から2次ひずみのレベルを測定する
測定器：MXAシグナル・アナライザN9020(キーサイト・テクノロジー)
2次ひずみ：−61.766 dBc

表1 図19の回路とノイズノイズの計算式 式(10)を使って計算した結果
抵抗値が大きくなるとノイズも大きくなることが計算からわかる

変数名	記号	値	単位
入力ノイズ電圧	v_{NI}	2.1	nV
ゲイン	G_N	3	dB
反転ノイズ電流	I_B	1.5	pA
ボルツマン定数	k	1.38×10^{-23}	−
絶対温度	T	300	K
帯域	f_{RBW}	1	Hz

(a) 式(11)に代入する定数

記号	値	単位
R_F	10000	Ω
R_G	3300	Ω
R_S	0	Ω
V_{out}	2.66×10^{-8}	V
G_{ain}	20	dB
N_{oise}	−117.3	dBm

(b) 高抵抗値のときの計算結果…ノイズ−117.3 dBm

記号	値	単位
R_F	1000	Ω
R_G	330	Ω
R_S	0	Ω
V_{out}	1.03×10^{-8}	V
G_{ain}	20	dB
N_{oise}	−126.6	dBm

(c) 低抵抗値のときの計算結果…ノイズ−126.6 dBm

技⑫ 1次増やすたびに20 dB/decずつ減衰特性のキレがよくなる

図23に示す2次フィルタ回路は，1次フィルタの20 dB/decに対して40 dB/decの減衰特性が得られます．通過帯域の上限に対して10倍の周波数の減衰量が−40 dBほしければ2次フィルタを選択します．

大きな減衰量と引き換えに位相は180°も回ってしまいます．カットオフ周波数付近では90°になります．カットオフ周波数ぎりぎりまで信号を通す場合は位相特性の悪化は目をつぶるしかありません．

アクティブ2次フィルタにはいろいろな回路方式がありますが，ここでは反転型の多重帰還ローパス・フィルタを紹介します．Q＜1程度でよければこの回路

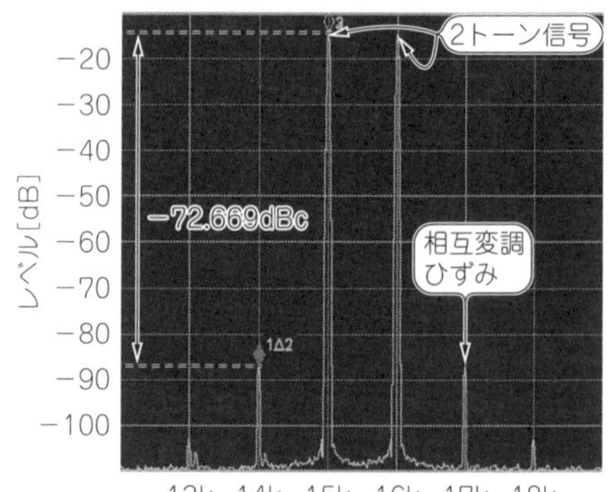

図22 2トーンによる相互変調ひずみから3次ひずみを測定した結果(負荷：50 Ω)
3次ひずみ：−72.669 dBc

表2 負荷の抵抗値が小さいほどひずみは大きくなる

負荷	3次ひずみ
50 Ω	− 72.7 dB
500 Ω	− 85.9 dB

(a) 図22のように2トーン信号を入力して3次ひずみを測定した結果負荷が10倍になるとひずみが約7 dB悪化している

負荷	2次ひずみ
50 Ω	− 61.8 dB
500 Ω	− 67 dB

(b) 図21のように1トーン信号を入力して2次ひずみを測定した結果負荷が10倍になるとひずみが約5 dB悪化している

を採用することで，部品点数も少なく安定した特性のローパス・フィルタが得られます．

● 基本特性を計算する

伝達関数を式(12)に示します．

$$\frac{V_{out}}{V_{in}}=\frac{\omega_0{}^2}{s^2+\frac{\omega_0}{Q}s^2+\omega_0{}^2} \cdots\cdots (12)$$

式(12)を整理して実数項と虚数項に分けると，次のようになります．

$$\frac{V_{out}}{V_{in}}=\frac{\omega_0{}^4-\omega_0{}^2\omega^2}{(\omega_0{}^2-\omega^2)^2+\left(\frac{\omega_0\omega}{Q}\right)^2}-j\frac{\frac{\omega_0{}^3\omega}{Q}}{(\omega_0{}^2-\omega^2)^2+\left(\frac{\omega_0\omega}{Q}\right)^2}$$

ただし，

$$\omega_0=\frac{1}{R\sqrt{C_1C_2}},\quad Q=\frac{1}{3}\sqrt{\frac{C_1}{C_2}} \cdots\cdots (13)$$

図24は，Excelでゲインと位相をプロットしたものです．この回路はC_1とC_2の値を変更するだけでQ値を自由に変更できます．しかし，Qを大きくしようとすると，C_1とC_2の比が大きくなりすぎて素子感度が高くなります．定数バラツキの影響が出やすくなるので，Q<1としてC_1とC_2の比は10倍以下にしたほうが良いでしょう．

● 周波数特性の実測

この回路では入出力インピーダンスの影響をほとんど受けないためオーディオ・インターフェースに直接接続しています．測定する回路を**写真2**に示します．

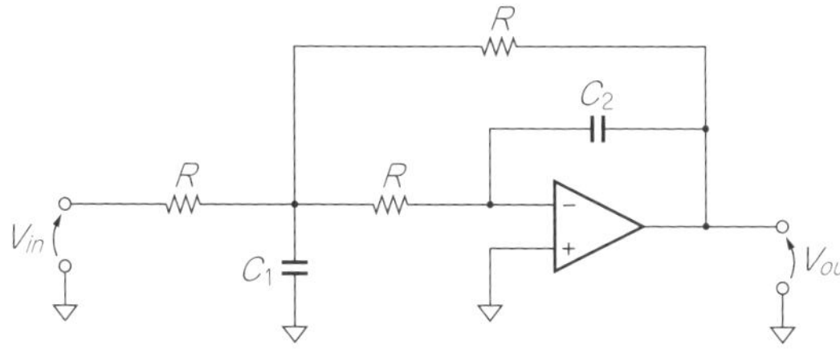

図23 多重帰還2次ローパス・フィルタ回路

実測結果を**図25**に示します．計算結果と実測結果は振幅，位相ともによく一致しています．OPアンプのGB積や寄生容量などに対して使用する周波数が十分に低いため計算値との一致は容易に取れます．

▶ステップ応答

図26はステップ応答波形を実測したものです．実験した回路はQ = 0.7程度としているため，わずかなオーバーシュートが見られます．2次のステップ応答は振動する傾向にあります．

シャープな減衰特性と安定度 バイクワッド・フィルタ

高性能アクティブ・フィルタの定番回路です．このフィルタはD-Aコンバータ出力ばかりでなく，LPFとBPFの2つの出力が同時に得られ，高いQを安定に実現できるため，シンセサイザのようなアナログ信号処理にもよく使われます．

技⑬ Qを高くしたりゲインを上げても安定動作する

図27に示すバイクワッド型(biquad)は，2次フィルタなので減衰特性は − 40 dB/decです．カットオフ周波数，Q値，ゲインを個別にチューニングできます．比較的高い周波数まで安定にQを50程度まで上げられます．部品点数が多いのが欠点ですが，部品の素子感度が低く非常に安定に動作します．**図27**に示すように3個のOPアンプが必要ですが，そのうち1個は反転アンプです．初段積分器の後はBPF，2段目の積分器の後がローパス・フィルタとなります．

● 基本特性を計算する

伝達関数は，次式になります．

$$\frac{V_{out}}{V_{in}}=\frac{a\omega_0{}^2}{s^2+\frac{\omega_0}{Q}s^2+\omega_0{}^2} \cdots\cdots (14)$$

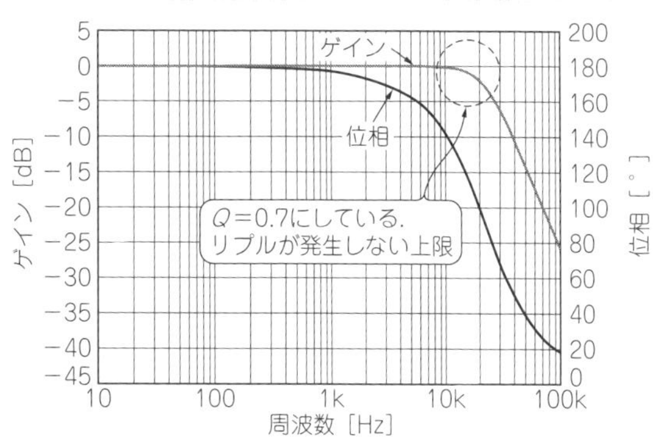

図24 多重帰還2次ローパス・フィルタの周波数特性を伝達関数から求めた
R = 3.3 kΩ，C_1 = 4700 pF，C_2 = 1000 pF，Q = 0.723のとき

写真2 製作した2次多重帰還型フィルタの回路

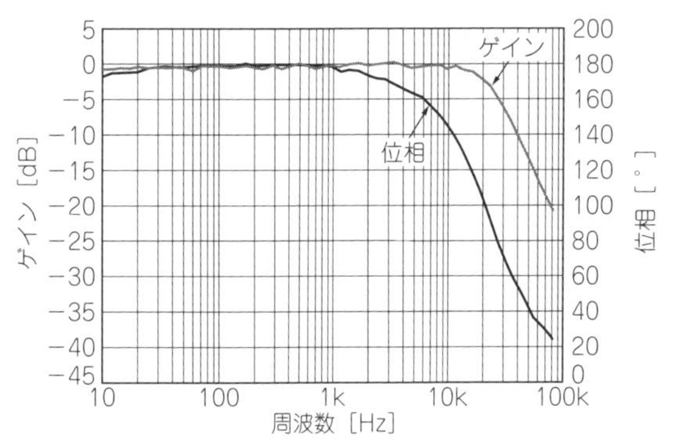

図25 実測した多重帰還2次ローパス・フィルタのゲインと位相

式(14)を整理して実数項と虚数項に分けると，次のようになります．

$$\frac{V_{out}}{V_{in}} = \frac{a\omega_0{}^2(\omega_0{}^2-\omega^2)}{(\omega_0{}^2-\omega^2)^2+\left(\dfrac{\omega_0\,\omega}{Q}\right)^2} - j\frac{a\dfrac{\omega_0{}^3\,\omega}{Q}}{(\omega_0{}^2-\omega^2)^2+\left(\dfrac{\omega_0\,\omega}{Q}\right)^2}$$

ただし，

$$\omega_0 = \sqrt{\frac{R_6}{R_3R_4R_5C_1C_2}} \cdots\cdots (15)$$

$$Q = R_2\sqrt{\frac{R_6C_1}{R_3R_4R_5C_2}} \cdots\cdots (16)$$

$$\alpha = -\frac{R_3R_5}{R_4R_6} \cdots\cdots (17)$$

図28は．Excelでゲインと位相をプロットしたものです．

技⑭ 抵抗R_2でQ値だけを調整できる

アンチエリアシング・フィルタとして使うなら高いQは必要ありませんが，バイクワッド・フィルタの設計自由度を確認するため$Q=10$を設定してみます．

式(16)はQ値を求める式です．R_2だけでQ値を変更できます．R_2はカットオフ周波数を決める式(15)やゲインを決める式(17)には含まれません．同様にR_1はゲインのみに影響します．

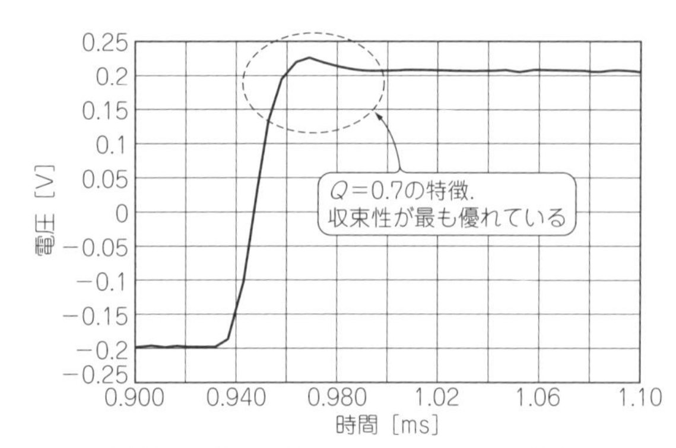

図26 多重帰還2次ローパス・フィルタのステップ応答
立ち上がり直後のオーバーシュートが2次フィルタの特徴

多重帰還型と比較とはいっても，設定Qが同じなら全く同じ周波数特性を示します．バイクワッド型は高いQを安定に実現できます．多重帰還型の限界である$Q=1$程度とバイクワッド型では難なく実現できる$Q=10$とを比較します．**図29**は$Q=1$と$Q=10$を比較したものです．カットオフ周波数付近に20 dBものピークが発生し，位相回転はカットオフ周波数直前まで抑えられています．

● 周波数特性の実測

この回路では入出力インピーダンスの影響をほとんど受けないためオーディオ・インターフェイスに直接接続しています．測定する回路を**写真3**に示します．

実測結果を**図30**に示します．計算結果と実測結果は振幅，位相ともによく一致しています．

▶ステップ応答

図31はステップ応答波形を実測したものです．$Q=10$なので，かなり大きなリンギングがみられます．大きなリンギングは帰還回路の出力では不安定な状態と判断されますが，高Q値なフィルタ回路の場合，理論的に出ているものなので不安定だという判断には該当しません．

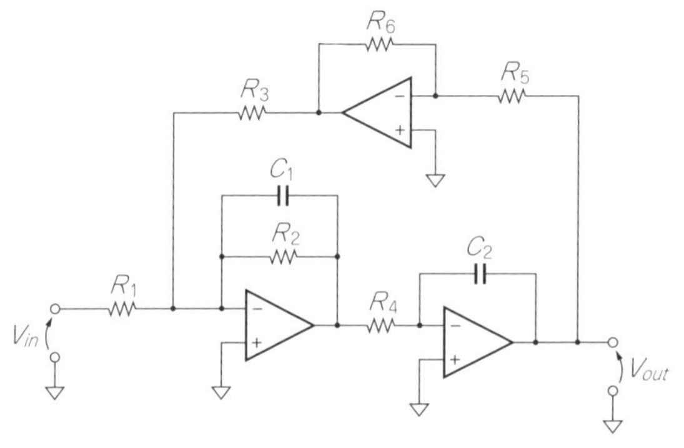

図27 バイクワッド・ローパス・フィルタ回路

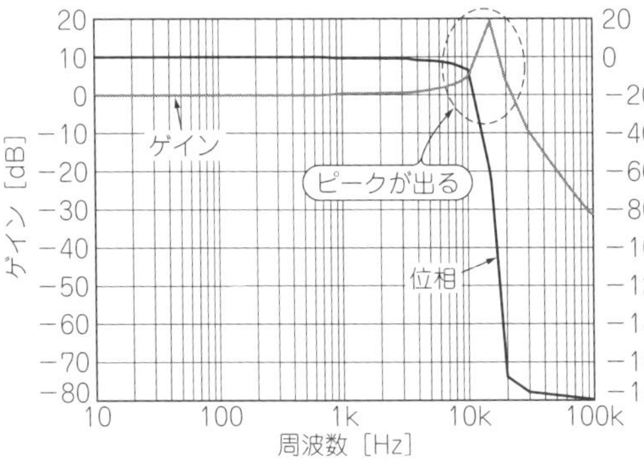

図28 バイクワッド・ローパス・フィルタの周波数特性を伝達関数から求めた
R_1, R_3, R_4, R_5, R_6 = 2.2 kΩ, R_2 = 10 kΩ, C_1 = 0.01 μF, C_2 = 2200 pF, Q = 9.691, A = 1のとき

位相も考慮した周波数特性補正 RCエンファシス

逐次変換型D-Aコンバータはオーディオ帯域内にsinc特性の影響が現れます．このようなsinc特性の補正にエンファシス回路を使用します．sinc補正以外にも伝送路のロスや回路素子の寄生成分によって起こる周波数特性の劣化などを補正もできます．

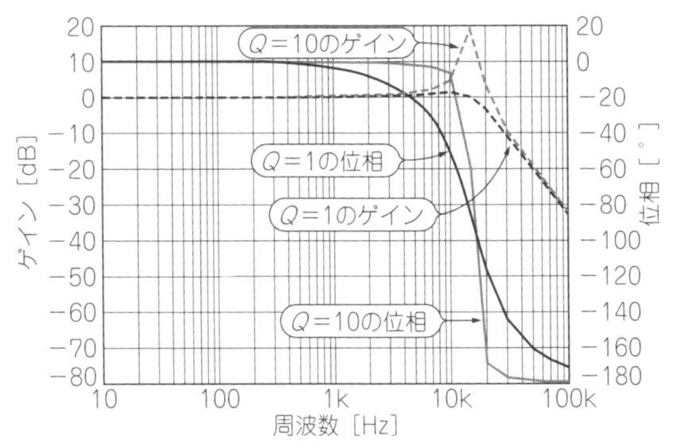

図29 Q = 1の多重帰還フィルタとQ = 10のバイクワッド・ローパス・フィルタの周波数特性

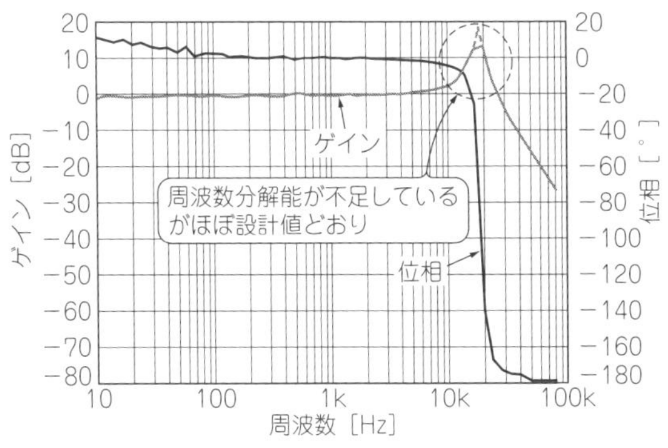

図30 実測したバイクワッド・ローパス・フィルタのゲイン位相

技⑮ ディジタル出力は固有の周波数特性を持つため補正が必要になる

D-Aコンバータ出力の周波数特性はフラットだと思っているとしたら大きな間違いです．D-Aコンバータ出力は図32のようにsinc関数と呼ばれる周波数特性を持ちます．式を次に示します．

$$V(f) = \frac{\sin\frac{\pi f}{f_S}}{\frac{\pi f}{f_S}} \quad \cdots\cdots (18)$$

f_Sはサンプリング周波数です．この式から$f = f_S$の時は出力は0となり，ナイキスト周波数$f_S/2$では振幅は約0.64倍(−3.9 dB)の減衰となります．これは結構大きな値です．

これが5倍オーバーサンプリングなら約0.98倍で−0.14 dBとなりほとんど無視できます．オーバーサンプリングする場合，抜けている途中のデータをDSPの信号処理で補完し，5倍高速のD-Aコンバータを用意する必要があります．最近主流のΔΣ型D-Aコンバータではこれら DSPやオーバーサンプリングが内蔵されているものが主流です．

便利なΔΣ型ではなく逐次変換型D-Aコンバータ

写真3 実測に使用したバイクワッド・ローパス・フィルタの回路

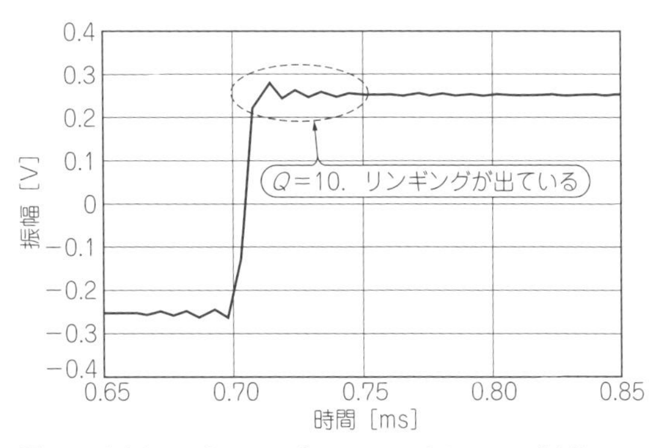

図31 バイクワッド・ローパス・フィルタのステップ応答
リンギングがQの高さを示している．サンプリング周波数の都合で分解能が十分ではないため低く表示されている

を使う場合，周波数特性補正するにはアナログ的にエンファシス回路で行う方法があります．エンファシスの特性は周波数が上がるほどゲインが上がるようにハイパス・フィルタとして設計するため位相回転もローパス・フィルタとは逆の特性です．そのためD-Aコンバータ出力のアンチエリアシング・フィルタがもつ位相回転をエンファシスで多少補正する働きをもたせることができます．

● 基本特性を計算する

図33にエンファシスの原理回路を示します．伝達関数を次式に示します．

$$\frac{V_{out}}{V_{in}}=\frac{R_2+sC_1R_1R_2}{R_1+R_2+sC_1R_1R_2}\quad\cdots\cdots(19)$$

式(19)を整理して実数項と虚数項に分けると，次のようになります．

$$\frac{V_{out}}{V_{in}}=\frac{R_2(R_1+R_2)+\omega^2R_1{}^2R_2{}^2}{(R_1+R_2)^2+\omega^2R_1{}^2R_2{}^2}+j\frac{\omega^2R_1{}^2R_2}{(R_1+R_2)^2+\omega^2R_1{}^2R_2{}^2}\quad\cdots\cdots(20)$$

図34はExcelでゲインと位相をプロットしたものです．

カットオフ周波数を決定するのはR_1，減衰量と位相量を決めるのがR_2です．sinc特性を補正するため減衰量を3 dB程度に調整しています．

図35はこのエンファシス回路をD-Aコンバータのアンチエリアシングに使う多重帰還2次フィルタと組み合わせた例です．3 dBの補正はそのままに2次の位相回転が緩和されています．

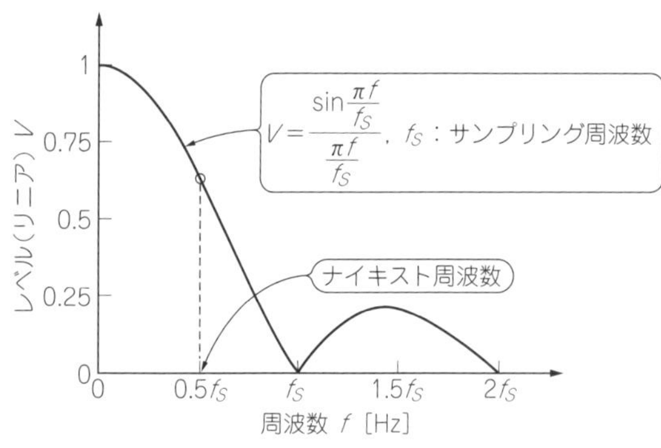

図32 sinc関数の周波数特性

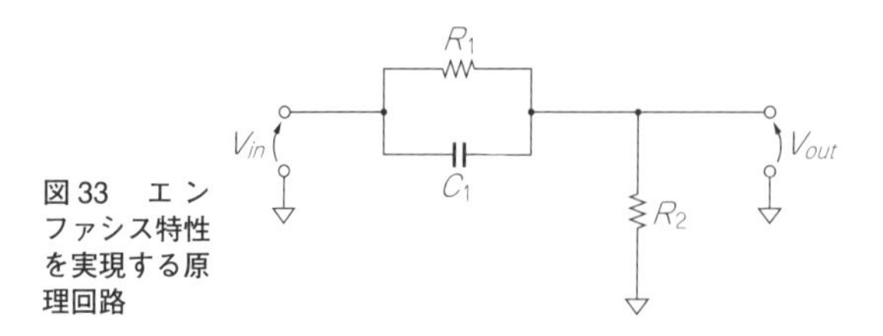

図33 エンファシス特性を実現する原理回路

● 周波数特性の実測

伝達関数の式の前提条件はV_{in}のインピーダンスは0Ω，V_{out}は∞Ωとなっているため，実測で同じ条件とするために，バッファ回路(インピーダンス変換回路)を入出力に置きます．

実測結果を**図36**に示します．計算結果と実測結果は振幅，位相ともによく一致しています．

▶ステップ応答

図37は，ステップ応答波形を実測したものです．多重帰還2次の逆の応答を示していて，これらをカスケードに接続することでそれぞれの波形ひずみは相殺され，理想的なステップ応答に近づきます．

差動I-V変換フィルタ

オーディオ用のΔΣ型D-Aコンバータは差動電流出力が一般的です．その差動電流出力をシングルの電圧出力に変換しつつ1次フィルタ特性を得るときに使用します．差動はその耐ノイズ性能が持ち味ですが，その能力を生かすためには差動シングル変換回路の精度が重要です．

技⑯ 差動にすると耐ノイズ性能が劇的に良くなる

オーディオ用D-Aコンバータには差動出力のものが多くあり，中には差動電流出力タイプもあります．差動出力を受けて最終的にはシングル出力に変換しなければならないため回路は複雑になりますが，そこには大きなアドバンテージがあります．

▶ノイズに強い

図38に示す差動信号は位相が反転した信号線を一対として伝送させます．入出力も差動に対応していなくてはなりません．差動信号線をV_+とV_-とします．

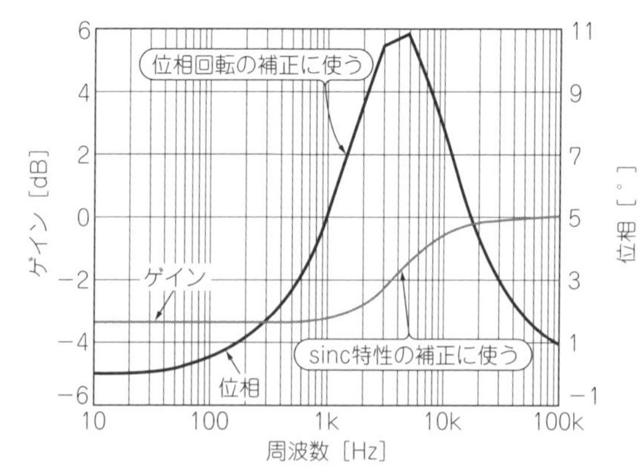

図34 エンファシス特性をもたせた多重帰還型2次ローパス・フィルタの周波数特性(計算値)
R_1 = 470 Ω，$R2$ = 1kΩ，C = 100000pF

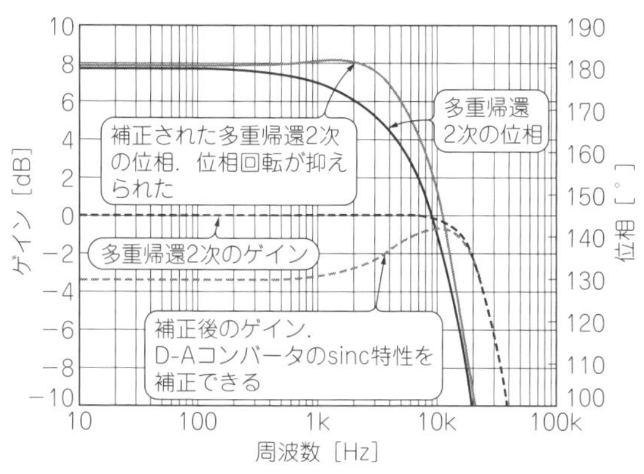

図35 多重帰還2次ローパス・フィルタにエンファシスを加えたときの周波数特性(計算値)
ローパス・フィルタの位相回転と振幅の周波数特性をエンファシスで補正して改善している．振幅はsinc関数の逆特性になっている

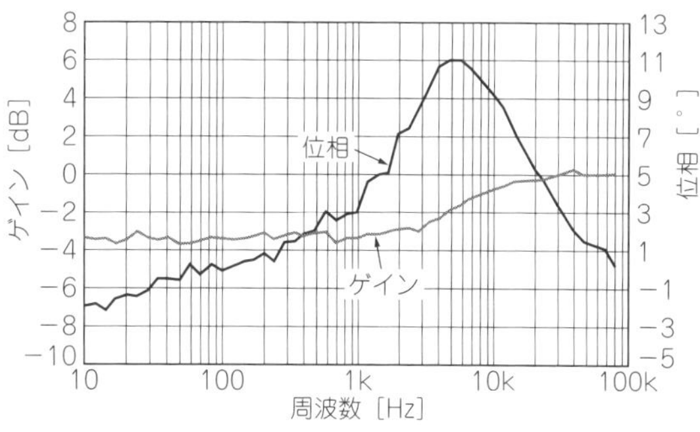

図36 エンファシス特性をもたせた多重帰還型2次ローパス・フィルタの周波数特性(実測)

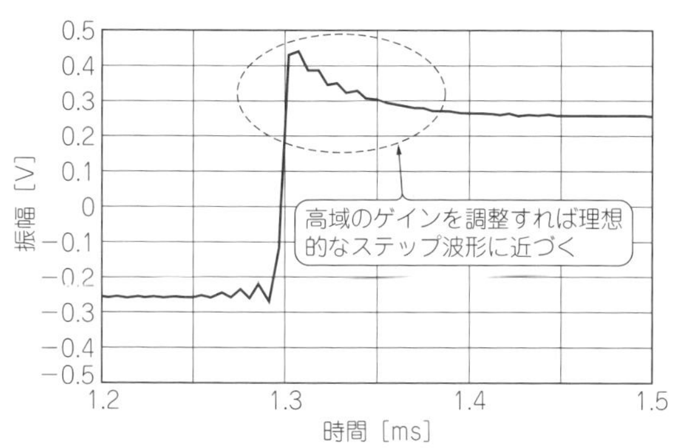

図37 エンファシス特性をもたせた多重帰還型2次ローパス・フィルタのステップ応答(実測)

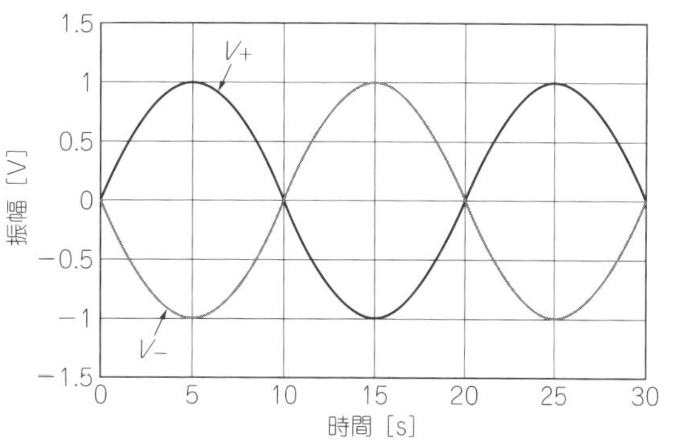

図38 差動信号はV_+とV_-で180°位相が逆転している

差動入力回路はV_+とV_-の差を入力とします．したがって同相で入ってくるノイズは差動入力回路に入ると打ち消されます．**図39**の波形は同相で高周波ノイズが乗っていますが，これを差動回路で受けると出力は**図38**のようになります．反対に差動信号のV_+とV_-は同じ場所にあるため，遠方から見ると相殺され電界や磁界の影響がなくなります．差動はノイズ放射を抑える働きもあります．

▶グラウンドにリターンを流さない

差動線路はお互いがフォースでありリターンでもあります．このため周辺のグラウンドや電源ラインにほとんどリターン電流を流しません．この性質もノイズに強くまたノイズを出さない特徴になります．言い換えるとこの性質からグラウンドなどの周辺のケアがあまり必要でないことになります．

▶ひずみにも有利

同じ振幅の信号を伝えるために差動はシングルの半分の振幅でよいためアンプのヘッドルームが十分に取れひずみにくくなります．

技⑰ 電流駆動は電圧駆動よりも広帯域と低ノイズが実現できる

▶帯域を制限する電圧増幅率

OPアンプは*GB*積(ゲイン帯域積)の制限のため電圧増幅率を大きく取ると帯域が狭く，つまり遅くなります．一般的に微弱な出力電流である電流出力タイプのD-Aコンバータを電圧増幅で受けると大きな電圧増幅率が必要になるため大きな帯域制限を受けます．

▶*I*-*V*変換回路で広帯域化

電流出力D-Aコンバータ出力を**図40**のような*I*-*V*変換回路で受ける場合，*GB*積の影響はなくなり帯域を制限するものは積分回路の*RC*だけです．カットオフ周波数は$1/(2\pi RC)$で減衰特性は2次と同じです．

▶ノイズの原因となる入力抵抗

電流出力D-Aコンバータを*I*-*V*変換回路ではなくて電圧増幅アンプで受けようとする場合，D-Aコンバータ出力に電流→電圧変換抵抗を置いて，その両端に発生する電圧をハイ・インピーダンス入力のOPアンプ・フィルタで受けることになります．

見ての通りOPアンプ入力に抵抗がいくつも存在し，式(10)の抵抗ノイズ源が増えるためノイズ量は*I*-*V*変換よりもずっと多くなります．

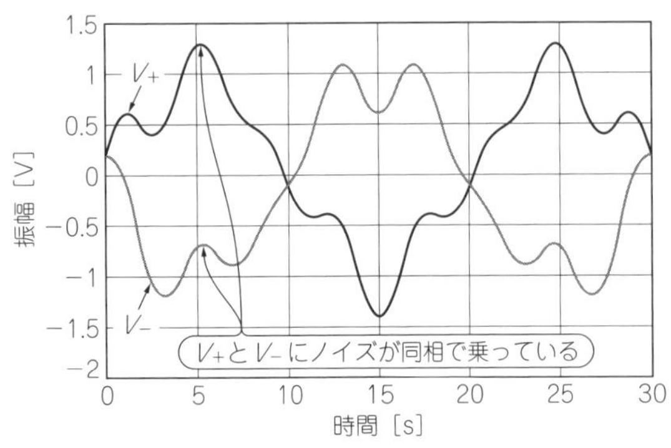

図39 コモン・モード・ノイズが乗った差動信号
V_+とV−にまったく同じノイズ成分を図38の波形に加算している．V_+とV_-の差分を取れば元の図38の波形に戻る

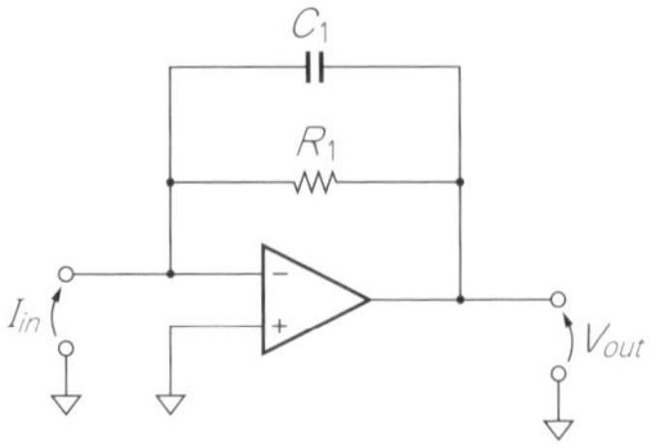

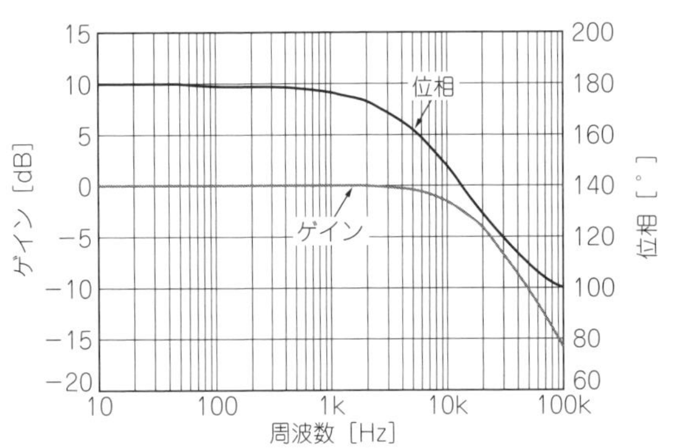

図41 実測した差動I-V変換フィルタのゲインと位相
電流入力のためゲインの表現がこれまでと異なりV/mAで表している

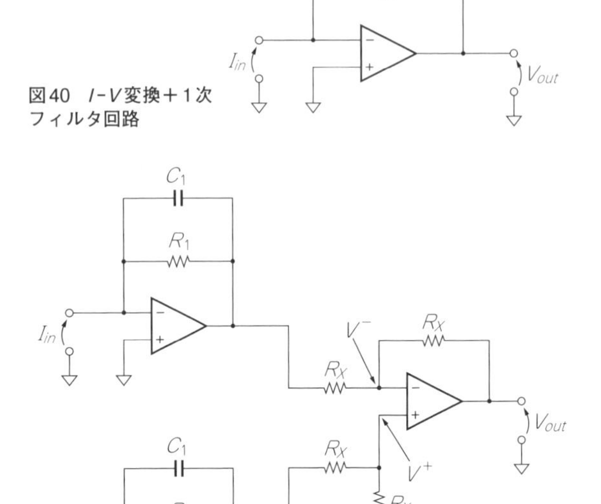

図40 I-V変換＋1次フィルタ回路

図42 差動出力をシングルエンドにする定番回路

技⑱ I-V変換部分の入力抵抗は必要なくなる

▶基本は積分型の1次ローパス・フィルタ

図40は積分型の1次ローパス・フィルタですが入力抵抗が不要です．入力抵抗があったとしても信号源が電流駆動なので伝達関数には影響を与えません．

▶伝達関数は積分型1次ローパス・フィルタと同じ

電流入力，電圧出力として伝達関数は次式になります．

$$\frac{V_{out}}{I_{in}}=\frac{R}{sCR+1} \cdots\cdots (21)$$

式(7)から入力抵抗R_1を除いたものです．これを整理して実数項と虚数項に分けると次のようになります．

$$\frac{V_{out}}{I_{in}}=\frac{R}{\omega^2C^2R^2+1}-j\frac{\omega CR^2}{\omega^2C^2R^2+1} \cdots\cdots (22)$$

図41はExcelでレベルと位相をプロットしたものです．

技⑲ 差動シングル変換部には専用ICか平衡入力回路を用いる

図42は差動出力をシングルエンドにする定番回路ですが，V^+とV^-から見たインピーダンスは同じではありません．これが引き起こす問題としては抵抗の誤差や信号源インピーダンスのばらつきで差動回路の生命線であるコモン・モード信号除去比(CMR)が悪化することです．これが原因でコモン・モード・ノイズに対する耐性が悪化すると，例えば差動間で1％のゲイン誤差があった場合CMR = 40 dBの悪化になります．

差動ラインレシーバと呼ばれる専用の差動シングル変換ICを用いる方法，OPアンプを2個使って平衡入力回路とする方法があります．

◆参考文献◆

(1) 高速オペアンプのノイズ解析，Application Report，JAJA117，テキサス・インスツルメンツ．

第6部

計測回路の低ノイズ設計

第6部 計測回路の低ノイズ設計

第20章 直流誤差0.1 mV，ノイズ50 μVを目指す

高精度&低ノイズ計測用 I-V変換アンプの設計

中村 黃三 Kozo Nakamura

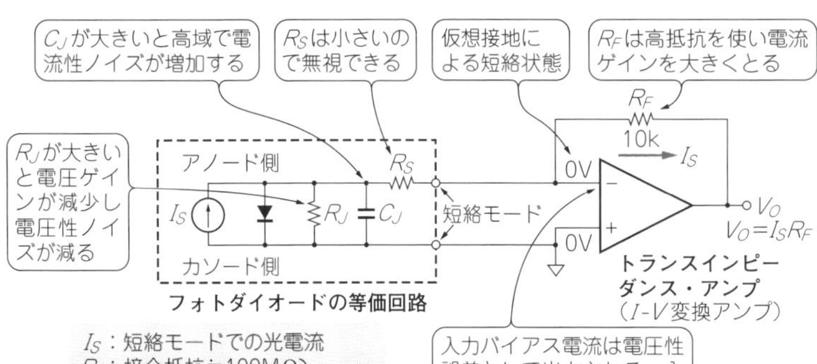

図1 例題回路…計測用I-V変換アンプ(トランスインピーダンス・アンプ)
フォトダイオードの出力をI-V変換アンプで受けると，OPアンプのイマジナリ・ショートにより出力両端が短絡モードで動作するので，入射光量に比例した直線性のよい光電流I_Sを取り出せる．本稿では高精度なI-V変換アンプを作り方をLTspiceによるシミュレーションを交えて解説する

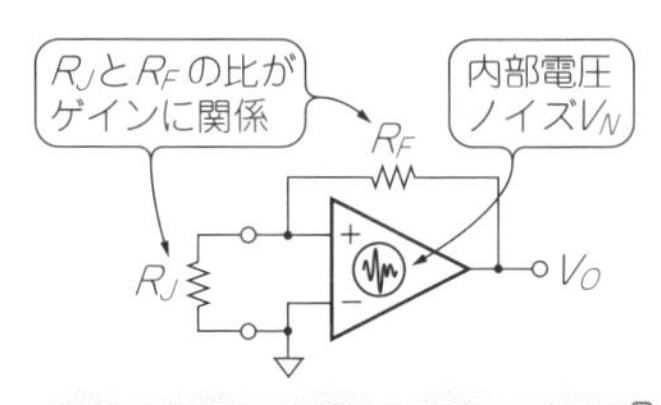

図2 フォトダイオードの接合抵抗R_Jとフィードバック抵抗R_Fの比でI-V変換アンプの電圧ゲインが決まる

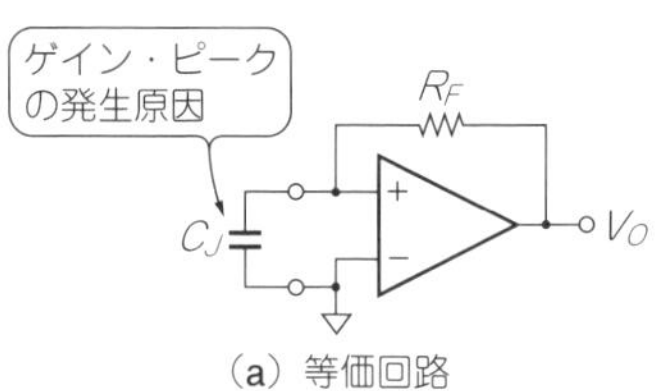

(a) 等価回路

(b) I-V変換アンプのゲイン周波数特性

図3 ダイオードの接合容量C_JはI-Vゲインのf_Tにおいてゲイン・ピークの発生原因となる
ピーク周波数領域でのノイズが増大する

高精度が要求されるCTスキャン，液体や金属の成分を分析する光計測回路などのフロントエンド部にはトランスインピーダンス・アンプ(TIA：TransImpedance Amplifier)が採用されています．TIAは，光センサの出力電流Iをインピーダンスによって出力電圧Vに変換することからI-V変換アンプとも呼ばれます．

本章では，**図1**に示した高精度で低ノイズな計測用I-V変換アンプの作り方を解説します．光の強度を明るみから暗闇まで誤差なく正確に測定するには，フォトダイオードとOPアンプの選び方や位相補償コンデンサの設定が大切です．

本テクニックを応用すると，I-V変換アンプのRMSノイズや直流誤差を1桁低減できます．

I-V変換アンプを例に

技① 接合抵抗が大きく接合容量が小さいフォトダイオードを選ぶ

図1に示すフォトダイオードの等価回路には，光量測定に必要な電流源I_Sのほかに3つの要素があります．

▶①ダイオードの接合抵抗R_Jは100 MΩ以上

図2に示すようにR_Jは，I-V変換アンプの帰還抵抗R_Fとの組み合わせで，アンプ自体の電圧ゲインが決まります．I-V変換アンプでは，信号は電流なので電圧に対するゲインは不要です．電圧ゲインは，アンプを含む回路内部の電圧ノイズを増幅してS/Nを悪化させる要因となります．フォトダイオードは，接合抵抗R_Jが100 MΩ以上のものを選びます．

▶②ダイオードの接合容量C_Jは100 pF以下

図3に示すようにC_Jは，I-V変換ゲインが－3 dBになるf_Tの周波数領域で，強烈なゲイン・ピークを発生させる要因となります．ゲイン・ピークは，その周波数領域でのノイズをブーストしS/N比を悪化させるので100 pF以下のものを目安に選びます．

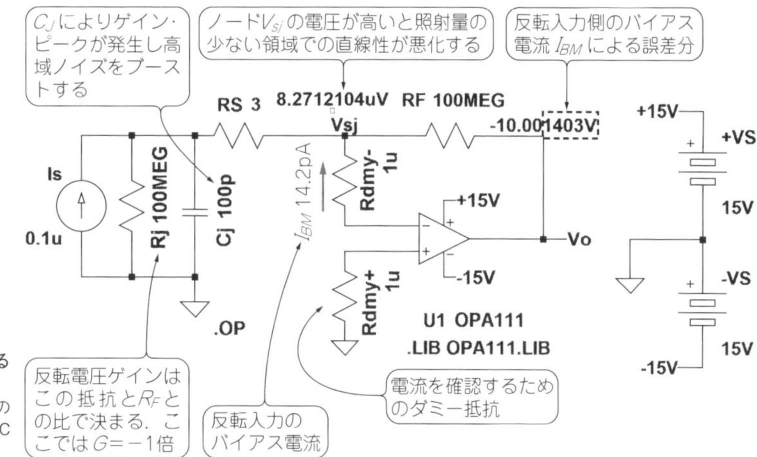

図4 I-V変換アンプのDC動作点を調べるための回路
フォトダイオードの等価回路と低バイアス電流のOPアンプを利用してI-V変換アンプを作成後DC動作点解析を実行する

▶③直列抵抗R_Sは無視できる

フォトダイオード・メーカのデータシートでは数Ωとなっており，I-V変換には無視できる要素です．

同じ性能であれば接合抵抗R_Jが大きく，接合容量C_Jが小さいフォトダイオードを選びます．

技② 3つの基本的な入力スペックが小さいOPアンプを選ぶ

高精度な光量測定を行うとき，I-V変換アンプに利用するOPアンプは，次の3つの基本的な入力スペックができる限り，小さいものを選びます．

(1) 入力バイアス電流
(2) 入力オフセット電圧
(3) 入力電圧・電流ノイズ

入力バイアス電流は1 pA，入力オフセット電圧ドリフトは1 μV/℃，入力電圧ノイズは1 μV_{RMS} @10 Hz ～ 10 kHz，入力電流ノイズは0.6fA$\sqrt{Hz}$ @0.1 Hz ～ 20 kHzが目安です．入力バイアス電流は，光電流と合わさり，R_Fによって電圧変換された後に誤差電圧として出力されます．入力ノイズ電流も同様にR_Fによりノイズ電圧に変換されます．

入力オフセット電圧は，反転入力の電位をもち上げて，イマジナリ・ショートによる仮想接地の状態をブレークさせます．ブレークにより，電位が0 Vから離れると，離れた電位の分だけ電流モードに電圧モードが加わったことになります．これは，入射光量が極めて小さい暗電流近傍において光電流の直線性を損なう原因となります．

入力バイアス電流の小さいOPアンプを選ぶと，どうしてもFET入力となるので，入力雑音電圧，入力オフセット電圧とのトレードオフになります．

```
--- Operating Point ---
V(+15v):      15
V(-15v):      -15
V(vo):        -10.0014
V(n002):      8.27121e-006
V(n003):      1.42e-017
V(vsj):       8.27121e-006
V(n001):      8.57121e-006
I(Cj):        8.57121e-028
I(Is):        1e-007
I(Rdmy+):     1.42e-011
I(Rdmy-):     -1.41997e-011
I(Rs):        -9.99999e-008
I(Rj):        8.57121e-014
I(Rf):        -1.00014e-007
```

I-V変換アンプの出力電圧V_O
サミング・ジャンクションの電圧V_{SJ}
反転入力側の入力バイアス電流I_{BM}
光電流I_S
V_{SJ}が0Vでないことに起因するR_Jへのリーク・バイアス電流

図5 図4のDC動作点一覧(シミュレーション)
LTspiceではノード電圧は回路図中に表示できるが，電流は表示できないので，DC動作点一覧で調べる

STEP①直流解析で基本動作チェック

● 直流誤差の確認

LTspiceによるDC動作点解析用の実験回路を**図4**に示します．ここでは，このようなアプリケーションに実績のあるOPA111(テキサス・インスツルメンツ)のモデルを利用してシミュレーションを行います．DC動作点解析を実行すると，OPアンプの入力バイアス電流による誤差を確認できます．

DC動作点解析結果は，**図5**に示すOperating Point(動作点)の一覧表で確認します．主要なノードやダミー抵抗を挿入し，ネーミングしておくと，所望のデータをすぐに見つけることができます．

図4に示す反転入力の入力バイアス電流I_{BM} = 14.2 pAは，**図5**から転記しています．この影響は，I-V変換アンプの出力Voに，1.4 mVの誤差で反映さ

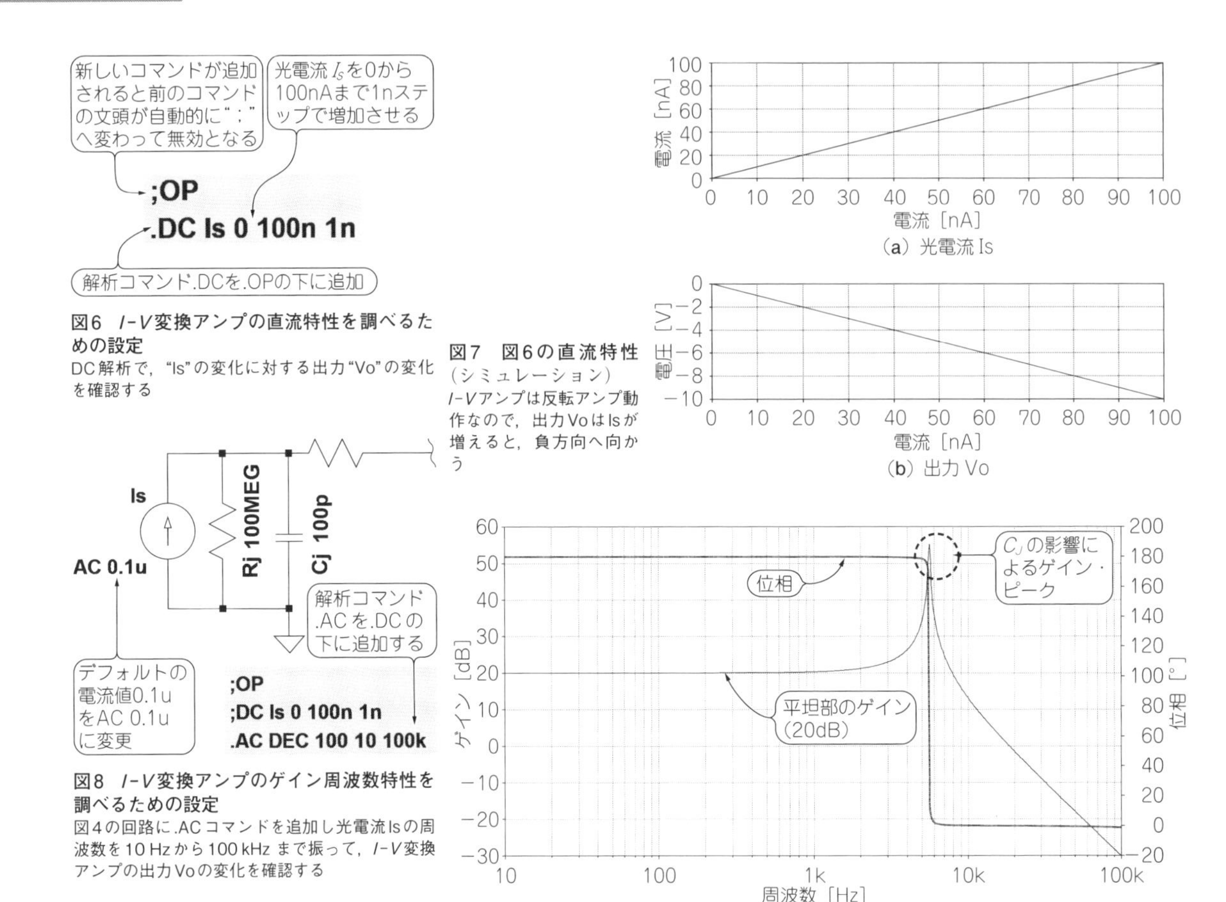

図6 *I-V*変換アンプの直流特性を調べるための設定
DC解析で，"Is"の変化に対する出力"Vo"の変化を確認する

図7 図6の直流特性(シミュレーション)
*I-V*アンプは反転アンプ動作なので，出力VoはIsが増えると，負方向へ向かう

図8 *I-V*変換アンプのゲイン周波数特性を調べるための設定
図4の回路に.ACコマンドを追加し光電流Isの周波数を10 Hzから100 kHzまで振って，*I-V*変換アンプの出力Voの変化を確認する

図9 図8のゲイン周波数特性(シミュレーション)
5k～6kHzの中間にダイオードの接合容量C_Jの影響による鋭いピークが発生する

れています．誤差の重みはフルスケール[*FSR*]を10Vとすれば，0.012％ of *FSR*です．OPA111の入力バイアス電流は，データシート上で1pA(最大)ですが，シミュレーションではOPアンプのモデルが原因で約14pAです．筆者の経験から，実機ベースでは1桁誤差が改善されることが期待できます．

図5に示す動作点の一覧より，接合抵抗R_Jにわずかながら電流I(Rj)が流れていることがわかります．これは，OPA111(テキサス・インスツルメンツ)の入力オフセット電圧が0Vでないことに起因する電流です．前述したように，暗電流近傍における光量測定値の誤差要因となります．

● 直流特性の確認

フォトダイオードのアノードとカソードの両端を短絡すると，入射光量に対して直線的な電流が発生します．フォトダイオードによって正確な光量測定を行うには，前述した**図1**のように短絡モードで動作させ，光電流出力を後段の回路にとって都合のよい電圧に変換します．**図6**に示すように**図4**のDC動作点解析コマンド.OPの下にDCスイープのコマンド.DCを追加して，光電流0～0.1μAの変化に対する回路の動きをみてみます．**図7**にDC解析の結果を示します．*I-V*変換アンプは反転動作なので，光電流の正側への増加に対してアンプ出力は負方向に振れていきます．出力の極性を逆にしたいときはフォトダイオードの向きを変えます．

STEP② *I-V*変換アンプの周波数特性をチューニング

● ゲイン周波数特性を調べる

図8に示すようにAC解析用のコマンドを**図6**に追加して，接合容量Cjによるゲイン・ピーク発生の有無を調べます．この他に，光電流のデフォルト値も0.1uからAC 0.1uに変更します．正常であれば，入力AC 0.1uに対する出力はAC 10Vなので，グラフのプロットはゲイン換算で20dBになります(基準1V＝0dB)．

図9にAC解析結果を示します．ゲイン平坦部は20dBですが，ゲイン・ピークが発生しています．ゲイン・ピークは，その周波数近傍のノイズをブーストするので，高域ノイズがけた違いに増加します．

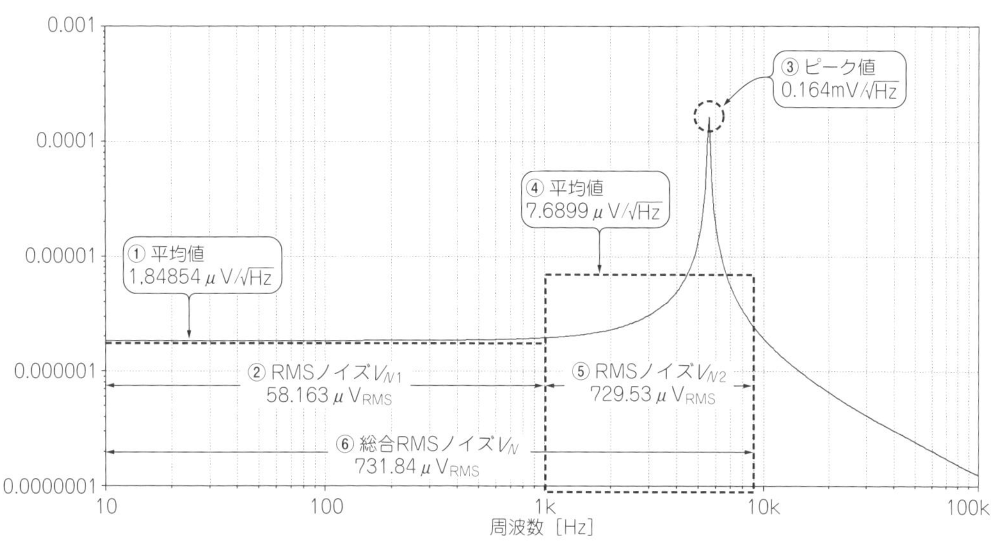

図11　図10のノイズ特性(シミュレーション)
周波数区間10 Hz～1 kHzにおけるRMSノイズV_{N1}が58.16 μV_{RMS}である．ゲイン・ピーク区間の1 k～10 kHzにおけるRMSノイズV_{N2}は，729.53 μV_{RMS}と12.5倍大きい．RMSの総合値は731.84 μV_{RMS}なので，V_{N2}が支配的である

```
;AC DEC 100 10 100k
.NOISE V(Vo) Is DEC 100 10 100k
```
解析コマンド.NOISEを.ACの下に追加

図10　ノイズ解析でゲイン・ピークによるノイズの増加量を調べる
図4に.NOISEコマンドを追加する．入力Is，出力V(Vo)としたときの帯域幅10 Hz～100 kHzにおけるノイズ解析を行う

	A	B	C
1	周波数(Hz)	ノイズ・レベル	単位
2	10	1.8368E-06	V/√Hz
58	36	1.8365E-06	V/√Hz
201	977	1.9412E-06	V/√Hz
202	1000	1.9461E-06	V/√Hz

図12　LTspiceで出力したテキスト・ファイルを表計算ソフトウェアExcelで処理することにより，ゲイン・ピークによるノイズの増加量を定量的に把握することができる
テキスト・ファイルはLTspiceの［File］－［Export］を選択すると，出力できる

● 周波数特性のゲイン・ピークの原因を調べる

▶ノイズ解析の実行

ゲイン・ピークによる出力電圧ノイズV(Vo)の増加量を，ノイズ解析により確認してみます．**図10**にノイズ解析用のコマンドを示します．ゲイン・ピークがカバーされるように，解析する周波数区間を10 Hz～100 kHzとします．

ノイズ解析が終わると，V(Vo)に関する解析データを基に**図11**に示すグラフが得られます．

▶ノイズの定義

LTspiceで[File]－[Export]を選択すると，ノイズの解析データをテキスト・ファイルに保存すること

F	G	H
	計算値	意味と単位
①	1.8485E-06	←10～1kHzの平均V/√Hz値
②	5.8163E-05	←10～1kHzのVrms値
③	1.6400E-04	←1k～10kHzのピークV/√Hz値
④	7.6899E-06	←1k～10kHzの平均V/√Hz値
⑤	7.2953E-04	←1k～10kHzのVrms値
⑥	7.3184E-04	←10～10kHzの総合Vrms値

②10 Hz～1 kHzのRMS値
$V_{N1}=1.84854\,\mu V\sqrt{1\,kHz-10\,Hz}=58.163\,\mu V_{RMS}$
⑤1 kHz～10 kHzのRMS値
$V_{N2}=7.6899\,\mu V\sqrt{10\,kHz-1\,kHz}=729.53\,\mu V_{RMS}$
⑥10 Hz～10 kHzの総合RMS値
$V_{N(RSS)}=\sqrt{(V_{N1})^2-(V_{N2})^2}=731.84\,\mu V_{RMS}$

図13　表計算ソフトウェアExcelによるノイズ計算結果
エクセルのA列とB列のカラムの生データ(**図12**)を基に②，⑤，⑥の式で計算させた結果である

ができます．**図12**はそのファイルをExcelで読み込んだ結果です．周波数区間10 Hz～1 kHzにおける周波数ごとのノイズ・レベルを示しており，その単位は[V/√Hz]です．これは，連続したノイズの集合体から，1 Hzの幅で切り取ったときのノイズ・レベル(ノイズ密度)を示す単位です．

特定の周波数区間(**図11**におけるV_{N1}の区間で10 Hz～1 kHzの範囲)におけるノイズ集合体の全量を示す単位は，[V_{RMS}]です．単位[V_{RMS}]は，ノイズ密度(y軸)×周波数幅(x軸)で計算した面積を表します．

▶解析結果を定量的に把握

図13に**図11**のグラフから得られた結果を利用してExcelで計算したノイズの値を示します．

各周波数区間のノイズ密度の平均値①と④は，**図12**のカラムB列の値(ノイズ密度)に対して，範囲を

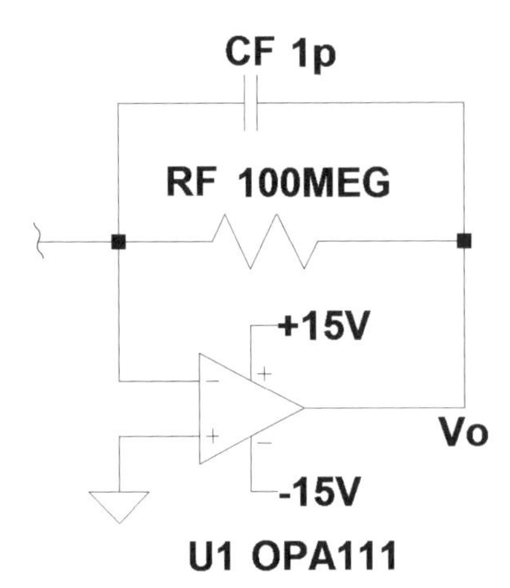

図14　帰還回路に位相補償コンデンサを入れてゲイン・ピークを抑える
図4の回路に帰還抵抗R_Fと並列に容量の小さなコンデンサC_Fを入れる

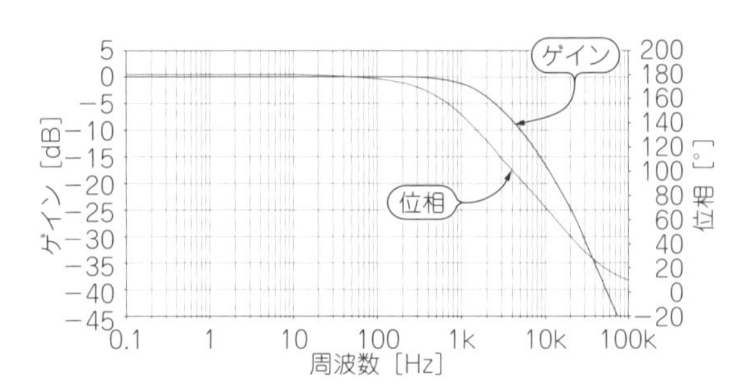

図15　コンデンサC_Fを追加したときのゲイン周波数特性(シミュレーション)
帰還抵抗の値が100 MΩと大きいので，容量が1 pFのコンデンサでも周波数区間1 k～10 kHzのゲイン・ピークが完全に消失する

指定し，AVERAGE関数で求めています．2つの区間の平均値を求めた後，それぞれに周波数幅をかけてRMSノイズV_{N1}とV_{N2}を求めています．

③のピーク値は，1 k～10 kHzにおけるノイズ密度データの最大値をMAX関数で求めています．

10 Hz～10 kHzの総合RMSノイズ⑥は，**図13**の式を使って求めています．こちらの式は，各値の2乗和の平方根を求めているのでRSS(Root Sum Square)と呼び，互いに独立したランダム値の合計が求まります．

▶結果の考察

周波数区間10 Hz～1 kHzにおけるRMSノイズV_{N1}が58.16 μV_{RMS}に対して，ゲイン・ピーク区間の1 kHz～10 kHzにおけるRMSノイズV_{N2}は，729.53 μV_{RMS}と12.5倍も大きいです．RMSの総合値が731.84 μV_{RMS}なので，V_{N2}とほぼ同じです．このことからV_{N2}が支配的であることがわかります．

● 帰還回路に位相補償コンデンサを付けてゲイン・ピークを抑える

ゲイン・ピークを除去するため，**図14**に示すように**図3**の回路の帰還抵抗R_Fと並列に1 pFの位相補償コンデンサC_Fを入れます．**図15**に**図14**のAC解析結果を示します．**図14**の回路によってゲイン・ピークが除去されたことがわかります．

column 01　LOGアンプで*I-V*変換すれば測定レンジが広がる

中村 黄三

特定の用途における光量測定では，帰還抵抗R_Fの値を最適化して電圧ゲインを最大にできます．しかし，広範囲な測定レンジが要求される照度計などでは，それは無理です．

そこで，**図A**に示すようにフォトダイオードをLOGアンプで受けて対数圧縮する方法が有効です．

このLOGアンプの定数は，1ディケートあたり1 Vの出力となるように調整されています．異なるLOG係数としたいときは，R_1とR_2の比率を変えれば，OKです．

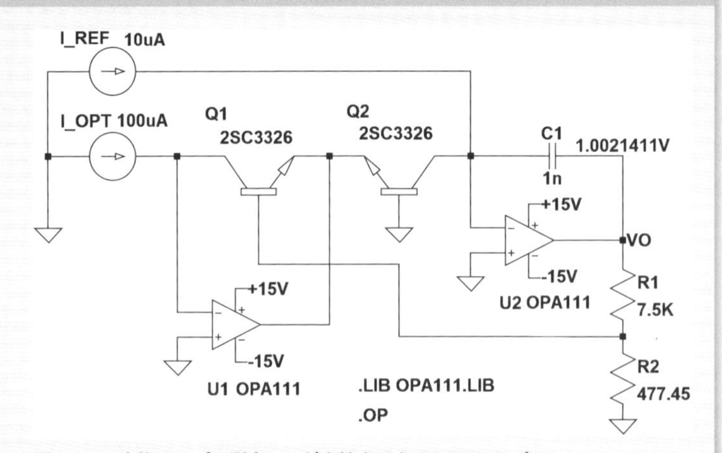

図A　*I-V*変換アンプの測定レンジを拡大できるLOGアンプ
特定用途の測定ではR_Fの値を最適化して電圧ゲインを最大化する．広範囲な測定レンジが要求される照度計などでは，フォトダイオードをLOGアンプで受けて対数圧縮する方法が有効である

低ノイズOPアンプの選び方

中村 黄三 Kouzou Nakamura

熱電対やロードセルなどの微小なセンサ出力をCPUやDSPに取り込むためには，使用するA-Dコンバータ(以下，ADC)の有効ビット数*ENOB*は20ビット前後が望まれます．さらにこの*ENOB*を生かすには，前段回路は数十n～数百nV_{RMS}のノイズ・レベルに配慮したプリアンプの設計が必要です．

センサ信号を増幅回路で発生するノイズに埋もれさせてしまわない設計方法を，疑似信号源抵抗を使って実験しながら以下の項目に分けて解説します．

- ノイズの概念と単位
- OPアンプから発生するノイズの見積もり
- OPアンプの選択方法
- 抵抗から発生するノイズの見積もり

ノイズは「振幅がランダムに変化してつかみどころがないもの」ですが，これを可能な限り定量的に捉えることが，高精度なアナログ回路設計の醍醐味といえます．

増幅回路からのノイズを測定する実験システム

● データ整理のため測定値をパソコンに取り込む

図1に実験システムの全体像を示します．

テスト用外部基板から発生するノイズ・データを評価用ボードで取り込み，パソコンに転送します．

ADCの変換データはCSV形式でパソコンのハード・ディスクにセーブされます．これから紹介するグラフや値の多くは，このCSVファイルをExcelで取り込んで処理したものです．ノイズの値を取り込むADCのパラメータもパソコンから操作します．

● 評価用ボードで測定とパソコンとの通信を行う

写真1は基板加工機(削り出し方式)で作った評価用ボードです．

評価用ボードは親基板と子基板で構成し，測定内容に合わせて子基板を差し替えられるようにしています．ここでは，24ビットADC(ADS1256)とアナログ周辺回路を実装した子基板でノイズの値を取り込みます．

親基板には，ADCを直接制御する16ビット・マイコン(MSP430)，USBでパソコンと通信するためのIC(TUSB3410)を搭載しています．このICのWindows側のドライバはメーカより無償提供されています．標準電圧を任意に出力してリニア回路の直線性評価ができるように20ビットD-Aコンバータ(DAC1220)も搭載していますが，今回は使いません．

● DUT搭載のテスト用外部基板とADC搭載の子基板

図2は子基板と，DUT(被テスト・デバイス)のOPアンプを搭載したテスト用外部基板の回路です．DUTの非反転入力に疑似信号源抵抗0Ω～1MΩを入れ，内部ノイズの変化を測定します．子基板のADCは1kSPSで動作させます．内部ノイズは20μV_{P-P}，分解能はノイズ・フリー・ビット換算で19ビットです．

OPアンプの内部ノイズはADCのノイズよりも小さいので，ADCのノイズが無視できるようにOPアンプに100倍のゲインをもたせています．

マイコンをMSP430にしたのは，このように微妙な測定を行うためです．MPS430は低消費電力でADCへのクロック・ノイズの放射エネルギーが極めて小さ

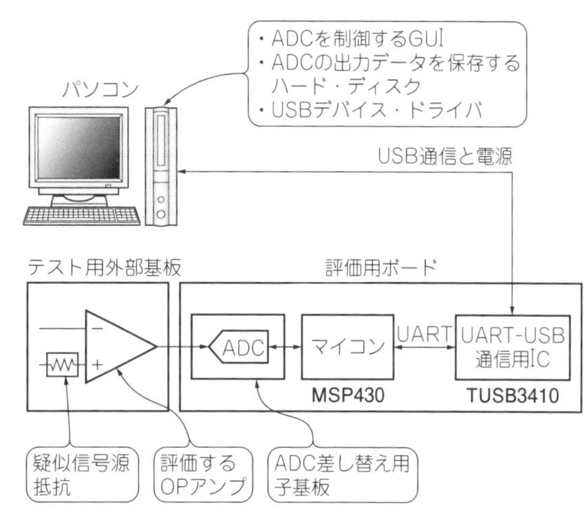

図1 増幅回路からのノイズを測定する実験システムの全体
テスト用外部基板のノイズを評価用ボードで取り込み，パソコンに転送する

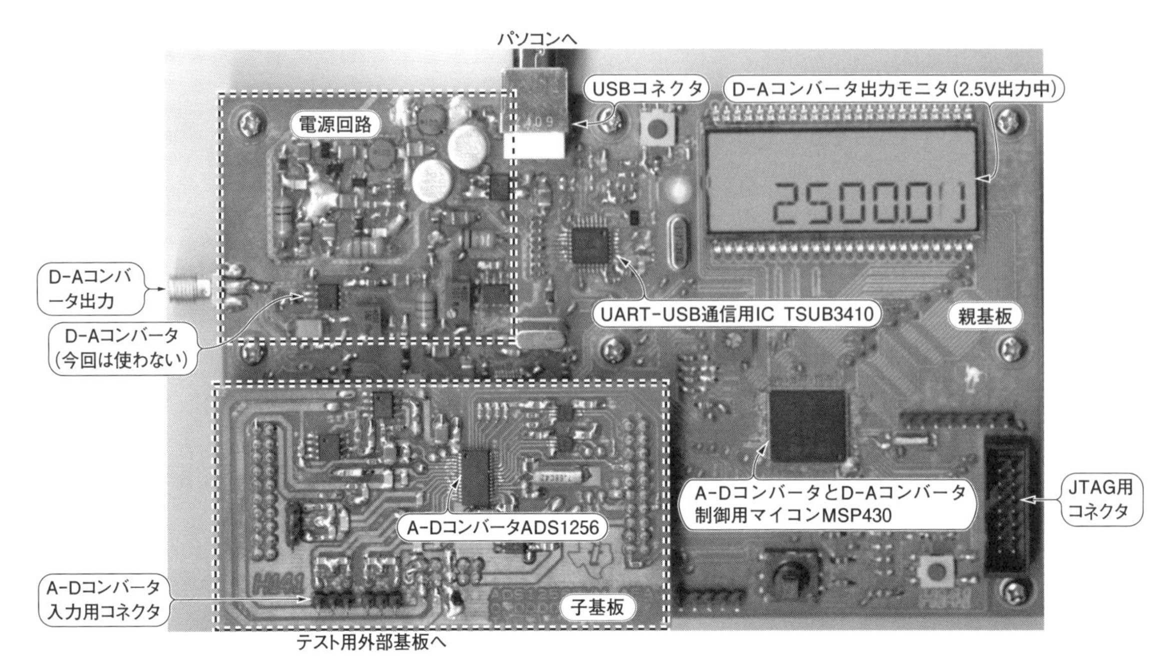

写真1 評価用ボードの試作基板

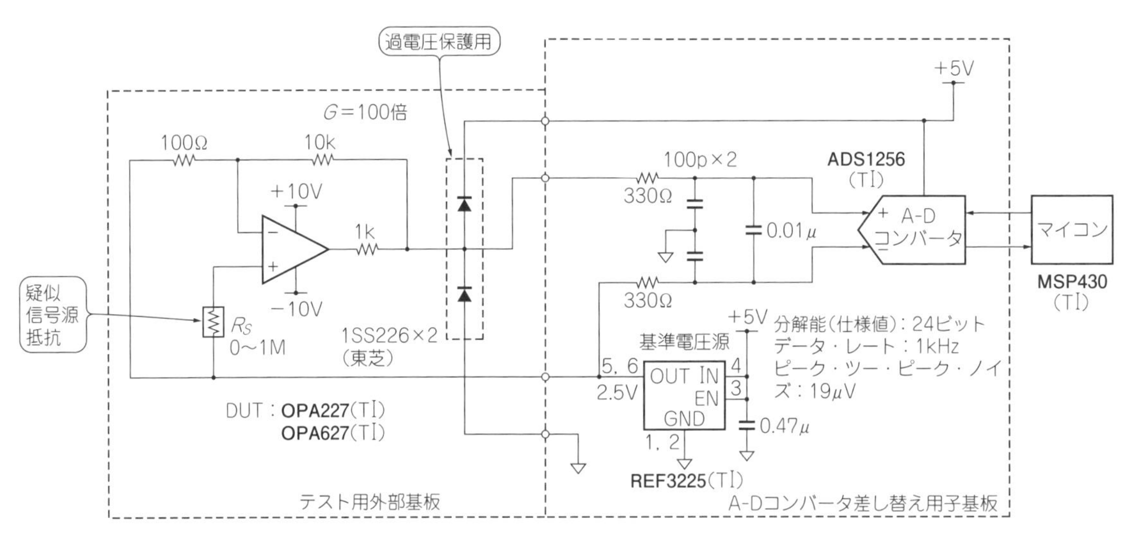

図2 OPアンプを搭載したテスト用外部基板とADCを搭載した子基板の回路
OPアンプの非反転入力に疑似信号源抵抗0~1MΩを入れて内部ノイズの変化を見る．ADCのノイズを無視できるようOPアンプに100倍のゲインをもたせている．TI：テキサス・インスツルメンツ

いうえ，16MIPSの処理能力をもちます．マイコンはADCの制御に欠かせませんが，同時にノイズ源であることにも留意してください．

OPアンプのノイズの種類とその意味

まずノイズの概念と，考察の指標として必要な単位について説明します．

図3は，**図2**の疑似信号源抵抗(以下，R_S)を0Ωとしたときのopa227の内部ノイズの実測波形です．ADCを1kSPSで10秒間動作させたので，データ・サンプル数は10000個です．

● 実効値ノイズ

図3の表に記した最大値，最小値，そしてピーク・ツー・ピーク・ノイズ(以下，P-Pノイズ)の振幅は，測定値の標準統計量を求めて得た結果です．

実効値ノイズ$V_{N(\mathrm{RMS})}$は，測定データ$D(n)$からDC成分を除去した値xを自乗し，その総和の平均値に対する平方根(平均自乗平方根)を求めた値です．**図3**の

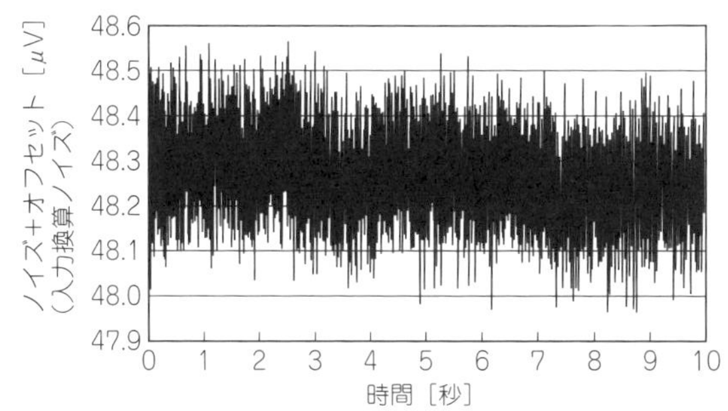

サンプル・データ数10000個の実測データ $D_{(0\sim9999)}$
（OPA227 R_S＝0Ω）

実効値ノイズ$V_{N(RMS)}$は次式で求まる．

$$V_{N(RMS)}=\sqrt{\frac{1}{T}\int_0^T x^2(t)dt}\cdots(1)$$

ただし，xはノイズの振幅

$$x=D_{(n)}-\underbrace{\frac{D_{max}+D_{min}}{2}}$$

$D_{(n)}$のDC成分（最大値と最小値の平均値）

xの範囲（ノイズの振幅）と実効値（RMS）の計算結果

項目	計算結果	単位
実効値	0.0833008	μV
最大値	48.5599	
最小値	47.9639	
範囲	0.596046	

サンプル・データ数10000個の実効値ノイズは次式で求まる．

$$V_{N(RMS)}=\sqrt{\frac{x_{t0}^2+x_{t1}^2\cdots x_T^2}{T+1}}$$
$$=\sqrt{\frac{x_0^2+x_2^2\cdots x_{9999}^2}{10000}}=83.3\text{nV}_{RMS}$$

図3 OPアンプのノイズの実測値と計算結果
図2において，疑似信号源抵抗0Ω，測定対象のOPアンプはOPA227

式(1)に算出方法を示します．この計算方式の英語Root Mean Squareの頭文字が実効値を示す補助単位RMSの由来です．実測データの測定時間は10秒なので，計算値に含まれるノイズの最低周波数は0.1 Hzです．また，振幅のばらつきを分散とみれば，RMSは分散を平方根した値なので，統計処理における標準偏差そのものです．

● ピーク・ツー・ピーク・ノイズ

P-Pノイズの振幅は入力換算で0.6 μVですが，これには温度による変動と，全体の30 %に相当するADCのノイズが含まれます．ADCのノイズの影響を軽減する目的でさらにアンプのゲインを上げたくなりますが，OPアンプのオフセット・ドリフトと寄生熱電対の影響が出ているようなので，かえってわかりづらくなります．

先駆者の方々は，統計的処理によっていろいろな周波数を含むランダム・ノイズの実効値(標準偏差)からP-Pノイズを求める方法を編み出しています(**図4**)．

▶P-Pノイズの分布を確率から算出

一定の時間内で発生するランダム・ノイズのピーク値と発生頻度の分布は式(2)のカーブにあてはまります．このような分布をガウス分布(統計では正規分布)

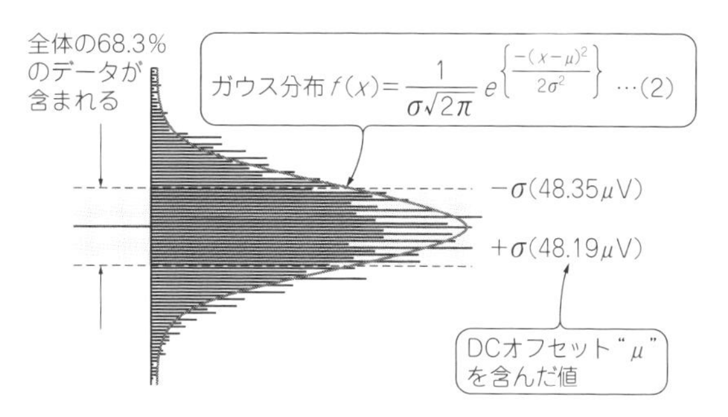

全体のデータの内，±1σの範囲に入る確率は次式から求まる．

$$P(-\sigma<x<+\sigma)=\int_{-\sigma}^{\sigma}f(x)dx\cdots\cdots(3)$$
$$=\int_{-\sigma}^{\sigma}\frac{1}{\sigma\sqrt{2\pi}}e^{\left\{\frac{-(x-\mu)^2}{2\sigma^2}\right\}}dx$$
$$\fallingdotseq 0.683$$

ただし，μは平均値(DCオフセット)なので省略可能

図4 ガウス分布からADC出力の基本統計量を求める
実効値ノイズとガウス分布からP-Pノイズについて推測する

と呼びます．

棒グラフは実測値のヒストグラムです．スパイク状にはみ出している部分はありますが，全体としては確かにガウス分布をしています(サンプル・データの数が多いほどこの傾向がはっきりする)．

分布が一定なら，実効値ノイズの標準偏差σを求め，その倍数から，発生するP-Pノイズの大きさを予測できます．

式(3)はPの範囲を±1σとし,そこに分布するP-Pノイズの大きさを求めたものです．計算によれば全体の68.3 %が範囲に入り，残り31.7 %がはみ出します．

▶σの値を大きくするほどP-Pノイズの計算値を上回る確率が低くなる

表1に，σの幅から算出されるP-Pノイズ値と，算出されたP-Pノイズ以上の値をもつOPアンプの存在確率を示します．

例えば8σの範囲に収まるP-Pノイズの最大値は0.688 μVで，これを上回るP-Pノイズの発生確率は0.006 %です．サンプル・データ10万個(測定時間：100秒間)につき6個の割合になります．今回の実測値は1万個(10秒間)で0.596 μVですから，計算値が実測値を上回ります．1万個につき1個(0.01 %)に近い7σ × $V_{N(RMS)}$が実測値に近い数字になっています．

このσ × $V_{N(RMS)}$でP-Pノイズを示す方法はリニアICのメーカで採用されており，6σないしは6.6σが使用されます．筆者の場合は，6.6σが実用上で妥当な値として採用しています．

技① 1Hzの幅で見たノイズ・レベルを元にノイズの周波数ごとの分布を見る

図5はOPアンプのノイズ対周波数のグラフです．

表1　実効値ノイズと標準偏差の積から求まるP-Pノイズ

P-Pノイズは，実効値ノイズに標準偏差σの幅をかけると求まる．

多くのADCのICメーカではσに6.6を使用(1000個のデータを採って算出値から外れる確率が1個)

σの値を大きくするほど確率は小さくなる

σ	P-Pノイズの最大値［μV］	算出したP-Pノイズを上回る確率［%］
1	0.08354601	−
3	0.2506380	13
5	0.4177300	1.2
6.6	0.5514037	0.1
7	0.5848221	0.046
8	0.6683681	0.006

実測値 $n=10000$	0.5960465

σ＝8(100000個のデータを採って外れる確率が6個)は10000個のデータによるP-Pノイズの実測値を上回る

図中のグラフのように周波数が連続したノイズ群を解析する場合，1 Hzの幅で見たノイズ・レベルをみます．単位は$\mathrm{V}/\sqrt{\mathrm{Hz}}$です．

$\mathrm{V}/\sqrt{\mathrm{Hz}}$ノイズを周波数順に並べることで，周波数別のノイズ・レベルの分布，すなわちスペクトラムを示せます．

$\mathrm{V}/\sqrt{\mathrm{Hz}}$ノイズのレベルは，ノイズ密度という表現にも関連します．グラフが示すように，ホワイト・ノイズ領域はノイズが薄く広がっているので「ノイズ密度は低い」，1/*f*ノイズ領域は「ノイズ密度が高い」といえます．

前述したように実効値ノイズは一定時間幅内に発生する全ノイズの合計なので，$\sqrt{\mathrm{Hz}}$ノイズの合計といえます．グラフの周波数区間f_m～f_nのようにノイズの密度が均一なら，式(4)で示すように$\sqrt{\mathrm{Hz}}$ノイズのレベルと周波数帯域幅$(f_n - f_m)$との積は実効値ノイズとなります．

$$V_{N(\mathrm{RMS})} = V_N/\sqrt{\mathrm{Hz}} \times \sqrt{f_n - f_m} \quad \cdots\cdots (4)$$

すなわち，**図5**の周波数が連続したノイズ群の総面積，縦($\sqrt{\mathrm{Hz}}$ノイズのレベル)×横$(f_n - f_m)$が実効値ノイズとなります．

OPアンプの内部ノイズを算出する

● データシートでOPアンプのノイズの仕様を見る

図6は，タイプの異なるOPアンプのデータシートからノイズの仕様を抜粋したものです．

OPA227のf＝0.1～10 HzのP-Pノイズ①は，$V_{N(\mathrm{RMS})}$値②の6倍(リスク0.27 %)を採用しているのがわかります．一方，OPA627の方はP-Pノイズの最大値を規定しているので，$V_{N(\mathrm{RMS})}$値を規定していません．

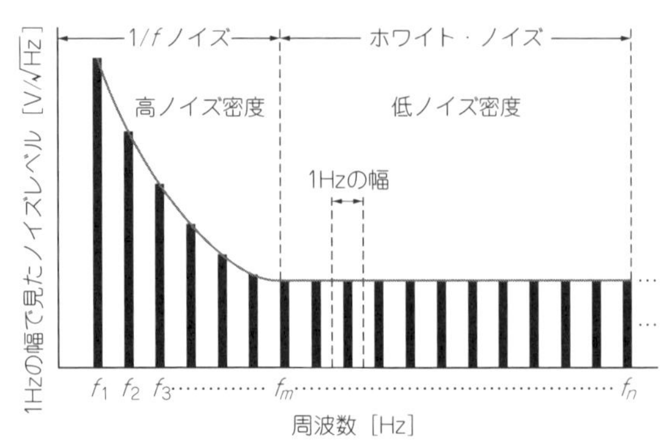

図5　OPアンプの入力電圧ノイズを周波数領域ごとに分析する
1 Hzの幅で見たノイズ・レベル(単位は$\mathrm{V}/\sqrt{\mathrm{Hz}}$)を周波数順に並べたノイズ・スペクトラムを使う

OPA227はバイポーラ入力，OPA627はFET入力のOPアンプです．OPA227と比較してノイズ特性が劣るOPA627も，ともに低ノイズ・アンプとして分類されます．その理由はあとで解説します．

技② OPアンプから発生するノイズは1/fとホワイト・ノイズ領域を割り出して見積もる

OPA627を例に，OPアンプから発生するノイズの見積もり方を解説します．総合ノイズは，ノイズ・スペクトラムのグラフ(**図7**)に直線を引き，1/*f*ノイズ領域V_{N1}とホワイト・ノイズ領域V_{N2}の面積を合算(自乗和の平方)して見積もります．

▶1/*f*ノイズ領域の面積を算出

1/*f*ノイズ領域の面積は，OPA627のノイズ・スペクトラムで示されるK_1とK_2，ノイズの降下率－10 dB/dec.で構成される台形です．グラフは*X*，*Y*とも対数目盛りなので，目盛りを頼りにK_2との交点まで－10 dB/dec.の直線を引くことは難しくはないでしょう．グラフの中で－10 dB/decの直線とK_2との交点を1/*f*コーナと呼びますが，要するに，1/*f*ノイズの終点のことです．

面積を計算するには式(5)を使います．式中の周波数比f_2/f_1において，f_1は1 Hz($K_1 = 50\ \mathrm{nV}/\sqrt{\mathrm{Hz}}$)，$f_2$は作図で求めた1/*f*コーナ100 Hz($K_2 = 5\ \mathrm{nV}/\sqrt{\mathrm{Hz}}$)です．作図で求めた$f_2$における$K_2$の値$5\ \mathrm{nV}/\sqrt{\mathrm{Hz}}$と，**図6**の③の値$8\ \mathrm{nV}/\sqrt{\mathrm{Hz}}$とは開きがありますが，一致しなくてもかまいません．理由は2点，③はホワイト・ノイズの低域と1/*f*ノイズの終点付近が緩やかにクロスしたミックス値であることと，後ほど解説しますが総合ノイズに対する1/*f*ノイズの割合が小さいためです．

面積の計算結果を式(5)の下段に示します．

▶ホワイト・ノイズ領域の面積を算出

ホワイト・ノイズ領域V_{N2}の面積計算は簡単です．

OPA227 Series

At T_A = +25°C, and R_L = 10kΩ, unless otherwise noted.
Boldface limits apply over the specified temperature range, T_A = –40°C to +85°C.

PARAMETER	CONDITION	OPA227P, U OPA2227P, U			UNITS
		MIN	TYP	MAX	
NOISE					
Input Voltage Noise, f = 0.1Hz to 10Hz	①周波数範囲0.1～10Hzに置ける入力電圧ノイズ		90		nVp-p
	②①の実効値電圧		15		nVrms
Input Voltage Noise Density, f = 10Hz e_n			3.5		nV/√Hz
f = 100Hz	③周波数100Hzにおける入力電圧ノイズ密度		3		nV/√Hz
f = 1kHz			3		nV/√Hz
Current Noise Density, f = 1kHz i_n	④周波数1kHzにおける入力電流ノイズ密度		0.4		pA/√Hz

(a) OPA227のノイズの仕様[1]

At T_A = +25°C, and V_S = ±15V, unless otherwise noted.

PARAMETER	CONDITIONS	OPA627BM, BP, SM OPA637BM, BP, SM			UNITS
		MIN	TYP	MAX	
NOISE					
Input Voltage Noise					
Noise Density: f = 10Hz			15	40	nV/√Hz
f = 100Hz	③周波数100Hzにおける入力電圧ノイズ密度		8	20	nV/√Hz
f = 1kHz			5.2	8	nV/√Hz
f = 10kHz			4.5	6	nV/√Hz
Voltage Noise, BW = 0.1Hz to 10Hz	①周波数範囲0.1～10Hzに置ける入力電圧ノイズ		0.6	1.6	μVp-p
Input Bias Current Noise					
Noise Density, f = 100Hz			1.6	2.5	fA/√Hz
Current Noise, BW = 0.1Hz to 10Hz	④周波数1kHzにおける入力電流ノイズ密度		30	60	fAp-p

(b) OPA627のノイズの仕様[2]

図6 OPアンプのデータシートに記載されたノイズ仕様の読み方

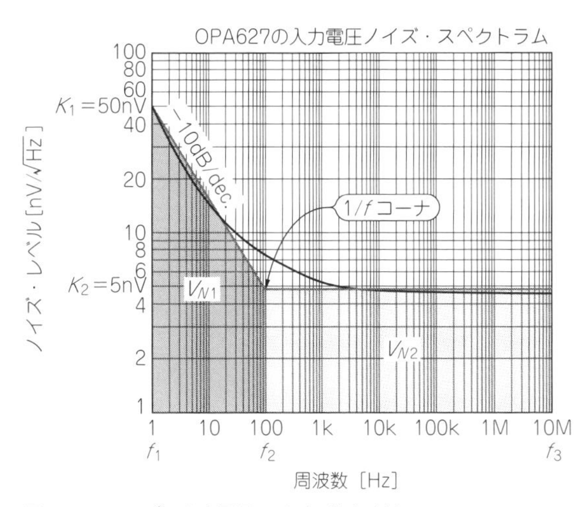

$V_{N(RMS)}=K_1\sqrt{\frac{1}{f}}$ の関係から次式より1/fノイズ領域の実効値ノイズV_{N1}を求める.

$$V_{N1}=K_1\sqrt{\int_{f_1}^{f_2}\frac{df}{f}}=K_1\sqrt{\ln\frac{f_2}{f_1}} \cdots\cdots\cdots(5)$$

$$V_{N1}=50\text{nV}\times\sqrt{\ln\frac{100\text{Hz}}{1\text{Hz}}}\fallingdotseq 0.107\text{nV}_{\text{RMS}}$$

式(4)からホワイト・ノイズ領域の実効値ノイズV_{N2}を求める.

$$V_{N2}=K_2\sqrt{f_3-f_2}=5\text{nV}\times\sqrt{10\text{MHz}-100\text{Hz}}\fallingdotseq 15.8\,\mu\text{V}_{\text{RMS}}$$

総合ノイズはV_{N1}とV_{N2}の自乗和の平方なので, 次式から求まる.

$$V_{N\,(RSS)}=\sqrt{V_{N1}^2+V_{N2}^2} \cdots\cdots\cdots\cdots\cdots\cdots\cdots(6)$$

$$=\sqrt{(107\times10^{-9})^2+(15.8\times10^{-6})^2}$$

$$\fallingdotseq 15.800362\,\mu\text{V}_{\text{RMS}}$$

1/fノイズの桁はここに相当する(362の部分)

図7 OPアンプの入力電圧ノイズの算出方法
まず作図法で1/fコーナを求め, 1/fノイズ領域とホワイト・ノイズ領域の実効値ノイズをそれぞれ算出し, 合算する. 例としてOPA627を使った

前出の式(4)を使えば15.8 μV_{RMS}が求まります.

▶1/f, ホワイト・ノイズ領域の面積を合算

2つの面積V_{N1}とV_{N2}が求まったところで, これを自乗和平方根を求めて合算します[式(6)]. 式による計算からOPA627の1 Hzから10 MHzにおける総合ノイズ15.800362 μV_{RMS}が求まります. 式(6)中のRSSとは, 計算方法を示す英語の頭文字Root Sum Squareからとったもので, ランダムに変化する互いに無関係な値を合計するときに使う統計処理の1つです.

ここで着目すべきは総合ノイズに対する1/fノイズの割合です. 小数点以下第3位で四捨五入すると見えなくなります. 1/fノイズのレベルが5 nV/√Hzと低くても, 帯域幅9.9999 MHzの総量15.8 μV_{RMS}のほうが圧倒的に支配的であることを留意しておいてください.

OPアンプから発生するノイズを低減する

技③ 不要な帯域をフィルタでカットしてノイズを低減する

OPアンプの入力電圧ノイズは等価的に非反転入力から注入されるものと考えなくてはなりません．このため，OPアンプの内部ノイズに対するゲイン(ノイズ・ゲインと呼ぶ)は1倍以下にはなりません［式(7)］．

図8は帯域幅が100 kHzであることを想定した対策です．回路Aでは帰還ループに，回路Bではアンプ出力にフィルタ用のコンデンサを入れています．

前述のとおり，回路Aの対策ではノイズ・ゲインは1倍以下になりません．信号に対するゲインが低いアンプ回路ではコンデンサC_Fの効果が薄いと判断できます．このような場合は原始的ではありますが，回路Bのように出口側でフィルタをかけます．これらの効果の違いを図中のグラフで確認してください．

1次のフィルタなので，減衰率は－6 dB/oct.と緩やかですが，それでも前出の式(4)で実効値ノイズを再計算すると，高域を野放し状態の15.8 μV_{RMS}から2 μV_{RMS}に激減します．OPA627のような広帯域OPアンプに限らず，不要な帯域はカットして使うべきです．

技④ 信号源抵抗の大きさでOPアンプを選ぶ

OPアンプのノイズを低く抑えるためには，信号源抵抗の大きさによって使うOPアンプのタイプを選ぶ必要があります．**図9**は，OPA227とOPA627のノイズ特性を比較するヒストグラムで，R_S＝0 Ω，1 MΩでの実測値です．高抵抗のR_SではOPA627よりもOPA277のほうが，圧倒的にノイズ特性が悪くなっています．R_Sの値は両方同じなのでR_Sからのサーマル・ノイズも同じはずです．

▶入力電流ノイズと信号源抵抗でノイズは発生している

ここで種明かしですが，OPA227のノイズの増大は，**図6**の④入力電流ノイズ(OPA227は0.4 pA/$\sqrt{\text{Hz}}$，OPA627は0.03 pA/$\sqrt{\text{Hz}}$)の影響によるものです．

図10はOPアンプ内部のノイズ源を表したもので，入力電流ノイズI_{NP}はR_Sを通過する際にオームの法則$I_{NP}\times R_S$によって電圧ノイズに変換されます．したがって，入力電流ノイズが1桁小さいOPA627のほうが，高抵抗のR_Sにおいては低ノイズになります．

入力電流ノイズはアンプの入力バイアス電流の揺らぎであるため，高抵抗のR_Sでは入力バイアス電流の小さいFET入力のOPアンプのほうがトータルで低ノイズになります．

入力電圧ノイズに関してはバイポーラ入力のOPアンプOPA227のほうが小さくできるため，低抵抗のR_Sではバイポーラ型に軍配が挙がります．式(8)は**図10**に記されたノイズ源の合計値を示します．

▶適切なOPアンプの選択はセンサの内部抵抗から

R_Sの値がどのあたりで，2つのOPアンプのノイズ特性が逆転するのかを調べたのが**図11**です．おおむね10 kΩのところで逆転し始めていることがわかります．R_Sからのサーマル・ノイズ(計算値)を見ると，

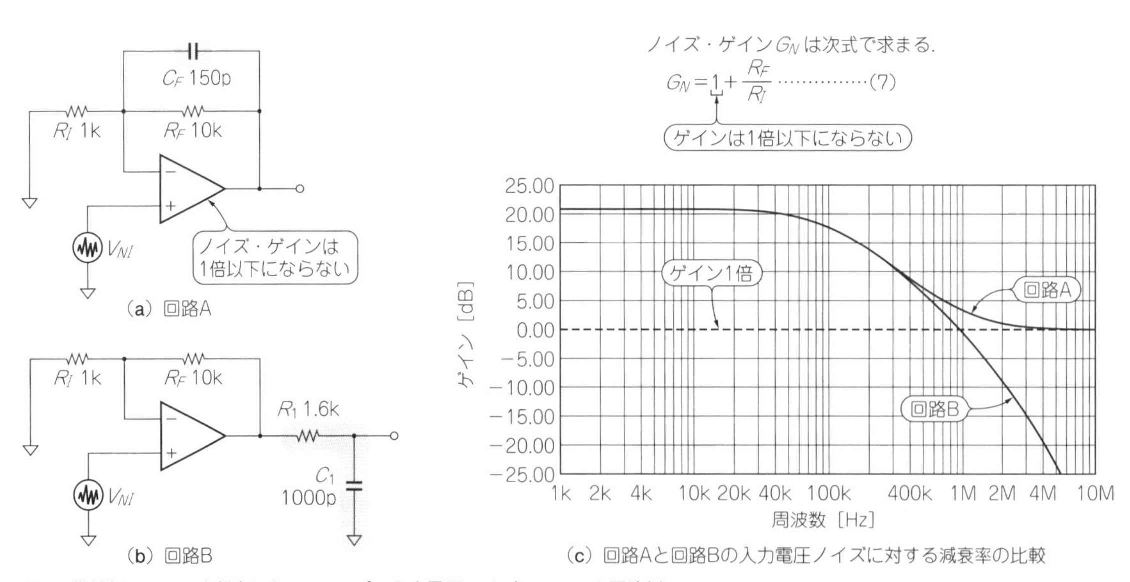

図8　帯域幅100 kHzを想定したOPアンプの入力電圧ノイズ・フィルタ回路例
回路Aの入力電圧ノイズのゲインは非反転入力にも注入されるので1以下にならない．信号に対するゲインが低いアンプ回路の場合は回路Bのように出力でフィルタをかける

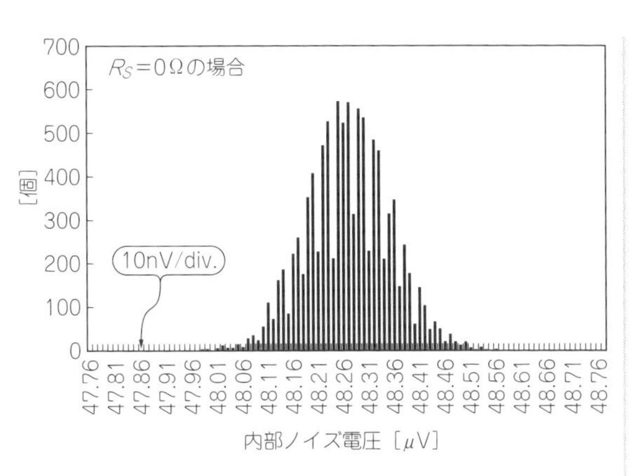

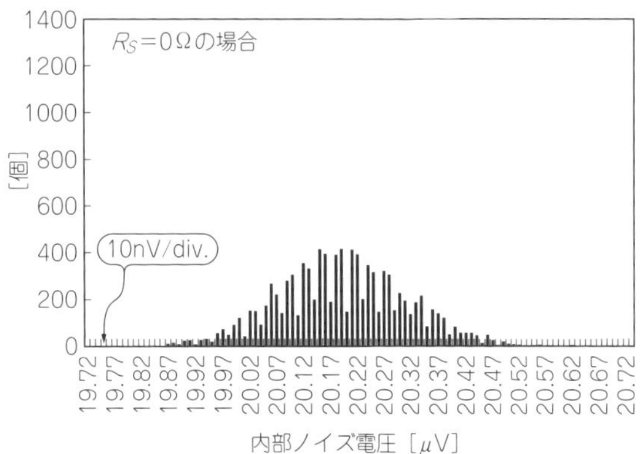

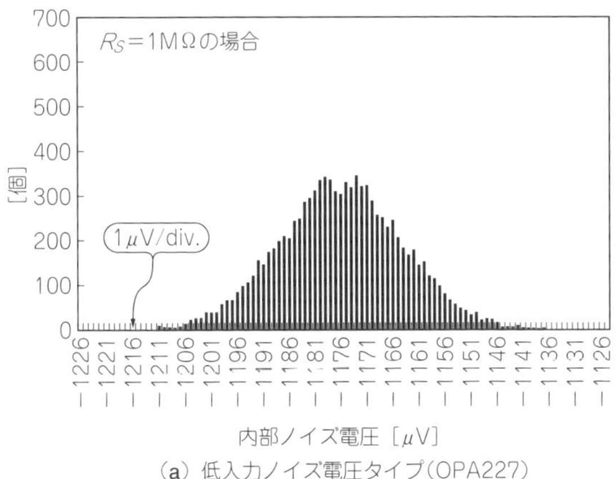

(a) 低入力ノイズ電圧タイプ(OPA227)

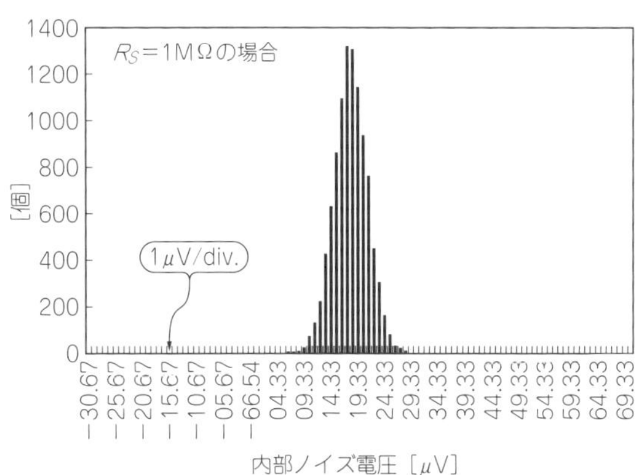

(b) 低入力ノイズ電圧タイプ(OPA627)

図9　低入力電流ノイズ/低入力電圧ノイズOPアンプの内部ノイズを疑似信号源抵抗を変えて比較
疑似信号源抵抗R_Sが1MΩと高いときは入力バイアス電流が小さいFET入力のOPアンプOPA627のほうが，バイポーラ入力のOPA227よりも総合的にノイズが小さくなる．R_Sが0Ωと小さいときは入力電圧ノイズが小さいバイポーラ入力のOPアンプOPA227のほうがOPA627よりも小さい

$$V_{NO(RSS)}=\sqrt{V_{NR}^2+(I_{NP}R_S)^2+V_{NI}^2}\ [\mathrm{V}/\sqrt{\mathrm{Hz}}]\ \cdots\cdots(8)$$

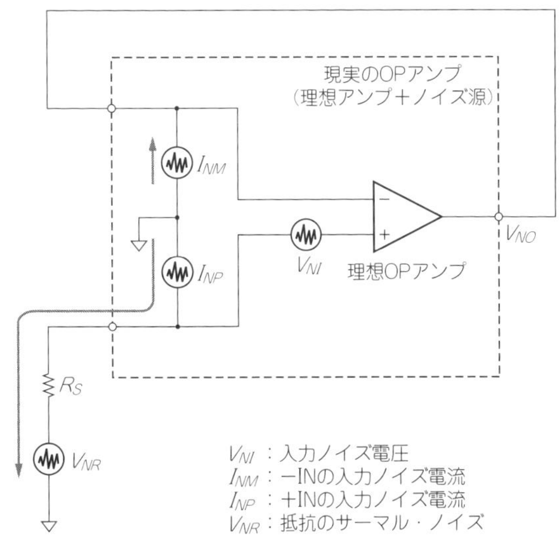

図10　OPアンプの内部ノイズと信号源抵抗との関係

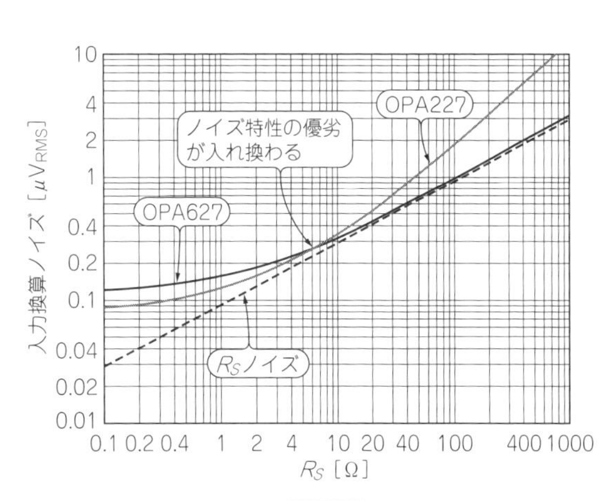

R_Sから生じるノイズ［V］は$\sqrt{4kTRB}$で求まる．
ただし，k：ボルツマン定数(1.38×10^{-23})J/K，T：絶対温度298J/K，R：抵抗値100～1MΩ，B：影響帯域幅=500Hz

図11　疑似信号源抵抗と内部ノイズの実測値カーブ
OPアンプ OPA627とOPA227において，信号抵抗が10kΩ付近で低ノイズのOPアンプが入れ替わる．10kΩ以上のOPA627の内部ノイズは疑似信号源抵抗のノイズに埋もれてしまう

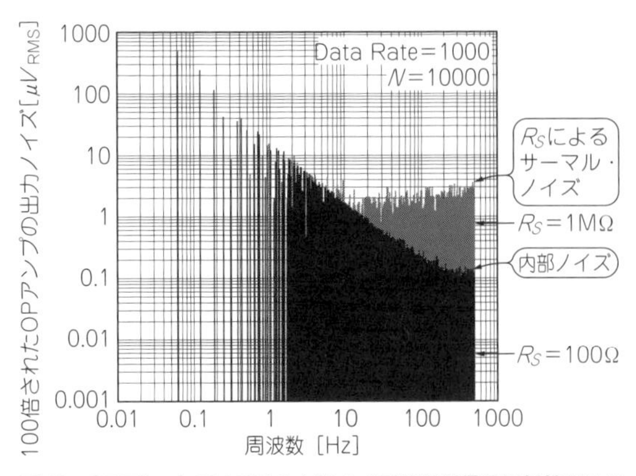

図12　OPアンプOPA627の内部ノイズは疑似信号源抵抗が1MΩと大きいと埋もれてしまう
FFT解析の結果より，ノイズ・フロアの上昇が疑似信号源抵抗のノイズによるものと予想できる

OPA227のヒストグラムの広がりがR_Sからのサーマル・ノイズではなく，入力電流ノイズ×R_Sに起因していることが読み取れます．

一方，OPA627の入力電圧ノイズが小さいため，本当の姿がR_Sのサーマル・ノイズに阻まれ読み取れません．**図12**は同じ実測データを見たものですが，FFTのグラフにおけるノイズ・フロアの上昇が，単純にR_Sのノイズによるものと推測できます．

この実験を通じてわかったことは，R_Sの値が10kΩ以下ではOPA227，10kΩ以上ではOPA627を選ぶべしとなります．センサの内部抵抗を考慮して，OPアンプを選ぶ必要があります．

抵抗で発生するノイズの計算と低減方法

OPアンプで増幅回路を組む場合は抵抗によりゲインを設定しますが，抵抗からもOPアンプと同様にノイズは発生します．このようすを**図13**に示します．

抵抗から発生するノイズ・レベルは，周囲温度，抵抗値が影響を与える帯域幅で変化し，これらの条件を図中の式(9)へ代入することで実効値ノイズが計算できます．温度に比例してノイズが増大することが分かります．このため，抵抗から発生するノイズをサーマル・ノイズと呼び，そのスペクトラムは平坦です．

実は，OPアンプのホワイト・ノイズの正体は内部の抵抗成分から発生するサーマル・ノイズです．したがって，低消費電流なアンプほどノイズが増加します．

式(10)は，周囲温度Tを298°K(25℃)一定とし，ノイズの影響帯域幅Bを計算条件から外した簡易式です．抵抗値対ノイズ・レベルが計算できます．帯域幅が考慮されていないので単位はV/$\sqrt{\text{Hz}}$です．

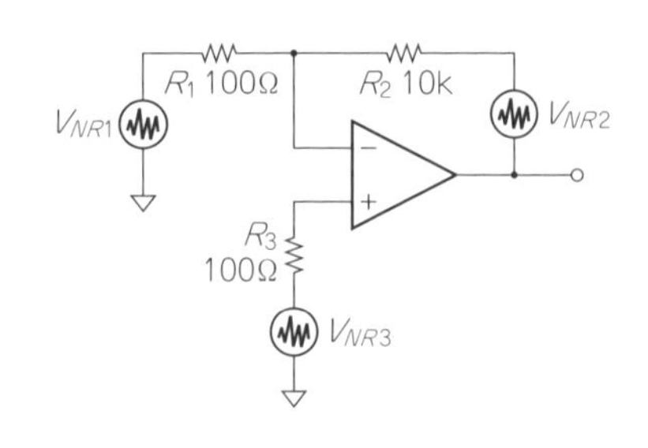

抵抗のサーマル・ノイズV_{NR}は次式で求まる．

$$V_{NR}=\sqrt{4kTRB}\ [\text{V}_{\text{RMS}}] \quad \cdots\cdots(9)$$

ただし，
k：ボルツマン定数(1.38×10^{-23})［J/K］，
T：絶対温度，R：抵抗値，B：影響帯域幅
周囲温度を25℃とすればV_{NR}は次式となる．

$$V_{NR}=1.28\times10^{-10}\sqrt{R}\ [\text{V}/\sqrt{\text{Hz}}] \quad \cdots\cdots(10)$$

OPアンプにより増幅された各抵抗のノイズは次式で求まる．

$$R_1: V_{NR1}=1.28\times10^{-10}\left(\frac{R_2}{R_1}\right)\sqrt{R_1} \quad \cdots\cdots(11)$$

$$R_2: V_{NR2}=1.28\times10^{-10}\sqrt{R_2} \quad \cdots\cdots(12)$$

$$R_3: V_{NR3}=1.28\times10^{-10}\left(1+\frac{R_2}{R_1}\right)\sqrt{R_3} \quad \cdots\cdots(13)$$

帰還抵抗R_2のノイズは増幅されない

図13　OPアンプとの接続位置による抵抗のサーマル・ノイズ増幅率の違い

式(11)～(13)は，抵抗の配置場所によってOPアンプによる抵抗ノイズの増幅率が違うことを示したものです．V_{N1}からV_{N3}はアンプから出力される各抵抗のノイズ値です．着目すべきは，帰還抵抗に配置するR_2のノイズは増幅されず，逆に，非反転入力に接続された抵抗R_3のノイズは最も増幅される点です．

高ゲインかつ低ノイズなアンプ回路を設計する場合は，R_1やR_3の値を小さく設定します．筆者の場合は100倍のアンプを組むとき，R_1に100Ω，R_2に10kΩを採用しています．これらを式(11)，式(12)で計算すると，出力されるR_1のノイズは100Ωでも128nV/$\sqrt{\text{Hz}}$と大きく，R_2のノイズは10kΩでも12.8nV/$\sqrt{\text{Hz}}$と小さい値になり，入力側の抵抗ノイズの影響がいかに大きいかがわかります．

◆引用文献◆

(1)＊OPA227データシート(Rev.A)，テキサス・インスツルメンツ
(2)＊OPA627データシート，テキサス・インスツルメンツ

第22章 ノイズや誤差を低減するためのノウハウを解説

24ビットA-D変換回路の低ノイズ・アンプ設計

中村 黄三 Kouzou Nakamura

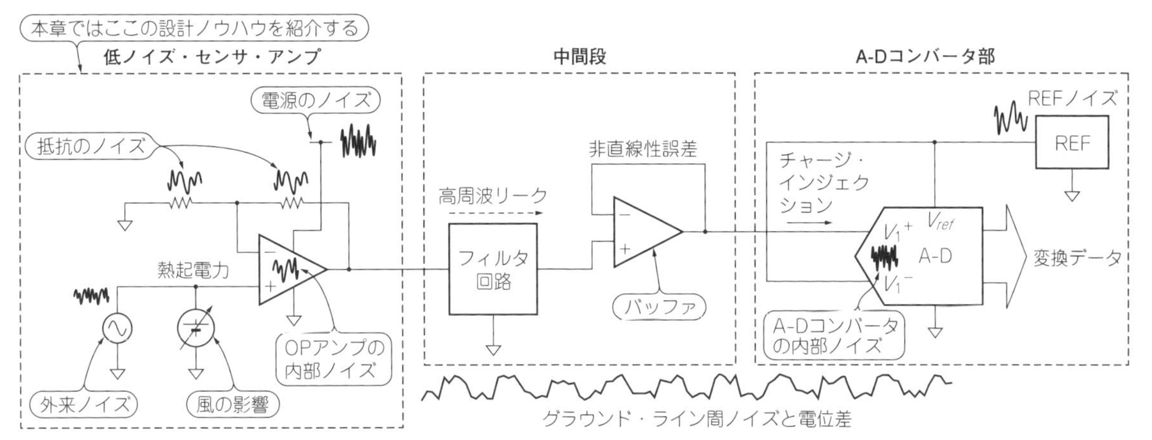

図1 μV/μAオーダの24ビット計測回路作りはノイズとの戦い
12ビット以下のA-Dコンバータでは，外来ノイズやバッファ・アンプの非直線性誤差は問題にならない．本稿では高精度A-D変換回路を阻害するノイズや誤差を低減するためのノウハウを解説する

● 24ビット計測を成功させるにはノイズや誤差源の対策を徹底する

アナログ・フロントエンドは，センサとマイコン/FPGAなどのディジタル信号処理ICを結ぶアナログ回路のことです．本回路は，**図1**に示すようにアンプやフィルタ，A-Dコンバータなどで構成されています．

本稿では，高精度A-Dコンバータ回路の性能を引き出す，回路設計のポイントを実験やシミュレーションを交えながら解説します．本テクニックは，**図2**に示すような用途に適用できます．

電圧，温度，明るさ，圧力，流量，脳波などのセンサからμV/μAオーダの微小信号を正確に処理するには，高精度にアナログ量を検出する必要があります．

このような高精度センシング計測では，12ビット以下のA-Dコンバータでは問題にならなかった外来ノイズの影響やバッファ・アンプの非直線性誤差が，下位ビットの暴れや誤差として見えてくることが多々あります．精度が出ない要因の約70％がA-Dコンバータの周辺回路や部品です．A-Dコンバータの精度を100％活用するには，周辺回路の実力もA-Dコンバータの精度に見合うものか，それ以上にします．

A-Dコンバータの入力レンジを0～5Vとしたとき，16ビットのA-Dコンバータの1LSB(Least Significant Bit，最下位ビット)は76.3μVです．汎用のOPアンプでドライブすると，この感度ではバッファ・アンプの非直線性誤差が約8LSBの幅で見えてきます．本問題を回避するには，同相成分除去(CMR：Common Mode Rejection)が最小96dBのOPアンプを利用します．

ΔΣ型24ビットでは，LSBが0.3μVとさらに細かくなり，寄生熱電対の影響を受けます．対策として，電磁シールドを兼ねた密閉容器に基板を入れます．

今回はノイズ・シールド法，低ノイズ・アンプの作り方を紹介します．**写真1**は2芯シールド線による磁気ノイズ低減効果を調べているところです．

技① 2芯シールド線を使う

センサなどのすぐそばにA-Dコンバータを配置できればよいのですが，そうもいかない場合は少なくありません．シールド線を使って，ノイズが入らないように配線しますが，その端末処理を誤ると，期待したシールド効果が得られません．

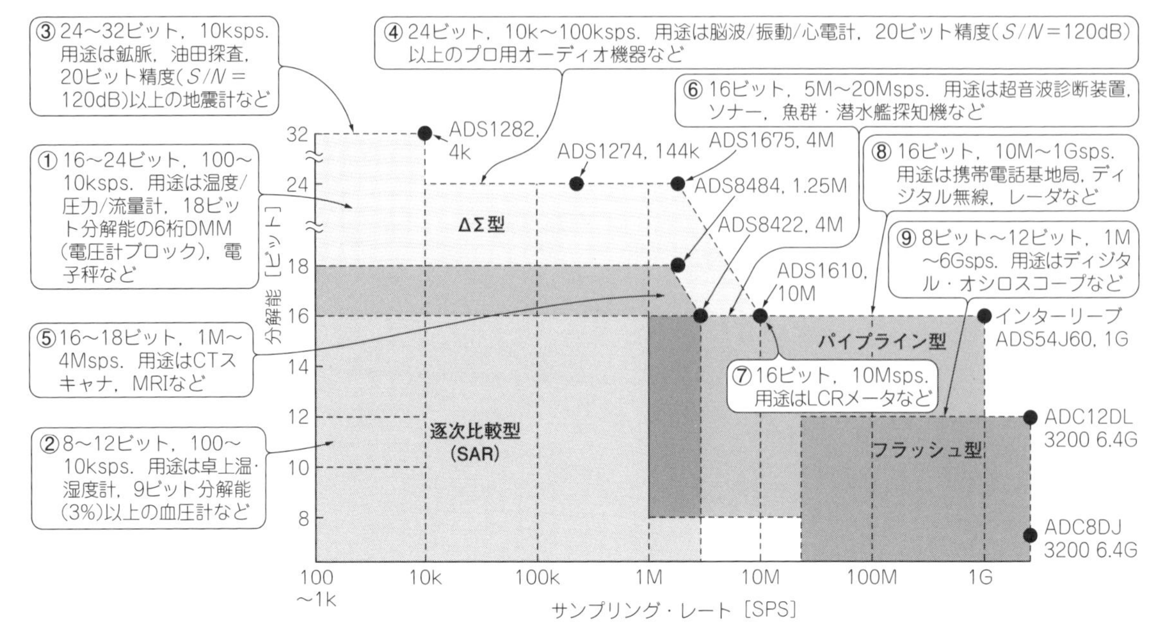

図2　代表的なA-D変換方式の分解能と変換速度
本稿は①～④の用途のA-D変換回路設計に活用できる

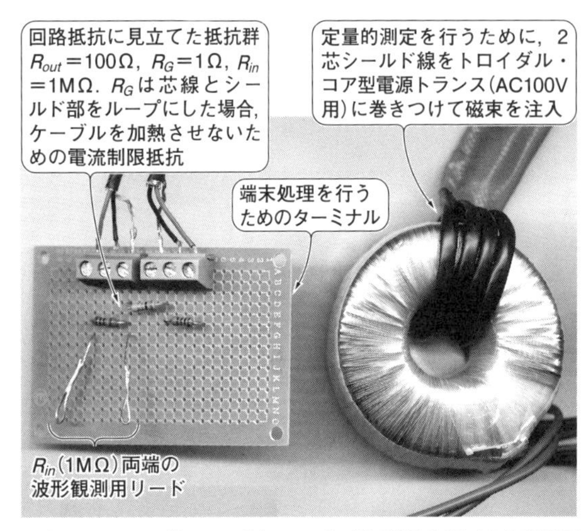

写真1　シールド線による磁気ノイズの低減効果を調べる実験装置
シールド線の端末をターミナルで固定し，シールド部（外側の網線）をグラウンドに落としたり浮かしたりして違いを調べる

ここでは，5種類の端末処理とその実測値を示し，シールド線がなぜ50/60 Hzのハム（磁束）を除去して芯線の信号を保護できるのかを解説します．

● シールドの接続法を変えてハム・ノイズを比較

実験のため，ノイズ源となる50 Hzの磁束を安定にシールド線へ加えるための仕掛けを**写真1**のように用意します．シールド線の末端をターミナルで固定し，シールド（シールド線の外側導体，編組線）をグラウンドに落としたり浮かしたりして，シールド効果の違いを測定します．

表1　DMMで計測した実効値と減衰率（実測）
（e）は，実際には測定限界以下まで減衰できていて，効果は表記より高い

条件	DMMの読み	減衰率
(a)	267.283 mV_{RMS}	－
(b)	267.283 mV_{RMS}	0 dB
(c)	11.153 mV_{RMS}	－27.5916 dB
(d)	5.833 mV_{RMS}	－33.2216 dB
(e)	0.053 mV_{RMS}	－74.0539 dB

DMMの入力をショートしても同じ値だったので，DMMの内部ノイズの値と考えられる

結果を**図3**に示します．各端末における波形は，R_{in}（1 MΩ）の両端をオシロスコープで観測したものです．回路としては，左側が信号源に，右側を受信側に見立てています．

図3(a)を減衰率0 dBの基準として，**図3**(b)～(e)のシールド効果を比較します．

図3(b)は網線の片側のみ接地した場合で，シールド効果は基準の**図3**(a)と同じです．シールドとして働いていません．

表1はディジタル・マルチメータ（DMM）で測った実効値です．**図3**(e)の結果における値はDMMの内部ノイズそのものなので，実際の減衰率はさらに大きいといえます．

● シールド線で磁気シールドができる原理

シールド線の外皮線には銅の編組線やアルミ箔が使われます．これらは非磁性体なので，磁束は簡単に通過します．**図3**(e)のように処理すると，磁束によって誘起した電流の向きが外皮線と芯線で逆になります．

しかも片側がフローティングになっているため，右向きと左向きの電流量は同じになり，形成されたループにより消費されます(図4)．これがシールド線による磁気シールドの原理です．図3(b)の用法では図3(a)と同様にループができないので，磁気シールド効果が発生しません．

本稿をまねて実験を行う場合，シールド線をコアへ巻くターン数は少なくし，シールド線の発熱には十分に留意します．図3(e)はわずか4ターンの巻き数ですが，大きな電流が流れるようで発熱がひどかったので，1回の測定は5秒以内で終わらせました．

● 絶縁するとシールド効果を向上できる

図3(c)や図3(d)の方法でも効果はありますが，グラウンド・ライン(ここではR_Gとして抵抗分1Ωを持たせてある)にも分流するため，芯線と外皮線の電流量が同じにならず，効果は図3(e)よりも劣っています．

グラウンド・ループがどうしても形成される機器では，フォトカプラなどで信号ラインを絶縁してループを切断すると図3(e)に近づき，高い効果が得られます．

技② 電磁シールドを兼ねた密閉容器にA-D変換回路を入れる

● 低ドリフトOPアンプで電圧の揺らぎが出たら寄生熱電対を疑う

ひずみゲージを利用して重量や圧力を測る場合，微小な出力信号を高ゲインDCアンプで増幅します．低ノイズで入力オフセット電圧ドリフトが極めて小さいOPアンプを使います．

このとき，ドリフトと思われる変動がカタログ仕様より大きい場合は，寄生熱電対効果を疑います．

● 寄生熱電対とは？ 発生する場所は？

異なる種類の金属を貼り合わせた場所(異種金属の接合部)に温度差があると，温度差に比例した起電力(熱起電力と呼ぶ)がゼーベック効果により発生します．

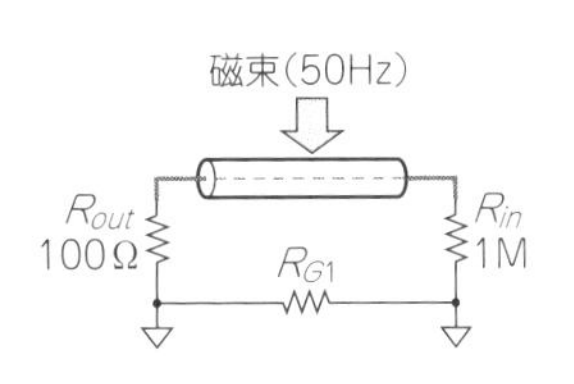

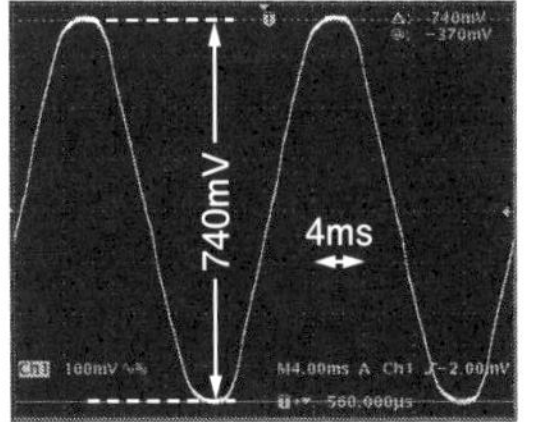

(a) 基準用

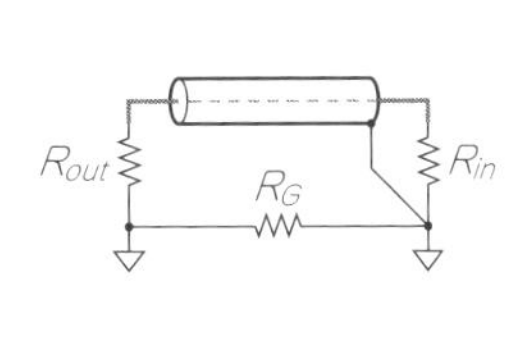

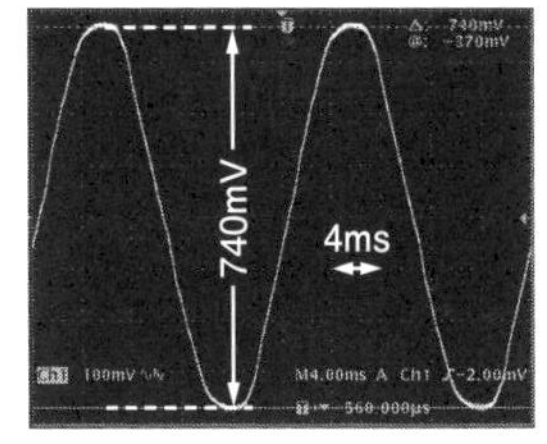

(b) 1芯で片側のみ接地

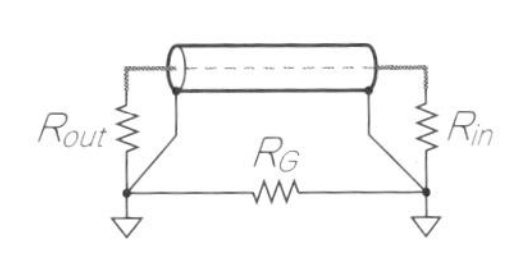

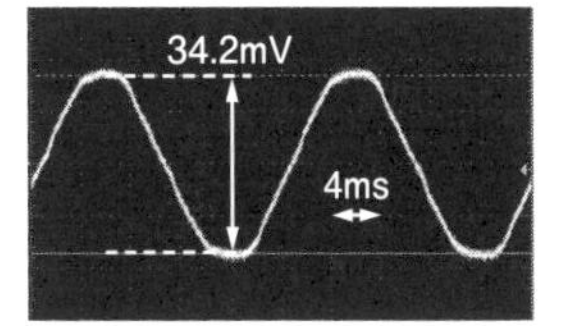

(c) 1芯で両側接地

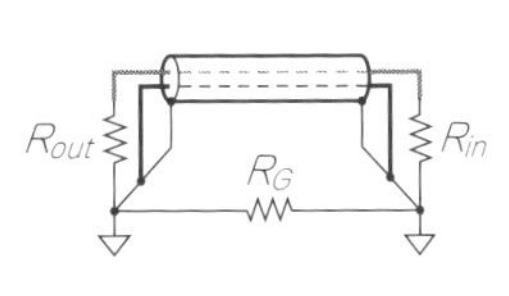

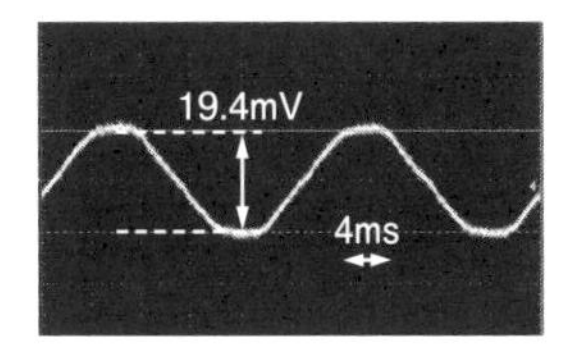

(d) 2芯で両側を接地

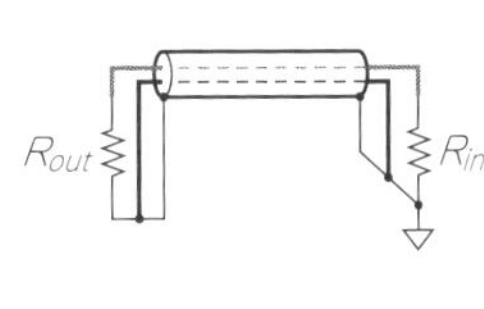

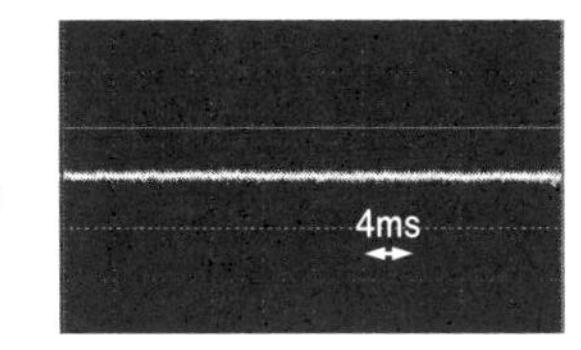

(e) 2芯で両側接地，片側をフローティング

図3 2芯シールド線を適切に接続すると磁気ノイズを大幅に低減できる
正しく接続しないとまったく効果がない．正しく接続し，さらにグラウンドを絶縁できると，磁気ノイズの影響をほぼゼロにできる

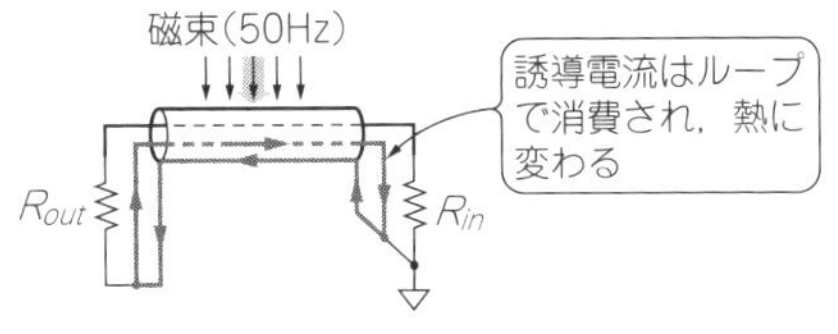

図4 適切に接続した2芯シールド線に磁気シールドの効果が発生するメカニズム
シールド線に磁束が交差することによって誘起する電流(ハム)は，外皮と芯線で方向が逆になる．よってハムは形成されたループで消費される．R_Gによる電流制限がないと大きな電流が流れるので，実験するときはケーブルの発熱に留意する

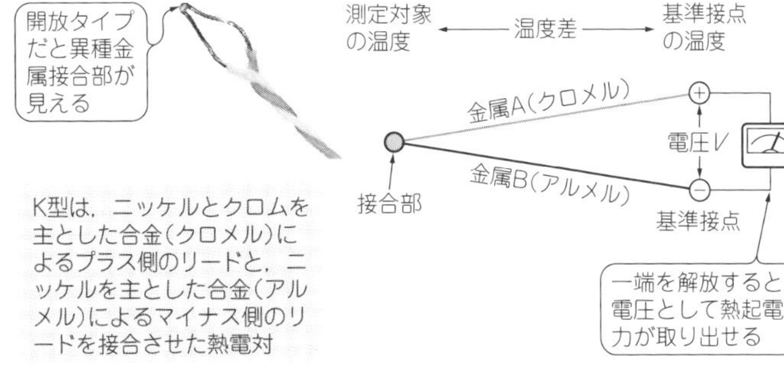

(a) K型熱電対の先端　(b) 熱電対の使用法

図5 異種金属接合で発生する熱起電力を利用する熱電対という温度センサがある
異種金属の接合からはゼーベック効果により温度差に応じた熱起電力を発生する

この原理を温度測定に利用しているセンサが熱電対です(**図5**).

回路基板の上にも，OPアンプなどのICのリード，はんだ，配線パターンなどの異種金属の接合部があちこちにあります．これらを寄生熱電対と呼びます．この寄生熱電対から発生する熱起電力は，用途によっては深刻な誤差原因になります(**図6**).

この熱起電力は，異種金属の接合部に風があたると揺らぎます．**図6**のように，熱起電力が発生するICリードがOPアンプの入力部分であれば，その電位の揺らぎは信号成分とともに増幅され，ドリフトのような低周波ノイズとなって現れます(**図7**).

● 高ゲインDCアンプによる寄生熱電対効果の確認

エア・シールドの目的でアルミ・ケースに入れた増幅率1万(80 dB)倍のDCアンプ回路を例に，寄生熱電対の影響と，対策の効果を確認してみます(**図8**).

図8の回路の入力に，2本のエナメル線をはんだ付けしたプローブ(意図的な寄生熱電対)を接続し，このプローブをケースに開けた穴から出し入れ(入れたときはガムテープで穴を目張り)します．ケースの外に出したときは風があたる状態，ケースの中に入れたときは風があたらないようにした状態になります．

実験結果を**図9**に示します．**図9(b)**はプローブを封入した状態で行った波形で，OPA227単体のノイズ・レベルです．一方，**図9(a)**は，プローブを露出した状態で行った波形です．念のため実験自体は外来ノイズをシャットアウトするシールド・ルーム(約3畳)で行いました．単発の大きな揺らぎは，シールド・ルームのドアの開け閉めで発生した風の影響です．

● 現実の回路における寄生熱電対の影響度合い

図8の実験では，寄生熱電対のプローブを作って，意図的な環境(シールド・ルームのような密閉された部屋)で影響を確認しました．天井にエアコンの吹き出し口がある普通のラボで，オープン・エアの(空気にさらした)状態の回路基板だとどうなるかを見てみましょう．

ここでは，K型熱電対をセンサとする温度測定回路

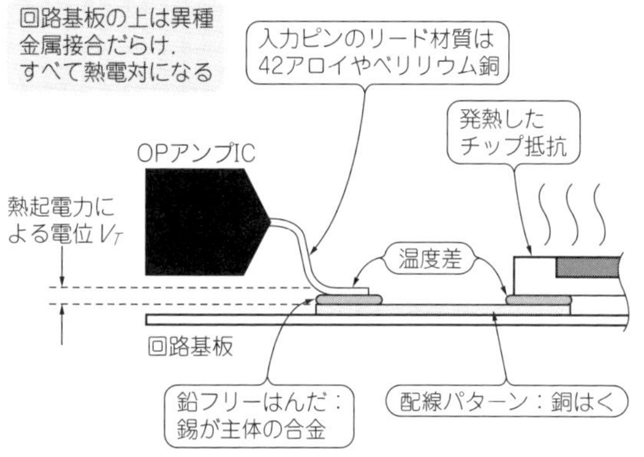

図6 部品のリードを配線パターンにはんだ付けした箇所は異種金属接合なのですべて熱電対になる
これを寄生熱電対と呼ぶ

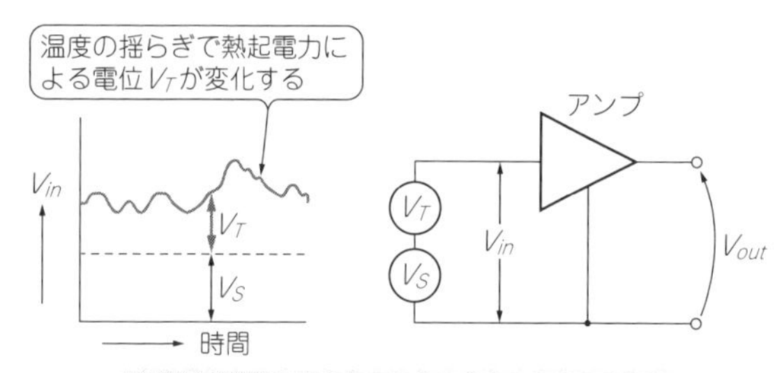

図7 基板に風があたると温度が変動し，熱起電力が揺らいで低周波ノイズが発生する
OPアンプの直流性能を引き出せなくなってしまう

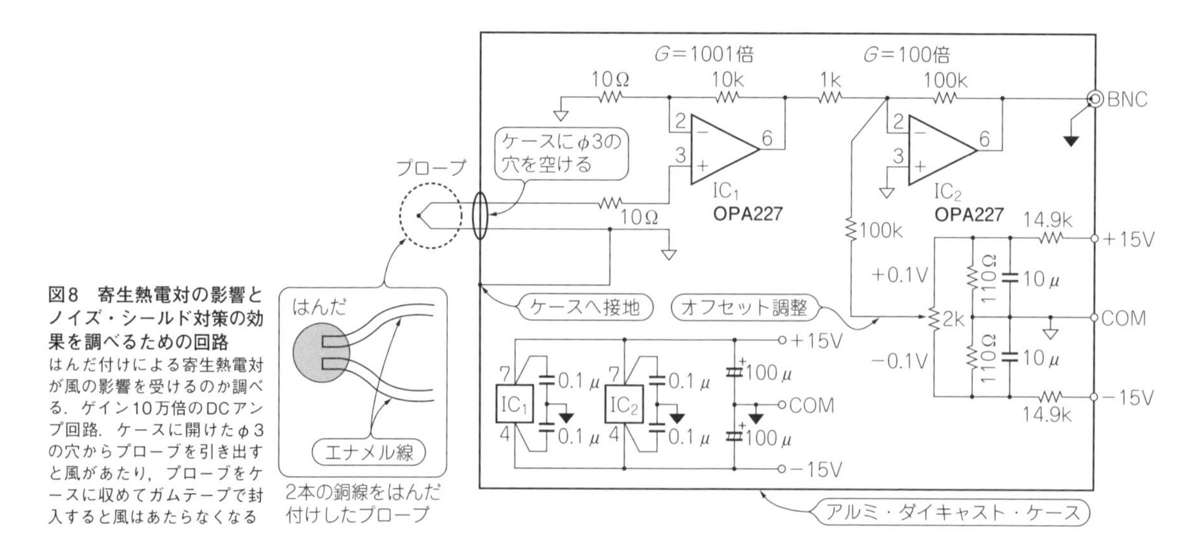

図8 寄生熱電対の影響とノイズ・シールド対策の効果を調べるための回路
はんだ付けによる寄生熱電対が風の影響を受けるのか調べる．ゲイン10万倍のDCアンプ回路．ケースに開けたφ3の穴からプローブを引き出すと風があたり，プローブをケースに収めてガムテープで封入すると風はあたらなくなる

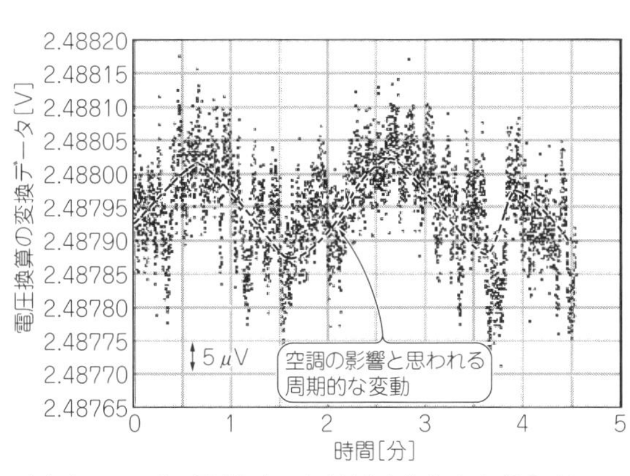

(a) ケースの外で風があたるときは入力換算ノイズ2.3 μV_{P-P}，ノイズ・フリー・ビット22.05ビット

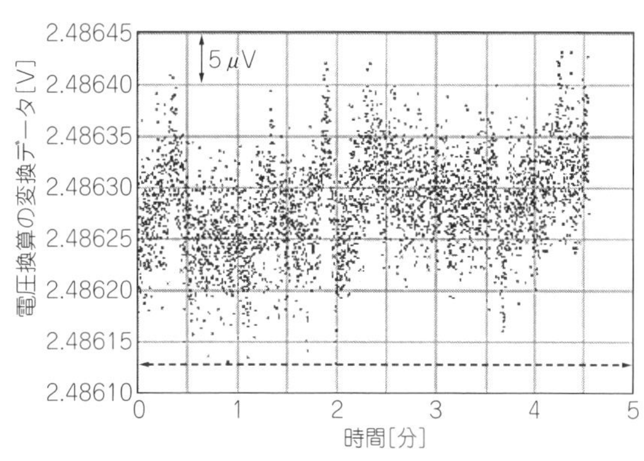

(b) ケースの中に入れて風があたらないときは入力換算ノイズ1.5 μV_{P-P}，ノイズ・フリー・ビット22.66ビット

図10　風による低周波ノイズを調べた結果（実測）
K型熱電対をセンサとする温度測定用回路をケースに入れるかどうかの違いをみる．A-D変換したデータの乱れを評価する

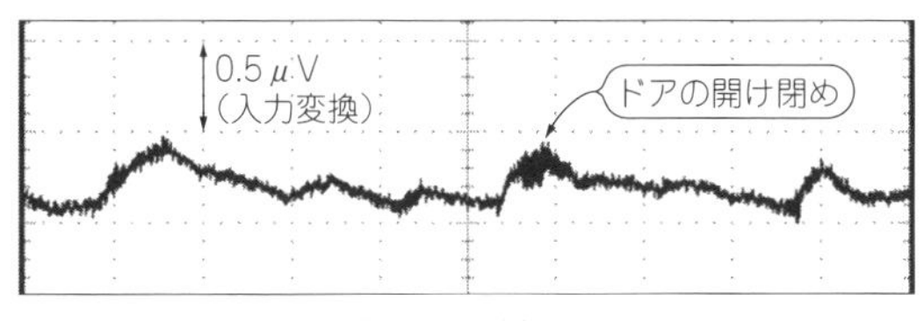

(a) 露出状態

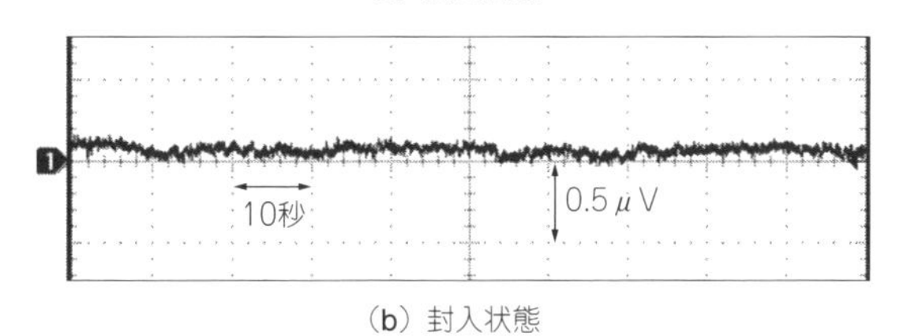

(b) 封入状態

図9　はんだ付け1カ所が扉の開け閉め程度のわずかな風にあたっただけで1 μV_{P-P}近く電圧がゆらぐ（実測）
小部屋（3畳程度のシールド・ルーム）のドアを開け閉めして空気に乱れを作る．レコーダの感度と時間軸は同一条件

基板を使用し，測定は基板に実装したA-Dコンバータの変換データ出力をモニタします．

測定結果を**図10**に示します．ケースに封入した状態の**図10(b)**に対して，**図10(a)**のオープン・エアではエアコンの風による影響と見られる周期的な揺れが加わり，0.8 μV_{P-P}(入力換算)ほど変動が大きくなっています．これはK型熱電対の感度(約41 μV/℃)で，周囲温度0.02 ℃の変動に相当します．

静寂な環境でもこの変動ですから，放熱用ファンをつけてケース内に対流を作ったら，変動は20～30倍にも跳ね上がることは想像に難くありません．仮にこの回路基板がディジタル・マルチメータだったとすれば，200 μVレンジでは下位2桁ぶんの変動になります．よって，放熱用ファンをつけたシステムでは，A-D変換部分はプリアンプも含めて，電磁シールドを兼ねた密閉容器(エア・シールド)に入れるのが常套(じょうとう)手段です．

技③ 100 Ω以下の抵抗を使い，帯域幅を最小限にする

● 抵抗もノイズ源になる

抵抗は回路を構成する上で不可欠な基礎部品ですが，一方においてノイズ源にもなります．抵抗から出るノイズをサーマル・ノイズ(熱雑音)と呼び，抵抗の温度，抵抗値，ノイズを伝達する帯域幅に比例して増大します(**図11**)．したがって，低消費電力化を図って不用意に値の大きな抵抗を使うと，アンプ回路からのノイズが大きくなります．

● ノイズの大きさは抵抗の値と配置場所で変わる

抵抗から発生するノイズはアンプで増幅されます．その増幅される度合いは，**図12**に示すように，抵抗の配置場所で違ってきます．もっとも増幅される場所は，OPアンプの非反転入力部のR_3，ついで反転入力部のR_1です．もっとも鈍感なのは帰還抵抗R_2です．抵抗体の温度を25℃，帯域幅1 MHzとして，アンプによる抵抗ノイズの増幅率を定量的に表すと，**図12**中の式(1)～(3)のようになります．したがって，入力部へ接続する抵抗の値は，低ノイズ・アンプ回路を目指すなら100 Ωオーダ以下に抑えます．

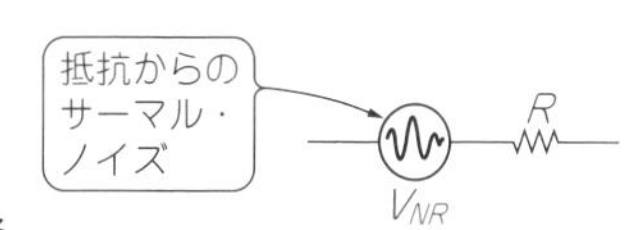

$V_{NR}=\sqrt{4kTRB}$ [V_{RMS}]

ここで，
k：ボルツマン定数，1.38×10^{-23}J/K
T：絶対温度[K°]
R：抵抗値[Ω]
B：伝達回路の帯域幅[Hz]

図11　抵抗から発生するサーマル・ノイズの大きさは温度・抵抗値・伝達帯域幅で決まる
抵抗からは抵抗の温度T，抵抗値R，伝達回路の周波数帯域幅Bの平方根に比例したサーマル・ノイズV_{NR}が発生する

以上のことは，図13のようなLTspiceによるシミュレーションでも確認できます．R_1とR_2はアンプ回路の増幅率を決めるゲイン設定抵抗です．比率(100倍)を維持し，桁だけ変えて解析してみます．

図14のR_1 = 100 Ωにおける出力ノイズ254.36 μV_{RMS}に対して，図15のR_1 = 1 kΩでは372.08 μV_{RMS}と増大しているのがわかります．実効値の求め方を図16に示します．

R_1の抵抗値は，$R_1 + R_2$(ゲイン設定抵抗)がアンプの負荷になることを考慮すると下限があります．$R_1 + R_2$に流れる電流をOPアンプの出力電流対ひずみの特性を考慮して抵抗値を決めます．目安として，OPアンプの定格出力電流の1/2～1/5程度の出力電流になる値を選びます．

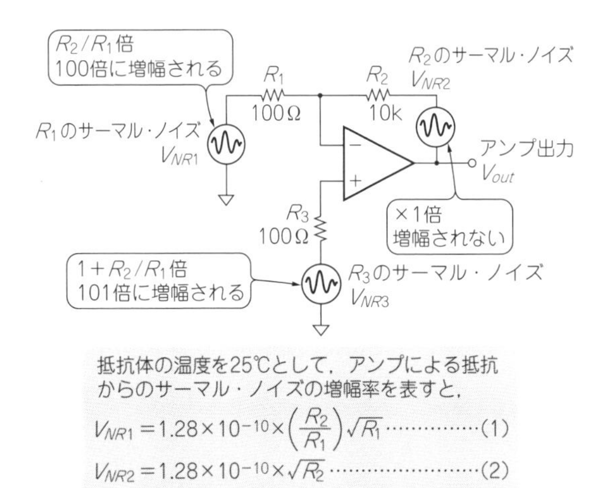

図12 抵抗からのサーマル・ノイズはアンプ回路の位置によって影響度合いが異なる
入力側にある抵抗からのノイズは大きく増幅されてしまう

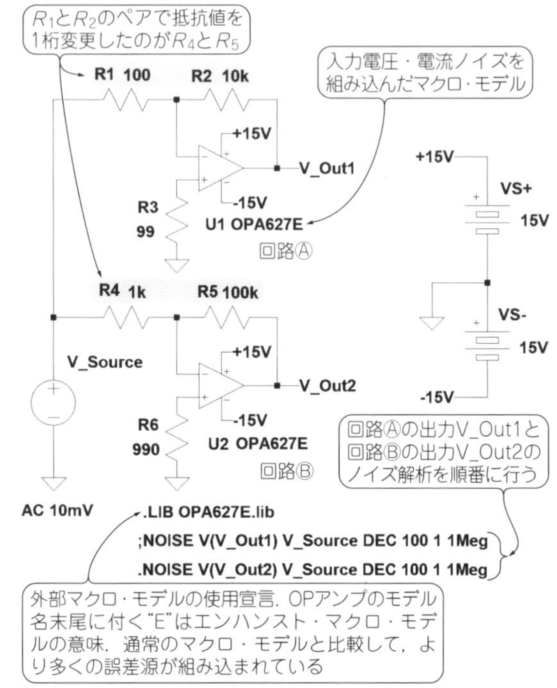

図13 ゲイン設定抵抗を1桁変えて雑音の大きさを比較する
内部ノイズが組み込まれているOPアンプ・モデルを使って，ゲイン100倍のアンプをシミュレーション

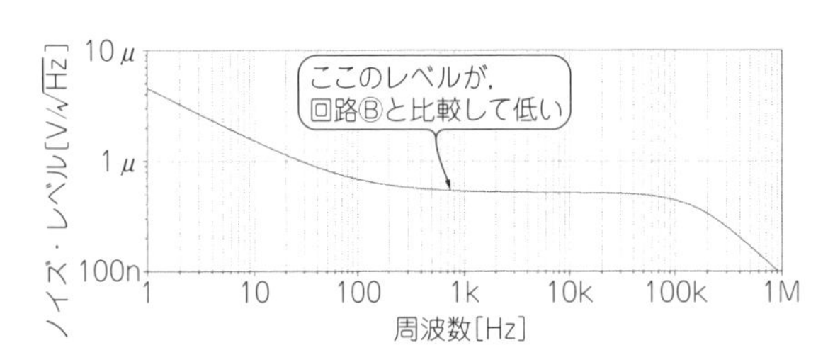

図14 低い抵抗値で構成した図13の回路Ⓐのノイズ解析結果(LTspiceによるシミュレーション)
帯域幅1 MHzにおける実効値は254.36 μV_{RMS}．ゲインを設定する抵抗の値をR_1 = 100 Ω，R_2 = 10 kΩとした

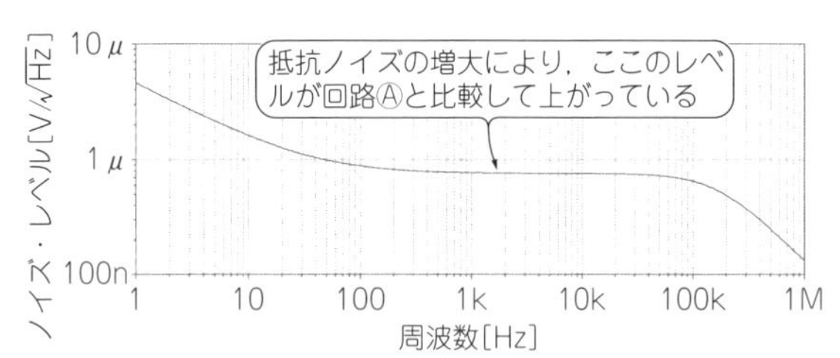

図15 高い抵抗値で構成した図13の回路Ⓑの雑音解析結果(LTspiceによるシミュレーション)
帯域幅1 MHzにおける実効値は372.08 μV_{RMS}．ゲインを設定する抵抗の値をR_1 = 1 kΩ，R_2 = 100 kΩとした

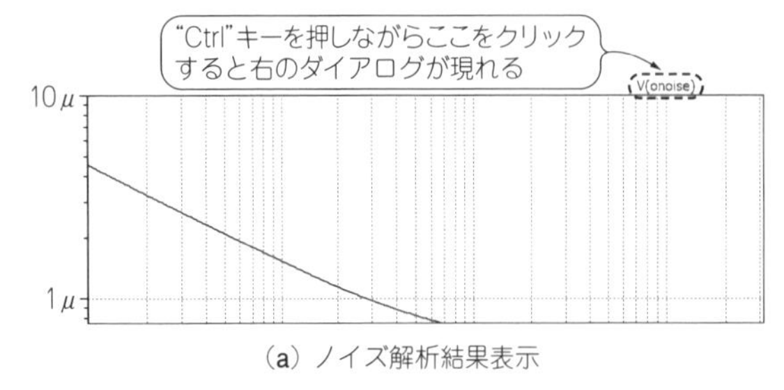

(a) ノイズ解析結果表示

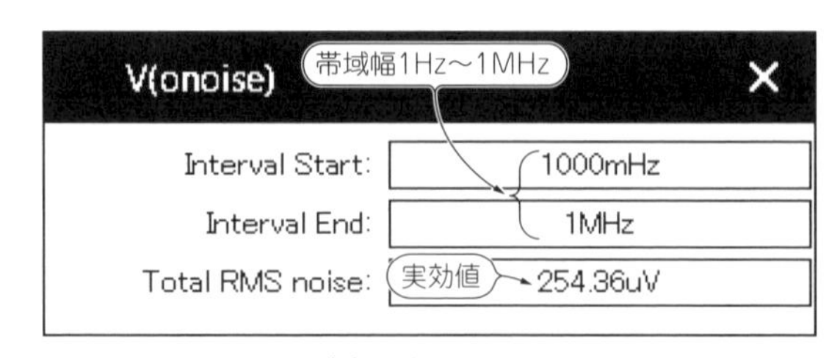

(b) 実効値の表示

図16 グラフ上部のトレース名をCtrlを押しながらクリックすると実効値が表示される

● 回路の帯域幅は狭いほうがノイズは小さい

図11の式を見ると，伝達回路の帯域幅Bも抵抗から発生するノイズの大きさを決める要因になっています．

アンプ回路における伝達回路の帯域幅とは，使用するOPアンプの帯域幅そのものになります．

そこで，**図13**で使ったOPA627(ユニティ・ゲインで安定)の代わりに，内部回路は同じでゲイン・バンド幅積(*GB*積)だけを16 MHzから80 MHzに広げたOPA637(ゲイン5以上で安定)を回路Ⓐに入れて，ノイズ解析してみます．

回路図が**図17**，解析結果が**図18**です．帯域幅16 MHzのOPA627の254.36 μV_{RMS}に対し，帯域幅80 MHzのOPA637は565.48 μV_{RMS}とかなり悪くなっています．

OPA637を使用した場合，100 k～1 MHz区間のノイズがほとんど減少せず，ノイズ増大の原因となっています．OPA627とOPA637は共に低ノイズOPアンプとして販売されていますが，不必要に帯域幅の広いOPアンプを選択すると，期待したノイズ特性が得られません．

図13の回路Ⓐのゲイン設定抵抗と同じ
R1 100
R2 10k
V_Source
+15V
V_Out
-15V
R3
99
U1 OPA637E
OPアンプを変更
AC 10mV .LIB OPA637E.lib
.NOISE V(V_Out) V_Source DEC 100 1 1Meg

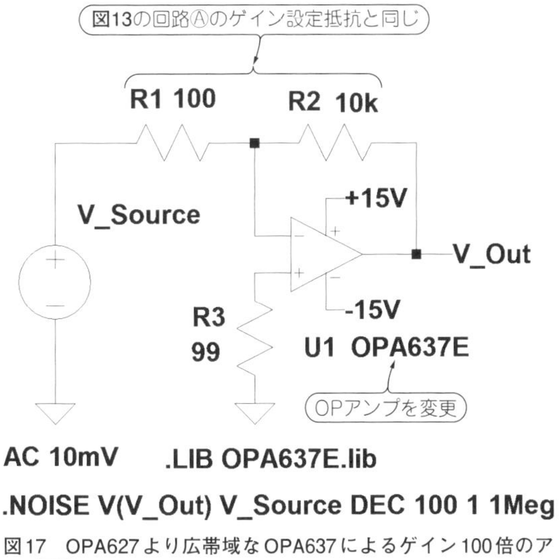

図17　OPA627より広帯域なOPA637によるゲイン100倍のアンプ回路
*GB*積はOPA627が16 MHzなのに対して，OPA637は80 MHzと広帯域

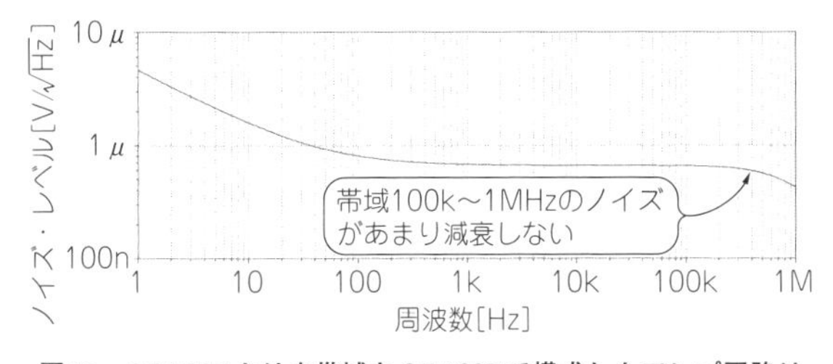

図18　OPA627より広帯域なOPA637で構成したアンプ回路はノイズが大幅に増えた(LTspiceによるシミュレーション)
OPA627と比べ100 k～1 MHzの区間が平坦に伸びているため，実効値ノイズは254 μV_{RMS}から556 μV_{RMS}と大幅に増えた．帯域幅が不必要に広いOPアンプを採用すると期待したノイズ特性が得られない

● 信号増幅に不要な帯域幅を制限してノイズを抑える

不要な帯域幅を放置すると，アンプ回路の出力において，抵抗ノイズのみならずOPアンプ内部で発生するノイズも増大します．そこで，**図17**のアンプ回路の出力にカットオフ周波数1 kHzのローパス・フィルタを追加して(**図19**)，帯域幅を制限してみます．結果の**図20**を見ると，簡単な1次の*RC*フィルタを追加しただけでも，帯域幅1 MHzにおけるノイズの実効値が565.48 μV_{RMS}から28.74 μV_{RMS}と激減しているのが分かります．

これらの結果をまとめると，低ノイズ・アンプ回路の設計ポイントは，低ノイズOPアンプの採用，低抵抗によるゲイン設定，不要な帯域幅の制限になります．

● 帯域制限の方法にもコツがある

OPアンプの入力ノイズ電圧は，等価的に非反転入力にぶら下がります．このことから，OPアンプ自身の内部ノイズに対するゲインG_N(ノイズ・ゲインと呼

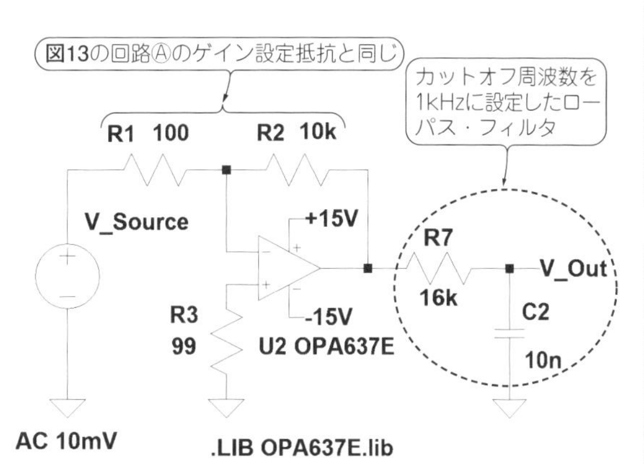

図19　1 kHzローパス・フィルタを追加して帯域幅を制限したがOPA637のアンプ回路

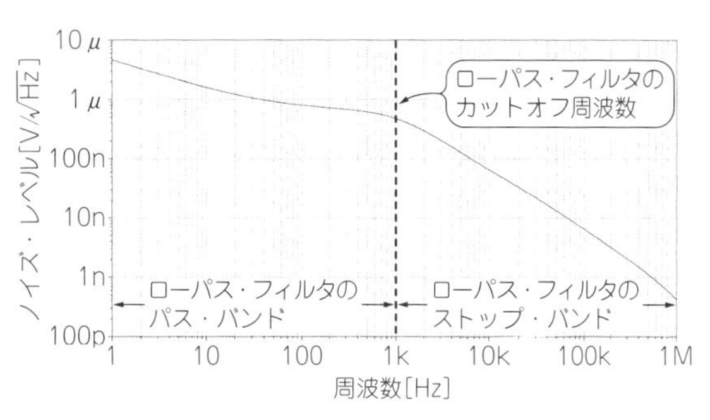

図20　1 kHzで帯域制限した図9の回路はノイズが激減する(LTspiceによるシミュレーション)
565 μV_{RMS}から28.7 μV_{RMS}に激減した．低ノイズを目指すなら，帯域幅を必要最小限にすることが重要

ぶ)は，信号に対するアンプ回路の入出力が反転・非反転に関わらず，非反転ゲインの式で計算できます．

信号＋ノイズ成分を非反転アンプで受けることを前提に，ノイズ解析ではなくAC解析用に作成した回路を**図21**に示します．

回路Ⓐは帰還ループにコンデンサを抱かせ，信号帯域外ノイズに対するゲインを下げて，ノイズの低減を図っています．回路Ⓑは先ほど同様ローパス・フィルタです．

シミュレーション結果の**図22**を見ると，回路Ⓐの方式では高域ではゲイン式の形どおりに，ゲインの減少が1倍(－20.83 dB)で頭打ちになっています．つまり，この方式は，アンプ回路の設定ゲインが大きければノイズ低減の効果があるものの，設定ゲインが小さければ効果は小さいといえます．対して回路Ⓑは，高域に向かってゲインが連続的に降下しています．

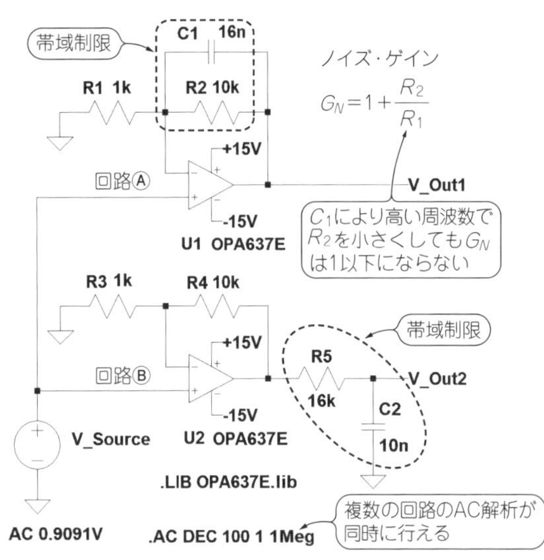

図21　非反転アンプで2種類の帯域制限方法を比較する回路
回路Ⓐの方法ではゲインが1以下にできないので，回路Ⓑのほうが低ノイズ

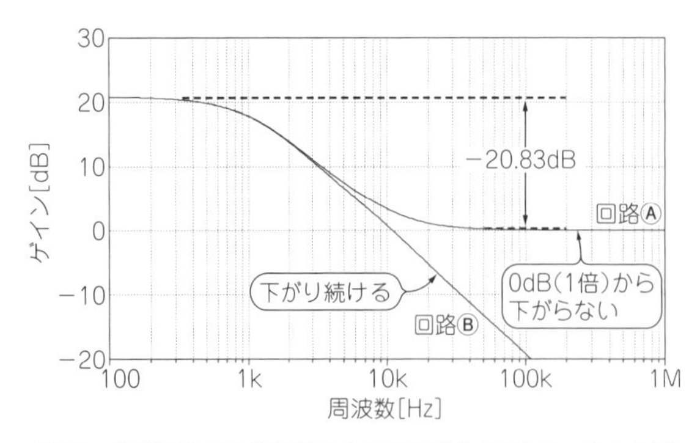

図22　帰還抵抗にCを並列にするのではなくRCフィルタを追加して帯域制限するほうがよい(LTspiceによるシミュレーション)
回路Ⓐはゲインが1倍以下に下がらないので，前段のノイズを伝えてしまう

技④　信号源抵抗の大きさによって異なる入力タイプのOPアンプを使う

● OPアンプの内部ノイズは電圧性と電流性の2種類

OPアンプの内部には，電圧性のノイズ源と電流性のノイズ源が存在します．現実のOPアンプは，理想OPアンプの入力部にこれらのノイズ源を組み込んだ**図23**の等価回路で表現できます．

電圧性ノイズは，理想OPアンプの非反転入力に接続された電圧源で表されます．**図23**では入力電圧ノイズV_{NI}です．電流性ノイズは，理想OPアンプの2つの入力に接続される入力バイアス電流の揺らぎ，つまり電流のランダムな増減として付加されます．**図23**では反転側が入力電流ノイズI_{NM}，非反転側が入力電流ノイズI_{NP}です．

● 出力に現れる電圧性ノイズの大きさは非反転アンプのゲインと同じ式で計算できる

入力電圧ノイズは，ノイズ・ゲイン(非反転ゲイン)倍されて出力されます．ゲイン設定抵抗が付いており，入力側R_1，帰還部R_2とすれば，ノイズ・ゲインG_Nは$G_N=1+(R_2/R_1)$になります．**図23**の回路(ボルテージ・フォロワ)では，$R_1=\infty$で$R_2=0\,\Omega$なのでノイズ・ゲインは1倍です．

● 電流性ノイズは信号源抵抗に流れて電圧性ノイズに

入力電流ノイズの非反転側(I_{NP})は信号源抵抗に流れることで，信号源抵抗(R_S)の両端電圧降下の揺れとして電圧性ノイズ($I_{NP}R_S$)に変換されます．その結果，抵抗からのサーマル・ノイズ(V_{NR})とミックスして，入力電圧ノイズV_{NI}と一緒に非反転ゲイン倍され

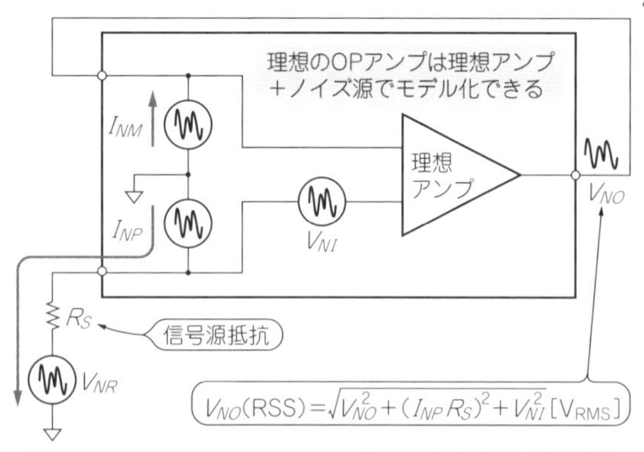

図23　OPアンプの内部ノイズと信号源抵抗
OPアンプの内部ノイズには入力電圧ノイズと入力電流ノイズとがあり，これに信号源抵抗のノイズが加わり電圧ノイズ(V_{NO})として出力される

て出力されます．これらのノイズの総合出力V_{NO}は単純な和ではなく，各電圧項の2乗の和の平方根(RSS：Root Sum Square)で計算します．

● OPアンプの入力形式によって電圧性ノイズと電流性ノイズの傾向が異なる

OPアンプの種類を入力形式で大別すると，バイポーラ(以下，BP)入力OPアンプとFET入力OPアンプの2つのタイプがあります(**図24**)．前者はOPアンプの回路全体がバイポーラ・トランジスタで構成されているタイプ，後者は初段だけジャンクションFET(JFET)で構成されているタイプです．どちらの入力形式にも低ノイズOPアンプと称して販売されているデバイスがあり，どちらを選択すべきか，不慣れなOPアンプ・ユーザを惑わします．

回路全体がMOSFETで構成されているCMOS OPアンプもあり，これもFET入力に分類されますが，特性的にノイズやひずみの特性はあまりよくないので，現時点では解説対象外とします．

▶電圧性ノイズはバイポーラ入力OPアンプが小さいが，電流性ノイズはFET入力タイプのほうが圧倒的に小さい

入力電圧ノイズは，BP入力タイプのほうが，FET入力タイプより小さな値です．一方，入力電流ノイズは入力バイアス電流に比例するので，ハイ・インピーダンスなFET入力タイプのほうが小さな値です．入力電流ノイズとは入力バイアス電流の揺らぎ成分であるためです．両者の定量的なデータは後で示します．

入力電圧ノイズの大きさは，信号源抵抗R_Sの大きさに依存しません．周囲温度に変化がなければ，実効値ベースで一定です．入力電流ノイズも，周囲温度に変化がなければ実効値ベースで一定です．しかし，信号源抵抗R_Sの大きさに比例して電圧性ノイズ($I_{NP}R_S$)に変換された値は大きくなります．

以上をまとめると，信号源抵抗R_Sが低い場合はBP入力タイプのOPアンプが低ノイズ化に有利で，信号源抵抗が高い場合はFET入力タイプが有利です．

● 信号源抵抗によって選ぶOPアンプが異なる

図25のように，BP入力OPアンプのOPA227とJFET入力OPアンプのOPA627を被試験デバイス(DUT)に使って，信号源抵抗を変えて検証してみます．

OPA227は，BP入力の低ノイズOPアンプのレジェンドOP27次世代版です．OPA627はOPA227のFET入力版として位置付けされます．DUTはDevice Under the Testの略で，外資系半導体メーカのカタログでよく使用される用語です．

▶実験システム

図25の実験システムは1枚の基板にまとまっています(**写真2**)．ノイズ・ゲインを101倍にする回路のソケットへDUTを挿入し，アンプ回路の出力電圧を後段のA-Dコンバータで数値化します．DUTに増幅度をもたせるのは，A-Dコンバータの内部ノイズを相対的に無視できるような比率までOPアンプの内部ノイズを増幅するためです．

DUTの非反転入力に接続されている信号源抵抗R_Sを0Ω(非反転入力をグラウンドへ直接ショート)から1MΩまで1桁ずつ変えます．

数値化されたデータはマイコンからUSB経由でパソコンへ送ります．マイコンはA-Dコンバータの制御やデータ通信に不可欠なデバイスですが，高分解能A-Dコンバータにとってノイズ源であるため，できるだけ放射クロック・ノイズが微小，すなわち低消費電力を選ぶほうがよく，ここではMSP430(テキサス・インスツルメンツ)を使いました．

表計算ソフトウェアExcelで，出力ノイズV_{NO}のヒストグラムや，実効値(入力換算)を求めてR_S対V_{NO}のグラフの作成を行います．今回のV_{NO}の生データ

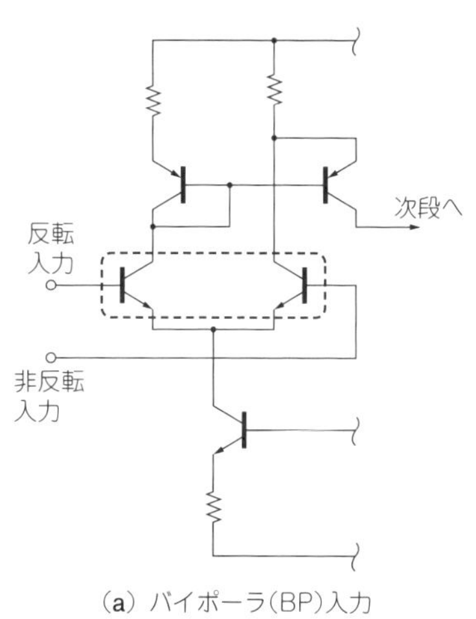

(a) バイポーラ(BP)入力

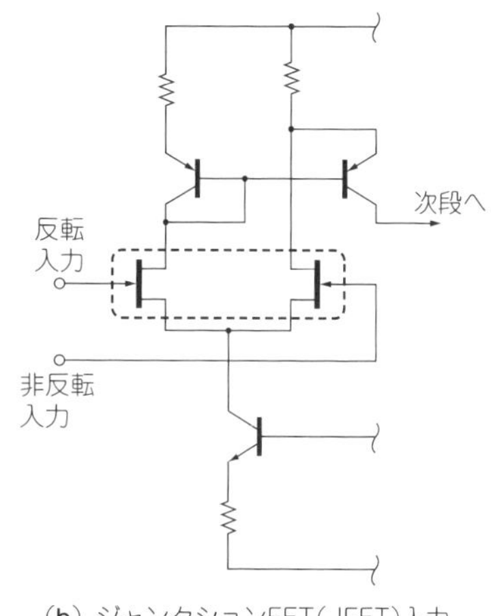

(b) ジャンクションFET(JFET)入力

図24 OPアンプは入力部のトランジスタがバイポーラ，またはFETの2つのタイプがある
FET入力はバイアス電流が小さく，電流性ノイズも小さい

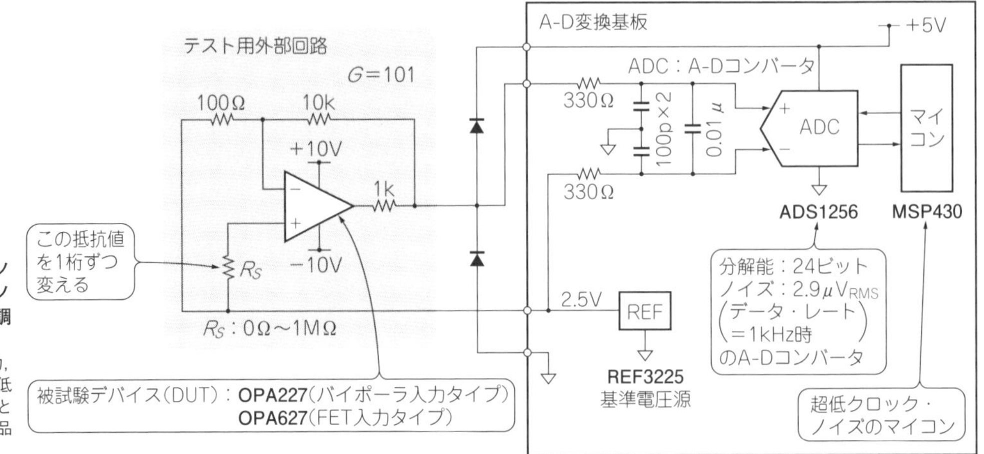

図25　電圧性ノイズと電流性ノイズの影響を調べるための回路
バイポーラ入力，FET入力とも，低ノイズ・タイプとして定評がある品種を使う

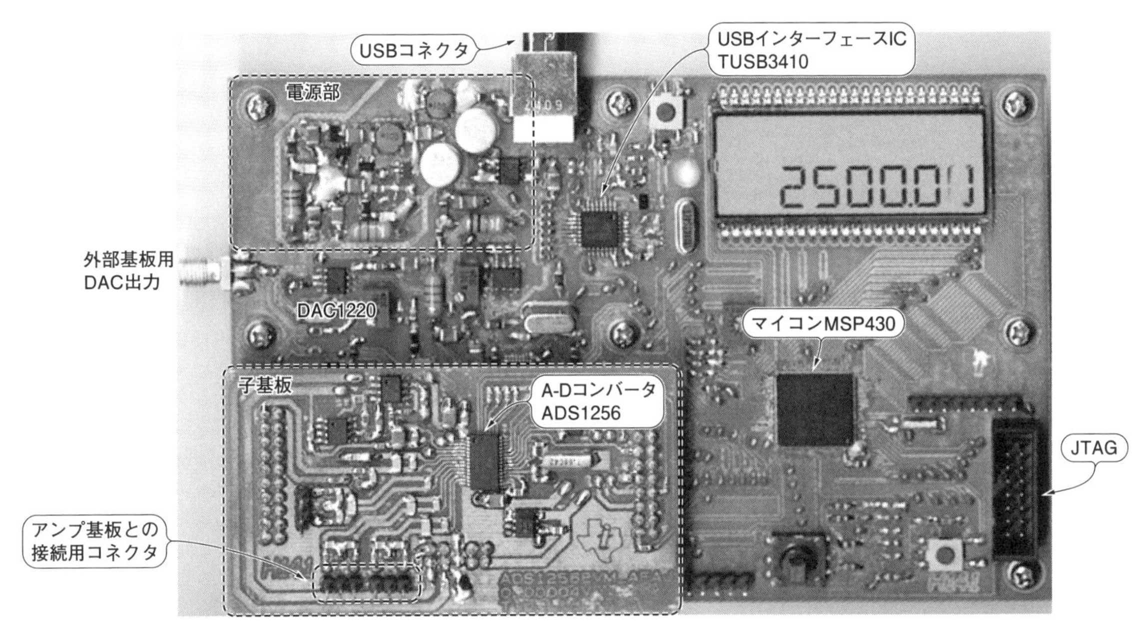

写真2　OPアンプの内部ノイズに測定したA-D変換システム
テキサス・インスツルメンツの評価ボードMMB3と中味は同じ．テキサス・インスツルメンツから無償で提供されているソフトウェアADCProを入れたパソコンと接続して使う

の個数は，A-Dコンバータを1kSPSで動かして10秒間測定したので，1万個です．

▶R_S = 0Ωのとき

R_Sが0Ωの場合の結果を図26に示します．入力電流ノイズの影響は出力されないので，セオリ通りBP入力のOPA227(0.62 $\mu V_{P\text{-}P}$)のほうが，FET入力のOPA627(0.92 $\mu V_{P\text{-}P}$)より低ノイズです．

最大，最小，範囲の項目は，生データ(1万個)に対して，Excelの基本統計量を抽出させる機能を用いて出力させた値です．最大は正側のピーク値，最小は負側のピーク値，範囲は最大と最小の差分で，すなわちノイズのピーク・ツー・ピーク値になります．

棒グラフは，Excelのヒストグラム機能を用いて作図しています．ほぼ完全な正規分布を示しており，生データにマイコンなどからの外来ノイズが混入していないことを示します．超低消費電力マイコンのMPS430を使った効果が現れています．

▶R_S = 1MΩのとき

R_S = 1MΩの結果を図27に示します．R_Sが1MΩと巨大になると，入力電流ノイズが大きいBP入力のOPA227は，I_{NP} R_Sによる電圧性ノイズの影響で，R_S = 0Ωの0.62 $\mu V_{P\text{-}P}$から96.3 $\mu V_{P\text{-}P}$と大幅に大きくなります．

一方，入力バイアス電流の小さなFET入力のOPA627はR_Sの影響を受けないので，出力ノイズはR_S = 0Ωでの0.92 $\mu V_{P\text{-}P}$に対しR_S = 1MΩでも26.6 $\mu V_{P\text{-}P}$

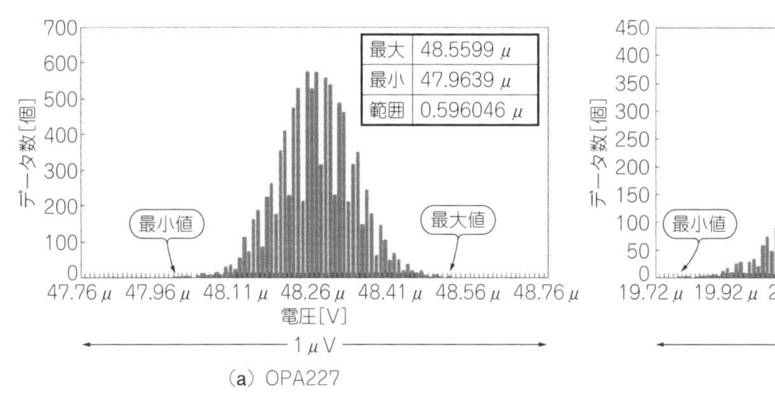

(a) OPA227

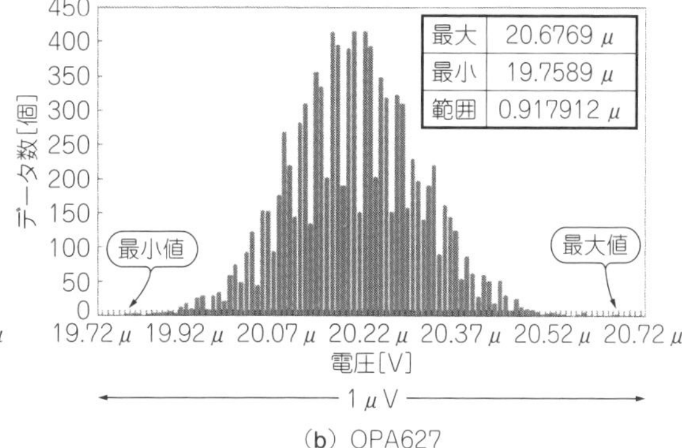

(b) OPA627

図26 信号源抵抗R_S＝0Ωではバイポーラ入力タイプのほうが低ノイズ(実測)
電流性ノイズは影響しないので入力ノイズだけを測ることになる

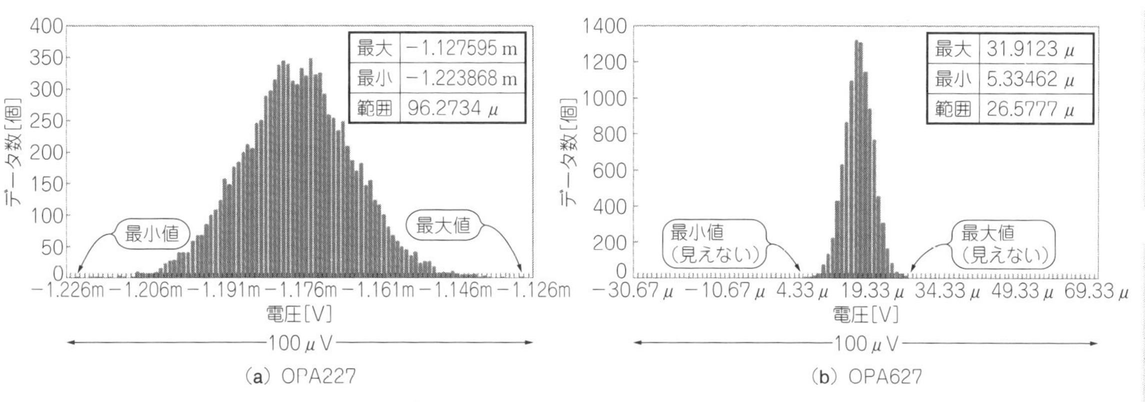

図27 信号源抵抗R_S＝1 MΩではFET入力タイプのほうが低ノイズ(実測)
バイポーラ入力タイプでは電流性ノイズが大きく現れる

と低い値が保持されています．

▶グラフによる総合的な検討

信号源抵抗R_Sに対する出力ノイズV_{NO}をグラフにしたのが**図28**です．R_Sが10 kΩより低い場合はBP入力のOPA227を，10 kΩより高い場合はFET入力のOPA627を選んだほうがV_{NO}を小さくできることがわかります．

点線で示したR_Sのサーマル・ノイズは，温度を25℃としてグラフ中の計算式で求めた計算値です．OPA627の場合はR_Sのカーブがかぶっているので，OPA627正味のV_{NO}はこの実験方法では測定不可です．0.92 $\mu V_{P\text{-}P}$を差し引いた増加分25.68 $\mu V_{P\text{-}P}$は抵抗のサーマル・ノイズと考えることが妥当といえます．

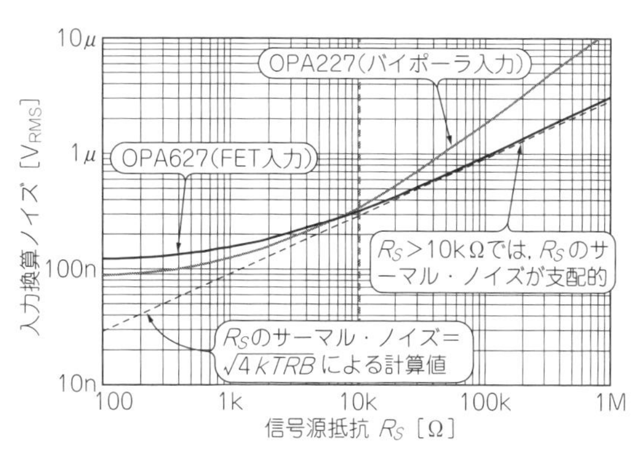

図28 信号源抵抗R_Sを変えたときの出力ノイズV_{NO}(入力換算)**の値**
R_Sが10 kΩ以下ならバイポーラ入力タイプのOPA227が低ノイズだが，10 kΩ以上ではFET入力のOPA627のほうが低ノイズになる．ただし，信号源抵抗R_Sからのサーマル・ノイズが支配的で，OPA627の出力ノイズはみえない

第23章 ノイズや誤差を低減するためのノウハウを解説

24ビットA-D変換回路のフィルタ&バッファ設計

中村 黄三 Kozo Nakamura

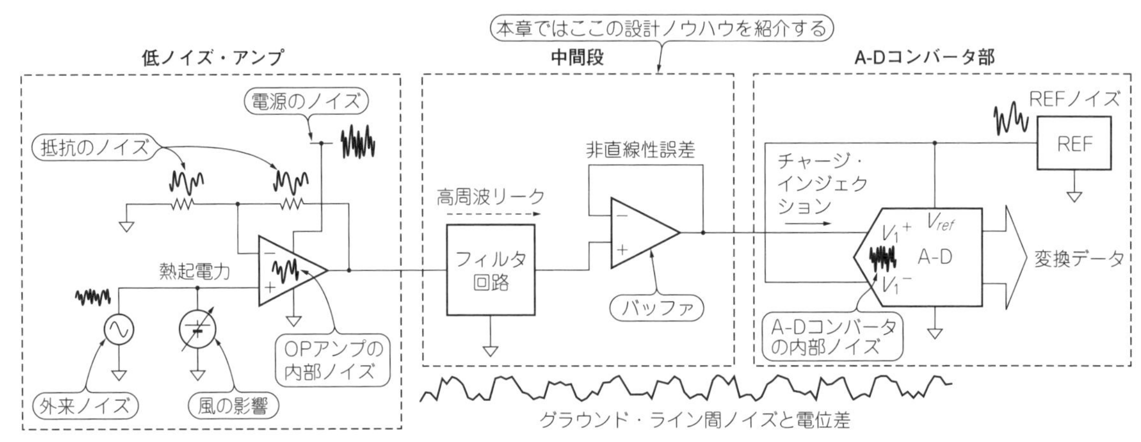

図1 μV/μAオーダの高精度センシング計測はノイズや測定誤差との戦い
本章は中間段の高周波ノイズを低減するアナログ・フィルタの作り方とバッファ・アンプの非直線性誤差の対策を解説する

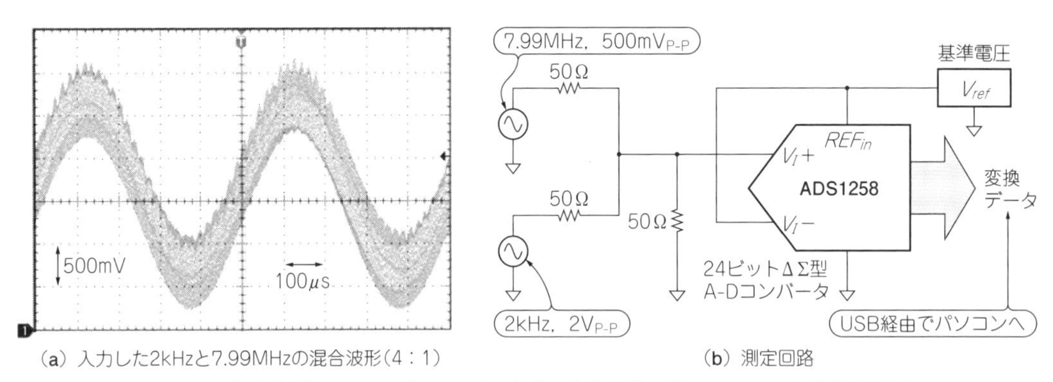

(a) 入力した2kHzと7.99MHzの混合波形(4:1)　(b) 測定回路

図2 2kHzと7.99MHzの混合波形をADS1258(125kSPS)に加え，内蔵のディジタル・フィルタの限界を探る
ΔΣ型A-Dコンバータはディジタル信号処理による強力なローパス・フィルタが入っている．ΔΣ型A-Dコンバータに動作クロック周波数付近のノイズを加えた信号を入力してみる．使用機材は，ADS1258(テキサス・インスツルメンツ)の評価用ボード(USB経由でパソコンへ接続)と，A-Dコンバータの制御，データ解析を行うための評価用ソフトADCProである．50Ωの抵抗と発振器は外付け

前章ではノイズ・シールド法と低ノイズ・アンプの作り方を紹介しました．

本章は**図1**に示す中間段の前置フィルタの必要性と高周波の妨害波対策，A-Dコンバータ用バッファ・アンプの非直線性誤差対策，そしてそのOPアンプの選定方法を解説します．24ビット計測回路作りには，アナログ・フィルタやバッファ・アンプも重要です．

技① MHz超の高周波はアナログ・フィルタで落とすしかない

■ A-Dコンバータ内蔵のディジタル・フィルタでは除去できない

● 実験で確認する

ΔΣ型A-Dコンバータは，高次の強力なディジタ

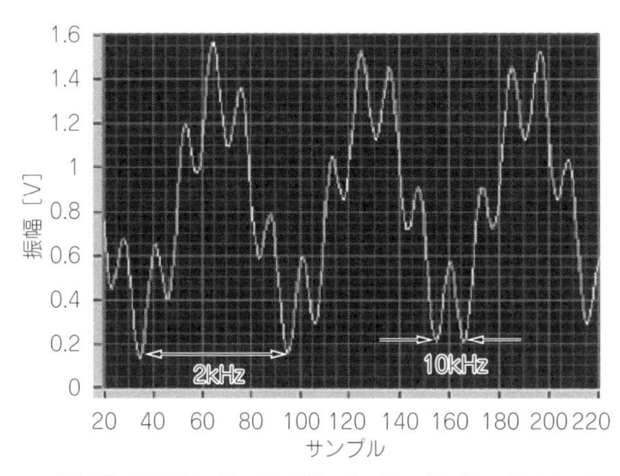

(a) 時間波形

図3　図2で入力した7.99 MHzとクロック周波数8 MHzの差の10 kHzが，ほぼ減衰せず現れている
ADCProによる分析結果

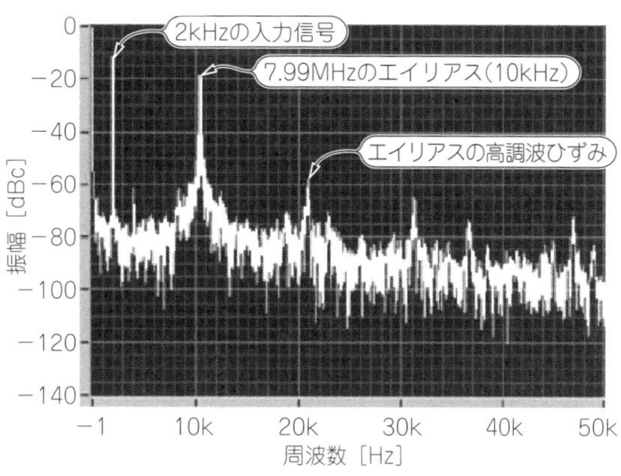

(b) 周波数スペクトル

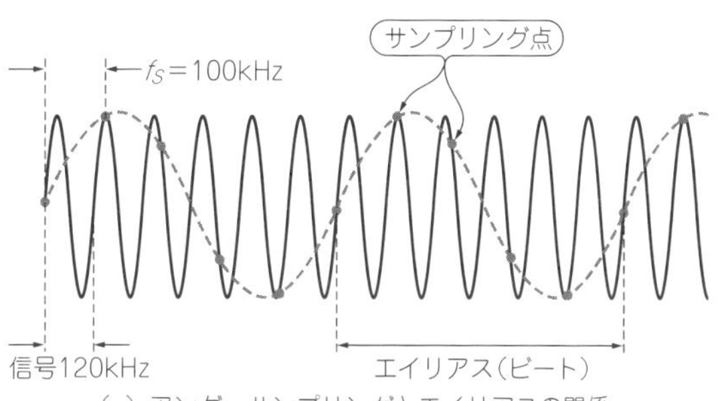

(a) アンダ・サンプリングとエイリアスの関係

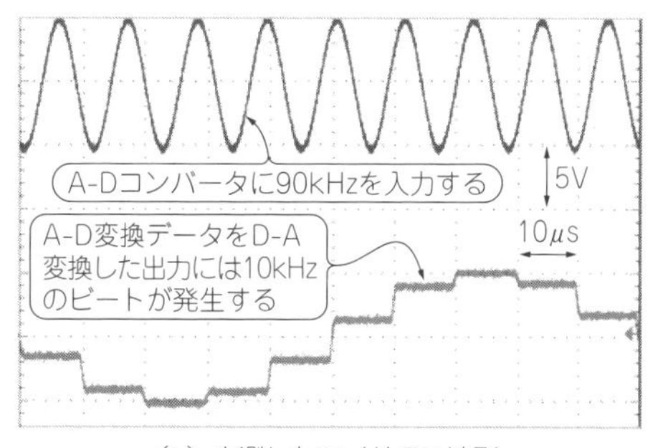

(b) 実測したエイリアス波形

図4　入力信号やノイズの周波数がA-Dコンバータのサンプル・レートの半分より高いと，サンプリング周波数との差のビートとなって，低域にエイリアスが現れる
エイリアスとはサンプリング周波数と信号周波数の差によるビート波形．(b)はA-DコンバータとD-Aコンバータを直結した波形である

ル・ローパス・フィルタを内蔵しています．そんなフィルタがあるなら，A-Dコンバータの前に配置するアナログ回路のローパス・フィルタなしでも使えそうです．実験でアナログ・フィルタが必要かどうか確認してみましょう．

図2に実験用回路を示します．ファンクション・ジェネレータ2台により，信号(2 kHz)と妨害波(7.99 MHz)を発生させます．信号と妨害波を4：1の割合で混合してΔΣ型A-DコンバータADS1258(テキサス・インスツルメンツ)に加えます．

ADS1258の評価用基板とパソコン，無料ソフトウェア「ADCPro」を利用しました．ADCProはUSBインターフェース経由でA-Dコンバータと通信し，制御を行います．本ソフトウェアは変換データを取り込み，波形解析(タイム・ドメイン)やFFT解析(周波数ドメイン)を実行した結果を画面上に表示する機能をもっています．

● 8 MHzと7.99 MHzのビート(10 kHz)がエイリアスとして現れる

図3に**図2**の実験結果を示します．混合波を入力してADS1258の変換データを取り込み，時間波形と周波数スペクトラムを表示しています．

図3(a)に示す2 kHzの信号成分には，10 kHzの波形が重なっています．10 kHzは入力していない成分です．10 kHzは7.99 MHzの妨害波と，ADS1258に入力しているクロック8 MHzとの差の周波数です．エイリアス信号として10 kHzに折り返してきています(**図4**)．

2 kHzの信号と10 kHzのエイリアスとの振幅の比を調べると，入力した混合波形と同じ4：1の比率になっています．7.99 MHzという高周波の妨害は，内部のディジタル・フィルタでは除去できません(減衰率が0 dBである)．

図5にディジタル・フィルタの周波数応答特性を示します．本特性はADS1258のデータシートに掲載されています．

図5(a)は通過帯域(パス・バンド)のグラフ，**図5(b)**はモジュレーション・クロックの倍数の周波数まで広げた遮断帯域(ストップ・バンド)のグラフです．

図5(a)ではデータ・レート(秒あたりの変換回数で

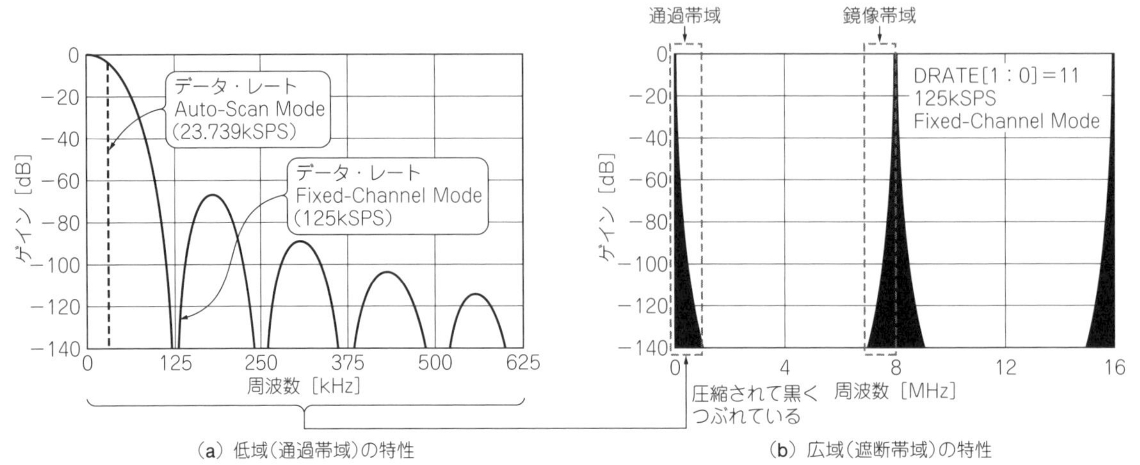

（a）低域（通過帯域）の特性　（b）広域（遮断帯域）の特性

図5　ΔΣ型A-Dコンバータが内蔵するディジタル・フィルタの周波数特性
通過帯域より少し高い周波数は遮断されるが，クロック周波数の整数倍で鏡像帯域が発生し，ほとんど減衰しない周波数もある．7.99 MHzはその一例

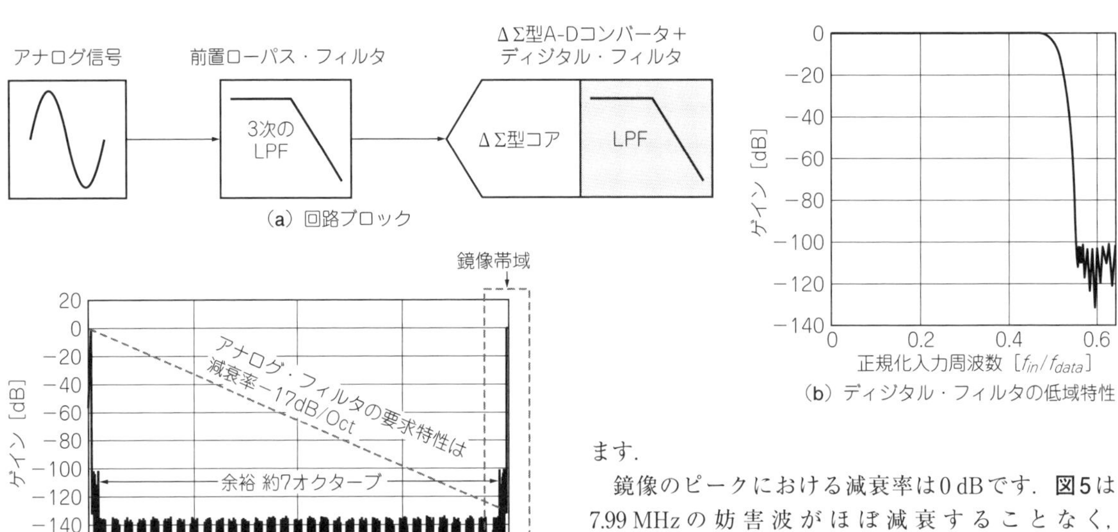

図6　遮断周波数が通過帯域の125倍上なら，前置ローパス・フィルタは3次で済む
ΔΣ型A-Dコンバータ内蔵のディジタル・フィルタの効用は，逐次比較型のA-Dコンバータと比較して，前置フィルタへの減衰特性が軽減される．ΔΣ型A-Dコンバータに内蔵されているディジタル・フィルタは前置アナログ・フィルタの次数を軽くする

単位は［Hz］）とその倍数に，まったく信号が通過できない帯域（ノッチ）があります．そのノッチに挟まれた山が多数見受けられます．

図5（b）で左端にある三角形状の部分は，**図5（a）**の特性（ノッチに挟まれた山とノッチ）が横方向に圧縮され，塗りつぶしたように表現された結果です．グラフ中央がモジュレーション・クロック周波数の8 MHzです．8 MHzより左側の三角形は，低域の応答を鏡に映したような応答（ここでは鏡像と呼ぶ）になっています．

鏡像のピークにおける減衰率は0 dBです．**図5**は7.99 MHzの妨害波がほぼ減衰することなく，ADS1258の変換データに10 kHzのエイリアスとして出てくる，ということが示されているグラフなのです．

ΔΣ型A-Dコンバータは，数kHzの信号しか扱えない低速タイプという先入観がありますが，内部のリニア回路はMHzの帯域まで伸びています．

■ 高周波の妨害波の対策

● 3次のローパス・フィルタで妨害波を－120 dBまで減衰する

ADS1258の通過帯域を64 kHzにしたときは，鏡像のピーク8 MHzとの比率は125倍です．通過帯域と遷移帯域の間は，**図6**に示すように約2^7，つまり7オクターブと広い幅があります．アナログ・フィルタによって妨害波（7.99 MHz）を－120 dBまで減衰するには－17 dB/oct（≒－120 dB÷7 oct）のローパス・フィルタをA-Dコンバータの前に設置すればよいです．*RC*アクティブLPFでは次数1次あたり－6 dBなので，3

次のローパス・フィルタを前置すればよいとわかります．

● 偶数次のサレンキー型フィルタの問題点

サレンキー型アクティブ・ローパス・フィルタは回路構成がシンプルなので，A-Dコンバータのアンチエイリアシング・フィルタ(帯域幅制限)としてよく使われます．

アナログ回路のローパス・フィルタの特性として，次数が大きいほど周波数に比例して急速に下がります．次数とはRとCのペアの数を表します．

よくみかけるのは3次や4次です．少しでも急峻なカットオフ特性を得たいときは，OPアンプの使用個数が同じなので，奇数次ではなく偶数次にしようと考えるかもしれません．しかしサレン・キー型で偶数次のローパス・フィルタを構成するときは，高周波リークの発生に留意します．

● サレンキー型LPFの帯域外応答

図7に3次と4次のサレンキー型LPF(バターワース応答)の回路と，LTspiceによる周波数特性を示します．

図7(b)のグラフを見ると，4次のLPFでは100 kHzあたりを境に連続的に減衰してきたゲインが上昇に転じています．これが，高周波リークによるゲインの増大現象です．ΔΣ型A-Dコンバータの前置フィルタとしては，数MHz付近を阻止できないと不合格です．

3次のLPFは，水平を保ってフィルタ・ゲインの上昇が抑制されています．この特性なら，ADS1258の前置フィルタとして十分に使えます．

● 3次のLPFがΔΣ型A-Dコンバータの前置フィルタに向く理由

図7(b)の違いがどこから来るのかをシンプルな回路図で確認してみます．3次LPFの場合は前段がシンプルな1次のRCフィルタ構成になっています．したがって，図8(a)に示すように高周波成分はR_1とC_1を

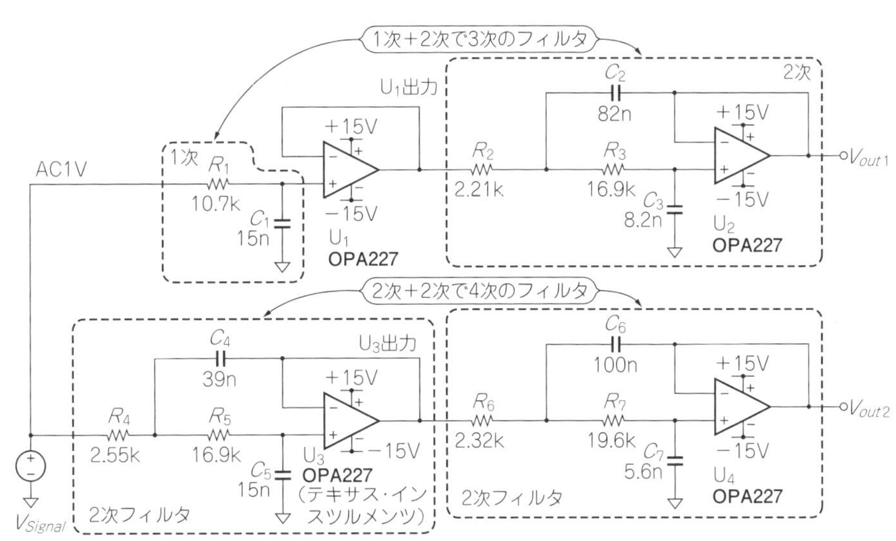

(a) 同じOPアンプで3次と4次の回路を作る

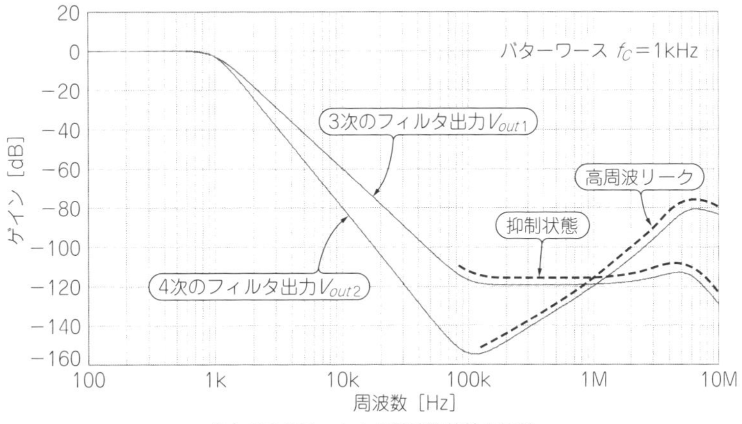

(b) 2つのフィルタの周波数特性を比較

図7 偶数次のサレンキー型フィルタが数MHz以上の信号を通過させやすいことを確認する回路
4次のフィルタでは高周波の漏れがある．3次のフィルタは100 k～10 MHzで減衰せず棚になっているが盛り上がってはいない

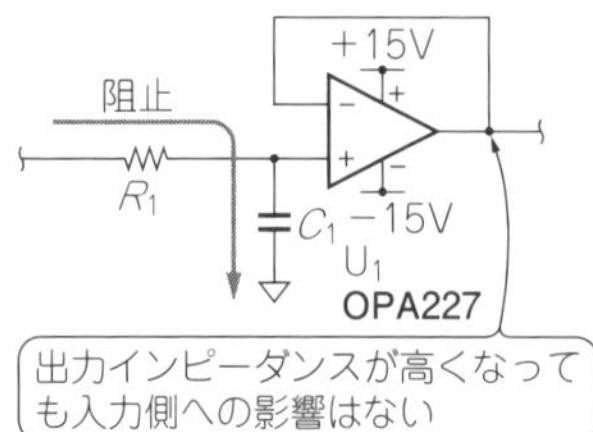

(a) RCフィルタは高域を落とせる

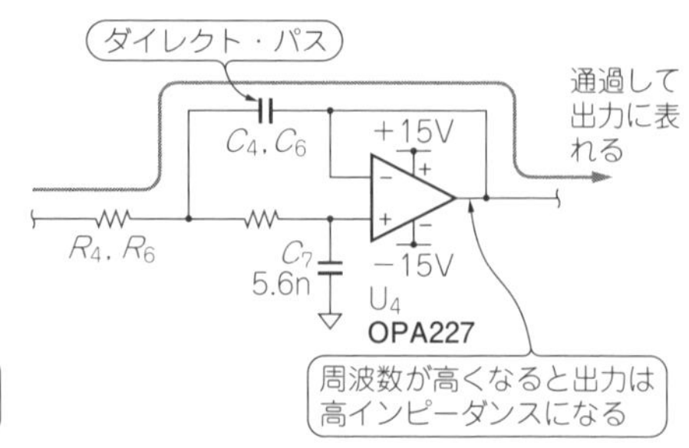

(b) 2次のサレンキー型フィルタは信号が通過してくる

図8 OPアンプのゲインが落ちてきた帯域における信号の流れ
3次のフィルタではOPアンプが応答しなくても，信号やノイズは初段の1次フィルタR_1とC_1を介してグラウンドに落ちる．4次のフィルタでは，前段，後段共にC_4，C_6のダイレクト・パスにより回路の外側を通過する．このときOPアンプの出力インピーダンスはハイ・インピーダンスなので，リークの制御はできない

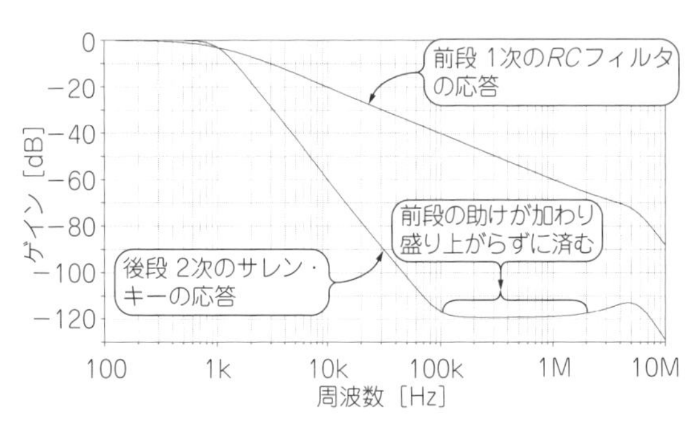

図9 前段(U_1)の応答はOPアンプの動作の有無にかかわらず連続的に減衰するので，それを受ける後段(U_2)の応答は盛り上がらずフラットに抑えられる
3次サレンキー型ローパス・フィルタの周波数特性を前段と後段にわけてみてみる

介してグラウンドに落ちて阻止されます．この効果によって，後段(U_2)はゲインの上昇があるものの，合成特性としてはフラットに抑制されます．このことは，前段(U_1出力)と後段(U_2)の周波数応答を併記した**図9**のグラフを見ると，よりわかりやすいでしょう．

4次の場合は，前段・後段共に，入力から出力へ信号が素通りするダイレクト・パスがあります．高周波成分は，**図8(b)**に示すようにR_4(R_6)からC_4(C_6)を介してOPアンプの外側を通過します．このときOPアンプはゲインが落ちていて，出力はハイ・インピーダンスになっていて，手も足も出ない状態です．

● 実機実験

重要な項目はシミュレーションだけでなく，実回路での実験も行います．**写真1**に示す実験用基板で実測してみました．3次と4次のLPFのほかに，反転ゲイン1倍のアンプを実装しています．OPアンプはすべてLM741(テキサス・インスツルメンツ)です．

$G=-1$倍のアンプの目的は，LM741のf_T(開ループ・ゲインが1倍になる周波数)を確認するためです．f_Tより高い周波数は動作帯域外と考えられます．

図7(b)や**図9**のような周波数特性のグラフを得るにはネットワーク・アナライザを使います．**図10**に測定結果を示します．これを見ると，LM741のf_Tを

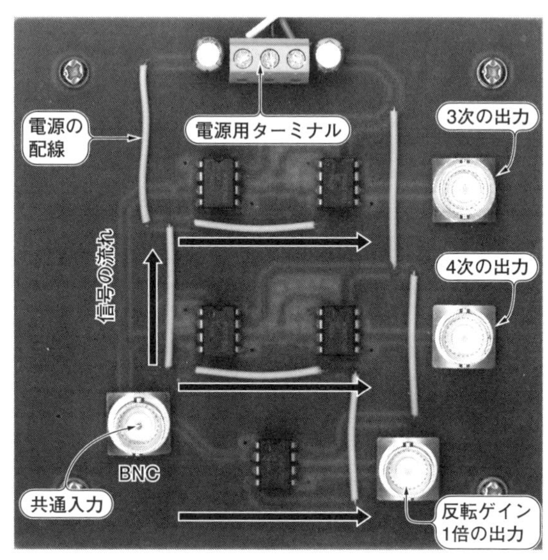

写真1 高周波リークと次数の関係を調べるために製作したサレンキー型ローパス・フィルタ
*CR*部品は裏面に実装したので見えていない．−1倍のアンプは，使用したOPアンプのゲイン周波数特性確認用

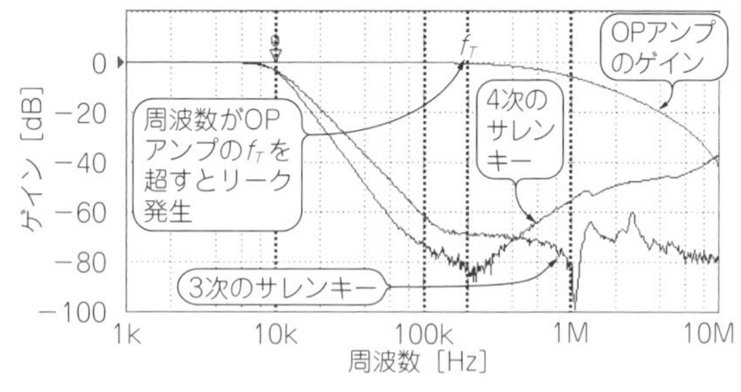

図10 OPアンプのゲインが1倍を切る付近の周波数から，4次のサレン・キーでは漏れが出てくる
製作したローパス・フィルタとアンプ回路の実測周波数特性．3次のサレンキーは平たんである

境に4次のLPFのゲインが上昇に転じているのがわかります．「サレンキー型LPFを使用するときは奇数次のフィルタを採用すべし」です．

● 偶数次のLPFを望むならMFB型を使用

偶数次の構成の場合は，**図11**に示すマルチプル・フィードバック(MFB)型LPFを使います．回路構成

は少し複雑ですが，サレンキー型と比べて素子感度(部品のばらつきに対する特性の変化度合い)が低いというメリットもあります．何より有利な点は，偶数次でも高周波リークを起こさないということです．

リークが起きない理由は，偶数次のLPFでもR_5とC_5で構成されるRCのペアが，OPアンプの動作帯域外でも1次のフィルタと等価の阻止効果をもつためです．OPアンプが動作する/しないに関わらず，ゲインは**図11**(b)に示すように連続的に降下します．

技② OPアンプのCMRを改善すると非直線性誤差が小さくなる

● 入力オフセット電圧の変化が誤差になる

電圧ゲイン1倍のボルテージ・フォロワの出力電圧は，入力オフセット電圧V_{OS}を含んでいるものの，それを除けば入力電圧と等しい考えがちです．しかしV_{OS}は一定ではなく，**図12**に示すように入力電圧の変化によりシフトします．

図12内のV_{CM}は同相モード電圧の意味で使っています．同相モード電圧とは，正相と逆相の2つの入力電圧の平均値を指します．2Vと4Vが加わっていればV_{CM}は3Vです．差分の2Vが差動入力電圧V_{DEF}です．これらの記号は，ICメーカで統一されていません．ここではテキサス・インスツルメンツの表記に合わせています．

● 非直線性はOPアンプの入力回路の設計に依存する

ボルテージ・フォロワとして使うOPアンプの出力は，反転入力へ直結されています．ボルテージ・フォロワ構成では，入力電圧V_{in}と出力電圧V_{out}がほぼ同じです．OPアンプの中から外を見ると，2つの入力ピンに加わる電圧はほぼ等しいので，入力電圧は同相モード電圧V_{CM}と同じ値になります．

どのようなOPアンプでも誤差源としてのV_{OS}(図

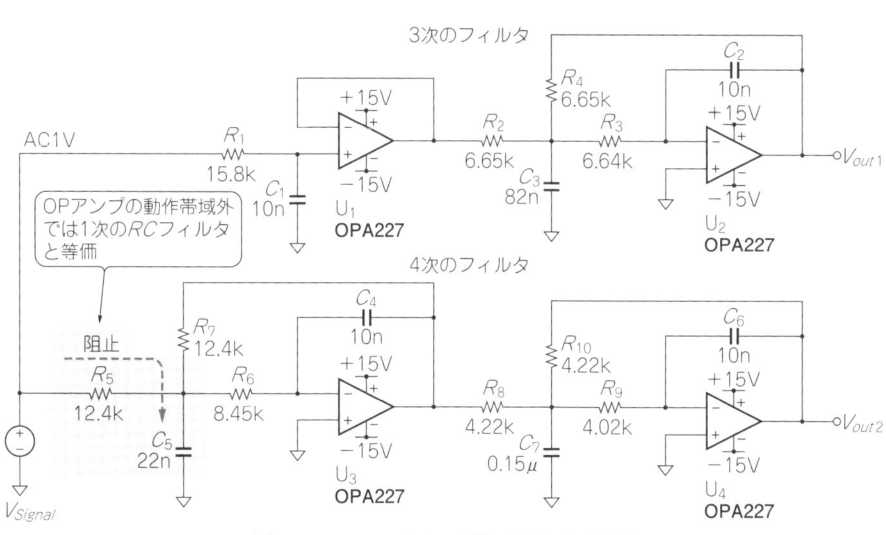

(a) マルチフィードバック型の3次と4次を比較

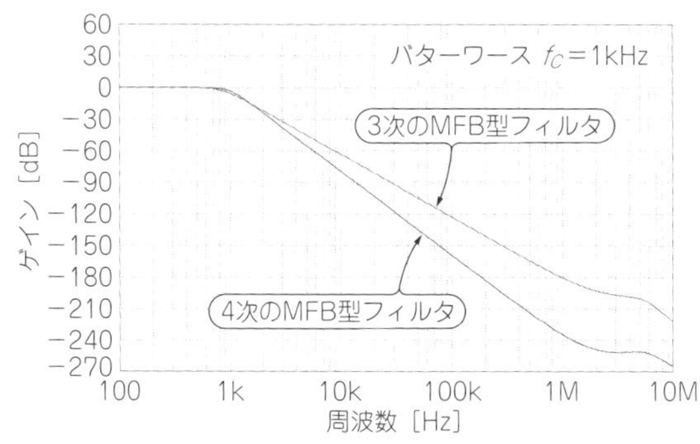

(b) 理想的な周波数特性が得られる

図11 偶数次のローパス・フィルタが使いたいときはマルチフィードバック型を使う
本フィルタはコンデンサのダイレクト・パスがないので，奇数/偶数に関わらず高周波リークがない．OPアンプの動作帯域外でもフィルタ・ゲインは連続的に降下している

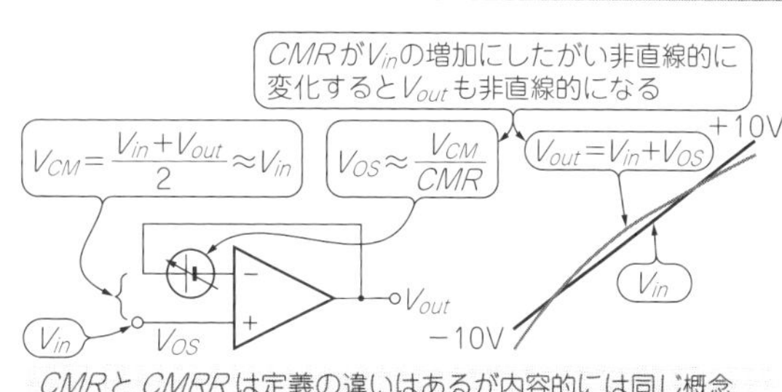

図12 ボルテージ・フォロワで使うOPアンプは入力オフセット変動が入出力の誤差要因になる
ボルテージ・フォロワでは，コモン・モード電圧V_{CM}は入力電圧V_{in}と等しい．コモン・モード電圧V_{CM}に対して同相モード除去比CMRが非直線に変化すると，オフセット電圧V_{OS}が非直線に変化し，補正不可能な誤差になる

12中に電池の記号で示した可変電圧源)をもっています．このV_{OS}はV_{CM}の値を同相モード除去比CMRで割った値になります．CMRはV_{CM}の変化分ΔV_{CM}とV_{OS}の変化分ΔV_{OS}との比で，必ずしも一定ではなく，V_{in}に依存して変化します．

図13は，741系などの汎用OPアンプのV_{in}対CMRの傾向です．**図13(a)**のV_{in}は，0～10V区間ではCMRはほぼ一定です．この場合，**図13(b)**の0～10V区間に示したようにV_{OS}の増加も直線的なので，単なるゲイン誤差となります．ゲイン誤差なら可変抵抗などで補正できます．

図13(a)の－10～0V区間では，CMRは非直線的に低下しています．この場合，**図13(b)**の－10～0V区間のようにV_{OS}の変化も非直線的です．この非直線的な変化は，ボルテージ・フォロワの非直線性の原因となります．こうした傾向はOPアンプの入力段の設計に依存し，古い設計だと非直線性が大きい傾向があります．

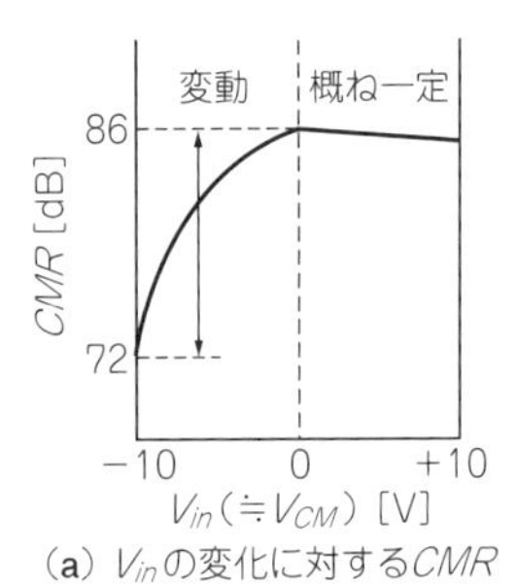

(a) V_{in}の変化に対するCMR

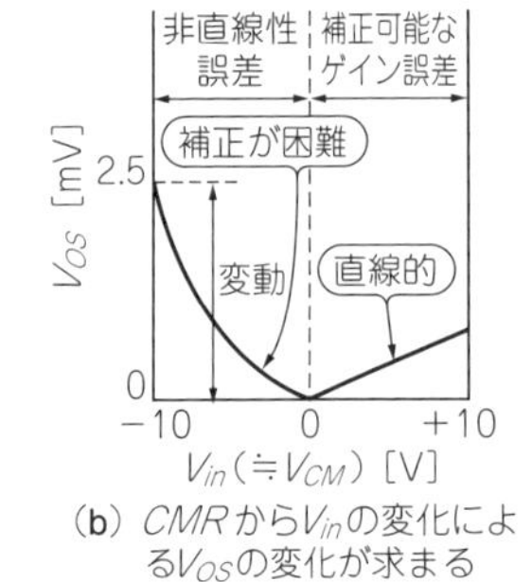

(b) CMRからV_{in}の変化によるV_{OS}の変化が求まる

図13 コモン・モード除去比CMRがコモン・モード電圧V_{CM}に対して非線形に変化するとオフセット電圧に非直線性が現れる
CMRが有限でも一定ならV_{OS}の変化はV_{OS}の直線的な変化になり，補正できる．(a)の区間－10～0VのようにCMRが非線形に変化すると，V_{OS}が変動して非直線性誤差になる．アナログ的補正は難しい

● 入力オフセット電圧の変化を測定する方法

一般の実験室の設備で，ボルテージ・フォロワで使っているOPアンプのΔV_{in}とΔV_{OS}の関係を測定するのはかなり難しいです．V_{in}を0Vから10Vへ上げて，出力10V上に乗る変化幅1mVのV_{OS}の変化をディジタル・マルチメータ(以下，DMM)で読み取るには無理があります．

工夫すれば，このΔV_{OS}の変化をグラウンド基準で測定できます．それが**図14**に示す電源シフト法です．この方式のミソは，V_{in}は振らずOPアンプの非反転入力を接地しておき，電源の方を振るところにあります．OPアンプ電源の正(V_{DD})と負(V_{EE})の電圧差を変えないでシフトすると，OPアンプの入力から見ればV_{in}をシフトしたのと同じ結果です．このとき，V_{OS}のシフトによるV_{out}の変化をグラウンド基準で測定できます．DMMのレンジを微小電圧(フルスケール200 μVなど)に設定すると高精度に測れます．この方法ならば，実験室に置いてある可変出力電源装置とDMMで測定できます．

● LTspiceによる電源シフト法の動作確認

OPA354を被試験サンプル(DUT：Device Under Test)とした**図14**のシミュレーション結果を**図15**に示します．2mVの幅でV_{OS}がジャンプしているのがグラウンド基準で検出できているのがわかります．

ちなみに，このマクロ・モデルに組み込まれたV_{OS}の精密なシフトのふるまいは特殊な例であることに留意してください．多くのマクロ・モデルは，シンプルな線形変化しか組み込んでいません．

● 実際のOPアンプによる実験

図16にパラメータ・アナライザを使って実際のOPアンプのオフセット電圧を測定した結果を示します．

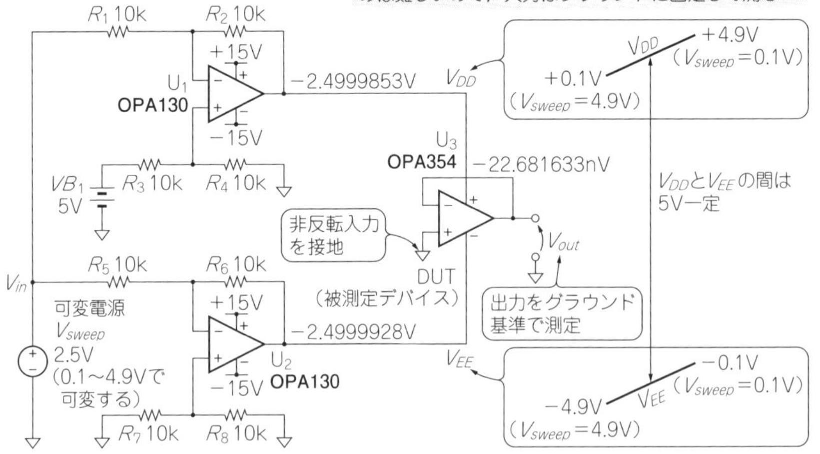

図14 コモン・モード電圧を変えてオフセット電圧を測る方法
(CMOS入力OPアンプの場合)
差動アンプを使って，測定対象のOPアンプの電源を正側と負側同時にシフトする．オフセット電圧をグラウンド基準で測定できる

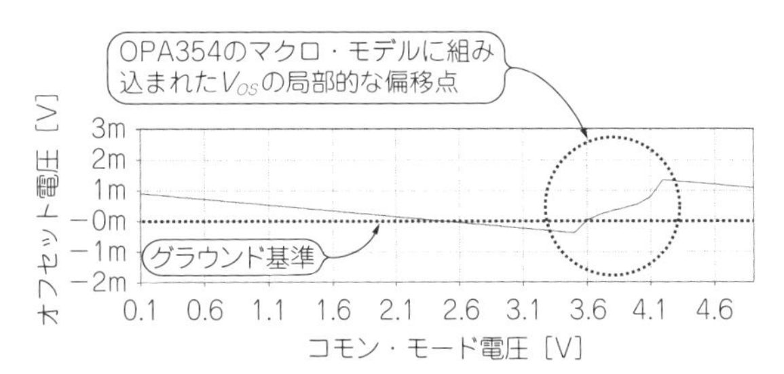

図15 2 mVの幅でオフセット電圧V_{OS}が現われていることをグラウンド基準で検出できている(LTspiceによるシミュレーション)
図14の回路でOPA354を測定対象にしてコモン・モード電圧に対するオフセット電圧の変化を測定．グラウンド基準で測定できるのでV_{OS}の変化だけを増幅してみれる．OPアンプがマクロ・モデルはシンプルな線形変化しか組み込まれていないことが多いので留意する

パラメータ・アナライザとは，複数のD-AコンバータとA-Dコンバータのチャネルで構成されたアクティブな測定器です．**図14**の回路と同じような構成にして測定できます．

グラフの横軸14 Vと16 Vの間(15 V)が**図14**の0 Vに相当します．30～15 Vを－15～0 V，15～0 Vを0～15 Vと読み替えてください．

図16(a)は，741型と呼ばれる古い設計の汎用OPアンプの結果です．V_{OS}のシフト形態は，**図13**と同じです．このOPアンプのV_{OS}のシフト量が25～15 V(－10～0 V相当)の間で2 mVです．

このOPアンプをバッファとして，入力レンジ±10 Vで16ビットA-Dコンバータの前段に配置すると，変換データに約6.6 LSB(フルスケールに対して0.01 %)の誤差を発生させます．真の16ビット1/2 LSBに対する変換誤差はフルスケールの0.0075 %なので，フルスケールの0.01 %では12ビット精度にしかなりません．OPA211では，同じ範囲でのV_{OS}のシフト量が約0.2 mV(0.65 LSB相当)なので，16ビットA-Dコンバータのバッファとして合格です．

● CMOS OPアンプに見られる局部的偏移点の原因

図16(c)のOPA350では，V_{in} = 2～1.5 Vの間で，V_{OS}の局部的偏移点が見られます．OPA350は前述のOPA354と同じように，単一電源でレール・ツー・レール入力を目指した初期段階の設計によるCMOS OPアンプです．

このV_{OS}の局部的偏移は，V_{in}の上昇に応じて動作する入力段がPチャネルMOSFET(0～3 Vを担当)からNチャネルMOSFET(3～5 Vを担当)へ切り替わることで発生します(**図17**)．両者は差動アンプ・ペアとして構成されています．PチャネルMOSFET差動対とNチャネルMOSFET差動対のオフセット電圧の差がV_{OS}の局部的偏移となります．このオフセット電圧の差は同じチップ内でもばらつきがあり，OPA2350(OPA350の2個入り)のアンプ1とアンプ2で，傾向

(a) uA741(±15 V動作でかなり古い設計)

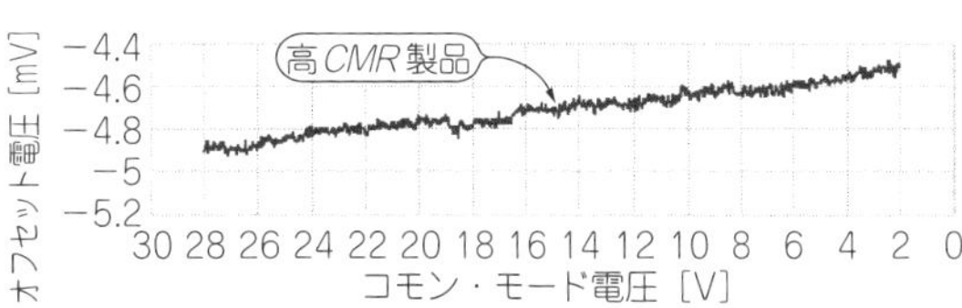

(b) OPA211(±15 V動作で比較的新しい設計)

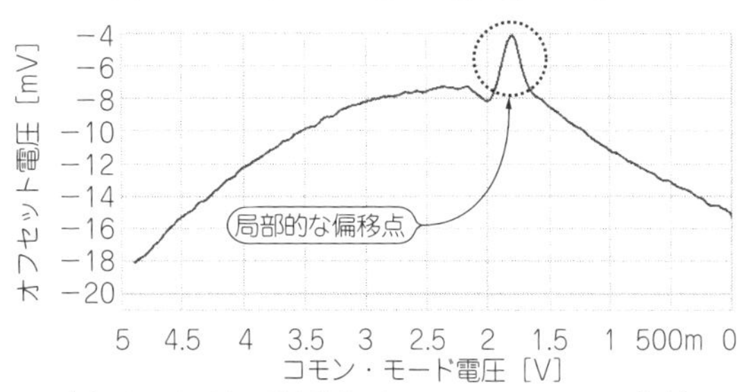

(c) OPA350(+5 V動作，レール・ツー・レール入力)

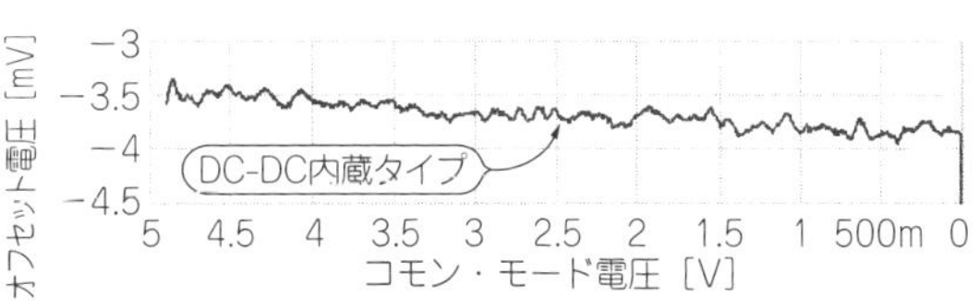

(d) OPA365(+5 V動作，レール・ツー・レール入力)

図16 OPアンプによって非直線性誤差が異なる(実測)
電源シフト法で測定したオフセット電圧変動．(a)は非直線性誤差が顕著である．(b)は高CMR製品．(c)は局部的な偏移点がみられる．(d)はDC-DCコンバータ内蔵のCMOS OPアンプで(c)の改良版

が異なることを見て取れます．

後から開発されたOPA364/365系では入力段に昇圧DC-DCコンバータを設け，PチャネルMOSFETだけでV_{in}の全入力範囲0～5 Vをカバーします．PチャネルとNチャネルの切り替えがないので，**図17(d)**のように，段差は生じない特性が得られています．

OPA365のV_{OS}のシフト形状を見ると，0.5 mVの幅で直線的に降下しているのがわかります．これはV_{in}の変化によるCMRの変化がほとんどないことを示しています．このような特性であればゲイン誤差になるので，調整で対応できます．

● 高耐圧CMOSの登場とCMRの改善

半導体の微細加工技術の発達とA-Dコンバータ設計の技術革新とで，$\Delta\Sigma$型では24ビット分解能も珍しくなくなってきました．A-Dコンバータばかりが高精度になっても意味がなく，OPアンプの性能向上も

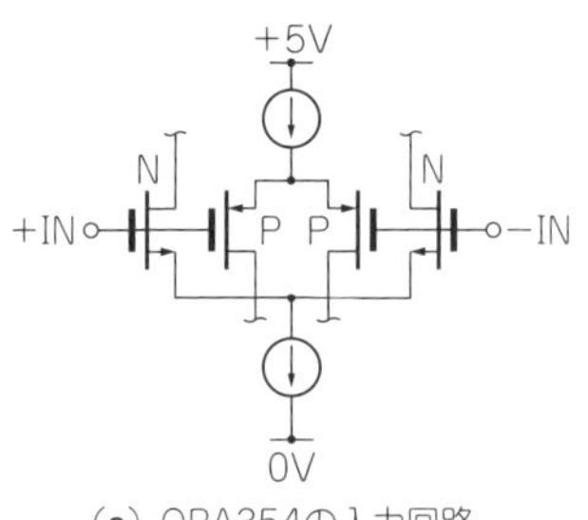

(a) OPA354の入力回路

(b) 切り替わりがあるOPA354

(c) OPA365の入力回路

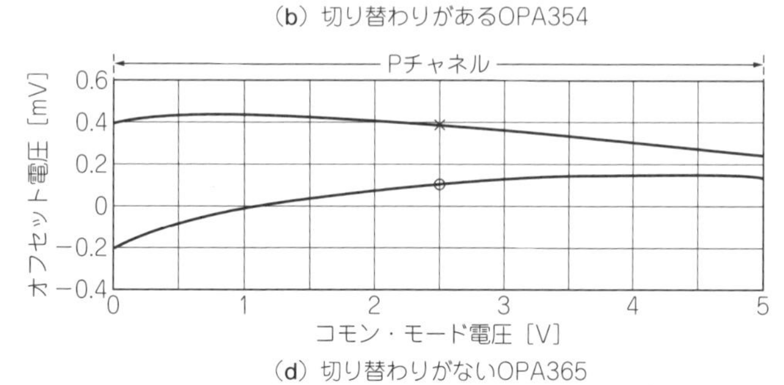

(d) 切り替わりがないOPA365

図17 レール・ツー・レール入力のOPアンプのオフセット電圧に偏移点があるのはPチャネルとNチャネルのつなぎ目
コモン・モード電圧によってPチャネルとNチャネルが切り替わる．この2つのオフセット電圧が異なるので段差が生じる．(c)では入力段にDC-DCコンバータを設けてPMOSのみで受けているので，段差が生じない

必須です．新しいプロセス(バイポーラCMOSや高耐圧CMOSなど)が誕生したこともあり，これらを使ってOPアンプの性能を向上させています．

図18はそのような高性能OPアンプの1つ，OPA188のオフセット特性です．フルレンジのレール・ツー・レール入力をあきらめ，低電圧側だけに特化してV_{in}対CMRの特性を向上させています．−5Vから+4Vまで，V_{OS}は−100 μV(このOPアンプの初期オフセット値)で一定です．データシートによればCMRは全温度範囲で120 dB(最小)となっているので，24ビットのΔΣ型A-Dコンバータのバッファ・アンプとして使える性能です．

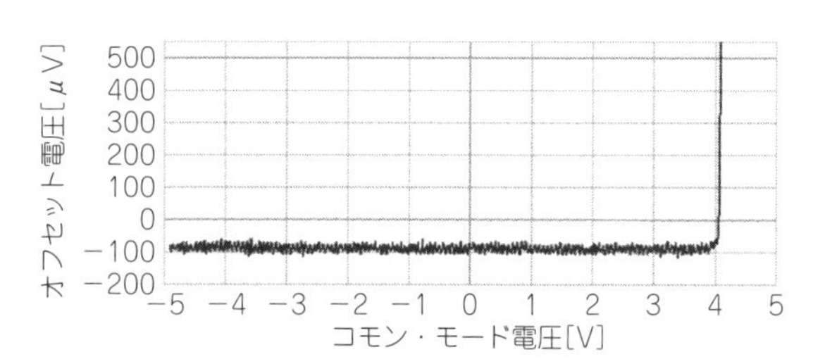

図18 完全なレール・ツー・レール入力をあきらめる代わりにオフセット電圧の変動を小さくしたOPA188のオフセット電圧
オフセット電圧は−100 μVからほとんど動かない．$CMRR$は最小−120 dBなので，24ビットΔΣ型A-Dコンバータのバッファに使える精度がある

技③ セトリング時間とスルー・レートでOPアンプを選ぶ

● スルー・レートの定義

OPアンプの動作速度より格段に速いパルス波形(規定上の表現はステップ波形)を入力すると，OPアンプの出力は，自身が出せる最大速度で入力のパルス波形に応答します(**図19**)．これをステップ応答と呼び，自身が出せる最大速度のことをスルー・レートと呼びます．

スルー・レートの正式な定義は，単位時間[μs]当たりの上昇・下降電圧幅[V]で，両者を合わせた変化率(dV/dt)となります．測定区間の規定は，両電源OPアンプでは0V，単電源OPアンプではその電源電圧の1/2の電圧を出力が横切るところになります．

● セトリング時間の定義

波形がきれいな台形波になるなら，スルー・レートだけで応答時間が計算できるのですが，**図19**のように振動があります．そこで，応答時間を定義します．

入力されたステップ波形の電圧V_{step}に対して，OPアンプに設定した閉ループ・ゲインで決まる最終出力電圧V_Oへの到達時間をセトリング時間(記号はt_S)といいます．

通常は最終電圧に対する誤差幅を規定してデータシートに記述されています．**図19**の例では，V_Oの値に対して±0.01 %の誤差範囲内に出力の振動が収まるまでの時間です．16ビットのA-Dコンバータの前段バッファとして使用するときは，データシートに誤差幅±0.00075 %(=16ビット±1/2 LSB)へのセトリング時間の規定があればよいのですが，測定上の限界から，通常0.001 %止まりです．

● セトリング時間とスルー・レートは互いに無関係

▶セトリング時間はOPアンプの位相余裕で決まる

OPアンプのセトリング時間は，開ループ・ゲインが0 dBになる周波数(記号はf_T)で位相が何度回っているかで決まります．もう少し詳しくいうと，OPアンプは負帰還かけてゲインを設定するので，入力と出

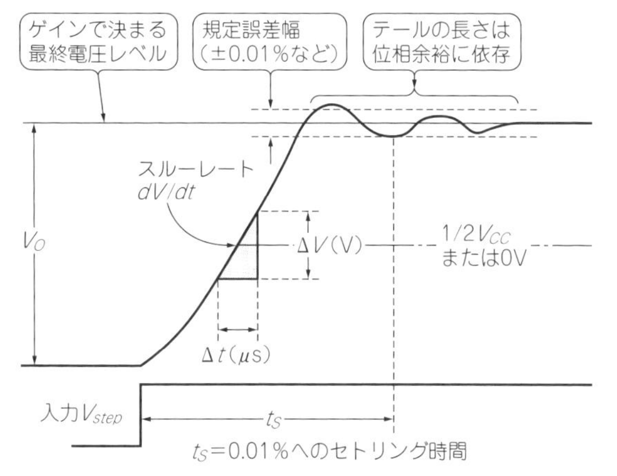

図19 ステップ応答に対する特性はセトリング時間とスルー・レートの2つがある
セトリング時間はOPアンプの位相余裕に，スルー・レートは出力トランジスタのON/OFF速度で決まる．スルー・レートが高いからといってセトリング時間が短いとは限らない

力の間には最初(0 Hz)から180°の位相差があります．OPアンプを通過する信号周波数に比例して位相差は増大して(回るという)，開ループ・ゲインが0 dBになる周波数で180°回ると，合計360°(正帰還)となりOPアンプは発振します．180°回ると位相余裕は0°です．

位相余裕が0°でないにしても少ないと，ステップ波形の入力に対して振動が収まるまでの時間(**図19**ではテールと記述)が伸びます．位相余裕が90°以上あれば振動はまったく起きません．

▶スルー・レートはOPアンプ出力段のトランジスタのON/OFF速度で決まる

スイッチング速度の決定要因としては，出力段トランジスタの物理的ファクタがありますが，帯域幅や開ループ・ゲインも関係してきます．

▶OPアンプ内部の設計ではトレードオフの関係

帯域幅でいえば，OPアンプは発振止めに内部に位相補正回路(*RC*による1次のフィルタ)を付けます．この回路のf_Cを高域に移動させると，帯域幅が伸びてスルー・レートは速くなります．反対に位相余裕が減ってステップ応答ではテールが伸びます．OPアンプの内部回路設計では，ステップ応答を取るか帯域幅を取るか設計コンセプト次第です．

● A-Dコンバータ用の前置アンプのセトリング時間を専用測定器なしに実測する方法

実験室にあるような設備でも誤差幅±0.00075 %へのセトリング時間を特定できる方法があります．**図20**に示すエッジ・シフト法です．自作するのはCPLDによるタイミング・ジェネレータと，DUT(被試験サンプル)実装用のテスト基板の2つです．

A-Dコンバータの評価はOPアンプに比べシンプルではないので，メーカから評価用基板が提供されています．それを入手し，変換データをロジック・アナライザで取り込み，パソコンにデータを移動します．

最近のロジック・アナライザはOSにWindowsを採用しており，データをCSVファイルで取り出せます．これをUSBメモリ経由でパソコンへ移動し，Excelで処理する，という手順です．直接，測定値が出るのではなく，Excelでデータを処理した結果から人間が特性を判断するので，測定ではなく「特定」としています．

▶エッジ・シフト法とは

A-DコンバータでA-D変換を開始するとき，変換指示のパルス信号を送信します．エッジ・シフト法とは，この変換パルスのエッジを少しずつ時間軸上でシフトさせて測っていく方法です(**図21**)．

OPアンプにステップ波形を与え出力電圧を測定します．このとき，A-Dコンバータの変換指示信号を時間的に少しずつシフトしながら，何回も測定します．すると，シフト時間ごとのアナログ電圧の数値化データが取得できる，という仕掛けです．

急激に変化するOPアンプの応答特性をきれいにと

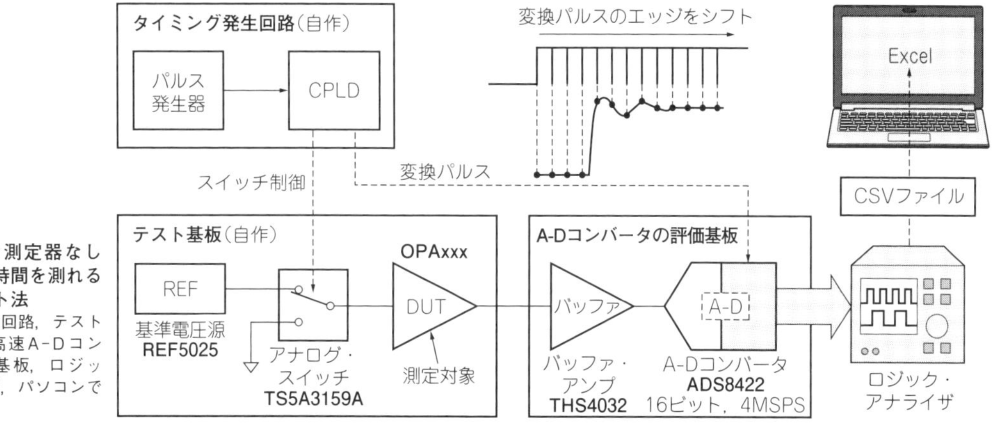

図20 特殊な測定器なしにセトリング時間を測れるエッジ・シフト法
タイミング発生回路，テスト基板のほか，高速A-Dコンバータの評価基板，ロジック・アナライザ，パソコンで構成できる

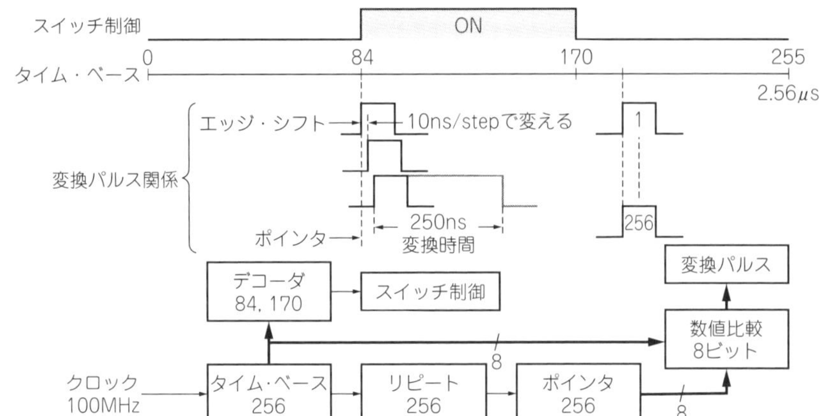

図21 OPアンプへのステップ入力とA-D変換するタイミング1回の測定では誤差が大きいので，256回測定して平均値を求める
CPLDの内部クロックを100 MHzにして1ステップを10 nsにする．タイミングを少しずつずらした信号をCPLDで作る

らえるため，**図21**のシステムでは，シフトの1ステップを10 ns(時間分解能)と細かくとり，同じ時間でのA-D変換の反復を256回行い，8ビット分のS/Nの向上を図っています．OPアンプへステップ波形を送るには，CPLDでテスト基板上に実装した半導体アナログ・スイッチを制御し，基準電圧ICの出力をパルス化して行っています．

以上の手順で取ったデータをExcelで処理してグラフにした波形を**図22**に示します．波形が滑らかなのは256回測定した平均データであるためです．

▶構築したシステムによるセトリング時間の特定

被測定対象として，スルー・レートとセトリング時間の関係が対照的なOPアンプを選んでみました(**図23**)．OPA374とOPA132です．

OPA374は位相余裕が約60°と大きく，OPA132は40°と安定ぎりぎりです．前述したように，位相余裕の大きいOPA374のスルー・レートは低いのですが，その代わりテールは短くなっています．OPA132はこれとは反対で，スルー・レートは高いのですがセトリング時間は長くなっています．

このシステムではデータをExcelで処理しているので，OPアンプ出力波形のどの部分であっても，取り込んだA-Dコンバータの16ビット分解能(125 μV)まで拡大できます(**図24**)．必要な精度に対するセトリング時間を正確に求められます．

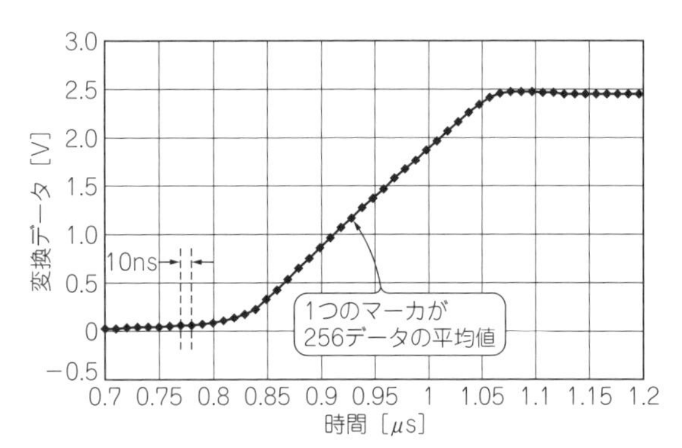

図22 実際にエッジ・シフト法で測定したOPアンプのステップ応答
測定対象(DUT)はTLV2771(テキサス・インスツルメンツ)．パルス・ジェネレータの周波数をCPLDの最大許容値100 MHzに設定し，エッジ・シフトの1ステップの間隔を10 nsとしている．各測定ポイントはそれぞれ256回のA-D変換の平均値

波形の立ち上がり部分と直後の2.5 V付近を拡大して，目視でセトリング時間を特定します．16ビット±1 LSBまでのセトリング時間は1.2 μsと求められました．

● スルー・レートからは出力電圧と帯域幅の関係を読み取る

A-Dコンバータの前置アンプとして使うときの応答特性を考えるなら，スルー・レートよりもセトリン

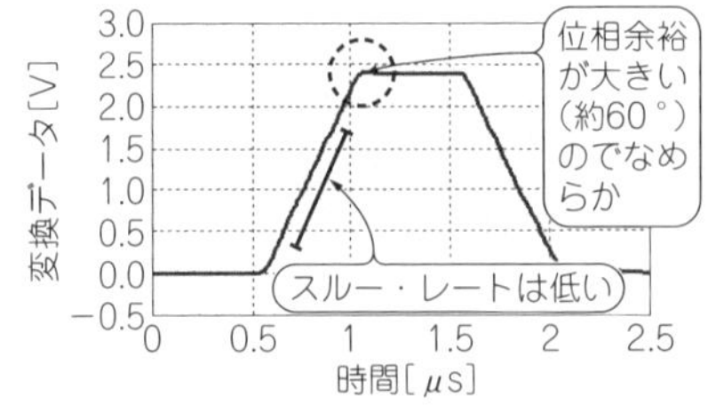

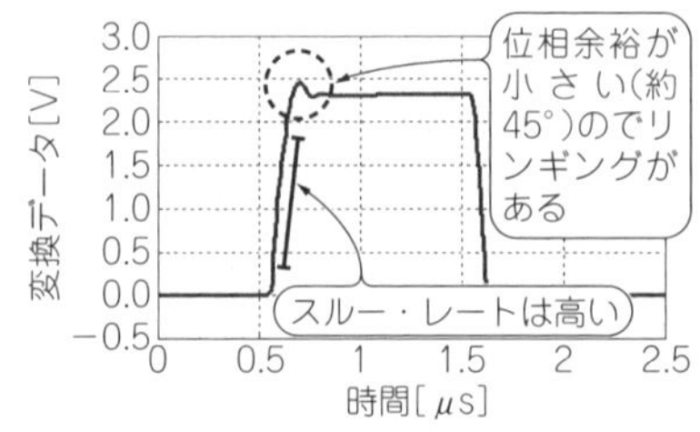

図23 セトリング時間とスルー・レートの関係が対照的なOPアンプ
(a) スルー・レートは低いが位相余裕が大きいOPA374
(b) スルー・レートは高くても位相余裕が小さいOPA132

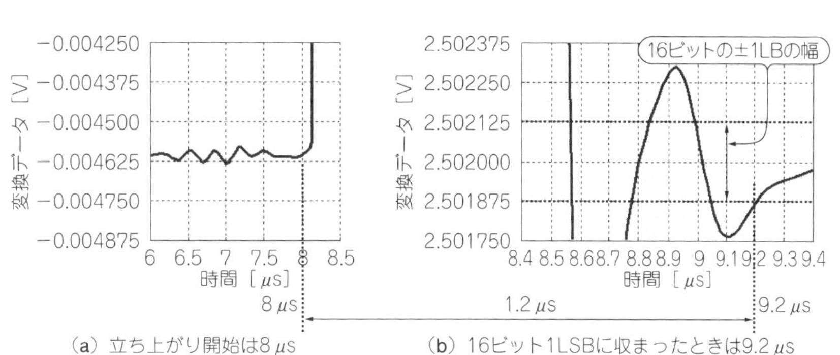

図24 OPA132の16ビット±1LSBへのセトリング時間は1.2 μs(実測)
Excelによる数値化したデータをグラフにしているので，波形の細かい振動までみることができる．1目盛りが1LSBのサイズになるよう拡大すると分析しやすい

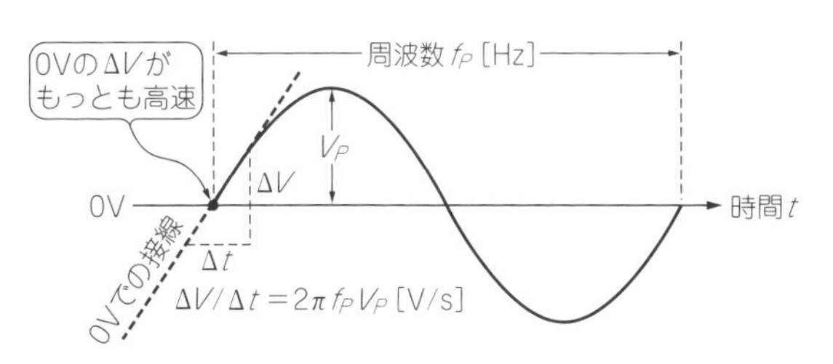

SR：スルー・レート[V/s]，
ΔV：OPアンプ出力電圧の変化量[V]，
Δt：単位時間(通常1 μs)
f_P：V_Pで定まる最大信号周波数[Hz]
V_P：f_Pで定まる最大出力振幅[V_{peak}]
とすれば

$$SR = \frac{\Delta V}{\Delta t} \quad \cdots\cdots(1)$$

$$f_P = \frac{SR}{2\pi V_P} \quad \cdots\cdots(2)$$

$$V_P = \frac{SR}{2\pi f_P} \quad \cdots\cdots(3)$$

低ひずみを実現するために必要なスルー・レート(経験値)は次のとおりである

$$SR = 10 \times 2\pi f_P V_P \quad \cdots\cdots(4)$$

図25 扱いたい信号の周波数が高く，振幅が大きいほど必要なスルー・レートが高くなる
スルー・レートは正常に扱える信号の周波数と振幅に関係する

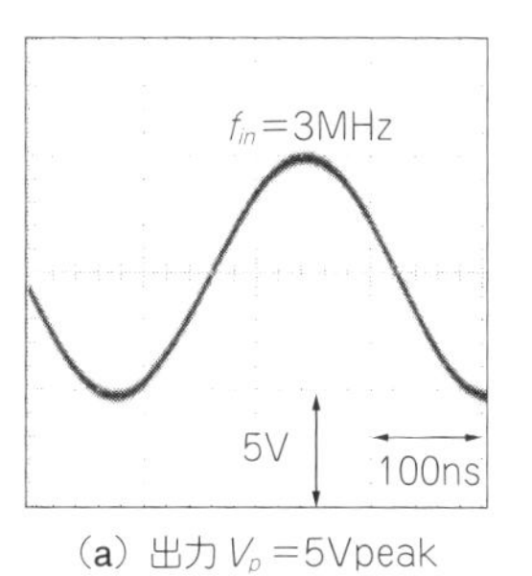

(a) 出力 V_p＝5Vpeak

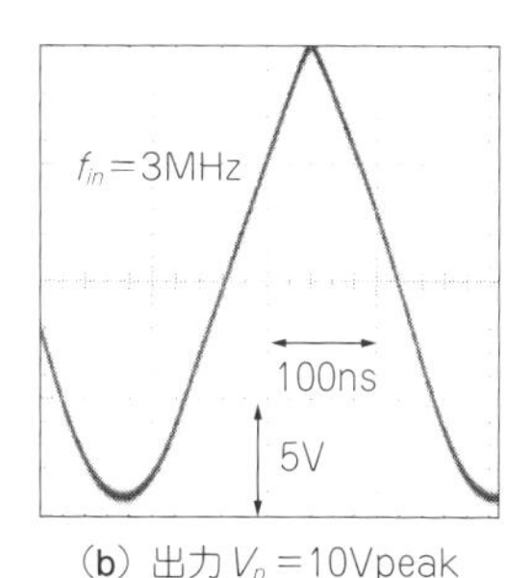

(b) 出力 V_p＝10Vpeak

$$V_p = \frac{SR}{2\pi f_p} = \frac{135\times10^6 \text{V/s}}{2\times3.1415\times3\text{MHz}} = 7.162\text{V}_{peak}$$

図26 図25(b)の式(3)で計算した最大振幅を越えると，信号は大きくひずむ
3 MHzの正弦波を与えたとき，スルー・レートが135 V/μsのOPA637で出力できる振幅V_Pは7.162 V_{peak}になる．V_P＝10 V_{peak}では正側がひずんでいる

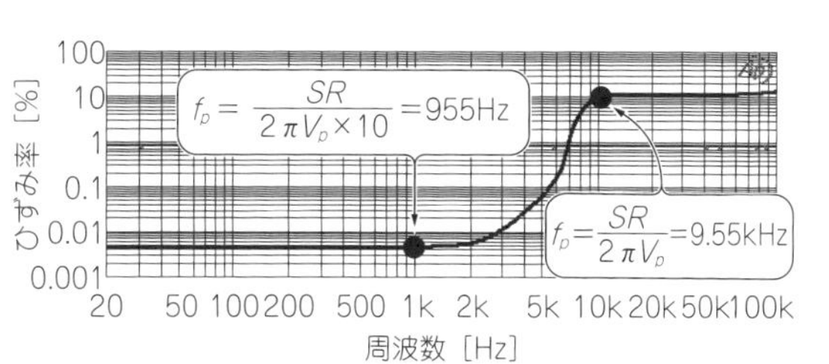

図27 低ひずみを求めるときは，図25(b)の式(4)で算出したスルー・レートを目安にOPアンプを選ぶ
OPA177の信号周波数とひずみ率．OPA177のスルー・レートは0.3 V/μs．図25(b)の式(2)で計算したf_P＝9.55 kHzと，式(4)を式(2)に代入して計算したf_P＝955 Hzに対するTHDの確認実験．式(2)のf_Pではひずみ率計の限界までひずんでいる．低ひずみなのはその1/10の周波数まで

グ時間のほうが重要だとわかりました．ではスルー・レートの値からは何を読み取ればよいのでしょうか．

前述したように，スルー・レートとはOPアンプが応答できる出力の最大変化率です．これより速い入力の変化にはリアルタイムで追従できない，ということです．

信号が正弦波だとすると，その波形の中腹が最も電圧変化の速い区間です．中腹の変化に沿って引いた接線のこう配($\Delta V/\Delta t$)に対し，OPアンプのスルー・レート($\Delta V/\Delta t$)が寝ていると波形がひずみます(**図25**)．

式(1)でSRを算出できます．ΔVは正負電源電圧の中心付近の単位時間Δt当たりの変化量です．

式(2)は必要な最大信号周波数f_Pと採用したOPアンプのスルー・レートから再生できる信号の最大ピーク電圧V_Pを求める式です．V_Pとは，ピーク・ツー・ピーク電圧$V_{P\text{-}P}$の半分です．

式(3)は，必要な最大ピーク電圧V_Pがわかっているときに，どの程度の最大信号周波数f_Pが得られるかを求める式です．

図26はOPA637のスルー・レート(＝135 V/μs)の実験結果です．3 MHzのとき最大振幅は7.162 V_{peak}と求まりました．計算値の約2 V下(5 V_{peak})では波形ひずみは見られません．約3 V上(10 V_{peak})では波形ひずみがみえます．これらの結果から式(3)の正当性がわかります．

▶低ひずみにしたいときはスルー・レートに余裕をもって選ぶ

低ひずみを追い求めるときは，式(4)のように，式(1)で計算したスルー・レートからさらに10倍程度の余裕が必要です．

図27はOPA177のスルー・レート(＝0.3 V/μs)の振幅10 V_{peak}における信号周波数対*THD*の測定結果です．スルー・レートから式(3)で計算すると，再生可能な最大周波数f_Pは9550 Hzですが，10 kHz付近では*THD*＋*N*(主に*THD*)の値は測定限界の10 %に達しています．これに対して，最低必要なスルー・レートの1/10の周波数955 Hzだと，ひずみは約0.005 %です．したがって，低ひずみを求めるときは，式(4)で算出したスルー・レートを目安にOPアンプを選べばよいでしょう．

column 01　適切なA-Dコンバータの選択がコスパのキモ

中村 黄三

● マイコン内蔵のA-Dコンバータと単体A-Dコンバータとのノイズ性能の比較

マイコンに内蔵されたA-Dコンバータを使うと，A-Dコンバータとのデータのやり取りが簡便で使いやすく，また低コストなシステムが構築できます．しかしマイコンの内部はノイズが多く，高精度なA-D変換に適した環境とはいえません．

● マイコン内蔵A-Dコンバータはノイズの大きさに応じてコードがバラつく

図Aに示すように，ノイズ性能に関してマイコン内蔵のA-Dコンバータと単体A-Dコンバータを比較してみます．

各A-Dコンバータへデータシートで指定された電圧の基準電圧源(以下，V_{ref})を使用し，A-Dコンバータへ0Vを入力した状態で複数回のA-D変換を行ったときの出力コード発生頻度を示しています．

A-Dコンバータに内部ノイズが存在しなければ，発生コードは1種類だけです．実際にはノイズがあるので，その大きさに応じてコードがバラつきます．グラフに書き入れた数値はコードの間隔(=1LSB)を電圧換算した値です．10ビットに対して16ビットでは当然1LSBの幅は狭くなります．

● データのバラツキに対する標準偏差を求め，定量的なノイズ性能を知る

図Aのグラフ下に示した数値は，標準偏差から得た有効分解能*ENOB*を示します．テスト結果のデータ群(10ビットA-Dコンバータは1024個，16ビットでは2048個)におけるコードのバラツキに対する標準偏差σを求め，そこから有効分解能*ENOB*を計算しました．

10ビットA-Dコンバータでは*ENOB*は9ビットと1ビット落ちになっています．*ENOB*で計算された分解能は実質的に実効値なので，ノイズの影響を受けないビット数(ノイズ・フリー・ビット)では，約2.7ビット落ちの約7ビットA-Dコンバータになります．16ビットA-Dコンバータ(ADS8325の場合)では，±σの幅が1以下なのでノイズ・フリー・ビット換算でも16ビットを維持していることになります．

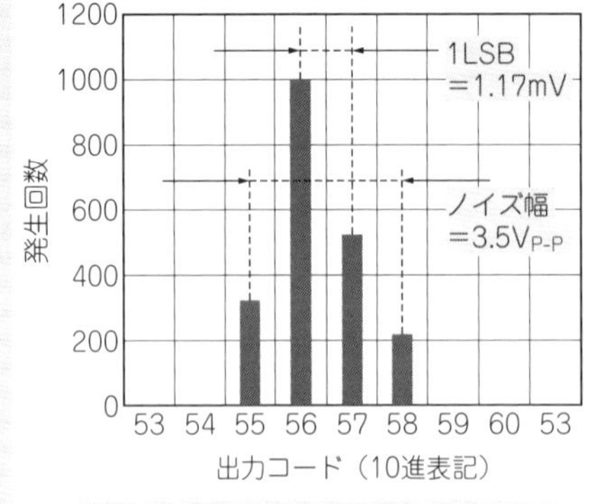

$ENOB$＝10−$\mathrm{Log_2}$(±σ)＝9.2ビット$_{rms}$
入力電圧範囲0V～1.2V，データ数1024個

(a) PICマイコン内蔵10ビットA-Dコンバータ

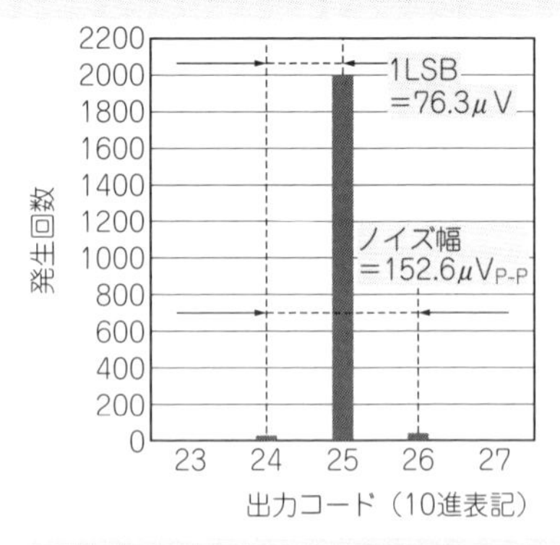

±σ(2σ)が1以下(0.3)なのでNFB≒16ビット
入力電圧範囲0V～5V，データ数2048個

(b) 単体16ビットA-DコンバータADS8325

図A　マイコン内蔵A-Dコンバータの場合はノイズの大きさに応じてコードがバラつくが，単体A-Dコンバータのように内部ノイズが存在しなければ発生コードは1種類だけである

第24章 強力ノイズの渦中にあるセンサのμV出力を高S/N増幅

ノイズ除去力120 dBの計測用差動アンプ

中村 黄三 Kozo Nakamura

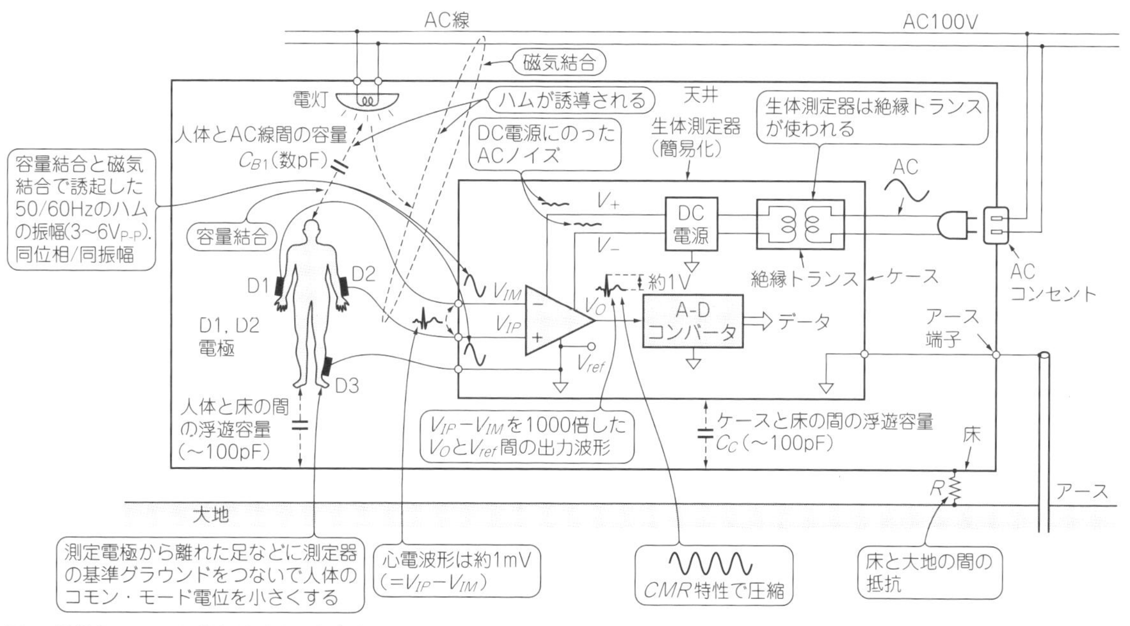

図1 計測室にはノイズ源がたくさん存在する
本例は心電波形を計測しているところ. 電灯線などから発生する商用電源のハム(50/60 Hz)がアンプの入力部に侵入する. 本稿では, このようなノイズを抑制するテクニックやOPアンプの評価方法を紹介する

インダストリ4.0や産業用IoTなどには, センシング計測技術が欠かせません. 部屋や工場には, 雑音源が存在するので, 1 mV以下の微弱信号を取り扱うときは, 単にセンサとアンプをつないだけでは正しく信号を検出できません.

ここでは, 微弱信号のセンシング計測例として心電計を挙げます. **図1**に示すのは, 計測器で生体信号(心電波形)を測定しているところです. 右手や左手に電極を貼ると, 心臓から皮膚表面に伝達される心電波形を計測できます. **図2(a)**に示すように, 心電とは心臓の収縮・拡張に合わせて心筋から人体の皮膚に出てくる電圧です. 波高値は測定する身体の部位でも異なり, 普通は1 m～1.5 mVと微小な大きさです.

通常計測室には, 電灯があります. そのため, 人体には電灯線などから発生する商用電源のハム(50/60 Hz)も, 容量結合や磁気結合により右手と左手に同位相/同電位で誘導されます. 電灯線が近くにあると, AC100 Vと振幅が大きいため, **図2(b)**に示すように数Vの電圧で現れることもあります. この電圧をコモン・モード電圧と言います.

心電計は誘導ハムを抑制して, 微小な心電波形だけを際立たせなければなりません. そのため, 心電計には同相信号除去(*CMR*：Common Mode Rejection)のよいOPアンプが使われます.

一般的な差動アンプは, 4つの抵抗を使って構成します. 差動アンプの入力をショートして*CMR*を測定する従来の方式では, 抵抗のばらつきが測定誤差に直結するので, せいぜい80 dBまでしか測れません.

本稿では*CMRR*性能を向上する方法や, 120 dB以上の*CMR*を測定するためのテクニックを解説し

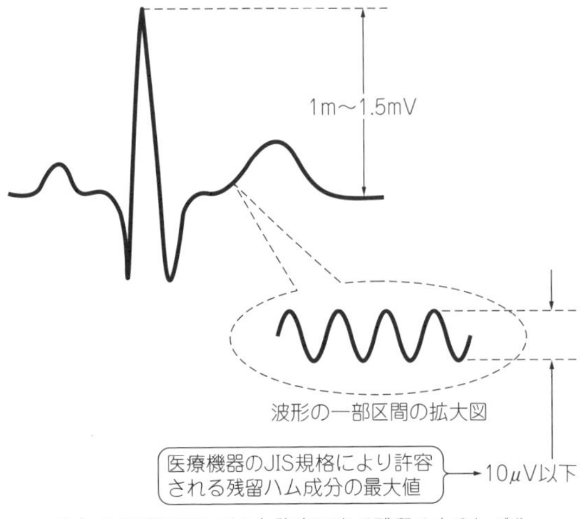

(a) 心電波形のレベルと許容できる残留ハムのレベル

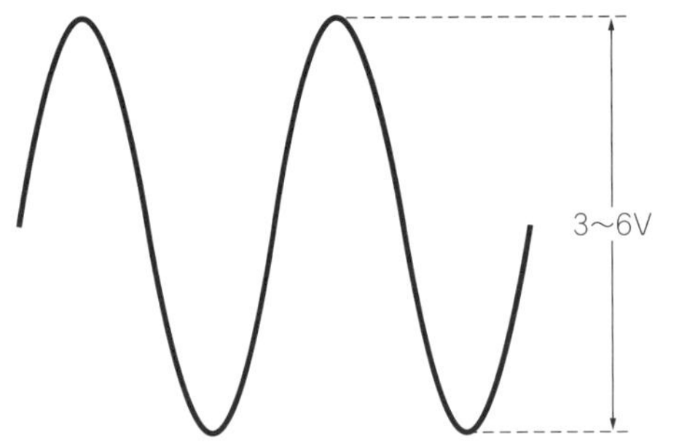

(b) 人体に誘導されるハム(50/60Hz)のレベル

図2 心電計における誘導ハムと心電波形のレベル比較
心電(波高値1 mV程度)とは，心臓の収縮・拡張に合わせて心筋から人体の皮膚に出てくる微少電圧のこと．心電波形は人体の右足を基準に左右の腕からノーマル・モードで取り込むが，このとき近傍にあるAC電源ラインから数ボルト・レベルでハムも一緒に人体へコモン・モードで誘導される

ます．*CMR*特性はオーディオや，FFT処理をするすべての応用機器の性能を左右するため，計測回路作りには重要なパラメータの1つです．

OPアンプの同相信号除去の基礎知識

● 2つの入力端子を短絡しても0V出力にならない

OPアンプ単体の動作は，**図3(a)**に示すように，2つの入力ピン(非反転入力端子V_{IP}と反転入力端子V_{IM})の差を，内部ゲインGにより増幅し，出力ピンV_{out}へ送り出します．OPアンプの入/出力の関係を表す式を伝達式と呼びます．

図3(b)のように結線すると，伝達式から出力は0Vになるはずですが，OPアンプの内部誤差により現実には0Vにはなりません．V_{IP}とV_{IM}に加わる共通の電圧をコモン・モード電圧V_{com}と呼んでいます．V_{com}を加えることで出てくる電圧を*CMR*誤差と呼ぶことにします．

● OPアンプ単体の*CMR*誤差を測定するのは難しい

*CMR*は，OPアンプの応用機器によって大きな弊害となります．

A-Dコンバータのドライバ用OPアンプの*CMR*特性が悪いと，スプリアス(高調波ひずみ)が発生します．DC近傍から1 GHzのAC測定に使うスペクラム・アナライザやネットワーク・アナライザの用途でも*CMR*特性が重要視されます．測定誤差を低減するには，*CMR*が高いOPアンプを選択する必要があります．

実施には**図3(b)**に示す方法で*CMR*を測るのは困難です．**図3(c)**に示すように，内部誤差の1つである入力オフセット電圧V_{OS}が，OPアンプのもつ5万倍以上のゲイン(高精度OPアンプではこれが普通)で増幅され，出力ピンが電源レールまで振り切り，まったく測定できません．

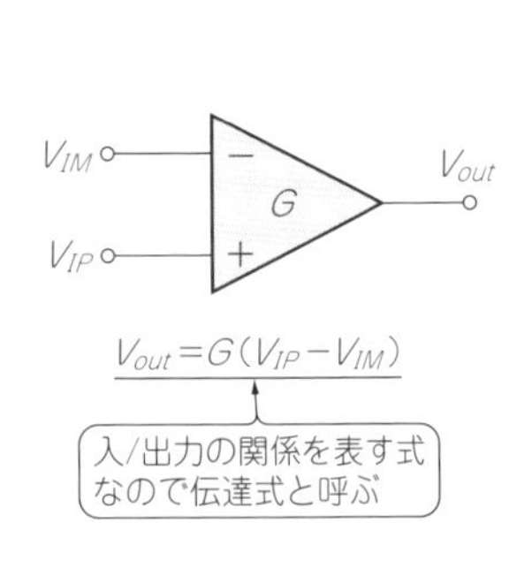

(a) OPアンプの入出力の関係

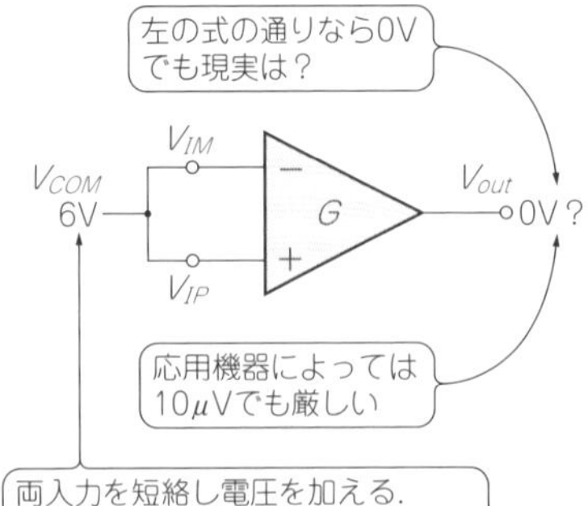

(b) コモン・モード電圧V_{COM}と出力の関係

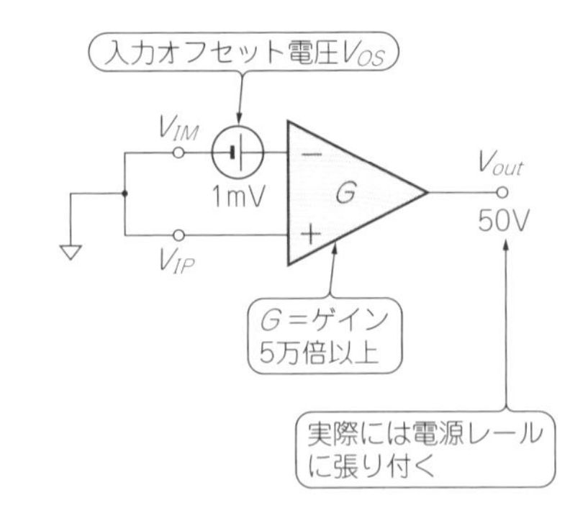

(c) 普通の方法で*CMR*誤差を測定するのは困難

図3 OPアンプの基本動作とコモン・モード入力電圧との関係
OPアンプは，2つの入力ピンの差V_{IP}-V_{IM}を，OPアンプ内部のゲインGで5万倍以上に増幅(ゲイン倍)して出力ピンV_{out}へ出力する．OPアンプ単体で両入力を短絡して*CMR*誤差を図るのは困難である

(a) ノーマル・モード電圧入力時

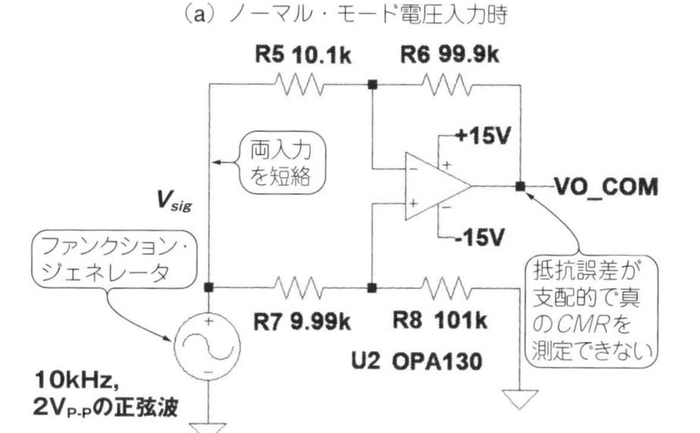

(b) コモン・モード電圧入力時

図4 差動アンプ回路は，ノーマル・モード電圧($V_{IP}-V_{IM}$)を増幅し，2つの入力に共通なコモン・モード電圧($V_{IP}+V_{IM}$)/2を抑制する

*CMR*はOPアンプ単体の性能，*CMRR*は差動アンプ回路としての性能

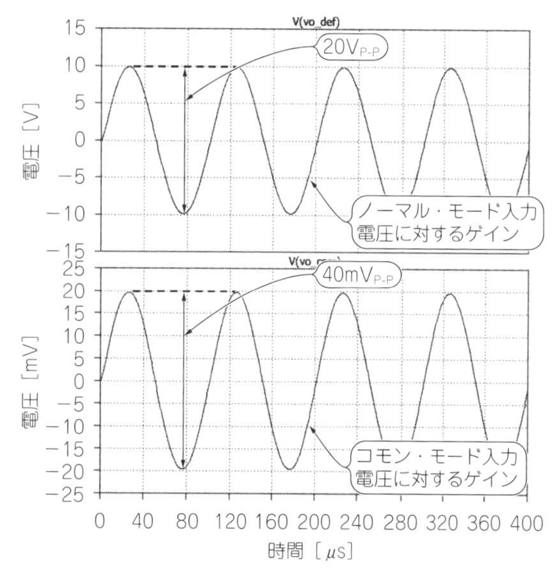

図5 コモン・モード除去比*CMRR*とは，ノーマル・モード電圧に対するゲインと，コモン・モード電圧に対するゲインの比で，大きいほどコモン・モード電圧に対する出力への誤差が小さい

差動アンプ回路(図3)におけるノーマル・モードとコモン・モード入力電圧時の波形

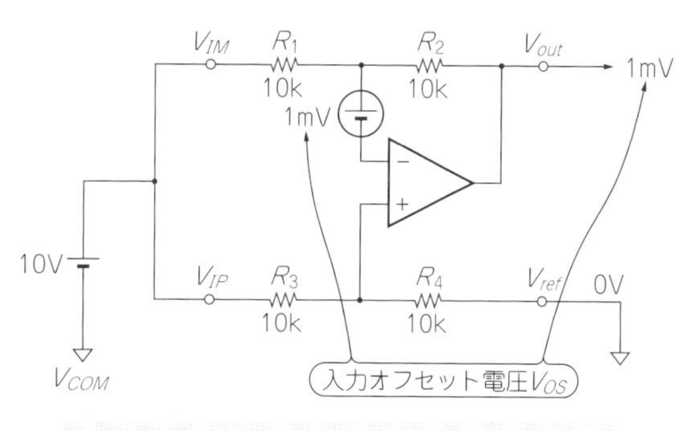

抵抗精度が関与するコモン・モード除去比*CMRR*は，

$$CMRR=\frac{R_2R_3+R_2R_4}{R_1R_4-R_2R_3} \quad \cdots\cdots(1)$$

$R_1=R_3$，$R_2=R_4$とすれば差動アンプのノーマル・モード・ゲインG_Dは，

$$G_D=\frac{R_2}{R_1}(V_{IP}-V_{IM}) \quad \cdots\cdots(2)$$

ちなみに，差動アンプの伝達式は，

$$V_{out}=\frac{R_2}{R_1}(V_{IP}-V_{IM})+V_{ref} \quad \cdots\cdots(3)$$

図6 差動アンプのCMR性能をよくするには，使用する抵抗4本のうち，対角線上の抵抗の積($R_1R_4=R_2R_3$)を等しくする

● 差動アンプ回路では4つの抵抗のばらつきが測定誤差になる

実際は，OPアンプ単体で使用することはほとんどありません．抵抗やコンデンサなどと組み合わせます．

図4に示すのは，差動アンプと呼ばれる回路です．**図4(a)**に示すように，2つの入力V_{IP}とV_{IM}の差$V_{IP}-V_{IM}$(計測用語では，これをノーマル・モード信号/電圧と呼ぶ)だけを増幅します．**図4(b)**に示すように，2つの入力に共通なコモン・モード電圧($V_{IP}+V_{IM}$)/2を抑制します．

コモン・モード電圧を抑制する回路全体の性能を*CMRR*(Common Mode Rejection Ratio)と呼びます．ここで*CMRR*とは，ノーマル・モード・ゲインとコモン・モード・ゲインの比として定義した用語になります(比なので2つの変数が必要)．*CMR*はOPアンプ単体の性能，*CMRR*は差動アンプ回路としての性能です．

図5に示すのは差動アンプ回路のノーマル・モードとコモン・モード時の入力電圧に対するゲインを示します．**図4**に示した差動アンプには，4本の抵抗にあえて1％の誤差を与えているので，コモン・モード・ゲインのほとんどはこれら抵抗のミスマッチングによるものです．

差動回路のコモン・モード電圧を抑制する性能は，使用している4本の抵抗のマッチングと，OPアンプ自体の*CMR*性能に依存します．

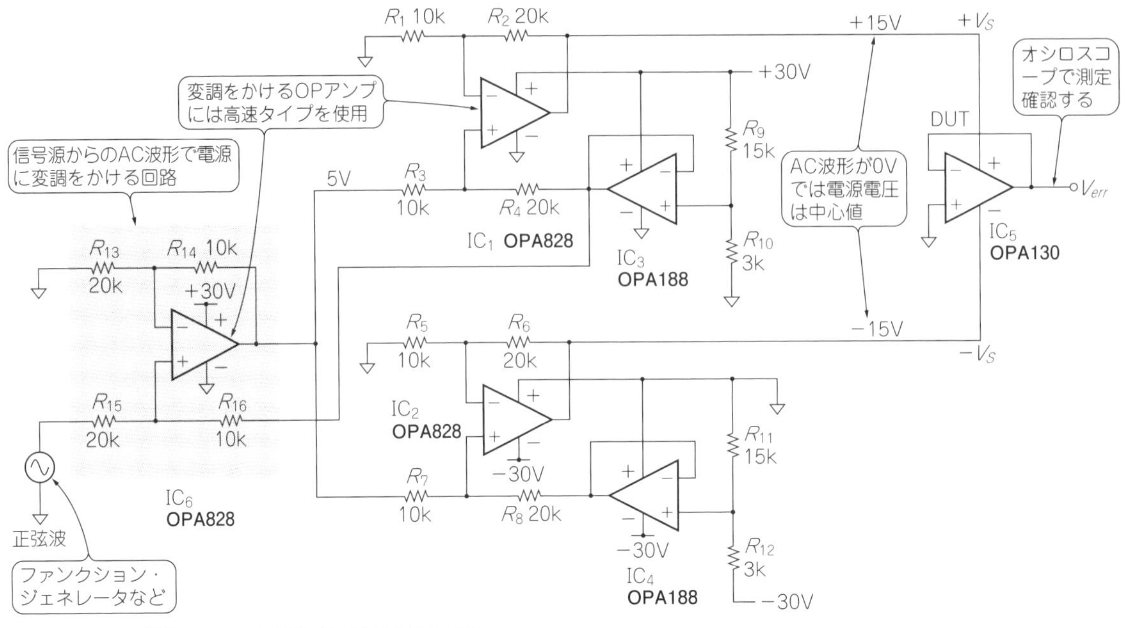

図7 OPアンプ単体の*CMR*を正確に測定するための回路

差動アンプ回路の*CMRR*性能を上げる方法

技① ゲインを決める周辺抵抗のマッチングをとる

*CMRR*特性を向上するための抵抗マッチングとは，差動アンプの4本の抵抗のうち，対角線上に配置した抵抗ペアの積($R_1 R_4 = R_2 R_3$)を等しくすることです．**図6**の式(1)に示したように，抵抗ペアの積が完全に等しくなれば，*CMRR*の計算式の分母が0となり*CMRR*は無限大となります．

マッチングをとるのに，すべての抵抗を調整する必要はありません．抵抗ペアR_1とR_4またはR_2とR_3のうち，どれか1つの値を調整すれば$R_1 R_4 = R_2 R_3$の関係を作れます．調整はどれかの1つの抵抗の一部を，可変抵抗(多回転トリマで全抵抗の1％程度の調整範囲)にします．

*CMRR*はノーマル・モード・ゲインとコモン・モード・ゲインの比です．**図6**の式(2)にしたがい，R_1とR_2およびR_3とR_4の比率を変えて，ノーマル・モード・ゲインG_D大きくすれば，抵抗の精度が同じでも*CMRR*を上げることができます．参考までに，差動アンプの入力と出力の関係を表す式(伝達式と呼ぶ)を式(3)に示します．

技② *CMR*性能にすぐれたOPアンプを選択する

図2に示したように，心電計は誘導ハムを抑制して，心電波形だけを際立たせなければなりません．医療機器のJIS規格では，許容残留ハムは10 μV以下と規定されています(実際は1 mV/cmの記録感度に対して0.1 mm以下と規定)．これを，要求される*CMR*に換算すると116 dB(抑制率は60万分の1)になります．

このような厳しい要求に対しては，調整による抵抗マッチングだけを追い込んでも達成は困難です．*CMR*性能にすぐれたOPアンプの選択が必要です．ちなみに，OPアンプのデータシートに記載されている*CMR*(メーカによって*CMRR*と記述)の値は，指定のコモン・モード電圧範囲内でのみ有効です．したがって，応用機器の入力電圧に応じた*CMR*の高精度な実測が必要です．

OPアンプ単体の*CMR*の評価方法

技③ 電源電圧にAC成分を重畳して評価する

図6に示したように，まず低ゲイン差動アンプ($G = 1$)を組んで，抵抗マッチングを可能な限り調整してOPアンプの*CMR*を際立たせる方法が考えられます．適切な負帰還がかかるため，出力が電源レールに振り切れることはありません．この方法は，仕掛け自

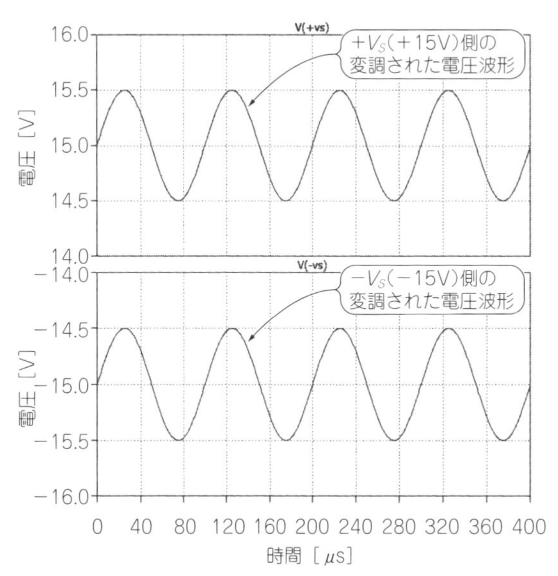

図8　電源電圧±15 Vを中心にそれぞれ1 V_{P-P}の変調を与え，正負側の電圧差が常に30 Vになるようにトラッキングさせる
DUTの電源を図7の回路により変調した波形

体は簡単ですが，抵抗マッチングを微妙に調整する必要があるのと，*CMR*を間接的に測ることになるのであまりよい方法ではありません．

そこで，DUT(被試験サンプル)となるOPアンプをボルテージ・フォロア接続し，電源のほうを振って*CMR*を測定します．**図7**に示すように，直線性を測る回路にAC成分をファンクション・ジェネレータなどで重畳させて，$+V_S$と$-V_S$をDUTの電源ピンに供給します．この波形を**図8**に示します．これにより，抵抗誤差の影響を受けない*CMR*測定が可能です．

*CMR*の悪化要因

● コモン・モード電圧の変化

*CMR*誤差の要因はDC的なものとAC的なものがあります．DC的な要因は，コモン・モード入力電圧V_{CM}の変化による*CMR*(値)の変化です．

V_{CM}の変化を最もストレートに受けるのが，**図9**で示したOPアンプのボルテージ・フォロア接続です．非反転入力ピンに電圧V_{in}が加わると，反転入力にも同じ電圧(OPアンプ出力のV_{out})が加わります．これをOPアンプ内部から見ると，式(4)で示したようにコモン・モード電圧V_{CM}が加わったことと同じになります．

問題はV_{CM}の変化により*CMR*が非直線的に変化することです．すると式(5)と式(6)から，V_{OS}の値も非直線的に変化して，V_{out}も非直線的な変化を示します．実際のアプリケーションではV_{CM}は一定ではないので，実測が必要となります．そこで，*CMRR*性能を良くするには，*CMR*自体が大きく，変動幅が小さいOPアンプの選択が肝となります．

● OPアンプ初段にある素子のペアによるバラツキ

図10に示すように，*CMR*性能はOPアンプの初段に配置されるトランジスタのペアによる差動対の近似性で決まります．

差動対を構成するトランジスタや抵抗などの値や特性などの近似度合いが*CMR*性能そのものです．誤差要因は多岐に渡ります．トランジスタではh_{FE}やベース・エミッタ間ダイオードのV-I特性のバラツキ，周辺部品としては，負荷抵抗R_{C1}とR_{C2}のバラツキ，および寄生容量C_{P1}とC_{P2}のバラツキなどが挙げられ

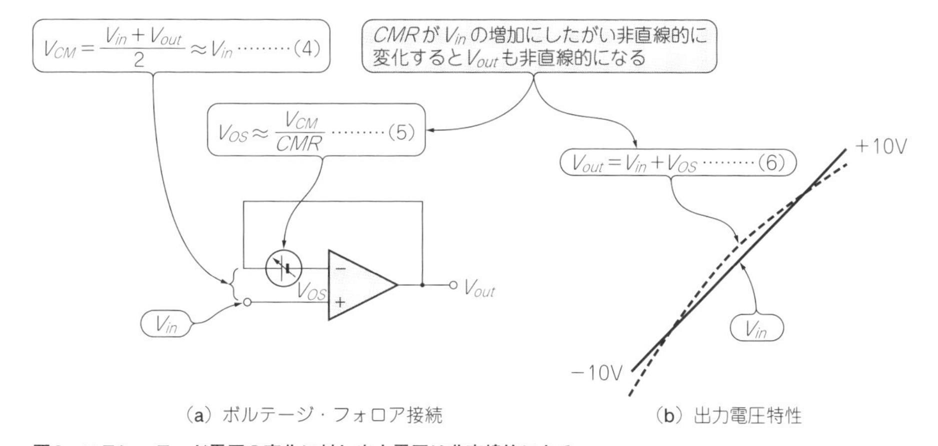

図9　コモン・モード電圧の変化に対し出力電圧は非直線的になる
OPアンプのボルテージ・フォロア接続では，非反転入力ピンに電圧が加わると，反転入力にも同じ電圧(OPアンプの出力)が加わる．OPアンプ内部から見ると，コモン・モード電圧V_{CM}と等価である．問題はV_{CM}の変化で*CMR*が変化することであり，出力に乗る入力オフセット電圧の変化が非直線性の要因になる

ます．

図10の中では，直流でも誤差源となる項目にはDC，交流のV_{CM}に対し支配的な誤差をAC，どちらに対しても支配的ならDC・ACと記述しています．この中でAC的に影響度合いが大きい誤差源は，負荷抵抗と寄生容量で形成される*CR*フィルタのカットオフ周波数バラツキです．これは周波数に比例した*CMR*の悪化要因となります．

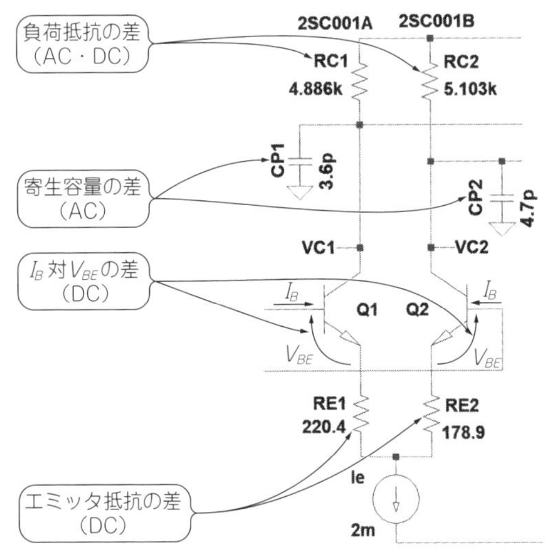

図10　OPアンプ初段にある素子のペアのバラツキが*CMR*の悪化要因になる
誤差要因は多岐に渡る．直流のコモン・モード電圧V_{CM}に対し支配的な誤差はDC，交流のV_{CM}に対し支配的な誤差をAC，どちらに対しても支配的ならDC・ACと記述

シミュレーションによる検証

● シミュレーション・モデルの作成

LTspice上で*CMR*を正確にシミュレーションできるOPアンプのマクロ・モデルがありません．そこで，**図11**に示すように可視化された誤差群を含む差動対(**図10**)をOPアンプに仕立ててDUTとします．

図11に示したモデルでは，トランジスタの負荷抵抗R_{C1}とR_{C2}，および寄生容量C_{P1}とC_{P2}によるそれぞれの*RC*フィルタのカットオフ周波数が異なっていま

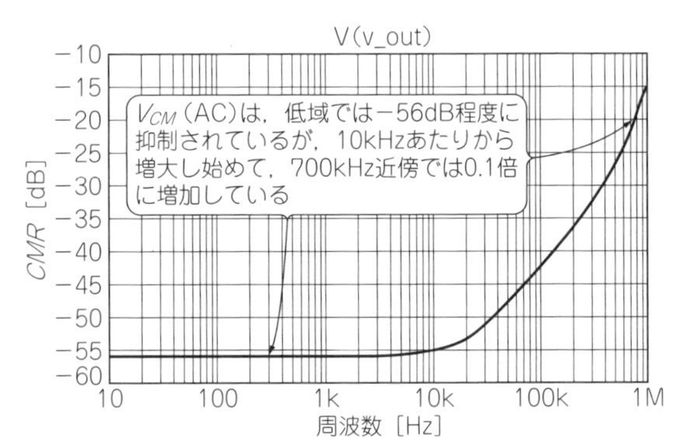

図12　誤差源を含んだ初段の差動対で形成された*RC*フィルタにより，カットオフ周波数が互いに異なると周波数が増大するとともに*CMR*誤差が増大する
DUT(図10)を図5の回路構成(入力ショート)でV_{CM}(AC)を加えたグラフ

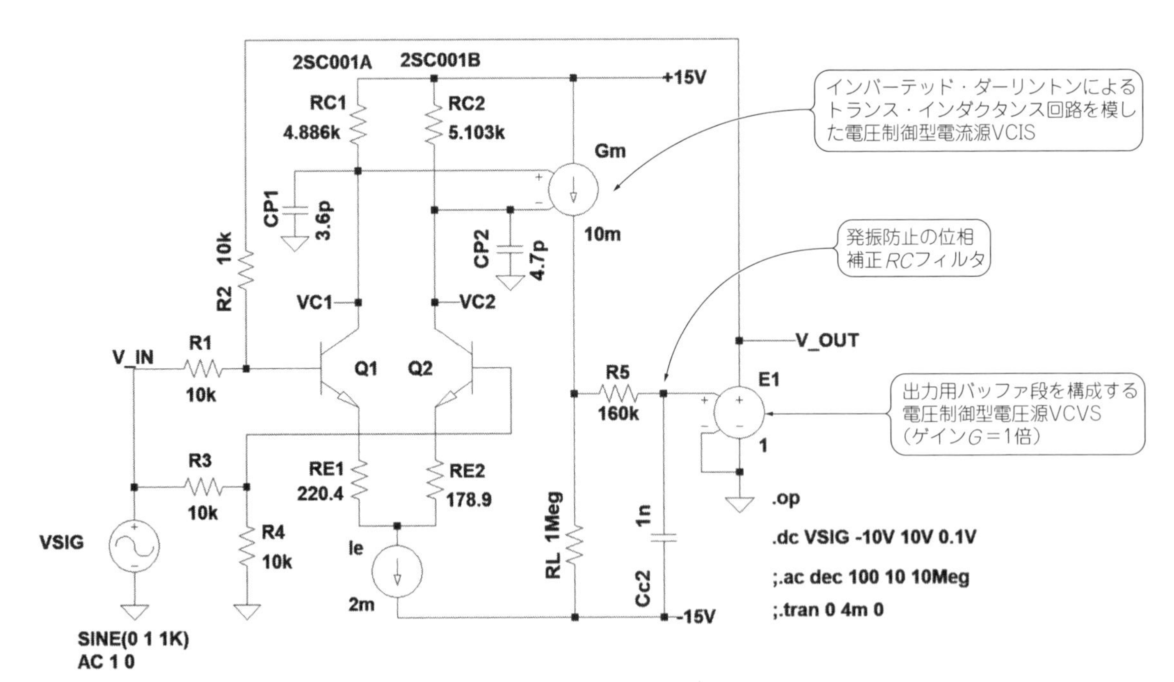

図11　LTspiceで利用できるマクロ・モデルに，*CMR*誤差の要素が組み込まれたモデルがないため，誤差源を含んだ初段の差動対をOPアンプに仕立ててDUTにする

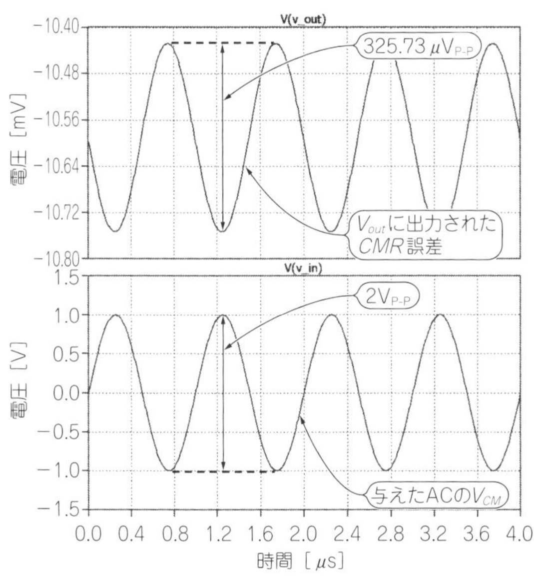

図13 差動アンプの入力をショートしてV_{CM}を加える従来方式の回路で，4本の抵抗を10 kΩにマッチングさせた場合のCMR誤差レベル

す．これにより，図12に示すようにV_{CM}(AC)の周波数が増大すると共に，CMR誤差が増大するようすが再現されます．この現象は実際のOPアンプでも発生します．既存のマクロ・モデルでは，一番特性の悪い741クラスでも10 MHzまでフラットです．

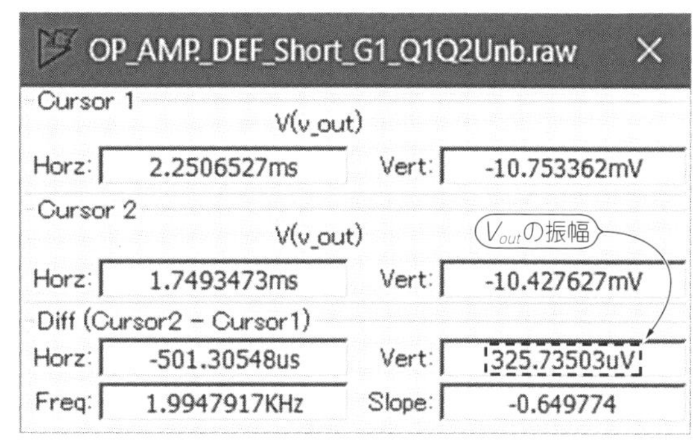

図14 差動アンプの入力をショートしてV_{CM}を加える従来方式の回路で，CMR誤差の波高値をカーソルで読み取ったときの値
グラフの振幅は波形にカーソルを当てることで，表示されたダイアログ・ボックスから正確に読み取れる

● 従来の方式と提案した電源変調方式を比較する

図7に示した電源変調方式によるCMR誤差の測定方法の有効性を調べます．差動アンプの入力をショートしてV_{CM}を加える従来方式(図4)と比較します．

● CMR誤差の波高値を測定する

図13に示すのは，従来方式の回路で4本の抵抗を10 kΩにマッチングさせた場合のCMR誤差レベルです．図14にCMR誤差の波高値をカーソルで読み取ったシミュレーション・データを示します．グラフの振幅は，波形にカーソルを当てることで，表示されたダイアログ・ボックスから正確に読み取ることができます．

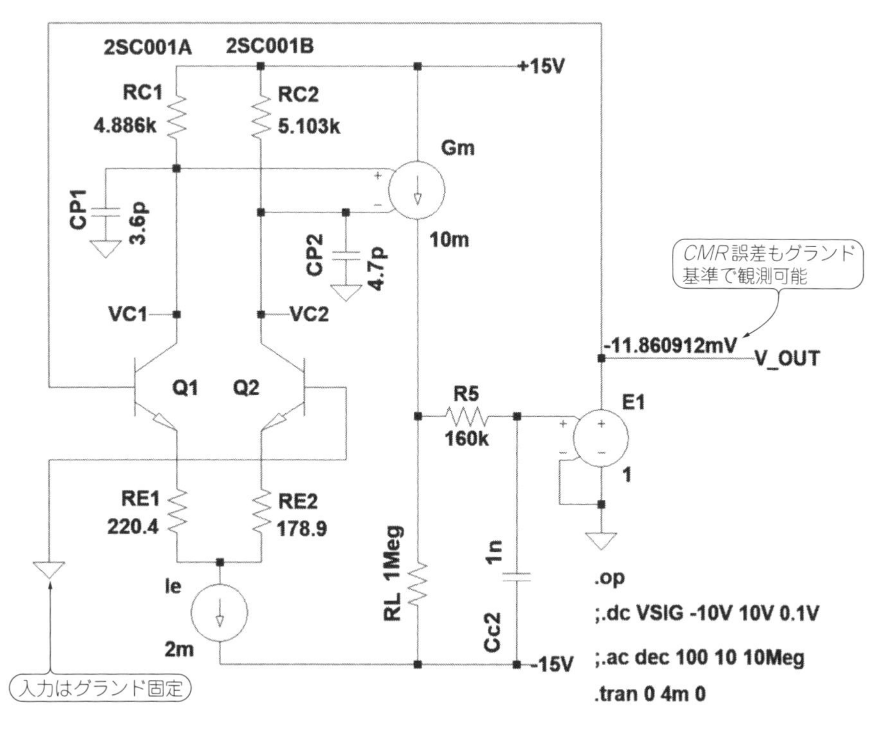

図15 電源に変調をかけDUTをボルテージ・フォロア構成にしてCMR誤差を測定する

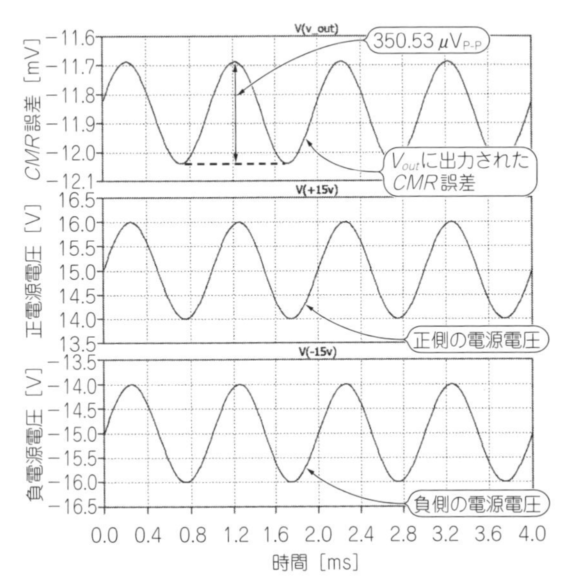

図16　電源に変調をかけたときの波形と*CMR*誤差レベルの波形

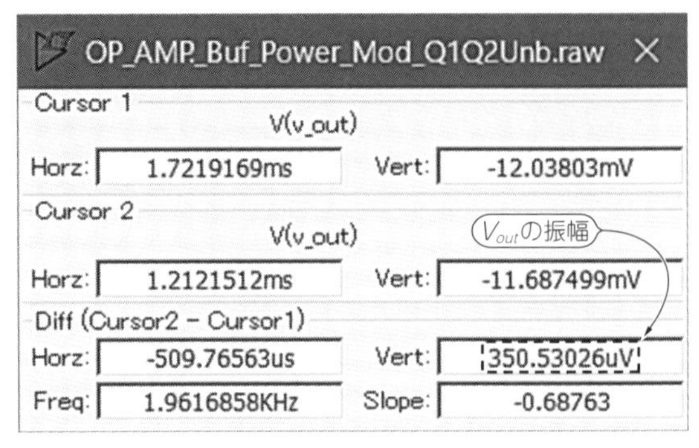

図17　電源に変調をかけたときの*CMR*誤差の波高値をカーソルで読み取ったときの値
グラフの振幅は波形にカーソルを当てることで，表示されたダイアログ・ボックスから正確に読み取れる

● 電源に変調をかけたときの*CMR*誤差レベルを測定する

図15に示すようにDUTをボルテージ・フォロア構成にします．**図16**に示すのは，電源に変調をかけたときの*CMR*誤差レベルです．*CMR*誤差の波高値をカーソルで読み取ります(**図17**)．

従来方式の*CMR*誤差レベルは325.73 μV_{P-P}であり，電源変調方式は350.53 μV_{P-P}です．測定結果に対して，両者間に7％ほどの差がありますが，これは正常な違いです．

理由はDUTにかかるV_{CM}の変化が，差動アンプ構成よりボルテージ・フォロア構成のほうが大きいためです．差動アンプ構成では，V_{CM}が4本の抵抗で分圧されDUTに入力されますが，ボルテージ・フォロアではもろにかかります．よりDUTのもつ*CMR*性能を測定に反映しているといえます．

＊　＊　＊

OPアンプの*CMR*誤差は，DCに対しては直線性の悪化をもたらし，ACに対してはひずみ率の悪化要因になります．この影響を一番受けやすいのが，A-Dコンバータなどをドライブするボルテージ・フォロア構成によるバッファ・アンプです．

一番影響を受けない回路構成が反転アンプです．反転アンプは非反転入力が接地されるため，入力電圧の変化に対して反転入力は常にイマジナリ・ショートです．よって2つの入力は常にグランド電位に保たれ，コモン・モード電圧V_{CM}はいつも0Vの状態になります．

これらの中間が非反転アンプと差動アンプ構成です．したがって，回路構成の特徴を生かしてOPアンプを使用すれば，*CMR*特性がさして良くないOPアンプでも利用可能です．

第7部

無線通信の低ノイズ設計

第7部 無線通信の低ノイズ設計

第25章 モールスに学ぶ遠距離通信の基本中の基本

狭帯域&高S/Nによる無線通信技術

加藤 隆志 Takashi Kato

無線通信では，信号がノイズに埋もれてしまうと受信できません．通信距離を伸ばすためには，まず何より信号とノイズの比であるS/N(Signal/Noise)を高めなければならないのです．現代のような優れた無線通信技術をもっていなかった19世紀は，無線電話は存在せず，長点(ツー)と短点(トン)という2値の符号(モールス符号)を使う通信しかありませんでした．しかし，このモールス通信こそが，狭帯域と高S/Nで通信距離を伸ばす出発点です．

通信距離を伸ばすには

技① 帯域を狭くする

● 信号の帯域とS/Nの関係

交流信号の波形には，振幅のほかに周波数(または位相)の情報も含まれています．これを周波数軸で表すと，縦軸が振幅(電圧)，横軸が周波数になります(**図1**)．

図1の①に示すように，正弦波のスペクトルは1本です．一方**図1**の②に示すノイズは，スペクトラムが一様に広がっています．このタイプのノイズをホワイト・ノイズと呼び，すべての周波数成分を同じ量だけ含んでいます．ホワイト・ノイズは，自然界に多く存在しており，熱雑音が代表的です．

ホワイト・ノイズは，その瞬間瞬間では，**図2**のように偏りがありますが，長時間平均化すると，**図1**の②のように一定値に収束します．波形で見ると振幅はゼロに収束します．

● 帯域を狭めてS/Nを高めた例

▶信号とのノイズを区別しにくい$S/N = 0$dBの信号

図1の①と②のスペクトラムからは，正弦波とノイズは明確に区別できそうです．

実際は，**図1**の信号(①)の電力トータル(振幅×周波数)とノイズの電力トータル(②)は同じ，つまり$S/N = 0$ dBで，区別は簡単ではありません．計算式で書くと次のようになります．

$$S/N\ [\mathrm{dB}] = 10 \times \log 10^{(P_S/P_N)} \cdots\cdots (1)$$

ただし，P_S：信号の電力［W］，P_N：ノイズの電力［W］

▶帯域1/10で$S/N = 10$ dBにアップ

信号を聞き取りやすくするためには，**図3**のように，帯域を狭めてノイズの電力を削減します．正弦波はそのままです．

図3の例では，信号の電力はそのままで帯域を1/10に狭めているので，ノイズの電力は−10 dBに低減します．結果，$S/N = 10$ dBになります．信号の電力はノイズの10倍になるので，はるかに聞き取りやすくなります．このように，帯域を狭くすると，S/Nが高まって内容を聞き取りやすくなります．より遠くまで

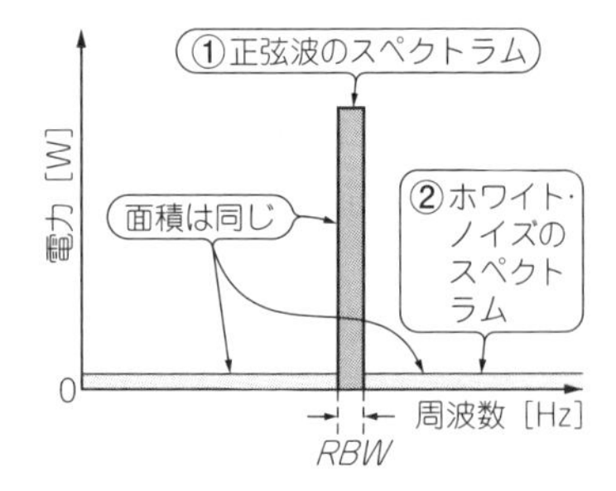

図1 信号とノイズのスペクトラム
この図の帯域内では，正弦波のスペクトルとホワイト・ノイズのスペクトラムは同じ電力

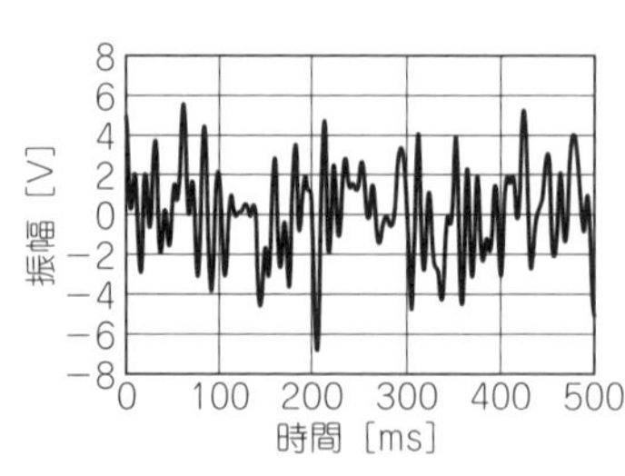

図2 ホワイト・ノイズの波形
さまざまな周波数の信号を一様に含んでいる

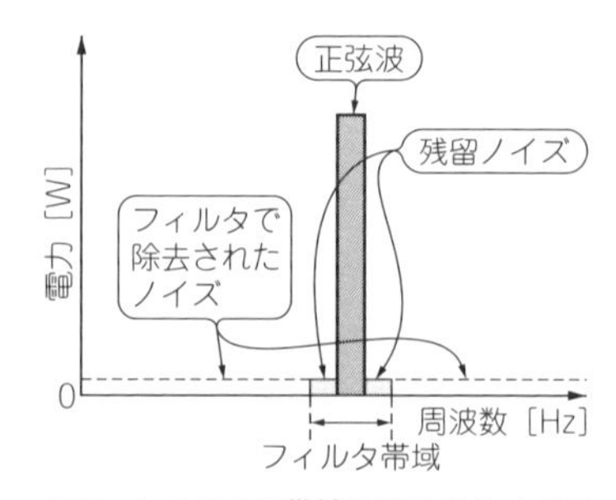

図3 システムの帯域を狭めるとノイズ電力が除去されてS/Nが改善する

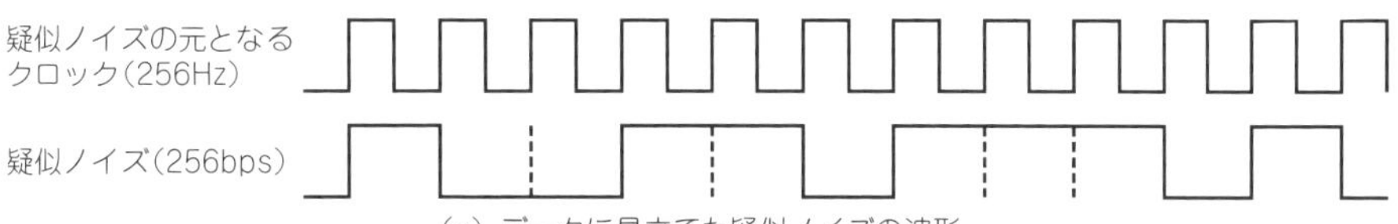

(a) データに見立てた疑似ノイズの波形

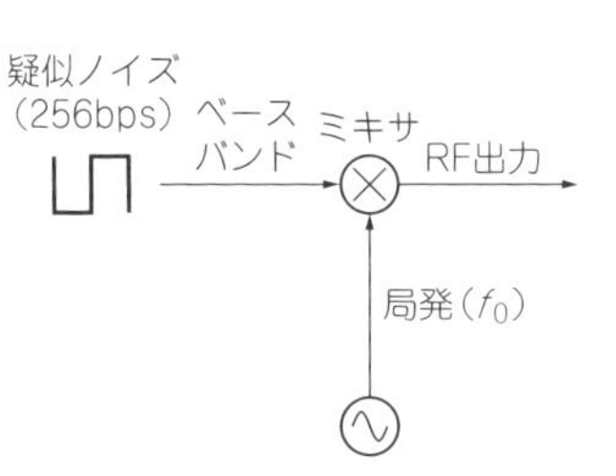

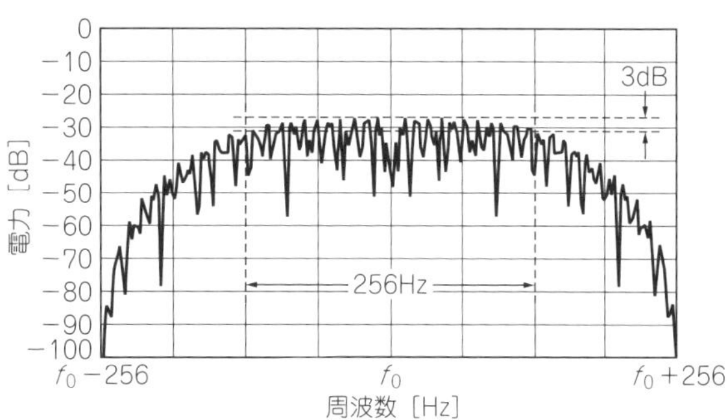

図4 データ・レートとそのデータにより変調された搬送波の帯域の関係
データ・レート [bps] と，そのデータにより変調された搬送波の帯域幅(-3dB帯域幅) [Hz] はだいたい等しい

(b) 局発信号を疑似ノイズで変調するブロック図

(c) 局発信号を疑似ノイズで変調した信号のスペクトラム
-3dB帯域幅は，ほぼデータ・レートと等しい

通信できるようになったということです.

技② データ・レートを低くする

● 帯域は変調周波数が低いほど狭くなる

システムの帯域はどこまで狭くできるのでしょうか.

信号のレベルに影響があってはなりませんから，信号の帯域よりは広くなければなりません．信号が単一周波数の正弦波なら帯域は0Hzにできますが，これではデータを乗せることができません.

1800年代から利用されているモールス通信は，1と0に応じて，振幅ゼロ(搬送波OFF)と振幅最大(搬送波ON)にする変調です．信号の帯域BWは，正弦波の振幅を周波数f_m(変調周波数と呼ぶ)で変化させると広がります．帯域BWと変調周波数f_mの間には次の関係があります.

$$BW = 2 \times f_m \quad \cdots\cdots (2)$$

式(2)から，高いS/Nを確保し通信距離を伸ばすためには，変調周波数f_mを低くして帯域を狭くすることが有効なことがわかります.

● LoRaやSigfoxは必要に応じてデータ・レートを下げ，帯域を狭める

データ・レートを低くするほど帯域は狭くなります.

LPWA(Low Power Wide Area) 規格のLoRaは，BW = 7.8 kの場合，18 bpsまでレートを低くできます．Sigfoxの帯域も約100 Hzしかありません.

スペクトラム拡散を採用するLoRaの信号帯域は，62.5 k～500 kHzと広いのですが，伝送レートは低い

column 01 信号をノイズに沈めて隠密するスペクトラム拡散技術

加藤 隆志

「占有帯域が狭い＝変調帯域が狭い」,「占有帯域が狭い＝S/Nに有利」という2つの等式が成立します．でも，スペクトラム拡散は，占有帯域が広いのに遠距離通信に有利だと知られています．これは一見矛盾します.

図Aのように，もともと狭帯域のベースバンド信号を拡散符号で広帯域化して伝送し，受信機でまた元の狭帯域ベースバンドに戻す処理をしています．つまりデータそのものは低レート(狭帯域)なのです.

わざわざ拡散させるのは，妨害波に対する耐性をもたせたり，秘匿性をもたせたりするなど，さまざまなメリットがあるためです.

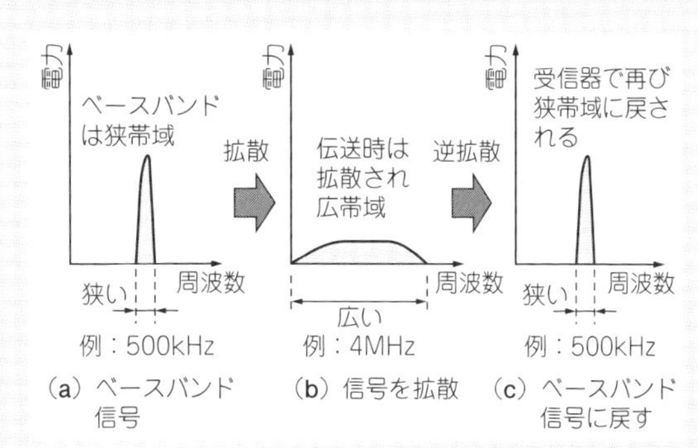

(a) ベースバンド信号
(b) 信号を拡散
(c) ベースバンド信号に戻す

図A スペクトラム拡散通信の仕組み
伝送中，データの乗った搬送波は広帯域に拡散する

写真1 モールス符号を送出するための縦振れ電鍵
ほかにも，レバーを左右に動かす形の複式電鍵やパドルと呼ばれる2本のレバーを左右に動かす電鍵もある

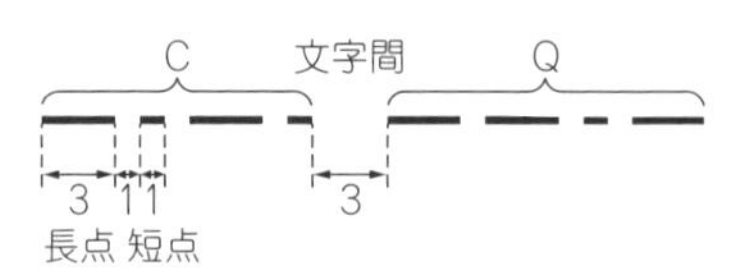

図5 モールス符号の構成
(短点の長さ)：(長点の長さ)は1：3．符号内の点の間隔は短点1つ分，文字の間隔は短点3つ分．単語と単語の間隔は短点7つ分と決められている

(18～21875 bps)です．スペクトラム拡散方式は，変調時にデータを広い帯域に拡散して送信します．復調すると，信号の帯域が狭くなり，ノイズは逆に広い帯域に拡がります．**図4**に示すように，復調時の伝送レートと帯域幅は等しくなります．

130年の歴史…低データ・レート&高*S/N*通信「モールス」

● 通信距離は音声の2倍以上

モールス通信(電信またはテレグラフともいう)は，最古の電気通信手段で，有線では1830年代に普及が始まり，無線では1900年代初頭に海軍で利用され始

column 02 ディジタル無線の性能を決めるベースバンド回路設計

● ベースバンドの名前の由来

ベースバンドとは変調前の信号，つまり，ラジオなら音声や音楽などのアナログ信号，Wi-FiやBluetoothならディジタル信号です．

図Bは，アナログ変調回路のブロック図です．音声信号なので，アナログ通信の信号帯域は300 Hz～3 kHzです．ディジタル無線通信がなかった時代は，ベースバンドという言葉を使う必要はなく，音声帯域と呼んだり，オーディオ帯域と呼んだりしていました．AF(Audio Frequency)帯域と呼ぶこともありました．アナログ・テレビの伝送方式の1つ，NTSC方式のベースバンド信号は映像で，その帯域は4.2 MHzでした．

図Bのアナログ信号をディジタル信号に置き換えるとディジタル無線になります．アナログ無線のときのように，変調前の信号を音声とかオーディオ信

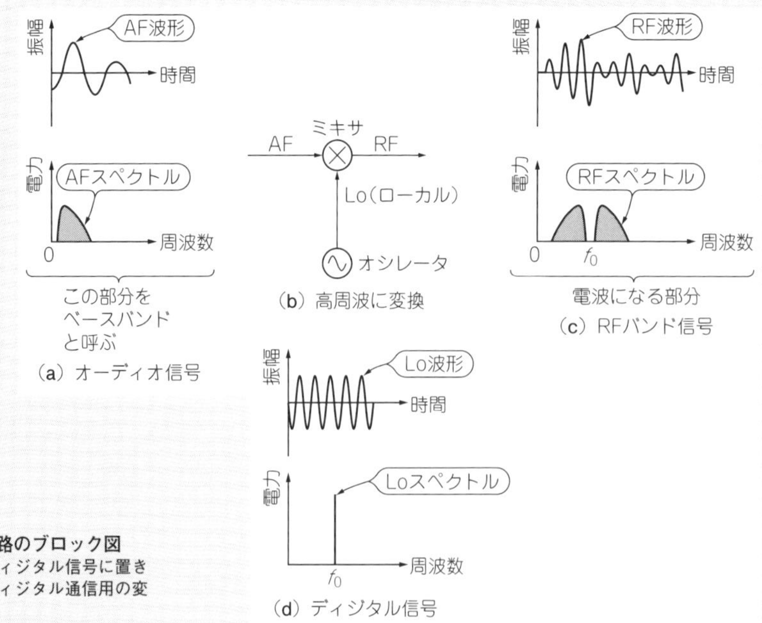

図B アナログ変調回路のブロック図
ベースバンド部分をディジタル信号に置き換えると，そのままディジタル通信用の変調回路となる

column 03 モールス通信は音声通信よりS/N 15dB高

加藤 隆志

● アナログ音声通信の5倍遠くに届く!

モールスは，長距離通信に向く狭帯域無線の技術です．モールスと音声で帯域あたりのノイズが等しいとし，システムの帯域をぎりぎりまで狭くしたときのS/Nを比べてみましょう．

スピーカから出力するアナログ音声の帯域は，約3 kHzです．変調された搬送波の帯域も約3 kHzです．一方モールス通信の帯域は，実運用に問題がでないようにするために，100 Hz以上必要です．

これを条件に，モールス通信と音声通信のS/Nを計算すると，次のようになります．

3 kHz/100 Hz = 30倍 ≒ 14.8 dB

このように，同じS/Nを得るのに必要なレベルが15 dB近くも異なるため，遠距離通信では大きな差になります．15 dBという値は，伝搬距離にして5倍に相当します．

● モールスは長距離通信に向いている

1 kHz信号の断続周期は約4 Hzです．変調された搬送波の帯域は8 Hzですから，システムの帯域は8 Hzまで狭くできます．ここで，断続周期を1/4に落とすと，変調された搬送波の帯域は2 Hzに狭くなります．そこでシステムの帯域を2 Hzまで狭くすると，次式からS/Nは6 dB改善し，通信距離は2倍に伸びます．

$BW = 2 \times f_m$(変調周波数)

加藤 隆志

号というふうに呼ぶことはできなくなりました．そこでこのディジタル信号のことをベースバンド信号と呼ぶようになりました．これに対して変調後の信号をRFバンド信号と呼ぶようになりました．

● 無線機の受信感度はベースバンドのS/Nで決まる

ベースバンドの帯域は，ビット・レートや矩形波の周波数成分で決まります．超広帯域通信では，ベースバンド・アンプやフィルタの通過帯域は，DC～300 MHzになるため，アナログ通信より作るのがたいへんです．アナログ無線の時代は，ベースバンド・フィルタの位相特性(群遅延特性)はあまり重要ではありませんでした．しかし，ディジタル無線では，群遅延特性がデータである矩形波のひずみに大きく影響するので，データの変復調性能に関わる，重要性の高い特性です．

スペクトラム拡散通信は，ベースバンド信号に広帯域のPN符号を乗算して，RFにおける占有帯域を積極的に拡げる技術です(**図C**)．

拡散後のRF帯域における信号は，広帯域化により，帯域あたりの電力は小さくなり，S/Nは小さくなります．復調時は，同じPN符号を使って逆拡散し，元のベースバンド帯域に戻します．帯域は狭くなり，帯域当たりの電力は大きくなります．逆に，データが拡散している電波の状態で加えられた妨害信号は，復調時の逆拡散処理によって拡散され，帯域あたりの電力は小さくなります．結果，S/Nは変調前の状態に戻り，データへの影響は小さく抑えられます．

これはLoRaが採用するチャープ・スペクトラム拡散通信でも同じです．

この例から，RFにおける占有帯域の広さは，S/Nの良し悪しとは直接関係なく，ベースバンドのS/Nで決まることがわかります．

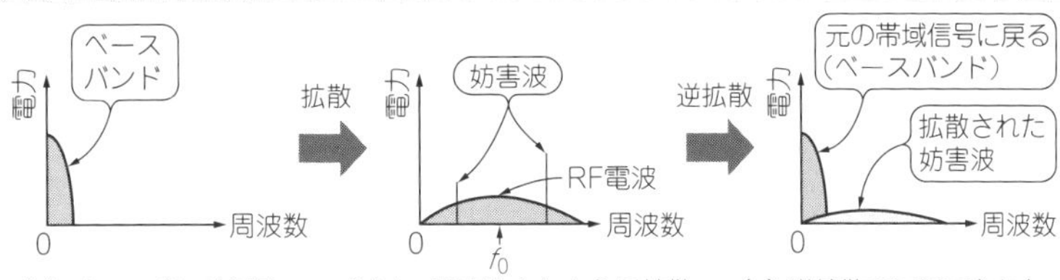

図C スペクトラム拡散通信方式のスペクトル
RFで伝送される際に広帯域に拡散されるが，復調時にもとの狭帯域に戻る

column 04 狭帯域化による*S/N*向上をExcelで実感

加藤 隆志

Excelを使ったシミュレーションでも，システムの帯域を制限すると*S/N*が上がることを確認できます．

ホワイト・ノイズは電力が一様に分布したスペクトルです．**図D**のように複数の線スペクトルが等間隔に並んだものでもホワイト・ノイズと似た性質をもちます．ただし各スペクトルの周波数が無関係であることが重要です．なぜなら，各周波数が1，2，3…と，きっちり整数倍に並ぶと，信号同士が干渉して鋭いパルス波になるからです．したがって周波数はそれぞれ整数倍ではありません．

図Dに示すように周波数間隔は等しくないため，この信号の波形は，ホワイト・ノイズのよう見えます(**図E**)．スペクトルも限られた範囲でほぼ一様に分布しているので，疑似的なホワイト・ノイズです．

各波形は次式で表せます．

Y = SIN(2*PI()*F*X/100) ………………… (A)

式(A)の表現はExcelの書式に合わせてあります．

xは横軸，yは縦軸です．Fには，f_1～f_{10}の周波数を代入します．ここでf_6を目的の周波数とすると，他の9つの周波数はすべてノイズです．

*S/N*は次のように求まります．

S/N = 1/9 = −9.5 dB ……………………… (B)

帯域制限してf_5～f_7だけを残した波形を示すと，何らかの規則性が見えてきます(**図F**)．f_6を目的の信号とするとf_5とf_7がノイズと見なせるため，

S/N = 1/2 = −3 dB ……………………… (C)

になります．このときの*S/N*は−3 dBです．

図Gは，さらに帯域制限をしてf_6だけを取り出した結果です．*N*がゼロなので，*S/N*は無限大です．

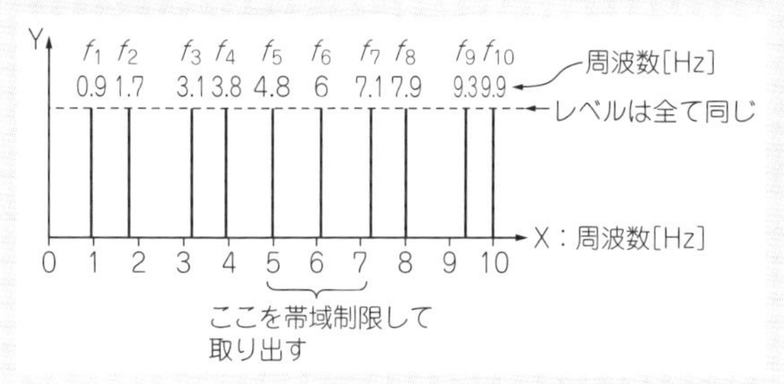

図D　システムの帯域を制限することで*S/N*を上げる様子をExcelでシミュレーションする(周波数のようす)
疑似ノイズはこの様な線スペクトルを並べることでも再現できる

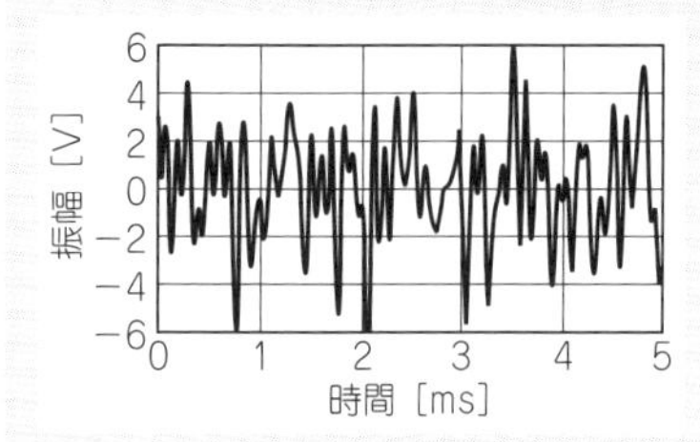

図E　システムの帯域を制限することで*S/N*を上げるようす(振幅のようす)
周波数の異なる10波(f_1～f_{10})をすべて加算した波形．ホワイト・ノイズとほぼ同様な波形となる

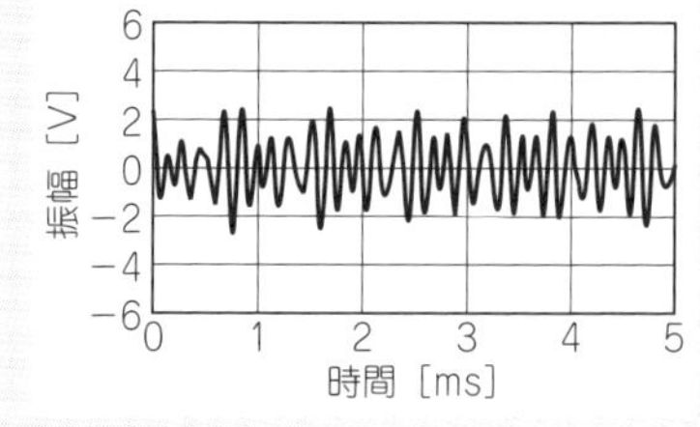

図F　図12の波形から3波の正弦波(f_5～f_7)を取り出したところ
図12の波形に広帯域バンドパス・フィルタをかけたイメージ．正弦波らしき波形が見えてくる

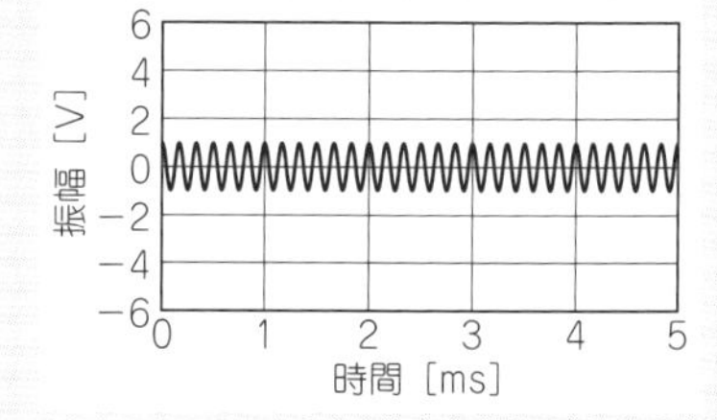

図G　図12の波形から1波の正弦波(f_6)だけを取り出したところ
狭帯域バンドパス・フィルタをかけたイメージ

めました．200年近く前に誕生したモールス通信ですが，ディジタル通信が当たり前の今でも，遠洋漁業など一部で遠距離通信に利用されています．しくみがシンプルなので，遠距離通信の基礎を学ぶのに最適です．

モールス通信は，基本は手動でスイッチ(電鍵，**写真1**)を長く押したり短く押したりして，文字データ(**図5**)を作って送る通信手段です(現代では，パソコンを使って送受信するシステムもある)．短いON信号を「・」または「トン」，長いON信号を「—」または「ツー」といいます．発信音の有無は，音声を使った電話通信と同様に耳で識別しますが，電話通信と比べて2倍以上の遠距離通信が可能です．

● 電鍵をゆっくり打つほど*S/N*を上げられる

前述のとおり，通信の品質を決めるのは*S/N*で，これはアナログでもディジタルでも同じです．

式(2)で示したとおり，データ・レートを半分に落とせば，信号の帯域も半分になり，雑音も半分になります．モールス通信でデータ・レートを落とすのは簡単です．ゆっくりとスイッチを押せばよいのです．例えば，スイッチを押すスピードを1分あたり75文字から30文字に落とすと，雑音に2倍以上強くなります．

第26章 アナログ回路には真似できない高性能をGET

ディジタル無線 SDR でみるノイズ対策信号処理

西村 芳一 Yoshikazu Nishimura

● ディジタル信号処理バリバリのSDR受信機

写真1に示すのは，無線通信をディジタル信号処理で行っている市販のSDR(Software Defined Radio)受信機です．A-Dコンバータを内蔵していて，アンテナから入ってくる微弱信号(**図1**と**図2**)を直接ディジタル信号に変換し，FPGA(Field Programmable Gate Array)に取り込んでさまざまな計算処理をしています．A-Dコンバータでサンプリングされた信号は，I，Qと呼ぶ2つの信号に変換されます．I信号とQ信号は，USBインターフェースを通じてパソコンに取り込む

(a) パネル面

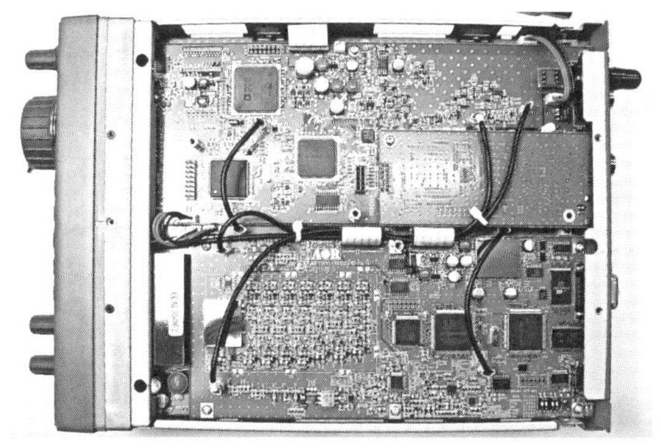

(b) 内部

写真1 フルディジタル信号処理で電波を受信再生する市販のSDR受信機(AR6000，エーオーアール)

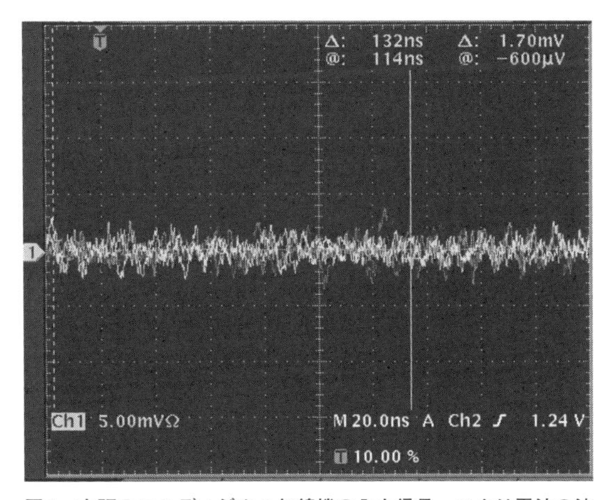

図1 市販のフルディジタル無線機の入力信号，つまり電波の波形(5 mV/div，20 ns/div)
オシロスコープにアンテナをつないで信号波形を見てみた．アンテナから入ってくる電波信号はとても微弱でノイズに埋もれている．これがA-Dコンバータに入力されている

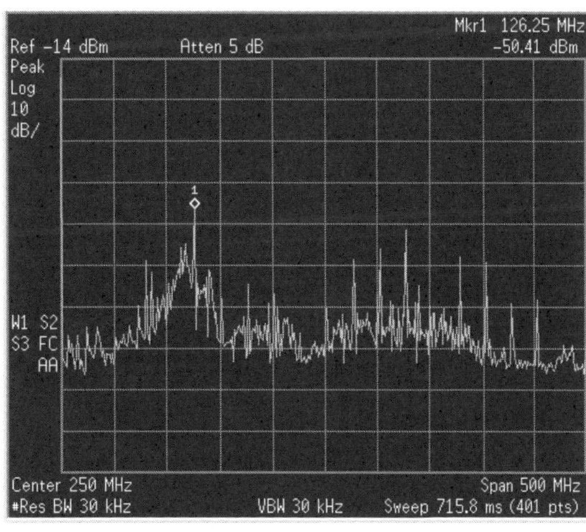

図2 市販のフルディジタル無線機の入力信号，つまり電波のスペクトラム(センタ周波数：259 MHz，スパン：500 MHz，RBW：30 kHz)
アンテナから入ってくる電波信号にはいろんな周波数成分が含まれている．これらのたくさんの周波数成分がA-Dコンバータに入力される

ことも可能です(**図3**)．オシロスコープでは見えなかった信号が，ちゃんとパソコンからラジオ音声として聞こえます．また，スペクトラム・アナライザのように，周波数的に観測できます．

これらのディジタル無線機には，**表1**に示す信号処理の基礎テクニックの多くが利用されています．そこでは，アナログ回路には真似のできないバラエティに富んだ機能的な計算処理が行われています．

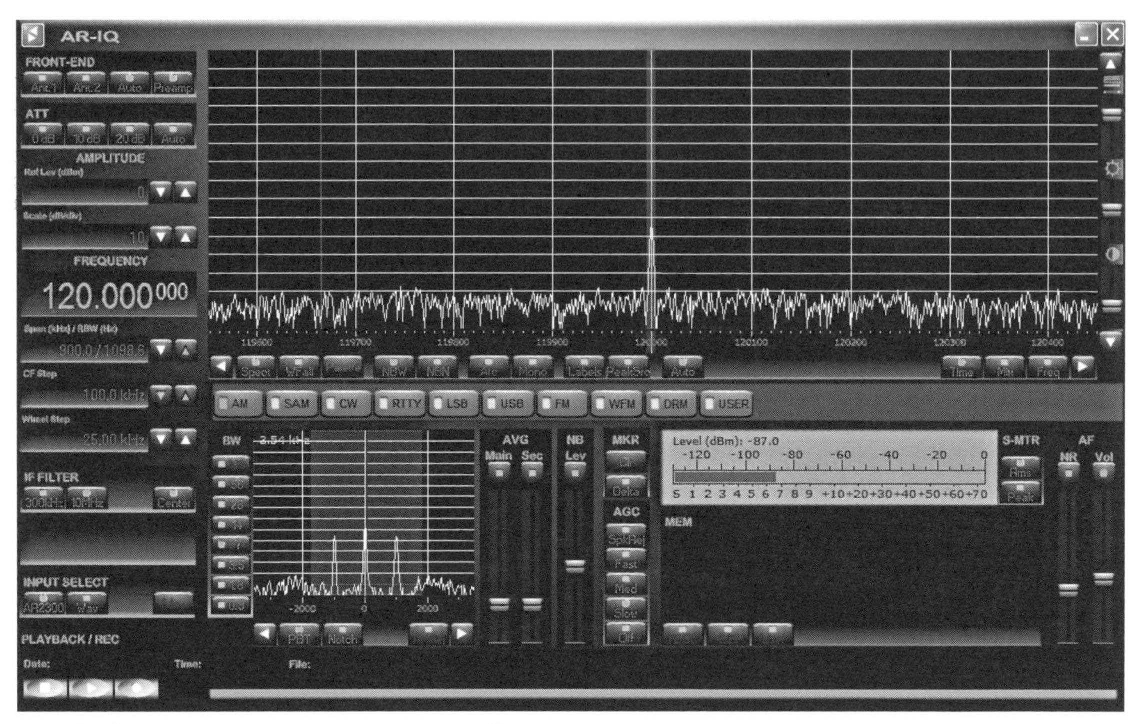

図3　ディジタル信号処理で電波を復調するパソコン用アプリケーション・ソフトウェアの例(AR-IQ，エーオーアール)
120.0 MHzのAM信号を受信中

表1　ディジタル無線機に利用されるディジタル信号処理技術のいろいろ

実装から見た分類	処理の内容	処理の方法
リアルタイム処理	連続的に入力されるデータに対して遅れることなく処理する	DSP，FPGA，CPUなどにより処理される
オフライン処理	いったんデータをストレージに蓄え，そのあと時間をかけて処理する	処理の時間的制限がないため，汎用コンピュータが使われることが多い

信号処理の種類	処理の内容	利用される方式
フィルタ	入力の信号のなかから目的の信号だけを取り出す	FIR，IIR，LMS，RLS，カルマン・フィルタ，CIC，ナイキスト・フィルタ，ウェーブ・ディジタル・フィルタなど
変換	入力データを違う座標系に変換する．可逆変換と非可逆変換がある	フーリエ変換，ウェーブレット変換，DCT，FFT，アダマール変換，ヒルベルト変換，双1次変換，ハフマン・コーディング，グレイ・コード変換，ピッチ変換など
関数	特にリアルタイム処理では，高速に汎用関数を計算する必要がある	CORDIC(sin，cos，arctan，平方根)，対数，指数関数など
誤り訂正	情報伝送途中でデータが一部誤って伝送されても元に戻す，もしくは検出する処理	ハミング符号，BCH符号，ゴレー符号，ターボ符号，LDPC符号，ハーゲルバーガー符号，有限体，CRC，積符号，インターリーブ，ビタビ復号法，軟判定など
サンプリング変換	入ってくる信号のサンプリング周波数を別のサンプリング周波数に変換する	オーバーサンプリング，デシメーション・フィルタ，ポリフェーズ・フィルタ
同期	おもにディジタル変調の場合，入ってくる信号からクロックの再生が必要	PLL，DLL，AFC，コスタス・ループ，パイロット信号
変復調	電波などで伝送するための変換およびその復調	周波数変換，*I*/*Q*変調，AFSK，BPS，QPS，QAM，SSB，RZSSB，AM，FM，OFDM，CDMAなど

ディジタル信号処理の離れ技

技① ノイズを自動的に見つけて取り除く

例えば，適応フィルタです．

受信した信号にノイズが含まれていた場合，一般的には単にフィルタで帯域制限してノイズを低減します．アナログ回路処理ではローパス・フィルタやハイパス・フィルタなどを入れます．適応フィルタを入れると，ノイズ狙い撃ちでもっと劇的に落とすことができます．

図4に示すライン・エンハンサ(line enhancer)では，人の声の特徴とノイズの統計的な性質の違いに着目して，声の特徴を際立たせることでノイズを落とします．人の声は**図5**のように，生体のピッチ周波数(f_0)という繰り返しの時間的相関性をもっています．一方，熱雑音などのノイズは時間的相関がない波形をしています(ホワイト・ノイズともいう)．ライン・エンハンサは，ピッチ周波数の周期性を自動的に見つけて，それを強調(エンハンス)することによって，ランダムな信号を減衰させるという高度な処理を行うフィルタです．

実際にソフトウェアで信号処理した結果を，**図6**に示します．まさに，ディジタルならではです．

技② フィルタの通過帯域を好きな特性にできる

高周波の話題のなか，スーパーヘテロダイン(superheterodyne)という言葉を聞いたことがあると思います．ブロック構成を**図7**に示します．

受信した信号をいったん中間周波数(Intermediate Frequency；IF)という信号に変換して，性能の要となる高性能のフィルタに掛けて選択度を得る方式です．**写真2**に示すような，セラミック・フィルタやクリス

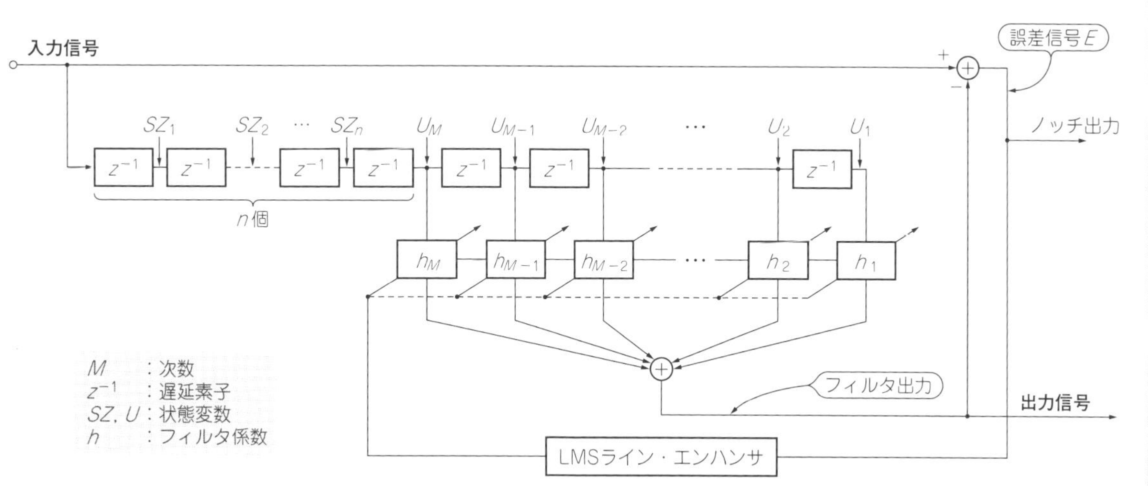

図4 ディジタル信号処理の離れ技…ピッチ周波数の周期性を見つけて強調しラインダム信号を減衰させる
LMS(Least Mean Square)ライン・エンハンサ

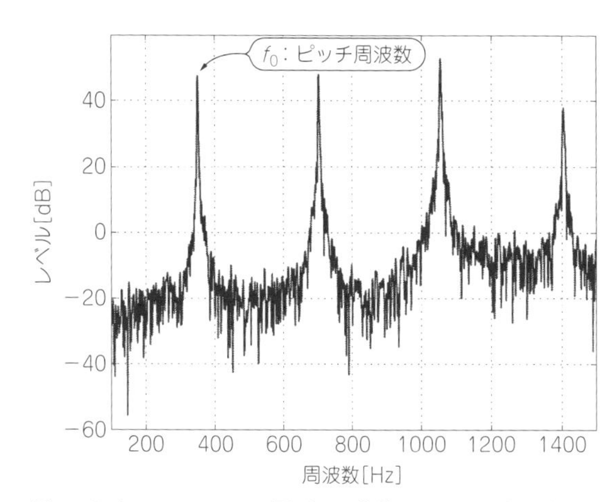

図5 ライン・エンハンサ(図4)は周期性のある人の声と時間的相関のない熱雑音を区別する

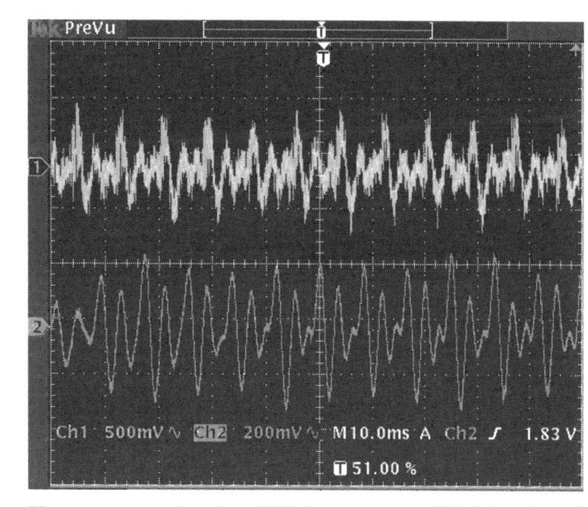

図6 ライン・エンハンサ処理ソフトウェアで雑音を除去した例
上：雑音除去前(500 mV/div)，下：雑音除去後(200 mV/div)

タル・フィルタなどが使われます．

これらのフィルタの特性は，1個ずつ固定の帯域幅をもっているので，複数の帯域のフィルタを使おうとすれば，それぞれ複数個の特性の違うフィルタを切り替えて使わなければなりません．一般にFM（Frequency Modulation；周波数変調）の信号は15 kHzの帯域のフィルタに通しますが，SSB（Single Side Band；搬送波抑圧単側波帯）の場合には3 kHzの帯域が必要です．

これをディジタル信号処理で行うとどうなるかといえば，スーパーヘテロダインには変わりありませんが，IF信号の周波数を0 Hz（DC）にすることができます．すなわちセラミック・フィルタやクリスタル・フィルタと同等の機能は十分にソフトウェアのフィルタで実現できます．

ソフトウェアのフィルタでは特性を変えるのも簡単です．理論的に計算したフィルタの係数を切り替えるだけです．しかもアナログの回路とは異なり，温度特性による影響や，素子のばらつきの影響を受けなくて済むため，誰でも安定した性能を出すことができます．

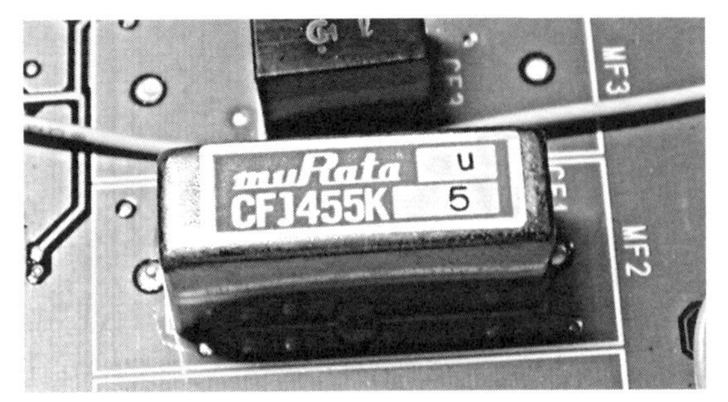

写真2 従来のアナログ受信機（図7）に使われている高性能フィルタ（セラミック・フィルタ）の例（CFJ455，村田製作所）

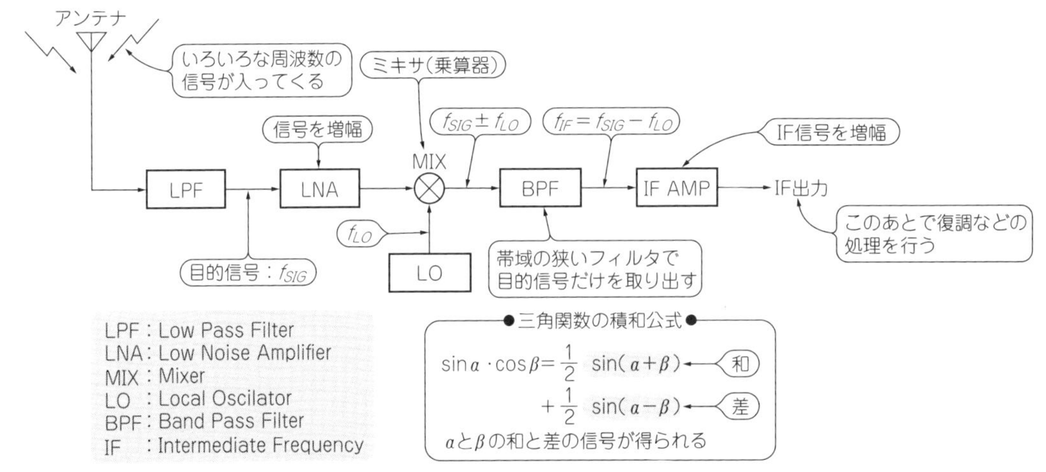

図7 アナログ受信機は電波の周波数を変換して高性能フィルタに掛けている
スーパーヘテロダイン方式の受信機のブロック・ダイヤグラム（IF出力まで）．ディジタル信号処理ならフィルタの通過帯域をソフトウェアで好きな特性に設定できる

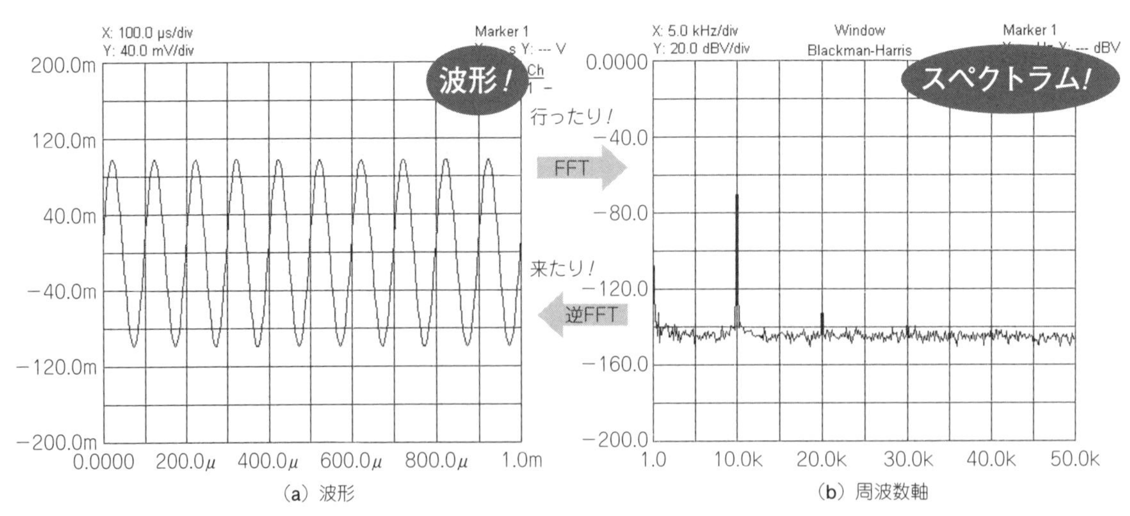

図8 ディジタル信号処理の離れ技…ソフトウェアで時間軸（波形）と周波数軸（スペクトラム）を簡単に行ったり来たりできる
オーディオ・アナライザで10 kHz/0.1 V_{P-P}の正弦波を発生させた

技③ 周波数軸と時間軸を行ったり来たり自由自在

図8に示すのは時間とともに変化する信号を，周波数情報に置き換えるフーリエ変換処理です．逆フーリエ変換は，その周波数情報の信号を元の時間の流れの信号にひずみなく戻す処理です．

普通，アナログ回路では，時間軸とともに変化するオシロスコープで観測されるような信号の処理しか考えられませんが，ディジタルではこの周波数軸に変換する作業が高速フーリエ変換(Fast Fourier Transform；FFT)を使って簡単にできます．信号処理を時間軸の波形ではなくて，周波数軸のスペクトルの状態で処理してしまおうというものです．

無線での信号処理の多くはフィルタリングなどのように，スペクトルで処理したほうが直接的でわかりやすいものが多いと思います．例えば，フィルタ処理では，FFTした結果の不必要な周波数成分を取り除き，それを逆フーリエ変換すればよいわけです．実にわかりやすい処理です．先ほどの適応フィルタでも，スペクトル減算法は，この周波数軸に変換した状態で処理される方法です．

ディジタルの長所をトコトン利用する

● 職人要らず！ 誰でも確実に高性能をGET

ディジタルの大きな特徴として，再現性の高いものができることがあげられます．ディジタル信号処理は計算ですから，そのアルゴリズムさえ間違っていなければ，1万台の商品を誰が作っても同じ特性を簡単に得ることができます．

もちろん完全にすべてをディジタルにはできません．図9のようにアンテナからの信号をディジタル化するフロントエンドの部分はアナログ処理で，そこに性能を大きく左右する要素があるのは事実です．でも，いったんディジタルになったあとは，計算の世界です．誰が組み込んだとしても同じアルゴリズムを使う以上は差が出ません．

そのフロントエンドに関しても，最近はLSI化が進み，ある程度の性能でしたら，そのLSIを使うだけで誰でも同じような性能が得られます．送信側でも同じです．変調信号の生成までは，すべてディジタルで実現できます．残りは，最終的にディジタルでは実現できない，アンテナから電波を出すためのパワー・アンプがアナログ回路技術に頼る必要があるだけです．

● 計算の世界だから周波数変換しても不要な信号が生まれない

高性能なアナログ回路を作るためには職人技が必要です．回路図は同じでも，それをどのように実装するかで性能がまったく異なります．写真3のようにプリント基板のパターン自体を積極的に回路素子として使うようなことが行われます．そこには多くのノウハウが含まれ，簡単には手が出せない世界です．

アナログの増幅素子には，完全な線形素子はありません．例えば，

$y = kx$

ただし，入力：x，出力：y

で表される完全な線形性をもつアンプは存在しません．この回路の非線形性をどのようにたくみにかわすかが，アナログ回路技術のキモです．

スーパーヘテロダイン処理には周波数変換が必要です．普通は，入ってくる信号とローカル信号と呼ばれる正弦波を掛け合わせます．しかし，掛け算はディジタルと異なって理想的には行われません．予想もできないような非線形特性や，信号の突き抜け/飛び込みが，現実的に発生します(図10)．

図11は，実際に掛け算器(ミキサ)に信号を通したときのスペクトルです．実にさまざまな余計な信号が発生しています．

スーパーヘテロダインは優れた信号処理方式ですが，実現するために使われるミキサの非線形性が大きな問題を発生させます．この影響をいかに避けるかが高度なノウハウです．

ディジタル信号処理でもアナログの段階では，ミキサに通さないのが理想的です．受信側では，できるだけアンテナの近くで，ミキサを介さないでディジタル化し，送信側では最後までできるだけディジタルのま

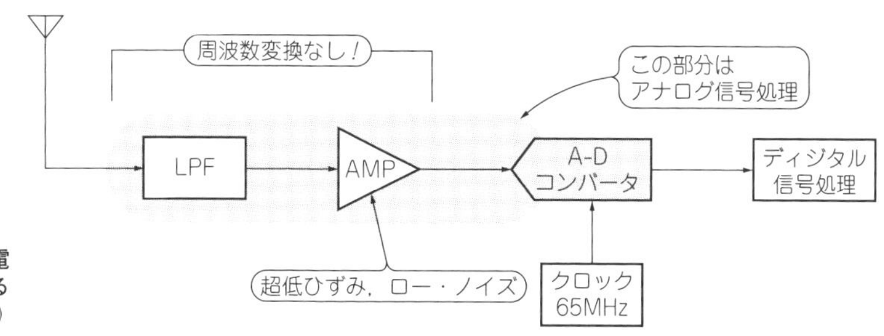

図9 フルディジタル無線機は電波をダイレクトにA-D変換する
(ダイレクト・サンプリング方式)

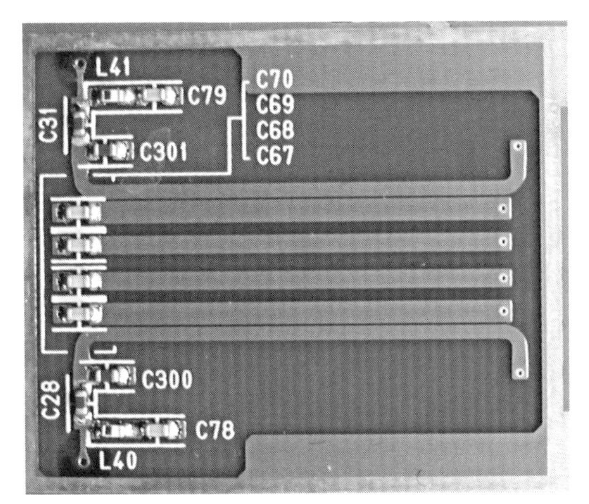

写真3 アナログ受信機は職人技だらけ！ プリント・パターンで製作された高性能なフィルタ

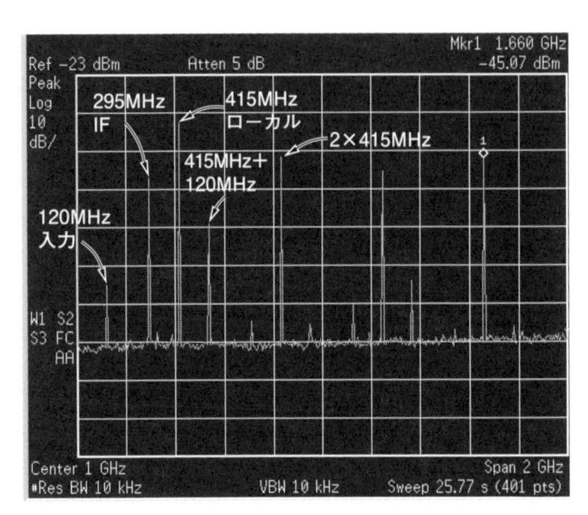

図11 実際にアナログ・ミキサで2つの信号を混ぜ合わせるといろんな周波数の信号が生まれる(センタ周波数：1 GHz，スパン：2 GHz)

120 MHz(目的信号)と415 MHz(ローカル信号)を掛け合わせた．中間周波数は295 MHz

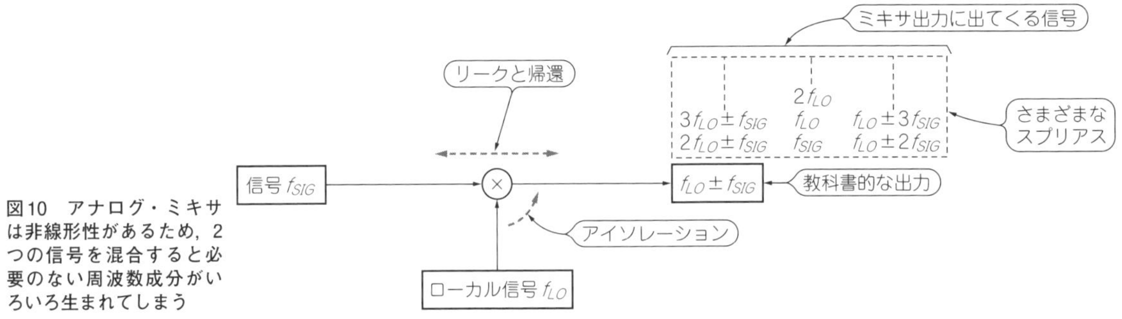

図10 アナログ・ミキサは非線形性があるため，2つの信号を混合すると必要のない周波数成分がいろいろ生まれてしまう

ま処理し，アナログ信号をミキサに通さないで，直接パワー・アンプに通すのが理想です．

● 特性のばらつきと変動の影響をゼロに

アナログ回路には素子のばらつきという問題が必ずあります．さらに，周囲温度の変化で特性が変化します．これらは避けられません．

IFの周波数を0 Hzに落とすI/Q信号処理(ゼロIF)は，ディジタル特有のもののように話しました．しかし，アナログでもこの信号を作ることは可能です．**図12**に示すように，昔から直交周波数変換を使ってDCまで落とすICもありました．しかし，アナログには先ほどいった素子のばらつき，温度による特性の変化，素子の非線形性，信号の空間的な飛び込みなどがあります．

I/Q処理では，ローカル信号の90°の直交度が非常に大切です．しかし，アナログでそれを一定に保つのはとても難しい技術です．

I/Qそれぞれの素子のゲインのばらつきも大きな頭痛の種です．例えば，145 MHzの信号をアナログのI/Q直交復調でゼロ(DC)まで落とすとします．すると，信号はDCですから，無信号のときは確実に0 Vにならなければなりません．ところが，アナログのアンプのDCオフセットをすべての温度範囲で一定に保

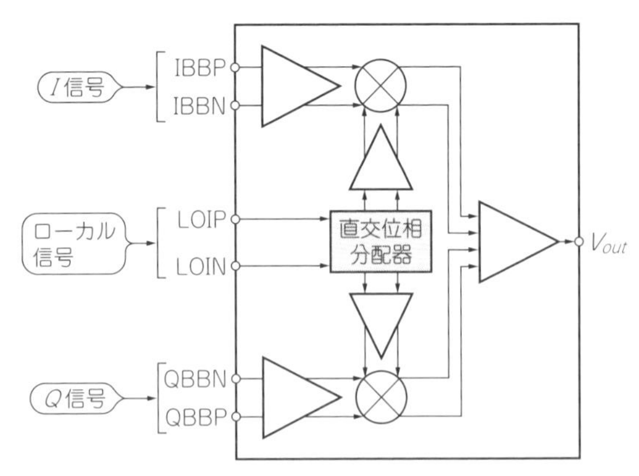

図12 IFの周波数を0 Hzに変換するI/Q信号処理用のアナログICは存在していたが，ばらつきや温度変動の影響を避けられなかった

1500 M～2500 MHzの周波数レンジに対応する固定ゲイン直交変調IC(ADL5372，アナログ・デバイセズ)

column 01 アナログを笑う者はアナログに泣く

西村 芳一

ディジタル信号処理は，無線技術だけでなく，画像処理やモータ制御，電源制御など，ほとんどの分野で利用されています．

アナログ変調だったテレビ放送もディジタル化され，MPEGなどの圧縮技術でアナログと同じ帯域を使って伝送しています．MPEGには，フーリエ変換の特殊形である離散コサイン変換(Discrete Cosine Transform；DCT)が使われています．最近は，MPEGの映像はコンピュータに取り込まれ，パソコンのCPUだけでリアルタイムに復調できます．一昔前では考えられないことです．

このようにディジタル信号処理はとても優れた技術ですが，けっしてアナログ信号処理が劣っているといっているのではありません．うまく設計されたアナログ信号処理は，ディジタル信号処理をしのぐことがあります．アナログ＝高級品という一面さえあります．

それに信号は最終的にアナログでインターフェースされているので，アナログでなければならない回路はなくなることはありません．そしてアナログ部が他社と差別化できる唯一の箇所だったりします．

そうはいっても，世の中の流れは，確実にディジタルに向かっています．ディジタル信号処理を習得して，新しい展開を考えれば，負けない商品を作ることが可能です．

つのは容易なことではありません．しかも，信号レベルはわずかにμVのオーダです．信号がないもにかかわらず，ありそうなDC温度ドリフトで数μVのDCが変化すると，あたかも信号があるように見えます．

「コンデンサでDCをなくしちゃえば」と考える人もいるかもしれません．でも，コンデンサでDCを切ると，0 Hzの信号自体も消えてしまいます．それは，いくら万能のディジタル信号処理でも取り除くことはできません．唯一できうるとすると，確実に無信号とわかっているときに，定期的にDCのキャリブレーションを行うことです．

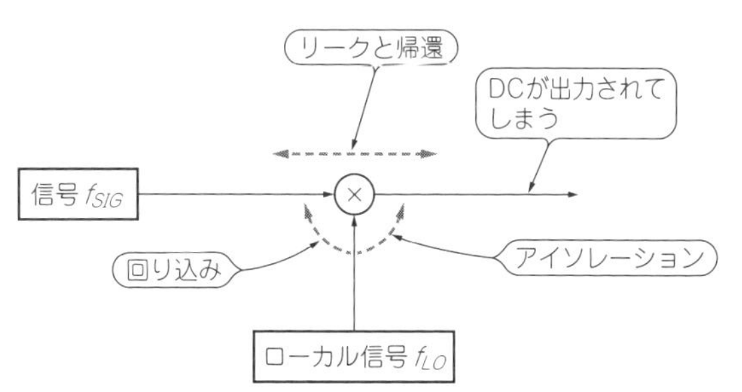

図13 アナログ・ミキサはローカル信号が飛び込むと入力がなくてもDCを出力してしまう

● 信号の回り込みや飛びつきに影響されない

I/*Q*変換を行うアナログ回路の非線形性が厄介(やっかい)な現象を引き起こすことがあります．

図13のように，ローカル信号がミキサの入力に飛び込むと，ミキサの同じ信号どうしの掛け算となり，入力に信号がなくても確実に出力にDCが発生します．これをDCオフセットと呼んでいますが，深刻な問題を発生させます．

アナログの*I*/*Q*処理は，この深刻なDCオフセットの問題を切り離すことはできず，いかにこれを避けるかがノウハウです．アナログ信号処理では理想的な素子を実現できないため，再現性ある回路を作ることがなかなかできません．

いったんディジタル信号になったあとは，理想的な掛け算が可能なので，そのような問題は発生しません．信号の処理をできるだけアナログからディジタルに切り替えることによって，安定した処理ができるようになり，特に大量生産の品質維持に大きなメリットがあります．皆さんもディジタル信号処理を理解して，アナログ回路をディジタル信号処理に置き換えましょう！

第27章 変換のたびに出るノイズを落とす

無線信号処理とディジタル・フィルタ

西村 芳一 Yoshikazu Nishimura

● ディジタル信号処理といえばディジタル・フィルタ

ディジタル信号処理のなかで，最も頻繁に使われる処理がディジタル・フィルタです．

DSP(Digital Signal Processor)などのディジタル信号処理を得意とするプロセッサにはディジタル・フィルタを簡単に実装でき，かつ高速に処理できる積和演算モジュール(Multiply and ACcumulation；MAC)が実装されています．この積和演算器のハードウェアと，それらを使って効率的にフィルタのソフトウェアが組める命令が，あらかじめ用意されています．

ハードウェアでディジタル・フィルタを実装する場合も，FPGA(Field Programmable Gate Array)に埋め込まれている専用機能ブロック(乗算器ブロックやDSPブロック，**図1**)を使うことになります．もちろん汎用のロジック(基本論理ブロック)を使っても実装は可能ですが，特に乗算器には多くの資源を使ってしまうため一般的ではありません．FPGAでディジタル・フィルタを実装するならば，掛け算器があらかじめ埋め込まれたものを選んだほうが得策です．

フィルタ作りはディジタルのほうが簡単

● ディジタル・フィルタより後にアナログ・フィルタが誕生する星に住んでいたら…

コイル(L)とコンデンサ(C)でできたアナログのLCフィルタとディジタル・フィルタを比べてみましょう．

写真1に示すのはアナログ・フィルタです．コイルやコンデンサなどの受動素子で構成され，その特性の基本は微分方程式です．その特性を直感的に理解するのは簡単ではありません．実際の素子は，純粋なリアクタンス性を示さないので，その振る舞いや特性はますます複雑になります．

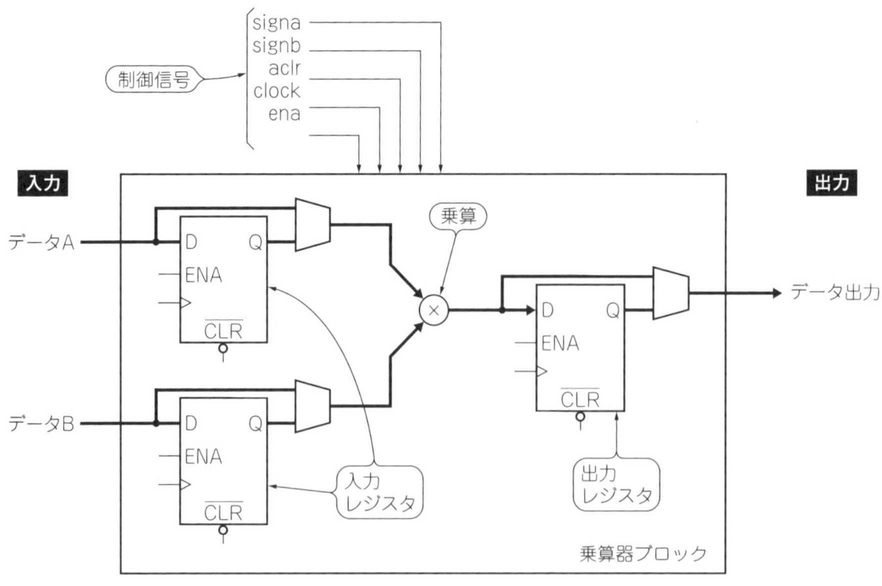

図1 FPGAに用意されているDSPブロックを使えばハードウェアのディジタル・フィルタを作れる
(乗算器ブロックの内部構成，Cyclone Ⅲの例)
DSPで作るソフトウェアのフィルタを作ることもできる

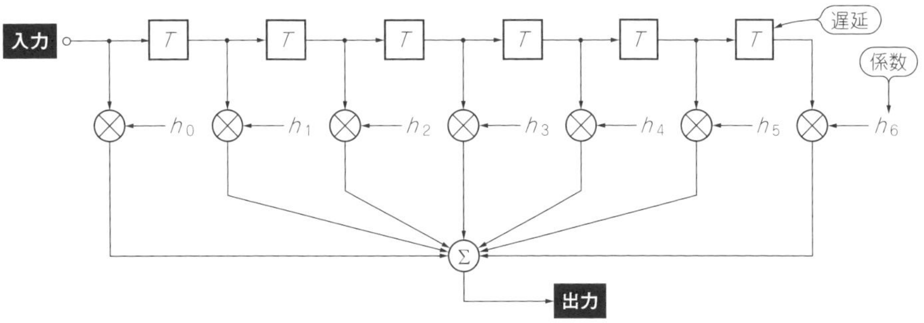

図2ディジタル・フィルタ(FIRタイプ)は構造がシンプル
各係数(h_0, h_1…)はインパルスのレスポンスを表している

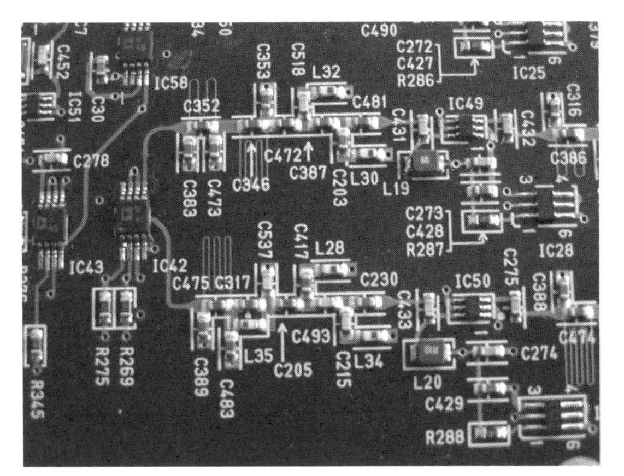

写真1 アナログ素子で作られたフィルタ
特性を変更するには部品を基板からはがさないといけない．設計も面倒で，特性も安定しない．ディジタル・フィルタのほうが柔軟性があるし設計も楽

アナログ・フィルタの定数は，設計ソフトウェアをコンピュータ上で動かしてやっと求まります．高次多項式の因数分解の結果から得られたインピーダンス関数から素子を抜き出すなどと，これを一言でわかりやすく説明しろといわれても無理です．

一方，ディジタル・フィルタ(FIRタイプ)は，**図2**に示すように，構造がシンプルです．個々の係数は，単にフィルタの伝達関数(インパルス・レスポンス)になるので，とても直感的でわかりやすいです．インパルス・レスポンスがわかれば，どのような特性でも直感的に作れるのです．

歴史の観点から，信号処理はまずアナログから始まりました．ですから，ディジタルが投入されたときには誰もが難しいと感じます．もしディジタル・フィルタが先に生まれた星があったら，アナログ・フィルタの設計は，その宇宙人にとって超難関に違いありません．

● 計算はパソコンに任せればいい

このようにディジタル信号処理は，使ううえでは直感的でわかりやすいものです．しかし，設計の段階では，数学を使う必要があります．

これまでのアナログ回路のインピーダンスの計算(交流理論)では，$j\omega$などの複素数を使っています．ディジタル信号処理のI/Q信号に見られる複素数的な扱いは，この交流理論で使われる複素数と同じようなものです．

交流だから位相を考えないといけない，それはアナログでもディジタルでも同じで，信号処理では表現に便利な複素数を利用するのは自然な流れです．それに，実際に設計するときは，原理さえわかっていれば，細かい計算はパソコンの専用ソフトウェアに任せればよいのです．

2大ディジタル・フィルタ「FIR」と「IIR」

● フィードバックのあるIIRとないFIR

ディジタル・フィルタは大きく2種類に分類されます．

図2に示すように信号のフィードバックがなく，入力にインパルスを入れると，一定期間しか信号が出力に現れない，とても構造がシンプルなFIRタイプ(Finite Impulse Response；有限時間インパルス応答特性)です．その構造からトランスバーサル・フィルタ(transversal filter)とも言います．

もう1つは，**図3**のようにフィルタ内でフィードバックのパスをもち，入力にインパルスを入れると無限に出力に信号が現れる，ちょっと複雑なIIRタイプ(Infinite Impulse Response；無限時間インパルス応答特性)です．

技① どんな場合でも安定したFIRフィルタが扱いやすい

IIRタイプのフィルタのインパルス応答は，信号遅延時間を中心に左右対称にすることはできません．**図4**のように，入力のあった時点から信号が現れ，出力は無限時間のインパルス応答として現れるからです．すなわち，時間軸非対称です．

一方，インパルス応答が有限時間しか出力されないFIRタイプのフィルタは，簡単にフィルタの信号遅延

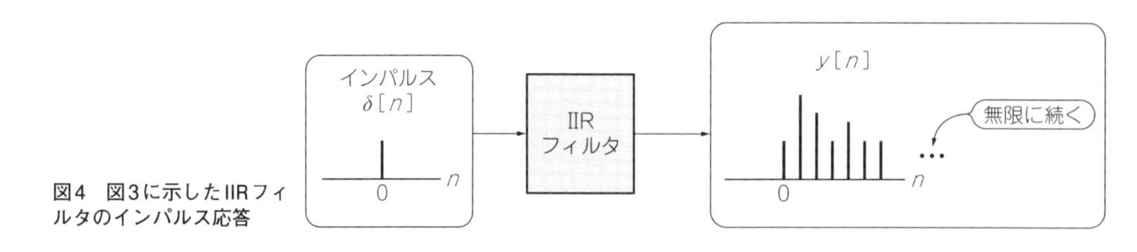

図4 図3に示したIIRフィルタのインパルス応答

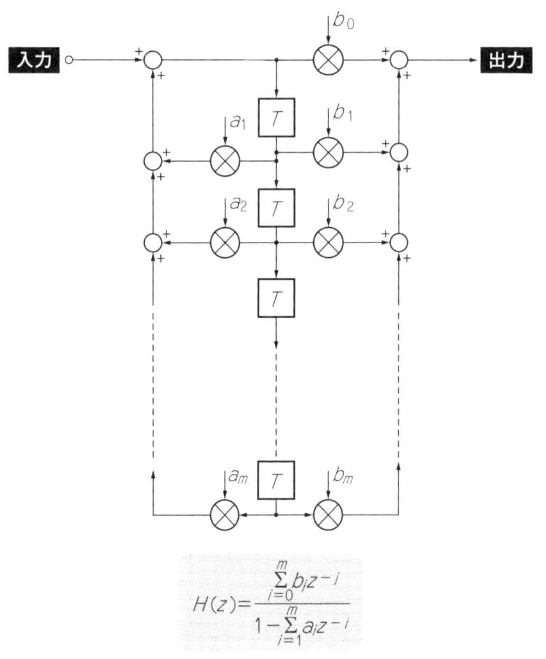

図3 FIRフィルタと双璧．ディジタル・フィルタの定番IIRフィルタ(直接型)

時間を中心にした時間軸で左右対称の波形を作り出せます．

これらを言い換えれば，FIRフィルタは周波数に無関係に，群遅延特性がフラットな直線位相(位相の微分が群遅延になるので直線位相は群遅延一定)のフィルタを設計することが簡単です．まさにディジタル的なフィルタといえるでしょう．

一方，IIRフィルタはアナログ・フィルタと同じで，完全な直線位相のフィルタを設計することはできません．もしIIRで群遅延フラットな特性を設計したければ，ある特定の周波数範囲に限定しないと設計できません．

IIRフィルタはフィードバックを含むがゆえに，アナログ回路と同じく常に安定性の問題があります．場合によっては，ディジタル信号処理でも発振します．一方，FIRフィルタはその構造から帰還はありませんから，どんな場合でも安定性の問題はありません．とても安定したフィルタです．

● アナログ・フィルタをいったん作ってから変換するIIRとダイレクトに設計できるFIR

IIRフィルタを設計するときには，安定かどうかがまず重要です．すでに確立された安定なアナログ・フィルタを，図5のように簡単に双1次変換して使われる場合がよくあります．もちろん，周波数特性からの直接設計も可能ですが，これは結構たいへんです．

FIRフィルタを設計する場合は，一般的には図6に示すように，フーリエ変換した結果が目的の特性になるように，コンピュータを使って直接設計します(Remez Exchangeアルゴリズムという．そのほかに窓関数を使った方法もある)．

現実的には，設計方法を具体的に知らなくても，コンピュータのソフトウェアで簡単に設計できます．

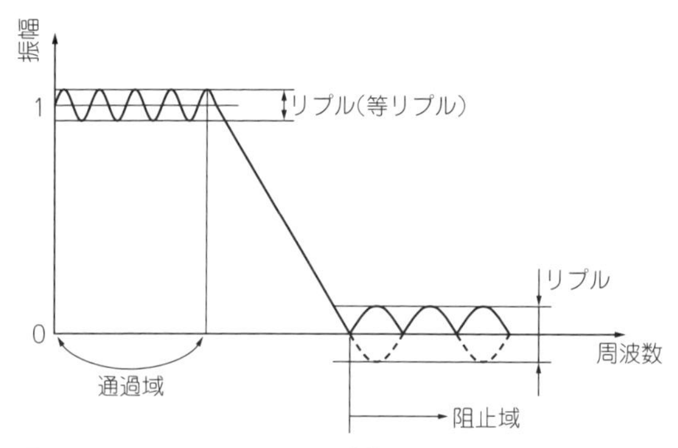

図6 FIRフィルタは，フーリエ変換した結果が，狙った周波数特性になるように直接作る(Remez exchangeアルゴリズム)

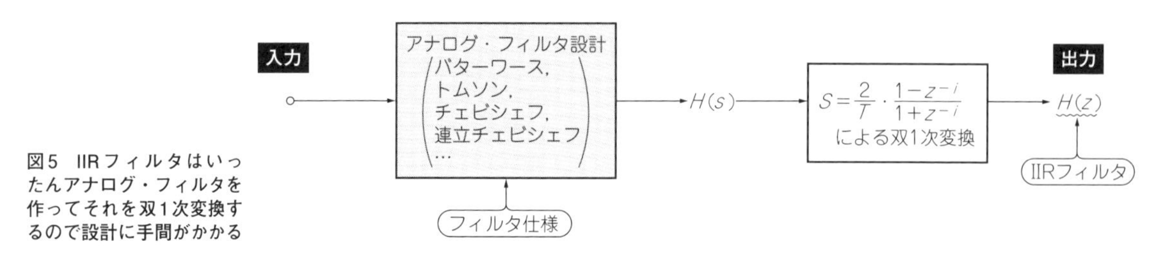

図5 IIRフィルタはいったんアナログ・フィルタを作ってそれを双1次変換するので設計に手間がかかる

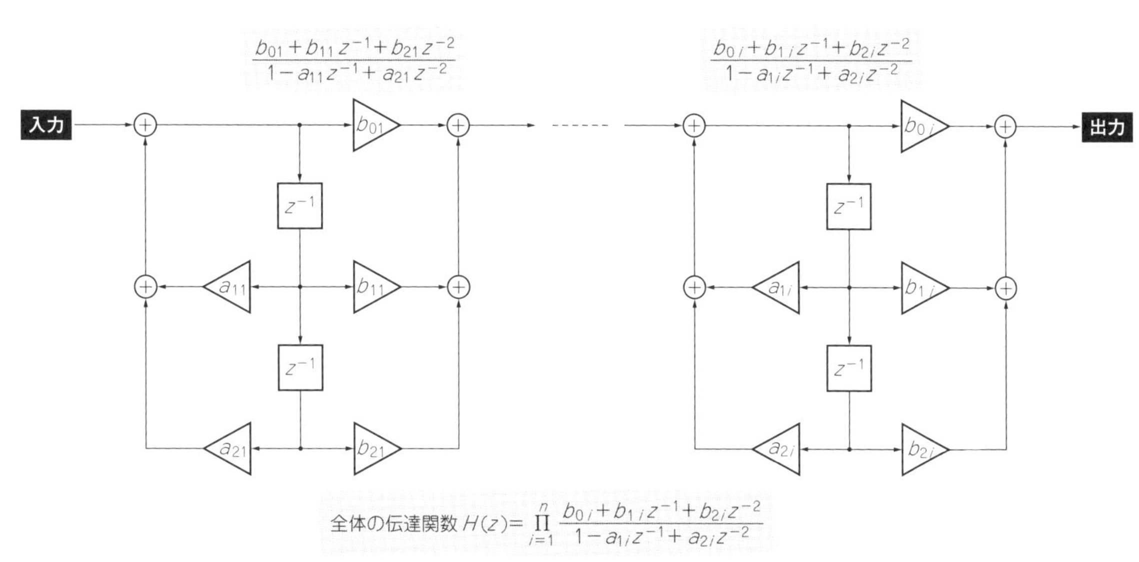

図7 IIRフィルタは2次フィルタを縦列接続して目的の伝達関数を実現する
図3のような方法はまれである

IIRフィルタの場合は，**図3**のような伝達関数を一挙に実装する方法は一般的ではありません．伝達関数の極(分母の多項式をゼロとする根)とゼロ点(分子の多項式をゼロとする根)を因数分解して，2次の形のフィルタを**図7**のように縦列接続していきます．どのようにゼロ点と極を組み合わせて因数分解するかで，フィルタのダイナミック・レンジが決まるので，その選択には注意を要します．この選択の作業をペアリングと呼んでいます．

● ディジタル信号処理で重宝するのは群遅延が周波数によらず一定のフィルタ

最近は，無線でアナログ情報を変調して送る用途はそれほど多くありません．一般的には，携帯電話をはじめとして，ディジタル信号が伝送されます．そのため，信号処理の基本は振幅特性もそうですが，群遅延が周波数によらず一定になることが求められます．

▶周波数-位相の関係が直線的なFIRフィルタがいい

群遅延は位相の微分で求められます．群遅延一定のフィルタの周波数-位相の関係をグラフに書くと，**図8**のように直線的になります(1次関数で表される)．これを直線位相といいます．

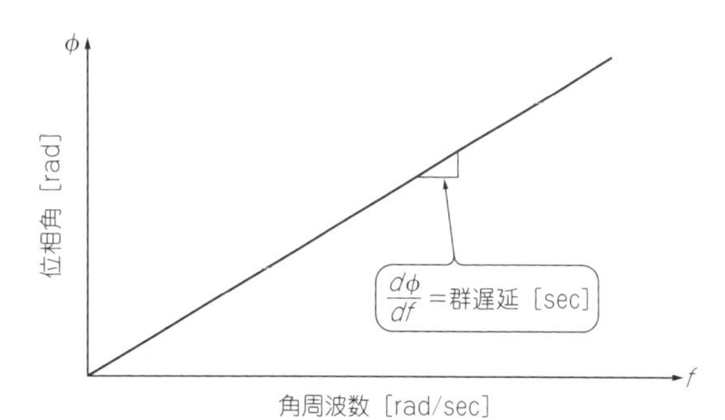

図8 ディジタル信号処理に使うフィルタは位相と周波数の関係が直線的になっていてほしい
群遅延(位相の微分)が一定であってほしい

実際にFIRフィルタは，基本は直線位相で設計します．その結果は特徴的で，フィルタの係数(インパルス・レスポンス)は時間軸で左右対象になります．

▶FIRフィルタの遅延が問題になるときは最小位相推移IIRフィルタを使う

良いことばかりでもありません．アナログの群遅延がフラットなベッセル(トムソン)フィルタでも同じですが，群遅延一定のフィルタは信号が大きく遅延します．例えば，電話などの用途では遅延が大きな問題となる場合もあります．

その場合は，群遅延は周波数によってフラットではありませんが，アナログ・フィルタのような最小位相推移フィルタを使います．このフィルタの群遅延はかなり短くなり，素速い応答を示します．

最小位相推移フィルタは多くの場合，IIRフィルタで設計します．そうすれば，少ないハードウェア資源で実装が可能となります．目的に合わせて，どちらを使うかを決めなければなりません．

無線機で使いまくり！ FIRフィルタのいろいろ

技② FIRフィルタを設計するときはインパルス応答をイメージする

FIRフィルタを設計するときに，概念的に特に知っておきたいことがあります.

FIRフィルタとして**図9**のフィルタにインパルスを入力すると,サンプルごとに順番に1つのタップだけが'1'になります.つまり,FIRフィルタのインパルス応答は,フィルタの係数がそのまま出力されることになります.要するに,FIRフィルタの場合は**図9**のように,インパルス応答がすなわちFIRフィルタの係数です.とても直感的にわかりやすいフィルタだといえます.逆に言えば,FIRフィルタを設計することは,目的の特性のインパルス応答を計算することと等価です.

技③ FIRフィルタの左右対称な4種類の係数パターンを覚えておく

FIRフィルタの場合は,一般的に直線位相特性で設計します.そのフィルタのインパルス応答は,直線位相なので特徴的に**図9**のように中心から左右に対称波形になります.

この係数の形は,FIRの設計に際して4つの分類があることを知っておくことが,FIRフィルタを上手に使ううえで重要です.

まず,FIRフィルタのタップ数で偶数と奇数に分けることができます.また先に,直線位相特性で設計すると,中央を境に左右対称係数になると話しました.対称といっても,左右の符号が反対になる奇対称の場合と,同じ符号になる偶対称があります.

これらの組み合わせにより,**図10**のように,合計4種類のフィルタの形に分類されます.

① 偶対称/奇数タップ[図10(a)]

フィルタの遅延は,ちょうど中央のタップのタイミングになります.また,出力信号の位相は,フィルタの遅延ぶんだけ遅らせた信号と同位相です.

② 偶対称/偶数タップ[図10(b)]

フィルタの遅延は,中央の2つのタップのちょうど中間にきます.すなわち,出力信号のタイミングがサンプリング・タイミングと半クロックずれます.したがって,ほかの信号と組み合わせて信号処理する場合には,タイミング合わせに特に注意することが必要です.また,出力信号の位相は,フィルタの遅延時間だけ遅らせた信号と同じです.

③ 奇対称/奇数タップ[図10(c)]

これはヒルベルト・フィルタです.すなわち,フィルタの遅延ぶんだけ遅らせた信号とは位相が90°だけずれます.また,フィルタの遅延は,ちょうど中央のタップの位置にきます.中央の係数は,奇対称なので必ずゼロにならなければなりません.

また,すぐにわかるように,全係数の総和はゼロ,すなわち奇対称の係数のフィルタにDCを通すと必ずゼロになります.したがって,周波数特性的にバンド・パス・フィルタで設計します.

④ 奇対称/偶数タップ[図10(d)]

これもヒルベルト・フィルタです.同じく,フィルタの遅延ぶんだけ遅らせた信号とは位相が90°だけずれます.フィルタの遅延は,中央の2つのタップのちょうど中間のタイミングで,出力タイミングがサンプリング・タイミングと半クロックずれます.

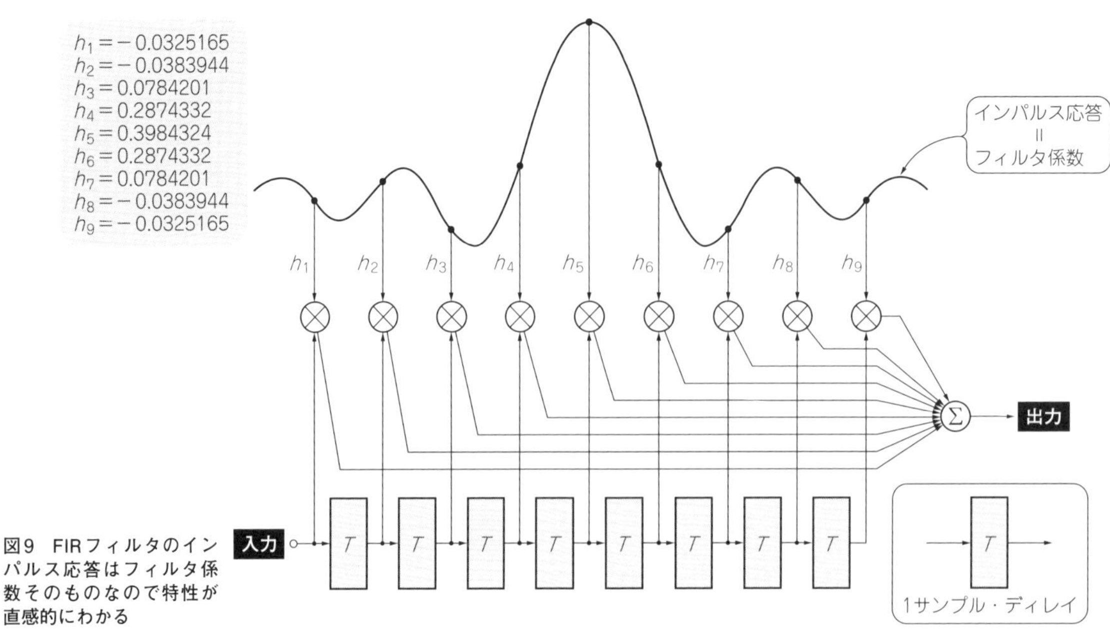

図9 FIRフィルタのインパルス応答はフィルタ係数そのものなので特性が直感的にわかる

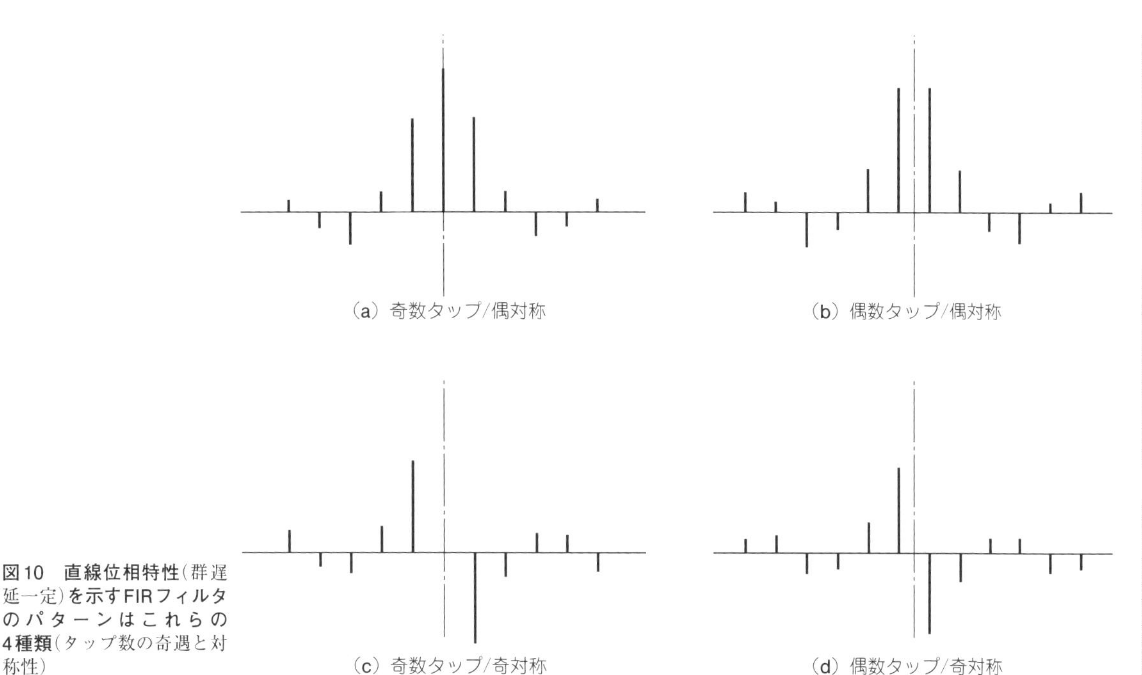

図10　直線位相特性(群遅延一定)**を示すFIRフィルタのパターンはこれらの4種類**(タップ数の奇遇と対称性)

そのため，このフィルタを信号の複素化に使う場合は，タイミング合わせのために遇対称/偶数タップのフィルタを使ってわざわざ実部の遅延信号を作る必要があります．

また，係数が奇対称ですから，DCのゲインはゼロで，今度はハイパス・フィルタで設計します．

*　　　*　　　*

いずれにしても，**図10(c)**と**図10(d)**は，ヒルベルト・フィルタ以外に使われることは，ほとんどありません．

ハード派？ソフト波？ 2つのFIRフィルタ

具体的に，どのようにディジタル・フィルタを実装するのでしょうか．まずは大きく2つに分類されます．1つはDSPなどのソフトウェアで実装する場合で，もう1つはFPGAなどのハードウェアで実装する場合です．

■ ソフトウェア(DSP)で作るFIRフィルタ

図11に，DSPなどに搭載されている積和演算ユニットの基本形を示します．FIRフィルタは**図8**を見てわかるように，係数と遅延タップの信号との積の累積を行って出力されるものです．そこで，この計算を効率よく行うために，DSPまたは一部のマイコンにはこの積和演算回路が内蔵されています．

この積和演算はパイプライン演算回路になっていますが，連続してこの命令を実行すると，見かけ上は1クロックで1タップの計算を行うことができます．例えば，57タップのFIRフィルタだと，57クロック$+\alpha$(パイプラインの残り処理のぶん)です．さらに最近の多くのDSPでは，この積和演算ユニットが2個入っており，しかもそれらは1個の命令で同時に実行できるので，1クロックで同時にI/Qの1タップぶんが計算できます．無線通信などのI/Qデータを一度に高速に処理できます．

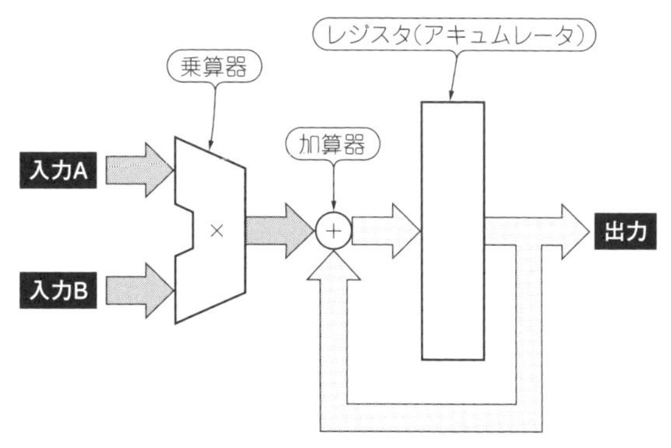

図11　DSPはソフトウェアのフィルタを作れる積和演算器を内蔵している

積和演算器では，メモリから係数と遅延タップのデータを読み出し，それらを掛け合わせて，アキュムレータに累積します．さらに，メモリからの読み出しポインタは自動的に次のアドレスへインクリメントします．これらの処理が1クロックで行われます．

遅延信号を得るためのバッファは，57タップだったら最低でも57個のメモリが必要です．新しいデータが入力されるたびに，新しいメモリ領域を使うわけ

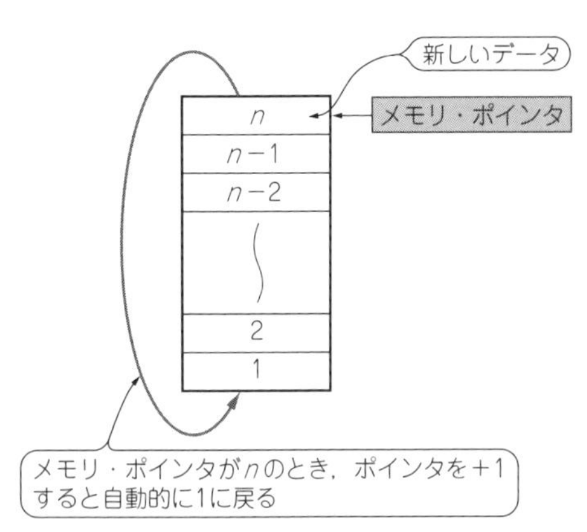

図12 DSPは信号を遅延させるメモリ(リング・バッファ)を備えている
DSP特有のメモリ管理の手法である．サーキュラ・アドレッシングと呼ぶ

にもいかず，一般的には図12のようなリング・バッファ・メモリを構成して使用します．DSPでは，ポインタをインクリメントする際に，自動的にリング・バッファのアドレスの境目を検出し，ラップアラウンド処理を行って高速化に寄与しています．このDSP特有のメモリ管理をサーキュラ・アドレッシングといいます．

■ ハードウェア(FPGA)で作るFIRフィルタ

FPGAなどのハードウェアで信号処理を行う場合も，高速処理の場合と低速処理の場合で回路設計方針が分かれます．

FPGAやLSIでFIRフィルタを作る場合，一番の問題は使える乗算器の数が限られていることです．そのため，実装に際しては使用する乗算器の数をできるだけ減らさなければいけません．乗算器のハードウェアはかなり回路的に重く，広い面積を占めるので，FPGAとはいえどもその数には制限があります．そのため，さまざまな工夫がなされます．

● 乗算器と加算器を並べる

まずは，図9のように素直に乗算器と加算器を並べてFIRフィルタを実現することです．このときの問題は下記の2点です．

(1) 57タップだったら57個の積和回路が必要
(2) 最後の積の結果をすべて足し合わせる処理を1クロックで行うことはできない

図13のようにパイプライン処理で加算を分散させないと実装できないという問題にぶつかるわけです．

● 遅延データを加算してから積和器に通す

次に，左右の係数が対称となる直線位相の特性を生かして，まず遅延データを加算(ヒルベルト・フィルタだと減算)してから，積和器に通すことです．こうすると，乗算器の数を約半分に減らすことができます．問題点は下記の2点です．

(1) 半分になったとはいえ，まだ多くの乗算器が必要
(2) これも最後の結果の加算のところは，パイプライン処理にする必要がある

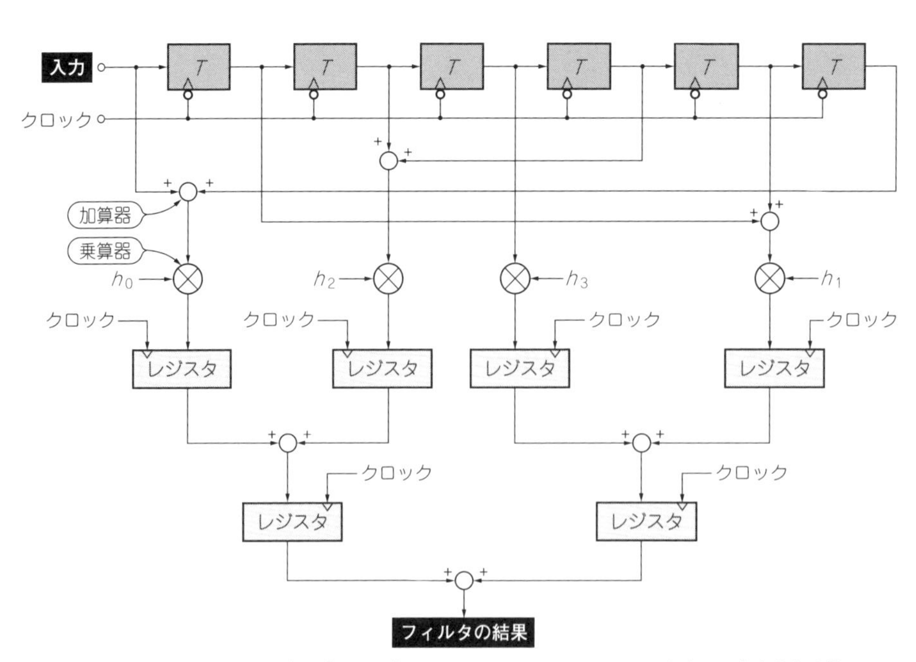

図13 乗算器と加算器を並べてパイプライン化しただけではFPGAのリソースを喰い，高速動作も難しい

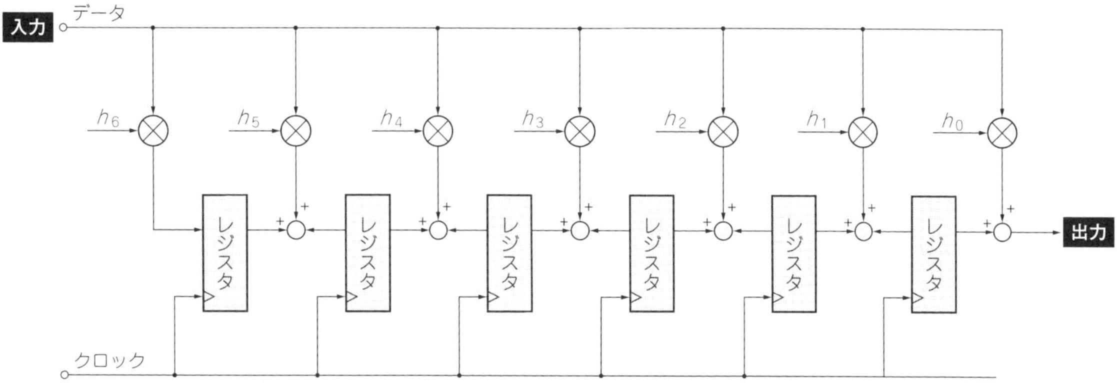

図14 FPGAのリソースの消費が少ない「転置型FIRフィルタ(7タップの場合の例)」

● 動作クロックを上げる

これを改善したものに，フィルタの動作クロックを上げる方法があります．最近のFPGAはPLLクロック発生器を搭載しているのが普通で，実際のサンプル・クロックの4倍といった，FPGAの性能ぎりぎりまでクロック周波数を上げることができます．

そうすると，1つの積和器をDSPのように何回も使い回すことができます．こうすれば，クロックの倍数だけ，乗算器の数を減らすことができます．

● タップの演算結果を遅延させる

最後の加算をパイプライン構成にしないと回路が構成できない問題を解決するために，**図14**のように信号は遅延させないで，タップの演算結果を遅延させる方法が昔から使われてきました．こうすれば，乗算のあとの加算は必ず1回だけですから，確実に1クロックで演算できます．

これは見方を変えれば，先ほどのパイプライン演算を逆にうまく利用した構成になっています．この回路の問題点は下記の2点です．

(1) 加算のたびに有効桁数が増えていくので，レジスタの幅がどんどん広がること
(2) 全面パイプライン処理なので，信号のレイテンシがかなり大きくなること

● FPGA内にミニDSPを作る

FIRフィルタ処理では，必ずしもすべてを1クロックで結果を計算する必要はありません．もっと低速のサンプリングの場合は，1サンプルの間に多くのクロック・サイクルが稼げます．

その場合は，**図11**に示したような積和回路を作り，ミニDSPをFPGA内に作ります．1個の乗算器をDSPのように回して，結果を得るものです．こうすれば，非常にコンパクトな設計ができます．ただし，低速サンプリングのデータに応用が限られ，高速フィルタリングはできないという問題があります．

● FPGAでフィルタを作ることの問題点

FPGAのフィルタの問題としては，無線通信では32ビット幅くらいの乗算が必要ですが，一般的にFPGAの埋め込み掛け算器は18ビットくらいが標準です．32ビット演算にするには工夫が必要です．

このように，使う状況に合わせて，さまざまな方法のなかから回路の設計方針を選ぶ必要があります．何も考えずに実装すると，すぐにFPGAの資源を使い果たしてしまいます．

初出一覧

本書の下記の章項は，「トランジスタ技術」誌に掲載された記事を元に再編集したものです．

第 1 章 ・・・・・・・・・・・・・・ トランジスタ技術 2005年 4 月号 pp.274 - 275
第 2 章 ・・・・・・・・・・・・・・ トランジスタ技術 2005年 5 月号 pp.258 - 259
第 3 章 ・・・・・・・・・・・・・・ トランジスタ技術 2005年 6 月号 pp.266 - 267
第 4 章 ・・・・・・・・・・・・・・ トランジスタ技術 2005年 7 月号 pp.290 - 291
第 5 章 ・・・・・・・・・・・・・・ トランジスタ技術 2005年 8 月号 pp.266 - 257
第 6 章 ・・・・・・・・・・・・・・ トランジスタ技術 2005年10月号 pp.290 - 291
第 7 章 ・・・・・・・・・・・・・・ トランジスタ技術 2009年 5 月号 p.254
第 7 章 ・・・・・・・・・・・・・・ トランジスタ技術 2009年 6 月号 p.230
第 7 章 ・・・・・・・・・・・・・・ トランジスタ技術 2009年 7 月号 p.242
第 7 章 ・・・・・・・・・・・・・・ トランジスタ技術 2009年 8 月号 p.238
第 7 章 ・・・・・・・・・・・・・・ トランジスタ技術 2009年 9 月号 p.234
第 7 章 ・・・・・・・・・・・・・・ トランジスタ技術 2009年10月号 p.222
第 8 章 ・・・・・・・・・・・・・・ トランジスタ技術 2010年 9 月号 pp.220 - 221
第 9 章 ・・・・・・・・・・・・・・ トランジスタ技術 2011年 3 月号 pp.226 - 227
第10章 ・・・・・・・・・・・・・・ トランジスタ技術 2011年 6 月号 pp.228 - 229
第11章 ・・・・・・・・・・・・・・ トランジスタ技術 2011年11月号 pp.218 - 219
第12章 ・・・・・・・・・・・・・・ トランジスタ技術 2012年 2 月号 pp.220 - 221
Appendix 1 ・・・・・・・・・・ トランジスタ技術 2012年 6 月号 pp.238 - 239
Appendix 2 ・・・・・・・・・・ トランジスタ技術 2010年11月号 pp.224 - 225
第13章 ・・・・・・・・・・・・・・ トランジスタ技術 2020年 9 月号 pp.146 - 153
第14章 ・・・・・・・・・・・・・・ トランジスタ技術 2014年10月号 pp.181 - 186
第15章 ・・・・・・・・・・・・・・ トランジスタ技術 2017年10月号 pp.101 - 104
第16章 ・・・・・・・・・・・・・・ トランジスタ技術 2003年 1 月号 pp.237 - 245
第17章 ・・・・・・・・・・・・・・ トランジスタ技術 2015年11月号 pp.161 - 172
第18章 ・・・・・・・・・・・・・・ トランジスタ技術 2021年 1 月号 pp.28 - 37
第19章 ・・・・・・・・・・・・・・ トランジスタ技術 2015年 9 月号 pp.125 - 142
第20章 ・・・・・・・・・・・・・・ トランジスタ技術 2018年 6 月号 pp.154 - 158
第21章 ・・・・・・・・・・・・・・ トランジスタ技術 2007年 7 月号 pp.223 - 230
第22章 ・・・・・・・・・・・・・・ トランジスタ技術 2018年10月号 pp.120 - 130
第23章 ・・・・・・・・・・・・・・ トランジスタ技術 2018年11月号 pp.171 - 182
第23章 コラム・・・・・・・・ トランジスタ技術 2020年 8 月号 pp.94 - 95
第24章 ・・・・・・・・・・・・・・ トランジスタ技術 2019年11月号 pp.166 - 173
第25章 ・・・・・・・・・・・・・・ トランジスタ技術 2019年 6 月号 pp.82 - 86
第26章 ・・・・・・・・・・・・・・ トランジスタ技術 2014年 9 月号 pp.58 - 64
第27章 ・・・・・・・・・・・・・・ トランジスタ技術 2014年 9 月号 pp.77 - 84

〈著者一覧〉 五十音順

猪熊 隆也
大津谷 亜士
長田 久
加藤 隆志
嘉門 主水
小林 芳直
鈴木 正俊
中村 黄三
西村 芳一
馬場 清太郎

はじめてのノイズと回路のテクニック

編　集　トランジスタ技術SPECIAL編集部
発行人　小澤 拓治
発行所　CQ出版株式会社
〒112-8619　東京都文京区千石4-29-14
電　話　販売 03-5395-2141
広告 03-5395-2132

2022年4月1日発行

定価は裏表紙に表示してあります
乱丁，落丁本はお取り替えします
編集担当者　島田 義人／上村 剛士
DTP・印刷・製本　三晃印刷株式会社
Printed in Japan